数控铣加工项目实践

主　编　徐世东　侯海华
副主编　王冠华　缪红意

图书在版编目（CIP）数据

数控铣加工项目实践 / 徐世东，侯海华主编. —杭州：浙江大学出版社，2015. 6(2023. 8 重印)
ISBN 978-7-308-14638-8

Ⅰ. ①数… Ⅱ. ①徐… ②侯… Ⅲ. ①数控机床—铣床—加工—高等职业教育—教材 Ⅳ. ①TG547

中国版本图书馆 CIP 数据核字(2015)第 082338 号

内容提要

本书采用项目式教学模式，全面介绍数控铣加工职业技能（中级和高级）考试所需要的编程方法和操作加工技术等知识。全书共分七个项目，分别为：数控铣床基本知识、典型零件加工、中级工零件加工、高级工零件加工、CAXA 制造工程师自动编程、企业零件加工、数控铣床基本操作与编程，并附有 0i MATE-MD 系统常用指令功能表、螺纹底孔钻头直径选择表和数控铣床考证理论知识试题库。通过本书的学习，能让学生快速、全面地掌握数控车削加工艺分析与设计、编程和操作。

本书可作为技工学校、职业技术学校数控专业教材，也可作为职业技术院校机电一体化、机械制造类专业教材及机械类工人岗位培训教材，也可以作为工程技术人员的参考用书。

数控铣加工项目实践

主　编　徐世东　侯海华

副主编　王冠华　缪红意

责任编辑　杜希武

封面设计　刘依群

出版发行　浙江大学出版社

（杭州市天目山路 148 号　邮政编码 310007）

（网址：http://www.zjupress.com）

排　　版　杭州金旭广告有限公司

印　　刷　广东虎彩云印刷有限公司绍兴分公司

开　　本　787mm×1092mm　1/16

印　　张　24.5

字　　数　596 千

版 印 次　2015 年 6 月第 1 版　2023 年 8 月第 4 次印刷

书　　号　ISBN 978-7-308-14638-8

定　　价　59.00 元

前 言

目前国内关于数控铣编程的教材颇多，但编程部分内容都比较粗浅，教师按教材教学普遍感到吃力，学生学习起来也觉得相当枯燥，且难有收获。

编者通过长期教学实践，不断摸索，并从各类编程教材、参考书中吸取“营养”，根据教育部现阶段技能型人才培养培训方案的指导思想和专业教学计划编写了本教材。全书采用项目教学法及“任务引领型课程”，体现了基于工作过程的教学思想，具有以下特点：

一、在编写理念上，根据中职生的培养目标及认知特点，打破了传统的认知规律，代之以实践—理论—实践的新认知规律，突出“教产合作与校企一体”的新教育理念。

二、强调实践与理论的有机统一，在技能上力求满足企业用工需要，在理论上做到适度、够用。

在典型零件的分解加工中，许多图纸采用前面的任务结果作为下一任务的毛坯，可减少学校的耗材准备。在每个任务新增知识架构环节，突破了原来先理论后实操的架构，改为新增知识的相关理论放在本书的最后一个项目中，让学生养成自主学习，把相关的知识点作为一种参考资料，充分提高学生自学的能力。

三、选用通俗的语言和大量直观形象的图例，好教易学，内容紧扣主题，定位准确。主要包括简单零件和复杂零件的加工工艺分析、编程以及机床操作等方面的内容，，并配有统一的中、高级考证试题库，方便教学考核。

全书共由七个项目组成，以任务目标→任务描述→任务链接→任务实施→任务评价等为主线，以学生的中、高级考证为目标，并且加入了企业零件项目，由浅入深，系统、全面地讲解零件加工工艺及实际加工，充分调动学生自主学习、自我实践的积极性。本书可作为技工学校、职业技术学校数控专业教材，也可作为职业技术院校机电一体化、机械制造类专业教材及机械类工人岗位培训教材。

本书由舟山技师学院徐世东、侯海华担任主编，王冠华、缪红意担任副主编，几人分工协作，历时一年多共同编写完成。舟山技师学院机电部部长、高级教师李定华认真审阅了本书，提出了许多宝贵的意见和建议，在此表示衷心的感谢。

在本书的编写过程中，得到了学校领导和专业教师的支持与帮助，同时得到了舟山市机电专业建设专家咨询委员会成员许猛、李增蔚、苏霖、张友海、江平、郑海涌、陈恒波、施高跃、李亚民的热心指导，在此一并表示诚挚的谢意。

由于编者水平有限，加之时间仓促，书中疏漏和错误之处在所难免，恳请批评指正。

编者

2015 年 2 月

目 录

数控铣床基本知识

1. 认识数控铣床
2. 熟悉数控机床的安全文明生产教程
3. 认识数控铣床的夹具
4. 认识数控加工中的常用刀具
5. 了解数控铣的加工工艺

本项目分为五个任务。任务一:认识数控铣床,主要了解数控机床的发展史、基本组成、加工特点及其分类。任务二:熟悉数控机床的安全文明生产教程,掌握熟悉数控铣床的安全操作规程和日常维护保养方法。任务三:认识数控铣床的夹具,要求掌握平口钳的安装,平口钳和组合压板安装工件的方法。任务四:认识数控加工中的常用刀具,主要掌握常用刀具的装夹与拆卸方法和数控铣床上刀柄的装卸方法。任务五:了解数控铣加工工艺,主要了解数控加工工艺的特点,掌握走刀路线和切削用量的确定。

本项目是学习数控铣床的第一部分,主要目的是为了了解数控铣床的理论知识,提高兴趣,为今后的学习打好基础。

任务一　认识数控铣床

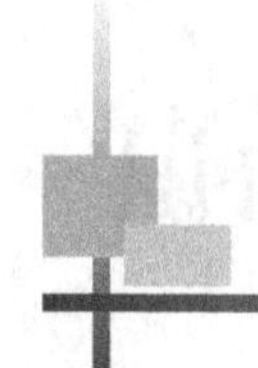

任务目标

1. 了解数控机床的发展史
2. 了解数控铣床的分类
3. 熟悉数控铣床的组成、工作原理及主要功能
4. 掌握数控铣床的加工特点

任务描述

本任务主要了解数控机床的发展史、基本组成、加工特点及其分类。

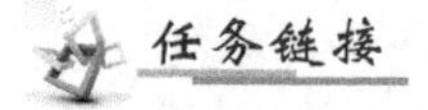

任务链接

活动一　数控机床的产生及发展

科学技术的不断发展，对机械产品的质量和生产率提出了越来越高的要求，机械加工工艺过程的自动化是实现上述要求的最主要的措施之一，它不仅提高了产品的质量、提高生产的效率、降低生产的成本、还能够大大改善工人的劳动条件。

大批量的自动化生产广泛采用自动机床、组合机床和专用机床以及专用自动生产线，实行多刀、多工位、多面同时加工，以达到高效率和高自动化的要求。但这些都属于刚性自动化范畴，在面对小批量生产时并不适用，因为小批量生产需要经常变化产品的种类，这就要求生产线具有柔性生产特点。而从某种程度上来说，数控机床的出现正很好地满足了这一要求。

1952 年，美国麻省理工学院成功地研制出一套三坐标联动，利用脉冲乘法器原理的试验性数控系统，并将它装在一台立式铣床上。当时使用的电子元件是电子管，这就是世界上第一台第一代数控机床。

我国从 1958 年开始研究数控技术，一直到 60 年代中期均处于研制、开发时期。当时，一些高等院校、科研单位研制出的试验样机，也是从电子管开始开发的。1965 年国内开始研制晶体管数控系统，从 70 年代开始，数控技术在车、铣、钻、镗、磨、齿轮加工、点加工等领域全面展开，数控加工中心在上海、北京研制成功。在这一时期，数控线切割机床由于结构简单，使用方便、价格低廉，在模具加工中得到了推广。80年代，我国从日本发那科公司引进的5、7、3等系列数控系统和交流伺服电机、交流主轴电机技术，以及从美国、德国引进一些新技术，使我国的数控机床在性能和质量上产生了一个质的飞跃。1985年，我国数控机床品种有了新的发展，90年代开始主要向高档数控机床发展。

活动二　数控机床的主要特点

一、高柔性

数控铣床的最大特点是高柔性，即可变性。所谓"柔性"即是灵活、通用、万能，可以适应加工不同形状的工件。改变数控加工程序，就可以在数控铣床上加工新的零件，且又能自动化操作、柔性好、效率高，因此数控铣床非常适应市场的竞争。

二、高精度

目前数控装置的脉冲当量(即每轮出一个脉冲后滑板的移动量)一般为0.001mm，高精度的数控系统可达0.0001mm。因此一般情况下，绝对能保证工件的加工精度。另外，数控加工还可避免工人操作所引起的误差，一批加工零件的尺寸统一性较好，产品质量能够保证。

三、高效率

数控机床的高效率主要是由数控机床高柔性带来的。如数控铣床一般不需要使用专用夹具和工艺装备。在更换工件时，只需调用储存于计算机中的加工程序、装夹工件和调整刀具数据即可，大大缩短了生产周期。更主要的是数控铣床的万能了带来高效率，如一般的数控铣床都具有铣床、镗床和钻床的功能，工序高度集中，提高了劳动生产率并减少了工件的装夹误差。

数控铣床的主轴转速和进给量都是无级调速的，有利于选择最佳的切削用量。其还具有快进、快退、快速定位等功能，可大大减少机动时间。

据统计，采用数控铣床比普通铣床可提高生产率约3～5倍，对于复杂的成形面加工，生产率可提高十几倍甚至几十倍。

四、大大减轻了操作者的劳动强度

数控铣床是按事先编好的程序自动完成对零件的加工，操作者除了操作键盘、装卸工件、中间测量及观察机床运行外，不需要进行繁重的重复性手工操作，可大大减轻劳动强度。

五、信息化

数控机床使用数字信息与标准代码处理和传递信息，并使用计算机进行控制，为实现生产过程自动化创造了条件，有利于实现管理和机械加工的自动化。

但是数控机床与普通机床相比，初期投资、养护、维修费用、对工作环境要求较高，如果使用和管理不善，容易造成浪费并直接影响经济效益。因此要求设备操作人员和管理者有较高的素质，严格遵守操作规程并履行管理制度，以提高企业的经济效益和市场竞争力。

活动三 数控机床的组成与适用范围

一、数控机床的组成

数控机床由以下几个部分组成：

(1)程序介质。根据零件的几何形状和工艺要求，确定零件加工的工艺过程和工艺参数，然后按规定的代码和格式编制数控加工程序。编制程序的工作可由人工完成，也可以用计算机自动编程系统来完成。比较先进的数控机床，还可以在数控装置上直接编程。

编好的数控程序，存放在便于输入到数控装置的一种存储介质上，称为程序介质，可以是穿孔纸带、磁带、磁盘等。

(2)输入输出装置。输入输出装置主要用于零件数控程序的编制、存储、打印和显示等。简单的输入输出装置包括键盘和显示器。一般的输入输出装置除了人机对话编程键盘和显示器外，还包括纸带、磁带和磁盘输入机、穿孔机等。高级的数控系统还使用自动编程机或CAD/CAM系统。

(3)数控装置。数控装置是数控机床的核心，它根据输入的程序和数据，经过数控装置的系统软件或逻辑电路进行编译、运算和逻辑处理后，输出各种信号和指令。

(4)伺服驱动系统、位置检测装置及辅助控制装置。伺服驱动系统由伺服驱动电路和伺服驱动装置组成，并和机床的执行部件、机械传动部件组成数控机床的进给系统。它根据数控装置发出来的速度和位移指令，控制执行部件的进给速度、方向和位移。每个进给运动的执行部件，都配有一套伺服驱动系统。伺服驱动系统有开环、半闭环和闭环之分。在半闭环和闭环伺服驱动系统中，还需使用位置检测装置，间接或直接地测量执行部件的实际进给位移，并与指令位移进行比较，再按闭环原理，将其误差转换放大后控制执行部件的进给运动。

(5)机床的机械部件。数控机床的机械部件包括：主运动部件、进给运动执行部件如工作台、拖板及其传动部件和床身立柱等支承部件，还有冷却、润滑、转位和夹紧等辅助装置。对于加工中心，还有存放刀具的刀库、交换刀具的机械手等部件。

二、数控机床的使用范围

数控机床适用于加工：

(1)批量小生产的零件(100件以下)。

(2)加工精度高、结构形状复杂的零件，如箱体类、曲线、曲面类的零件。

(3)需要进行多次改型设计的零件。

(4)需要精确复制和尺寸一致性要求高的零件。

(5)价格昂贵的零件，这种零件虽然生产量不大，但是如果加工中因出现错误而报废，将产生巨大的经济损失。

活动四　数控铣床的分类

一、数控铣床的分类

数控铣床是一种用途广泛的数控机床,可分为不同的种类。按主轴轴线位置方向可分为立式数控铣床和卧式数控铣床,如图 1-1-1 和图 1-1-2 所示。

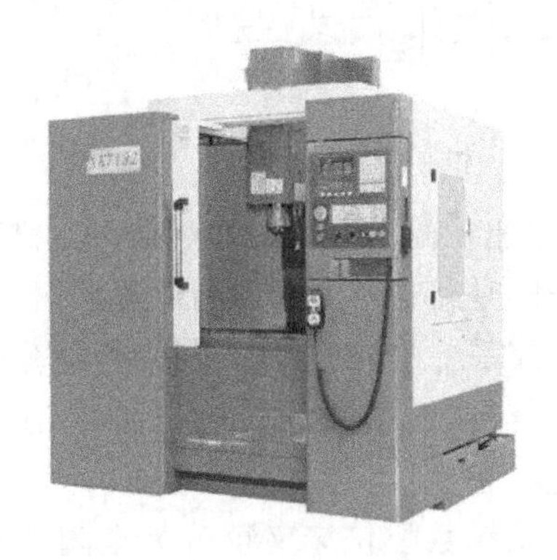

1-1-1　立式数控铣床

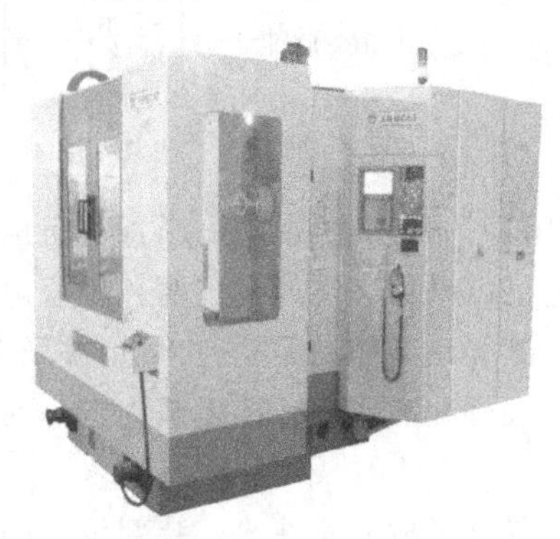

1-1-2　卧式数控铣床

按加工功能可分数控铣床、数控仿形铣床、数控齿轮铣床等。

按控制坐标轴数可分两轴联动数控铣床、三轴联动数控铣床、两轴半联动数控铣床、四轴联动数控铣床和五轴联动数控铣床,如图 1-1-3 所示。

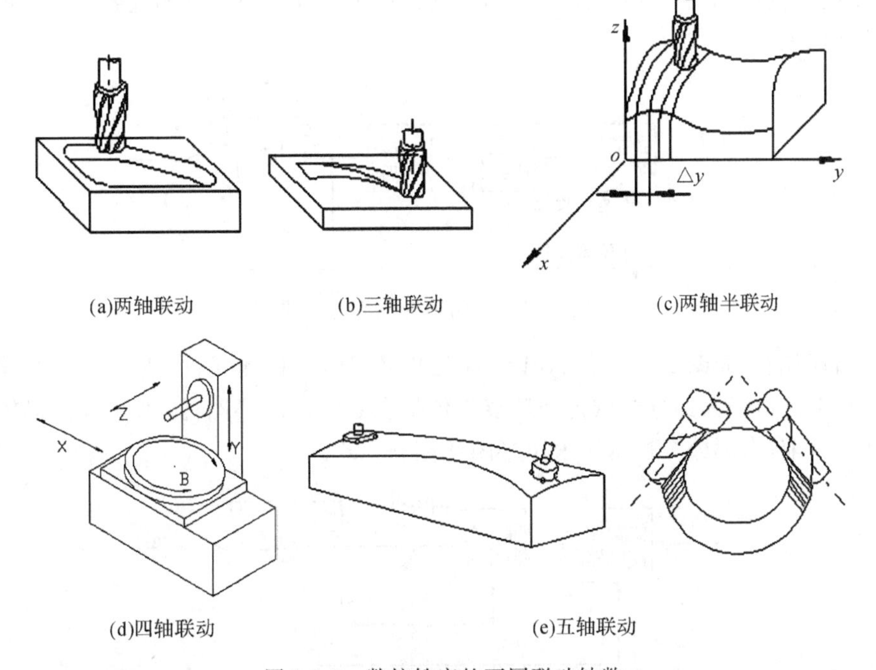

图 1-1-3　数控铣床的不同联动轴数

按伺服系统方式可分为开环伺服系统数控铣床和闭环伺服系统数控铣床。

(1)开环伺服系统数控铣床原理,如图1-1-4所示,这类机床的进给伺服驱动是开环的,即没有检测反馈装置。其驱动电机只能采用步进电机,该类电机的主要特征是其控制电路每变换一次指令脉冲信号,电机就转动一个步距角,并且电机本身具有自琐能力。该控制方式的最大特点是控制方便、结构简单并且价格便宜。数控系统发出的位移指令信号流是单向的,所以不存在稳定性问题,但由于机械传动的误差不经过反馈校正,位移精度一般不高。世界上早期的数控机床均采用该控制方式。

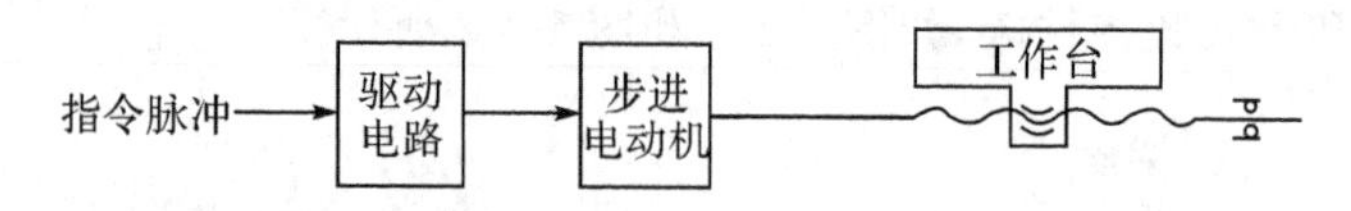

图1-1-4　开环伺服系统框图

(2)闭环伺服系统数控铣床,这类机床的进给伺服驱动是按闭环反馈控制方式工作的。其驱动电机可采用直流或交流两种伺服电动机,并需同时配有速度反馈和位置反馈,在加工中随时检测移动部件的实际位移量,并及时反馈给数控系统中的比较器,与插补运算所得的指令信号进行比较,其差值又作为伺服驱动的控制信号,进而带动位移部件以消除位移误差。

按位置反馈检测元件的安装部位不同,闭环伺服系统数控铣床又可分为全闭环和半闭环两种控制方式。

①全闭环控制,如图1-1-5所示,其位置反馈采用直线位移检测元件,安装在机床拖板部位上,直接检测机床坐标的直线位移量,通过反馈可以消除从电动机到机床拖板间整个机械传动链中的传动误差,可以得到很高的机床静态定位精度。但整个闭环系统的稳定性校正困难,系统的设计和调整也都相当复杂,因此这种全闭环的控制方式主要用于精度要求很高的数控铣床上。

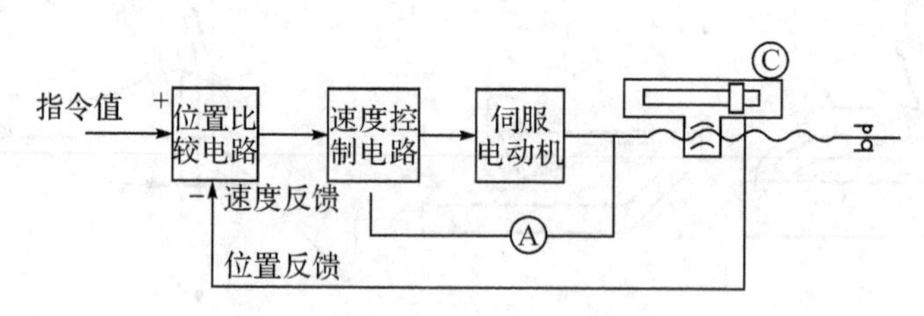

图1-1-5　全闭环伺服系统框图

②半闭环控制,如图1-1-6所示,其位置反馈采用转角检测元件,直接安装在伺服电动机或丝杠端部。由于大部分机械传动环节未包括在系统闭环环路内,因此可获得较稳定的控制特性。目前,大部分数控铣床采用半闭环控制方式。

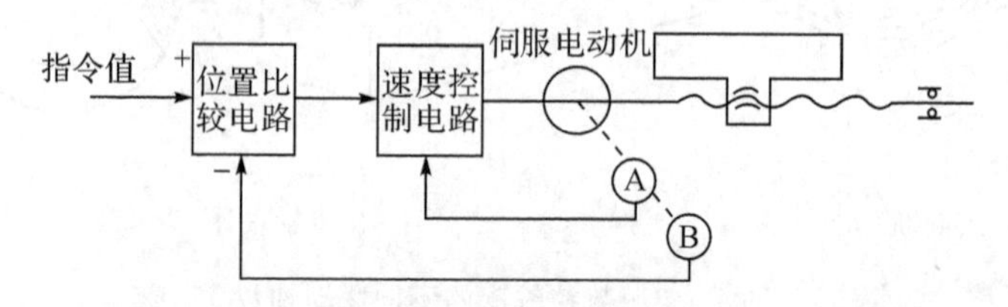

图1-1-6　半闭环伺服系统框图

二、数控铣床的工作原理

在数控铣床上，把被加工零件的工艺过程(如加工顺序、加工类别等)、工艺参数(如主轴转速、进给速度、刀具尺寸)以及刀具与工件的相对位移用数控语言编写成加工程序单输入数控装置，数控装置便根据数控指令对机床的各种动作和刀具工件间的相对位移进行控制，当零件加工程序结束，加工出合格的零件时，机床会自动停止，其工作原理如图 1-1-7 所示。

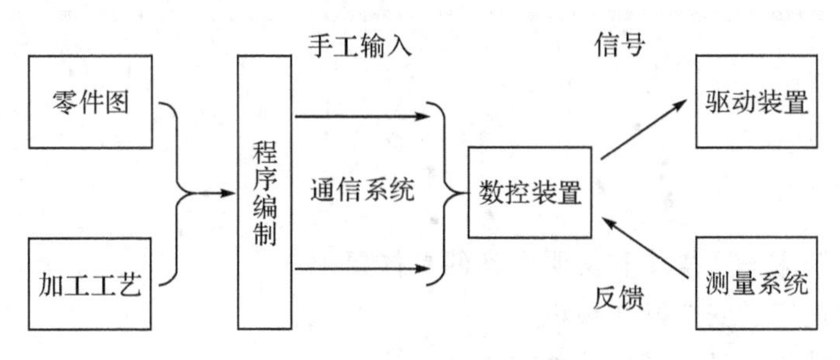

图 1-1-7　数控铣床工作原理

任务实施

1. 数控机床的发展历史？
2. 数控铣床一般由哪几部分构成？
3. 数控机床的主要特点？
4. 数控铣床的分类？

任务评价

项目一、任务一评价如表 1-1-1 所示。

表 1-1-1　任务评价表

评价类型	序号	评价内容	学生自评		小组互评		教师评价	
			合格	不合格	合格	不合格	合格	不合格
任务内容	1	数控机床的发展历史						
	2	数控铣床的组成						
	3	数控机床的主要特点						
	4	数控铣床的分类						
成果分享	收获之处							
	不足之处							
	改进措施							

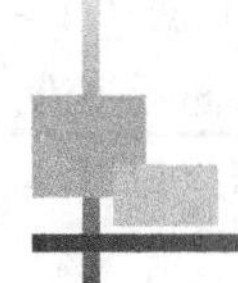

任务二　数控机床安全文明生产教育

任务目标

1. 熟悉数控铣床安全操作和文明生产的具体要求
2. 熟悉数控铣床的安全操作规程
3. 了解数控铣床的日常维护保养方法

任务描述

掌握熟悉数控铣床安全操作规程和日常维护保养方法。

任务链接

一、安全文明生产规定

数控机床是一种自动化程度较高,结构较复杂的先进加工设备,为了充分发挥机床的优越性,提高生产效率,管好、用好、修好数控机床,技术人员的素质及文明生产显得尤为重要。操作人员除了要熟悉掌握数控机床的性能,做到熟练操作以外,还必须养成文明生产的良好工作习惯和严谨工作作风,具有良好的职业素质、责任心和合作精神,在工作中应做到以下几点:

(1)严格遵守劳动纪律,不迟到、不早退、工作中不准打闹,坚守岗位。

(2)进入岗位前必须按规定穿戴好工作服装,不得穿戴带有危险隐患的服饰品。

(3)认真执行岗位责任制,严格遵守操作规程,不作与本职无关的事。

(4)非本岗操作者及维护使用人员,未经批准不得进入或触动机床及其辅助设备。

(5)离开之前,各小组负责人应认真填写设备管理登记簿。

(6)加工后的工件未经老师同意不得带出实训室,每次工作完毕后应将机床清扫干净,经老师认可后方可离开。

(7)下班前必须清理现场,切断电源,关闭门窗。

(8)实行定期维护和保养制度,保证机床安全运行。

(9)机床出现故障应及时报告指导老师并尽量保护现场,否则所造成的不良后果应追究当事人的责任,并做相应处理。

(10)若没有按要求操作机床,造成人身伤害和设备损坏,应追究当事人应负的责任,并做相应处理。

二、机床安全操作规程

为了正确合理地使用数控机床，减少其故障的发生率，操作人员需经机床管理人员同意后方可操作机床。

1.开机前的注意事项

(1)操作人员必须熟悉该数控机床的性能、、操作方法并经机床管理人员同意后方可操作机床。

(2)机床通电前，先检查电压、气压、油压是否符合工作要求。

(3)检查机床可动部分是否处于正常工作状态。

(4)检查工作台是否有越位、超极限状态。

(5)检查电气元件是否牢固，是否有接线脱落。

(6)检查机床接地线是否和车间地线可靠连接(初次开机特别重要)。

(7)已完成开机前准备工作后方可合上电源总开关。

2.开机过程中的注意事项

(1)机床通电后，CNC 装置尚未出现位置显示或报警画面时，不要触碰 MDI 面板上的任何按键，，因为有些键专门用于机床的维护和特殊操作，在开机的同时按下这些键，机床数据可能会丢失。

(2)一般情况下开机过程中必须先进行回机床参考点的操作，建立机床做标系。

(3)开机后让机床空运转 15 分钟以上，使机床达到平衡状态。

(4)关机以后必须等待 1 分钟以上才可以进行再次开机，没有特殊情况请勿随意频繁进行开机或关机操作。

3.机床操作过程中的安全操作

(1)手动操作：当手动操作机床时，要确定刀具和工件的当前位置并保证已正确指定了轴的运动方向和进给速度。

(2)手动返回参考点：机床通电后，务必先执行返回参考点操作。

(3)手摇脉冲发生器进给：在使用手摇脉冲发生器进给时，一定要选择正确的进给倍率，过大的进给倍率容易使刀具或机床，尤其是丝杠损坏。

(4)工作坐标系：手动干预、机床锁住或镜像操作都可能移动工件坐标系，用程序控制机床前，必须先确认工件坐标系。

(5)空运行：通常使用机床空运行来确认机床运行的正确性，在空运行期间，机床以空运行进给速度运行，该速度与程序输入的进给速度是不一样的，且空运行的进给速度要比编程的进给速度快得多。

(6)自动运行：机床在自动执行程序时，操作人员不得离开岗位，要密切注意机床、刀具等的工作状况，根据实际情况调整加工的相关参数，一旦发现意外情况，应立即停止机床。

4.与编程相关的安全操作

(1)坐标系的设定：如果没有设置正确的坐标系，尽管指令正确，机床也不会按想象的动作运动。

(2)米/英制的转换：在编程过程中，一定要注意单位的转换，使用的单位制式要与机床当前使用的单位制式相同。

(3)刀具补偿功能:在补偿功能模式下,发出基于机床坐标系的运动指令或参考点返回命令,补偿就会暂时取消,这可能导致机床不可预想的运动。

5.调试过程中的注意事项

(1)编辑、修改、调试好程序,若是首件试切必须进行空运行,确保程序正确无误。

(2)按工艺要求安装、调试好夹具,并清除各定位面的铁屑和杂物。

(3)按定位要求装夹好工件,确保定位正确可靠,不得在加工过程中发生工件松动现象。

(4)安装好所需要的刀具,若是加工中心,则必须使刀具在刀库上的刀位号与程序中的刀号严格一致。

(5)按工件上的编程原点进行对刀,建立工件坐标系,若用多把刀具,则其余各把刀具应分别进行长度补偿或刀尖位置补偿。

(6)设置好刀具半径补偿。

(7)确认冷却液输出通畅,、流量充足。

(8)再次检查所建立的工件坐标系是否正确。

以上各点准备完成后方可加工工件。

6.加工过程中的注意事项

(1)加工过程中,不得调整刀具和测量工件尺寸。

(2)自动加工中,应始终监视运转状态,严禁离开机床,遇到问题及时解决,防止发生不必要的事故。

(3)定时对工件进行检验,确定刀具磨损等情况。

(4)关机或交接班时对加工情况,重要数据等做好记录。

(5)机床各轴在关机时应远离其参考点,或停在中间位置,使工作台重心稳定。

(6)清洁机床,必要时涂防锈漆。

7.关机过程中的注意事项

(1)确认工件已加工完毕。

(2)确认机床的全部运动均已完成。

(3)检查工作台面是否远离行程开关。

(4)检查刀具是否已取下、主轴锥孔内是否已清洁并涂上油脂。

(5)检查工作台面是否已清洁。

(6)注意关机顺序。

三、设备的日常维护保养

数控机床种类繁多,各类数控机床因其功能,结构及系统的不同,具有不同的特性,其维护保养的内容和规则也各有其特色,具体应根据其机床种类、型号及实际使用情况,并参照机床使用说明书要求,制订和建立必要的定期、定级保养制度。下面是一些常见、通用的日常维护保养要点。

1.数控系统的维护

(1)严格遵守操作规程和日常维护制度。

(2)应尽量少开数控柜和强电柜的门。机加工车间的空气中一般都会有油雾、灰尘甚至金属粉末，一旦落在数控系统内的电路板或电子器件上，容易引起元器件间绝缘电阻下降，甚至导致元器件及电路板损坏。有的用户在夏天为了使数控系统能长期超负荷工作，而打开数控柜门散热，这是一种极不可取的方法，其最终将导致数控系统的损坏加速。

(3)定时清扫数控柜的散热通风系统

应该检查数控柜上各个冷却风扇工作是否正常，每半年或每季度检查一次风道过滤器是否堵塞，若不及时清理过滤网上灰尘，会导致数控柜内温度过高。

(4)数控系统输入/输出装置的定期维护

80 年代以前生产的数控机床，大多带有光电式纸带阅读机，如果读带部分被污染，将导致读入信息出错，为此，必须按规定对光电阅读机进行维护。

(5)直流电动机电刷的定期检查和更换

直流电动机电刷过度磨损，会影响电动机的性能，甚至造成电动机的损坏，应对电动机电刷进行定期检查和更换。数控车床、数控铣床、加工中心等设备，应每年检查一次。

(6)定期更换存储用电池

一般数控系统内对 CMOS、RAM 存储器件设有可充电的电池维护电路，以保证系统不通电期间能保持其存储器的内容。一般情况下，即使尚未失效，也应每年更换一次电池，以确保系统正常工作。电池的更换应在数控系统供电状态下进行，以防更换时 RAM 内信息丢失。

(7)备用电路板的维护

备用印制电路板长期不用时，应定期装到数控系统中通电运行一段时间，以防损坏。

2. 机械部件的维护

(1)主传动链的维护

定期调整主轴驱动带的松紧，防止因带打滑造成的丢转现象。检查主轴润滑用的恒温油箱、温度调节范围，及时补充油量，并清洗过滤器。主轴刀具夹紧装置长时间使用后，会产生间隙，影响刀具的夹紧，需及时调整液压缸活塞的位移量。

(2)滚珠丝杠螺纹副的维护

定期检查、调整丝杠螺纹副的轴向间隙，保证反向传动精度和轴向刚度。定期检查丝杠与床身的连接是否松动，丝杠防护装置损坏要及时更换，以防灰尘或切屑进入。

(3)刀库及换刀机械手的维护

严禁将超重超长的刀具装入刀库，以避免机械手换刀时掉刀或刀具与工件、夹具发生碰撞。经常检查刀库的回零位置是否正确，检查机床主轴回换刀点位置是否到位，并及时调整。开机时，应使刀库和机械手空运行，检查各部分工作是否正常，特别是各行程开关和电磁阀能否正常动作，同时检查刀具在机械手上是否可靠锁紧，发现不正常应及时处理。

3. 液压、气压系统的维护

定期对各润滑(表 1-2-1)、液压、气压系统的过滤器或分滤网进行清洗或更换，定期对液压系统进行油质的化验检查并更换液压油，定期对气压系统分水滤气器放水。

表 1-2-1　润滑“五定”表

润滑部位	油(脂)牌号	加、换周期	添加数量(kg)	责任工种
直线导轨滑块中间	KlÜber Isoflexnbu 15	运行 2000km	0.07	操作工
直线导轨滑块两端	Mobil shc 639	运行 2000km	0.04	操作工
各导轨丝杆轴承	Mobil shc 639	运行 2000km	约为轴承空间的 1/3	维修工
各导轨丝杆螺母	Mobil shc 639	运行 2000km	0.07	操作工

4. 机床精度的维护

定期进行机床水平和机械精度的检查并校正，机械精度的校正方法有软硬两种，软方法主要是通过系统参数补偿，如丝杠反向间隙补偿、各坐标定位精度定点补偿、机床回参考点位置校正等，硬方法一般在机床大修时进行，如进行导轨修刮、滚珠丝杠螺母副预紧调整反向间隙等。

5. 常见故障的分析与处理(表 1-2-2)

表 1-2-2　常见故障的分析与处理

故障现象	故障分析	故障处理
X 轴驱动错误	电路连接故障 驱动系统错误	检查与 X 轴有关的连接电路及接口是否松动 关机重新启动系统
故障现象	故障分析	故障处理
压缩空气压力不足	过滤器堵塞 其他管路堵塞 供气气压偏低	清洗过滤器，必要时更换 疏通其他压缩空气管路 与压缩空气生产单位联系
主轴头发热	主轴冷却液流量小或无冷却液	管路不畅，疏通管路 水泵故障，修理或更换水泵 进水管口高于水箱液面，加冷却水
无冷却液或流量小	过滤器堵塞 冷却液不足 油路不畅	清洗过滤器 添加冷却液至要求位置 疏通油路

出现不能解决的故障找维修专业人员解决。

四、职业道德守则

(1)遵守国家法律、法规和有关规定。

(2)具有高度的责任心、爱岗敬业、团结合作。

(3)严格执行相关标准、工作程序与规范、工艺文件和安全操作规程。

(4)积极学习新知识新技能，勇于开拓创新。

(5)爱护设备及辅助工具。

(6)着装整洁，符合规定，保持工作环境清洁有序，文明生产。

任务实施

1. 安全文明生产的规定有哪些？
2. 数控铣床安全操作的规程有哪些？
3. 设备日常维护保养包括哪些项目？
4. 常见的数控故障有哪些？怎么处理？

任务评价

项目一、任务二评价如表 1-2-3 所示。

表 1-2-3　任务评价表

评价类型	序号	评价内容	学生自评		小组互评		教师评价	
			合格	不合格	合格	不合格	合格	不合格
任务内容	1	安全文明生产规定						
	2	数控铣床安全操作规程						
	3	设备日常维护保养						
	4	常见故障分析与处理						
成果分享	收获之处							
	不足之处							
	改进措施							

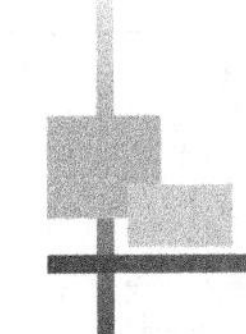

任务三　数控加工中的常用夹具

任务目标

1. 掌握平口钳的安装和钳口的校正方法
2. 掌握平口钳安装工件的方法
3. 了解组合压板安装工件的方法

任务描述

本任务要求掌握平口钳的安装，平口钳和组合压板安装工件的方法。

任务链接

在铣削加工时，把工件放在机床上（或夹具中），使其在夹具上的位置按照一定的要求确定下来，并将必须限制的自由度逐一予以限制，这称为工件在夹具上的“定位”。工件定位以后，为了承受切削力、惯性力和工件重力，还应被夹牢，这称为“夹紧”。从定位到夹紧的整个过程叫作“安装”，工件安装情况的好坏，将直接影响工件的加工精度。

活动一　安装平口钳的步骤

一、安装平口钳（表1-3-1）

数控铣加工中，最常用的装夹方式就是采用平口钳装夹工件，平口钳在机床上应完全定位，并准确校正平口钳，才能够保证加工工件相对位置精度的准确，以满足数控加工中简化定位和安装的要求。

表1-3-1　安装平口钳的步骤

序号	步骤名称	作业图	操作步骤及说明
1	整理工作台		把工作台整理干净
2	油好工作台		用油石把工作台弄平整、光滑，去毛刺

续表 1-3-1

序号	步骤名称	作业图	操作步骤及说明
3	擦净工作台		把工作台仔细擦拭干净
4	准备好平口钳		把平口钳初步擦拭干净
5	平口钳反个面		把平口钳反个面
6	擦净平口钳底面		先用气枪初步吹掉铁屑，再用布把平口钳底面擦拭干净
7	抬上工作台		把平口钳抬到工作台上面，一般可置于整个工作台中间部位
8	准备好压板		准备好 3 套 T 形螺栓、螺母、垫铁、垫片、压板

续表 1-3-1

序号	步骤名称	作业图	操作步骤及说明
9	压板装配		把准备好的 3 套压板等元件都装配好
10	平口钳 初步固定		压板通过 T 形螺栓、螺母、垫铁垫片将平口钳夹紧在工作台面上。选择三套压板，压板的一端搭在平口钳上，另一端搭在垫铁上，垫铁的高度应等于或略高于平口钳被夹紧部位的高度，螺栓到工件间的距离，应略小于螺栓的垫铁间的距离
11	准备好 百分表	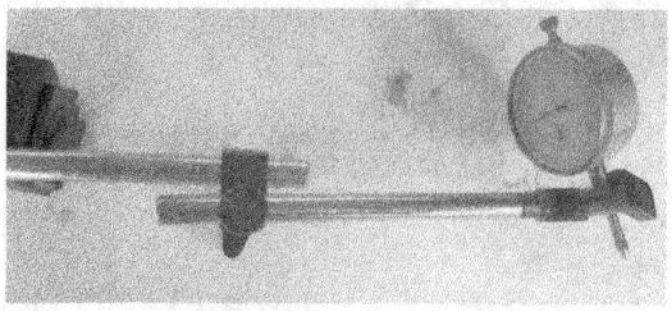	将百分表固定在磁性表座上
12	百分表 吸到主轴	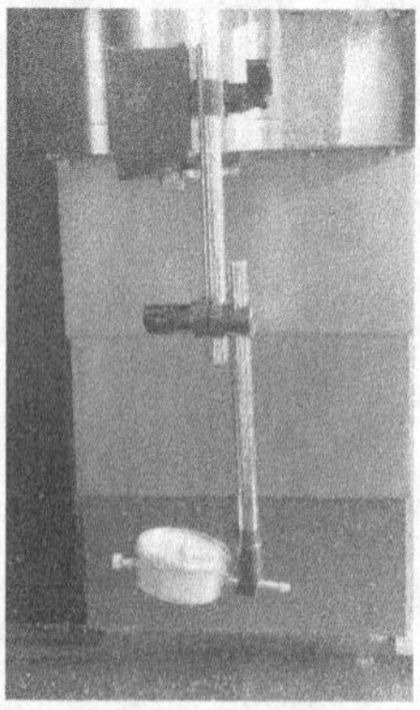	把百分表磁铁功能打开，吸附到主轴立柱上，使用百分表时一定要轻拿轻放，防止掉落

续表 1-3-1

序号	步骤名称	作业图	操作步骤及说明
13	调整百分表	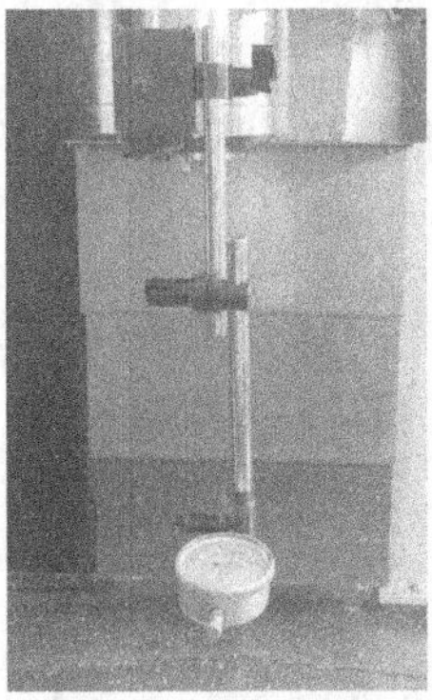	调整百分表，使表的触头朝向里面
14	打平口钳左侧		先把表的触头去顶住平口钳固定钳口的左侧，使用百分表时一定要轻拿轻放，不可以直接用表的触头撞击测量表面
15	打平口钳右侧		然后把百分表摇到固定钳口的右侧，看看表的读数是左侧大，还是右侧大。如是左侧大，敲前端左侧面；右侧大，敲前端右侧面；直至调整至左右横拉，指针偏差在两小格之内即可
16	固定平口钳	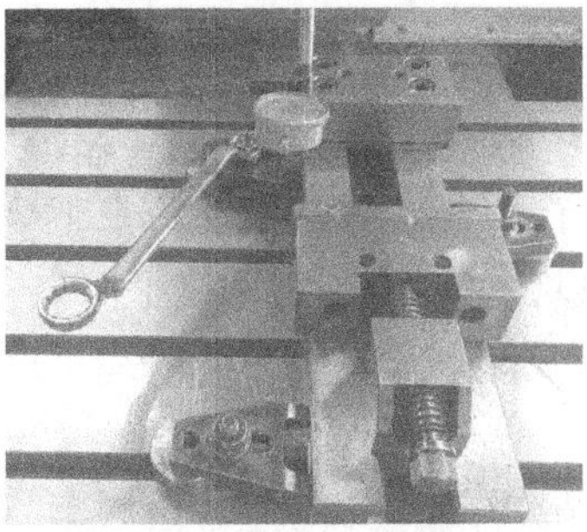	调整好后，必须要先预紧三个螺母，再依次拧紧，防止平口钳跑位

二、工件的定位

工件相对夹具一般应完全定位，且工件的基准相对于机床坐标系原点应有严格的确定位置，以满足能在数控机床坐标系中实现工件与刀具相对运动的要求。同时，夹具在机床上也应完全定位，夹具上的每个定位面相对数控机床的坐标原点均应有精确的坐标尺寸，以满足数控加工中简化定位和安装的要求。

活动二　平口钳安装工件

平口钳的正确与错误安装比较如图 1-3-1 所示。

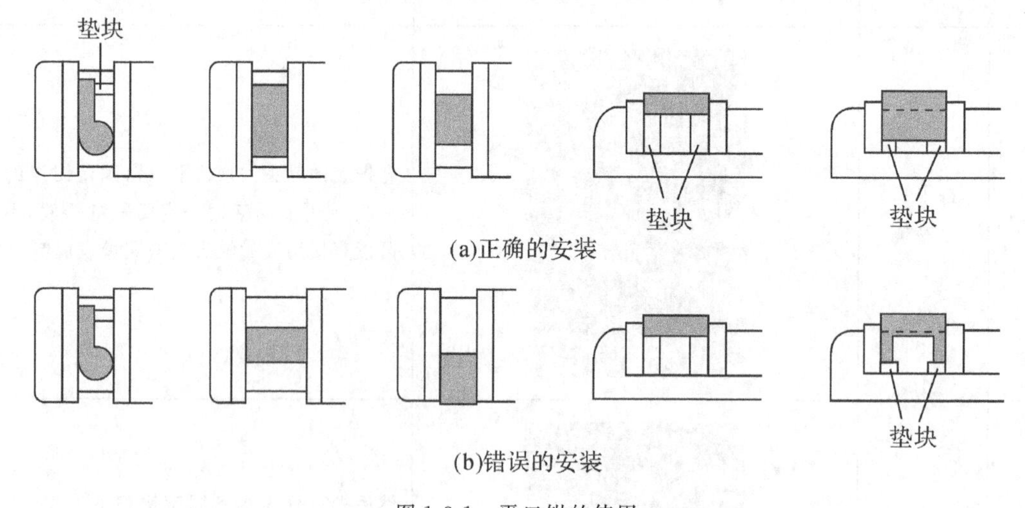

图 1-3-1　平口钳的使用

一、工件的安装步骤

首先将平口钳周边及装夹部位清洁干净，将适合的垫铁擦拭干净，并装入平口钳，将工件装入平口钳并夹紧，具体步骤如下：

(1)把工件放入钳口内，并在工件的下面垫上比工件窄、厚度适当且要求较高的等高垫块，然后将工件夹紧。

(2)工件底面用等高垫铁垫起，为使工件紧密地靠在垫块上，应用铜锤或木槌轻轻的敲击工件，直到用手不能轻易推动等高垫块时，再将工件夹紧在平口钳内。

(3)工件应当紧固在钳口较中间的位置，并使工件加工部位最低处高于钳口顶面(避免加工时刀具撞到铣刀或虎钳)，，装夹高度以铣削尺寸高出钳口平面 3～5mm 为宜。

二、安装过程的注意事项

(1)首先将平口钳周边及装夹部位清洁干净。

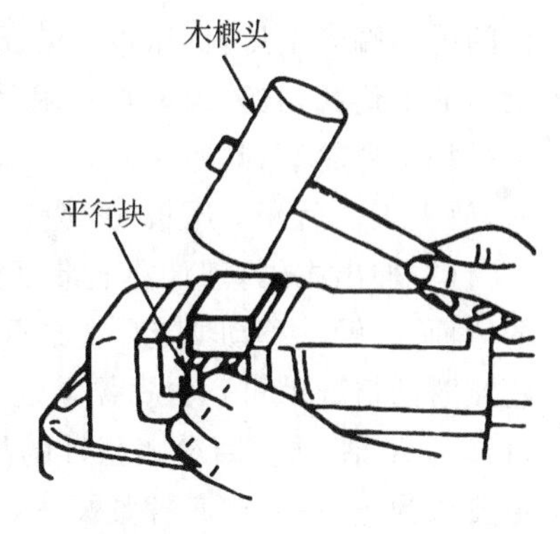

图 1-3-2　工件的安装

(2)夹紧工件前须用木榔头或橡皮锤敲击工件上表面，以保证夹紧可靠，如图 1-3-2 所示，不能用铁块等硬物敲击工件上表面。

(3)夹紧时不能用铁块等硬物敲击夹紧扳手。

(4)拖表使工件长度方向与 X 轴平行后，将虎钳锁紧在工作台。

也可以先通过拖表使钳口与 X 轴平行，然后将虎钳锁紧在工作台上，再把工件装夹在虎钳上，如有必要可再对工件拖表检查长度方向与 X 轴是否平行。

(5)必要时拖表检查工件宽度方向与 Y 轴是否平行。

(6)必要时拖表检查工件顶面与工作台是否平行。

活动三　用组合压板安装工件

找正装夹是将工件的有关表面作为找正依据，用百分表逐个找正工件相对于机床和刀具的位置，然后把工件夹紧。利用靠棒确定工件在工作台中的位置，将机器坐标值置于 G54 坐标系中(或其他坐标系)，以确定工件坐标零点的一种方法。

用专用夹具装夹是靠夹具来保证工件相对于刀具及机床所需的位置，并使其夹紧。工件在夹具中的正确定位是通过工件上的定位基准面与夹具上的定位元件相接触而实现的，不再需要找正便可将工件夹紧。夹具预先在机床上已调整好了位置，因此工件通过夹具相对于机床也就获得了正确的位置。这种装夹方法在成批生产中广泛运用。

一、直接在工作台上安装工件的找正安装

用压板装夹、百分表找正的方法如图 1-3-3 所示，可将工件直接压在工作台面上，也可在工件下面垫上厚度适当且要求较高的等高垫块后再将其压紧。

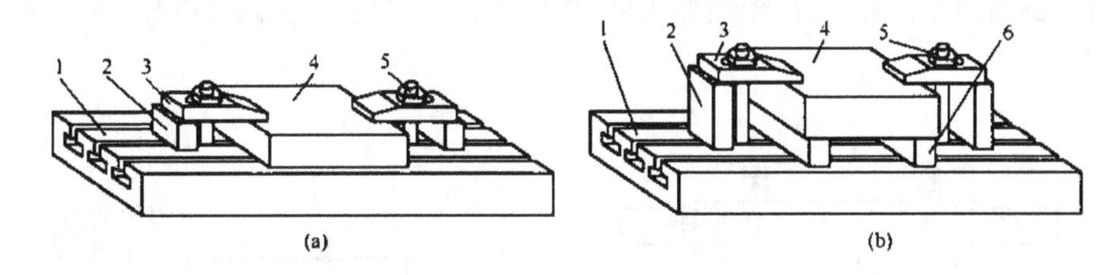

1-工作台　2-支承块　3-压板　4-工件　5-双头螺柱　6-等高垫块

图 1-3-3　组合压板安装工件的方法

(1)根据加工零件的高度，调节好工作台的位置。

(2)在工作台面上放上两块等高垫铁(垫铁一般与 Y 轴平行放置，其位置、尺寸大小应不影响工件的切削，且应尽可能相距远一些)，放上工件(由于数控铣床在 X 轴方向的运行范围比在 Y 轴方向的运行范围大，所以在编程、装夹时零件纵向一般与 X 轴平行)。把双头螺柱的一端拧入 T 形螺母(2 个)内，再把 T 形螺母插入工作台面的 T 形槽内，后将双头螺

柱的另一端套上压板(压板一端压在工件上,另一端放在与工件上表面平行或稍微高的垫铁上),放上垫圈,拧入螺母直到用手拧不动为止。以上是对零件进行挖槽类加工时的装夹,如果是加工外轮廓,则应先插好带双头螺柱的 T 形螺母(1 个),在工作台面上放上两块等高垫铁,放上工件后套上压板,并放上垫圈,再拧入螺母,直到用手拧不动为止。

(3)伸出主轴套筒,装上带百分表的磁性表座,使百分表触头与工件的前侧面(即靠近人的侧面)接触。移动 X 轴,观察百分表的指针晃动情况(同样只要观察触头与工件侧面接近两端时的情况就可),根据晃动情况用紫铜棒轻敲工件侧面,调整好位置后拧紧螺母。然后再移动 X 轴,观察百分表指针的晃动情况,同样用紫铜棒敲击工件侧面作微量调整,直至满足要求为止,最后彻底拧紧螺母。

(4)取下磁性表座,装入刀具组,调节工作台的位置。

(5)进行对刀操作。

二、使用压板时的注意事项

(1)必须将工作台面和工件底面擦干净,不能拖拉粗糙的铸件、锻件等,以免划伤台面。

(2)压板的位置要安排合适,要压在工件刚性最好的地方,并不得与刀具发生干涉,夹紧力的大小也要适当,以免会产生变形,具体情况如图 1-3-4 所示。

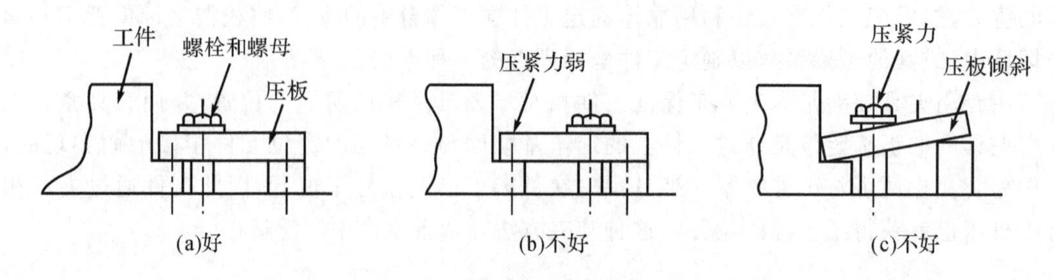

图 1-3-4 组合压板的位置安排

(3)支撑压板的支承块高度要与工件相同或略高于工件,压板螺栓必须尽量靠近工件,并且螺栓到工件的距离应小于螺栓到支承块的距离,以此增大压紧力。螺母必须拧紧,否则会因压力不够而使工件移动,以致损坏工件、机床或刀具,甚至发生意外事故,其具体要求如图 1-3-5 所示。

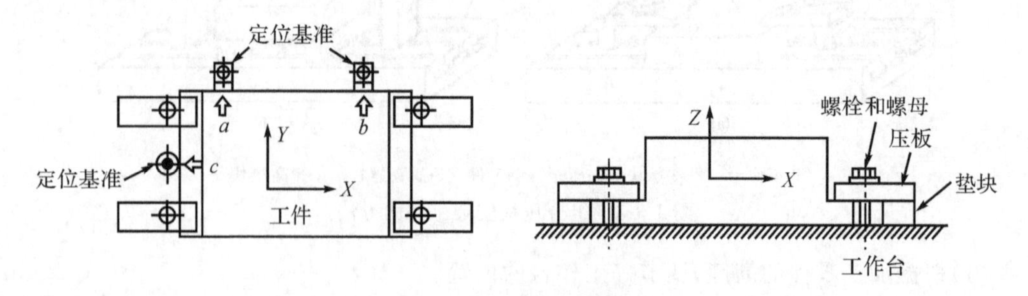

图 1-3-5 组合压板与定位基准

三、操作方法

(1)用压板将工件轻轻夹持在机床的工作台上。

(2)将磁力表座吸到主轴上。

(3)装好百分表,使测量杆垂直于要找正的表面(以工件上某个表面作为找正的基准面),并有 0.3～1mm 的压缩量。

(4)以手轮方式移动工作台,观察指针的变化,找出最高点和最低点,用铜锤轻敲工件,直至找正误差在公差之内。

(5)找正后旋紧螺母,再用百分表校正直至符合要求。

四、特点

(1)定位精度与所用量具的测量精度和操作者的技术水平有关。

(2)只适用于单件小批生产以及在不便使用夹具夹持的情况下。

(3)定位精度在 0.005～0.02mm。

五、工件安装与找正的注意事项

在工件的安装与找正过程中,要注意以下几点:

(1)工件的外轮廓不能影响机床的正常运动,且工件所有加工部位一定要落在机床的工作行程之内。

(2)工件的安装方向应与工件编程时坐标方向相同,谨防加工坐标的转向。

(3)工件上对刀点的位置应尽量避免装有夹辅具,以减小工件安装对对刀的影响。

(4)工件上的找正长边应尽量与机床工作台的纵向一致,以便于工件找正。

(5)工件压紧螺钉的位置,不能影响刀具的切入与切出,压紧螺钉的高度应尽量低,防止刀具从任意位置快速到达加工安全高度时与压紧螺钉相撞。

任务实施

1. 平口钳的安装和钳口的校正方法?
2. 平口钳安装工件。
3. 组合压板安装工件。
4. 工件安装与找正注意事项。

任务评价

项目一、任务三评价如表 1-3-2 所示。

表 1-3-2　任务评价表

评价类型	序号	评价内容	学生自评		小组互评		教师评价	
			合格	不合格	合格	不合格	合格	不合格
任务内容	1	平口钳的安装和钳口的校正方法						
	2	平口钳安装工件的方法						
	3	组合压板安装工件的方法						
	4	工件安装与找正注意事项						
成果分享	收获之处							
	不足之处							
	改进措施							

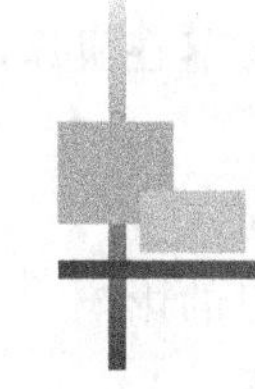

任务四　数控加工中的常用刀具

任务目标

1. 了解刀具的选择方法
2. 数控加工常用刀具的分类
3. 掌握刀具的装夹与拆卸方法
4. 掌握数控铣床上的刀柄装卸方法

任务描述

本任务主要掌握常用刀具的装夹与拆卸方法和数控铣床上的刀柄装卸方法。

任务链接

刀具及刀柄的选择应根据机床的加工能力、工件材料的性能、加工工序、切削用量以及其他相关因素进行。刀具选择的总原则是：使刀具的尺寸与被加工工件的表面尺寸相适应、安装调整方便、刚性好、耐用度和精度高。在满足加工要求的前提之下，尽量选择较短的刀柄，以提高刀具的刚性。

加工毛坯面或铣削大平面时，可选用面铣刀或直径尽可能大的刀具，铣槽时可选用刃过中心的立铣刀，铣曲面时可选择球刀。加工中需要保证刀具的硬度高过加工工件材料的硬度。生产中，平面零件周边轮廓的加工常采用立铣刀。铣削平面时，应选硬质合金刀片铣刀。加工凸台、凹槽时，选高速钢立铣刀。加工毛坯表面或粗加工孔时，可选取镶硬质合金刀片的玉米铣刀。对一些立体型面和变斜角轮廓外形的加工，常采用球头铣刀、环形铣刀、锥形铣刀或盘形铣刀。在进行自由曲面加工时，由于球头刀具的端部切削速度为零，因此为保证加工精度，切削行距一般取得很密，故球头常用于曲面的精加工。而平头刀具在表面加工质量和切削效率方面都优于球头刀，在保证不过切的前提下，无论是曲面的粗加工还是精加工，应优先选择平头刀。

在经济型数控机床加工中，刀具的刃磨、测量和更换多为人工手动进行，占用辅助时间较长，因此必须合理安排刀具的排列顺序。一般应遵循以下原则：

(1)尽量减少刀具数量。

(2)一把刀具装夹后，应完成其所能进行的所有加工部位。

(3)即使是相同尺寸规格的刀具，粗精加工的刀具也应分开使用。

(4)先铣后钻。

(5)先进行曲面精加工，后进行二维轮廓精加工。

(6)在可能的情况下，应尽可能利用数控机床的自动换刀功能，以提高生产效率。

选择刀具时还要考虑安装调整的方便程度、刚性、耐用度和精度等，在满足加工要求的前提下，刀具的悬伸长度尽可能短，以提高刀具系统的刚性。

活动一　数控加工常用刀具分类

一、面铣刀

面铣刀主要用于面积比较大的平面铣削，面铣刀具有加工效率高\材料去除率大加工表面质量好等优点，其样式如图 1-4-1 所示。

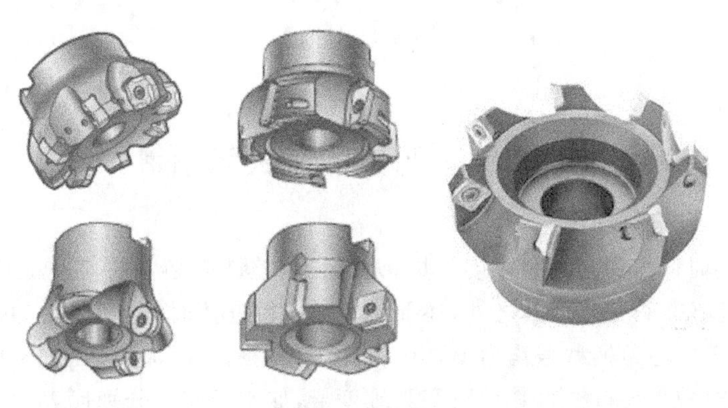

图 1-4-1　面铣刀

二、立铣刀

立铣刀通常根据其端刃是否过中心线，又分为两种：只有端刃过中心线的铣刀才可以进行沿刀具轴线方向的垂直下刀(图 1-4-2)，端刃不过中心线的铣刀主要应用于零件周边轮廓、较小的台阶面的加工(图 1-4-3)。

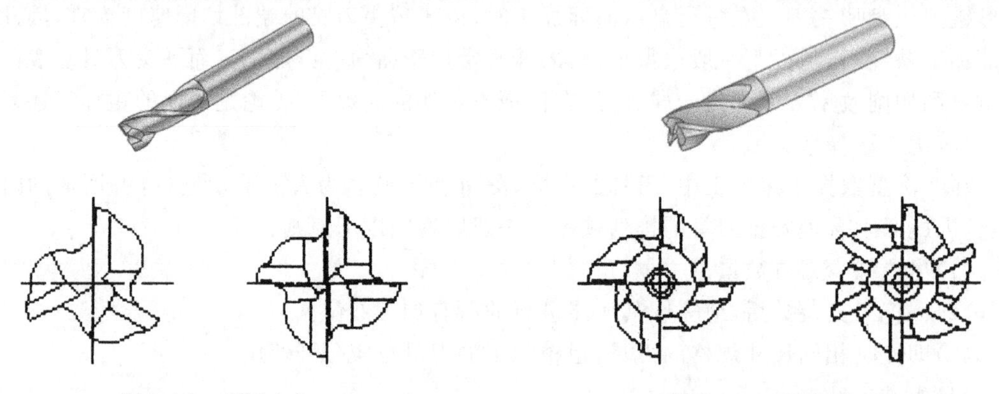

图 1-4-2　刃过中心　　　　图 1-4-3　刃不过中心

三、球头刀

球头刀主要用于加工空间曲面、各种复杂形面。其切削刃成圆弧状，刀尖点无切削能力，不用于平面的加工，如图 1-4-4 所示。

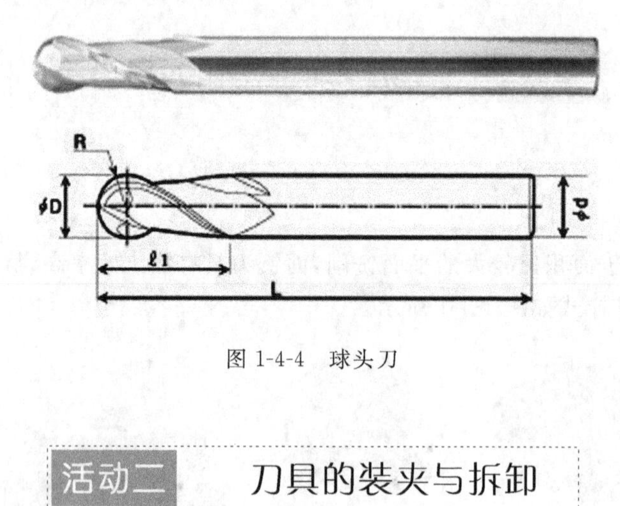

图 1-4-4　球头刀

活动二　刀具的装夹与拆卸

作为机床主轴和刀具之间的连接工具，刀柄是数控铣床必备的辅助工具，如图 1-4-5 所示。它除了要能够准确安装刀具之外，还要满足与主轴连接时能拉紧定位并自动松开功能。我校数控铣/加工中心刀柄型号均为 BT40，其中 BT 表示采用国际标准 ISO-7388 的机床用的锥柄柄部(带机械手夹持槽)，其后数字为锥度号，如 40 和 50 分别代表大端直径 44.45 和 69.85 的 7∶24 锥度。

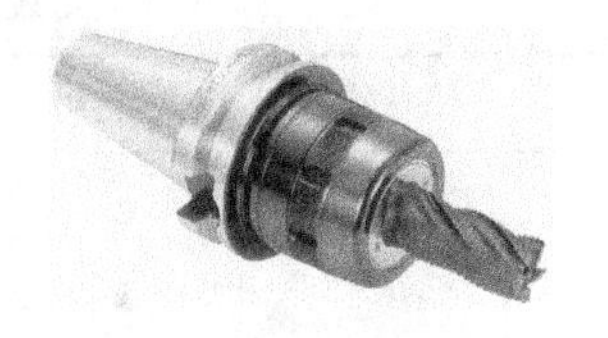  

图 1-4-5　弹簧夹头刀柄

与其配套使用的卡簧如图 1-4-6 所示，与刀柄配合使用装夹 3～20mm 的不同大小刀具。刀具的装夹步骤如表 1-4-1 所示。

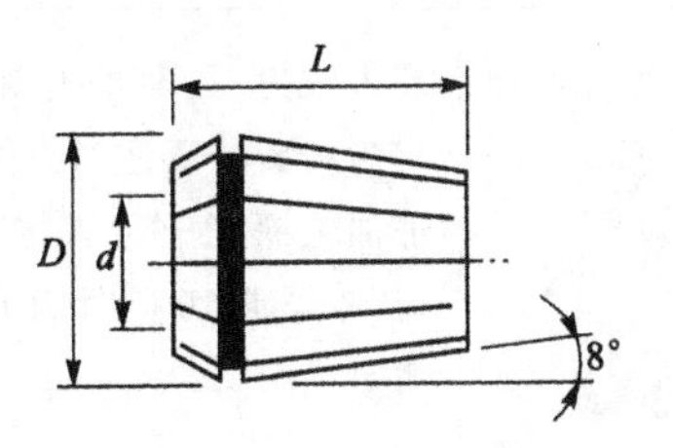

图 1-4-6　卡簧

表 1-4-1　刀具的装夹步骤

序号	步骤名称	作业图	操作步骤及说明
1	刀柄放入卸刀架		装夹时先将刀柄放入卸刀架上
2	拧开螺帽		左手扶住卸刀架，右手拧开螺帽
3	卡簧装入螺帽		将卡簧边旋转边装入螺帽中

续表 1-4-1

序号	步骤名称	作业图	操作步骤及说明
4	螺帽装回刀柄		顺时针旋转螺帽装回刀柄，只需拧入几牙即可
5	装入铣刀		装入铣刀，接着顺时针旋转螺帽，直至初步拧紧。要注意刀的伸出长度，在保证加工深度上尽量将刀具伸出长度缩短，来增强切削时刀具刚性保证加工质量
6	准备好专用扳手		准备好与刀柄相对应的专用扳手
7	扳手卡槽对准螺帽卡槽		扳手卡槽对准螺帽卡槽
8	夹紧		专用扳手后面套上加力杆，左手扶住卸刀架，右手扶住加力杆尾部顺时针夹紧
9	装刀完成		装刀完成

以上便是刀具的整个装刀步骤，卸刀时顺序相反，注意力量和使用技巧。

活动三 数控铣床上的刀柄装卸

由于数控铣床没有刀具库，因此在加工零件时往往要用同一个刀柄装夹不同尺寸的刀具，所以就需要进行刀具的更换。

一、装刀的步骤

(1)选择【手轮】或【JOG】方式。

(2)左手握住刀柄，将刀柄的键槽对准主轴端面，将键垂直伸入到主轴内，不可倾斜。

(3)右手按主轴上的“刀柄松开、夹紧”键，直到刀柄锥面与主轴锥孔完全贴合后，刀柄即被自动夹紧。

(4)抓住刀柄不放并向下拉，确认刀具已经被夹紧。

二、卸刀步骤

(1)选择【手轮】或【JOG】方式。

(2)用左手抓紧刀柄。

(3)用右手按“刀柄松开、夹紧”键。

(4)等夹头松开后，左手取出刀柄，右手松开“刀柄松开、夹紧”键。用左手托住刀具组时用力不能太小，以免松开夹头后刀具组往下掉落损坏刀具或刀具冲击工作台面而损坏台面。

三、在手动换刀过程中应注意的问题

(1)应选择有足够刚度的刀具及刀柄，同时在装配刀具时应保持合理的悬伸长度，以避免刀具在加工过程中产生变形。

(2)卸刀柄时，必须要有足够的动作空间，刀柄不能与工作台上的工件、夹具发生干涉。

(3)换刀过程中严禁主轴运转。

四、锥柄刀具的更换

(1)用卸刀具的方法，把锥柄刀具卸下。

(2)把锥柄刀具组放在锁刀座上(如果没有就放在台虎钳上，使刀柄缺口与台虎钳钳口面相对，轻轻拧紧台虎钳)，用扳手将拉钉拧下。

(3)用内六角扳手把内六角吊紧螺钉拧松，用细长圆棒的一端与内六角吊紧螺钉头接触(在台虎钳上操作时，拧松台虎钳，取下刀具组，把台虎钳的钳口拧小，使刀柄缺口的下端面与台虎钳钳口的上平面接触)，另一端用锤子轻轻敲击，使锥柄锥面与刀柄体分离，然后继续用内六角扳手把内六角吊紧螺钉拧下，取出锥柄刀具。

(4)将需要更换的锥柄刀具插入刀柄体锥孔内，用内六角扳手把内六角吊紧螺钉拧紧，然后把拉钉装到刀柄体上并拧紧。对于斜柄钻夹头等的装卸，在取下刀具组后，按普通机床中关于刀具的装卸方法进行即可。

任务实施

1. 如何选择刀具?
2. 常用刀具的分类有哪些?
3. 刀具的装夹与拆卸的步骤是怎样的?
4. 数控铣床上的刀柄装卸的方法是怎样的?

任务评价

项目一、任务四评价如表 1-4-2 所示。

表 1-4-2 任务评价表

评价类型	序号	评价内容	学生自评		小组互评		教师评价	
			合格	不合格	合格	不合格	合格	不合格
任务内容	1	刀具的选择方法						
	2	常用刀具的分类						
	3	刀具的装夹与拆卸方法						
	4	数控铣床上刀柄装卸方法						
成果分享	收获之处							
	不足之处							
	改进措施							

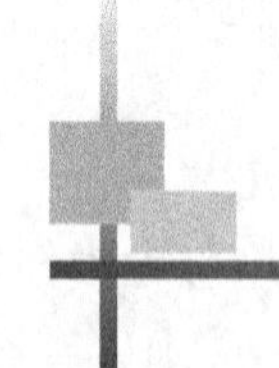

任务五 数控加工工艺

任务目标

1. 了解数控加工工艺的概念及特点
2. 了解工序的划分
3. 掌握走刀路线和切削用量的确定
4. 了解加工工艺文件的编写

任务描述

本任务主要了解数控加工工艺的特点，掌握走刀路线和切削用量的确定

任务链接

一、数控加工工艺的概念

数控加工工艺是指使用数控机床加工零件时所运用的方法和技术手段的总和。数控加工与通用机床加工相比较，在许多方面遵循的原则基本一致，但由于数控机床本身自动化程度较高，控制方式不同，设备费用也较高，使数控加工工艺相应具有以下几个特点：

1. 工艺的内容十分具体

在使用通用机床进行加工时，许多具体的工艺问题，如工艺中各工步的划分与顺序安排、刀具的几何形状、走刀路线及切削用量等，在很大程度上都是由操作工人根据自己的实践经验和习惯自行考虑而决定的，一般无须工艺人员在设计工艺规程时进行过多的规定。而数控加工时，上述这些具体的工艺问题，不仅仅成为数控工艺设计时必须认真考虑的内容，而且还必须做出正确的选择并编入加工程序中。也就是说，本来是由操作工人在加工中灵活掌握并可通过适时调整来处理的许多具体工艺问题和细节，在数控加工时就转变为编程人员必须事先设计和安排的内容。

2. 工艺的设计非常严密

数控机床虽然自动化程度较高，但自适性较差，它不能像通用机床那样在加工时可以根据加工过程中出现的问题，比较灵活自由地进行人为适时调整。虽然现代数控机床在自适应调整方面做出了不少努力与改进，但自由度的提高也不大。比如说，数控机床在做镗盲孔加工时，它不知道孔中是否已挤满了切屑，是否需要退一下刀，而是一直镗到结束为止。所以在数控加工的工艺设计中必须注意加工过程中的每一个细节。同时，在对图形进行数学处理、计算和编程时，都要力求准确无误，以使数控加工顺利进行。在实际工作中，一个小数点或一个逗号的差错就可能酿成重大机床事故和质量事故。

3. 注重加工的适应性

要根据数控加工的特点，正确的选择加工方法和加工内容。由于数控加工自动化程度高、质量稳定、可多坐标联动、便于工序集中，但其价格昂贵、操作技术要求高等劣势也比较突出，因此加工方法、加工对象的选择不当往往会造成较大的损失。为了能充分发挥出数控加工的优点，达到较好的经济效益，在选择加工方法和对象时要特别慎重，甚至有时还要在基本不改变工件原有性能的前提下，对其形状、尺寸、结构等做了适应于数控加工的修改。

一般情况下，在选择和决定数控加工内容的过程中，有关工艺人员必须对零件图或零件模型作足够具体与充分的工艺性分析。在进行数控加工的工艺性分析时，编程人员应根据所掌握的数控加工基本特点及所用数控机床的功能和实际工作经验，把这一前期准备工作做得尽量仔细、扎实一些，为下面要进行的工作铺平道路，减少失误和返工，不留遗患。

根据大量加工实例，数控加工中失误的主要原因多为工艺方面的考虑不周和计算与编程时的粗心大意。因此，在进行编程前做好工艺分析与规划是十分必要的。

二、数控加工工艺设计的内容

工艺设计是对工件进行数控加工的前期准备工作，必须在程序编制工作之前完成。只有在工艺设计方案确定以后，编程才能具有依据，否则由于工艺方面的考虑不周，将很可能造成数控加工的错误。工艺设计不好，往往会成倍地增加工作量，有时甚至要推倒重来。可以说，数控加工工艺分析决定了数控程序的质量，编程人员一定要把工艺设计做好，不要先急于考虑编程。

根据实际应用中的经验，数控加工工艺设计主要包括下列内容：

(1)选择并决定零件的数控加工内容。

(2)零件图样的数控加工分析。

(3)数控加工的工艺路线设计。

(4)数控加工的工序设计。

(5)数控加工专用技术文件的编写。

数控加工专用技术文件不仅是进行数控加工和产品验收的依据，也是需要操作者遵守和执行的规程，同时还为产品零件重复生产积累了必要的工艺资料，进行了技术储备。这些由工艺人员做出的工艺文件是编程员在编制加工程序单时所依据的相关技术文件，因此编写数控加工工艺文件也是数控加工工艺设计的内容之一。

不同的数控机床，其工艺文件的内容也有所不同。一般来讲，数控铣床的工艺文件应包括：

(1)编程任务书。

(2)数控加工工序卡片。

(3)数控机床调整单。

(4)数控加工刀具卡片。

(5)数控加工进给路线图。

(6)数控加工程序单。

其中以数控加工工序卡片和数控刀具卡片最为重要，前者是说明数控加工顺序和加工要素的文件，后者则是刀具使用的依据。

为了加强技术文件管理，数控加工工艺文件也应向标准化、规范化方向发展。但目前尚无统一的国家标准，各企业可根据本部门的特点制订上述有关工艺文件。

三、工序的划分

根据数控加工的特点，加工工序的划分一般可按下列方法进行：

(1)以同一把刀具的加工内容划分工序。有些零件虽然能在一次安装并加工出很多待加工面，但考虑到程序太长，会受到某些限制，如控制系统的限制(主要是内存容量)、机床连续工作时间的限制(如一道工序在一个班内不能结束)等，此外程序太长会增加出错率，查错与检索困难。因此程序不能太长，一道工序的内容不能太多。

(2)以加工部分划分工序。对于加工内容很多的零件，可按其结构特点将加工部位分成几个部分，如内形、外形、曲面或平面等。

(3)以粗、精加工划分工序。对于易发生加工变形的零件，由于粗加工后可能发生较大的变形可能需要进行校形，因此一般来说要将粗、精加工的工件都按工序分开。

综上所述，在划分工序时，一定要视零件的结构与工艺性、机床的功能、零件数控加工内容的多少、安装次数及本单位生产组织状况灵活掌握。什么零件宜采用工序集中的原则或采用工序分散的原则，也要根据实际需要和生产条件确定，力求合理。

加工顺序的安排应根据零件的结构和毛坯状况，以及定位安装与夹进的需要来考虑，重点保证工件的刚性不被破坏。加工顺序的安排一般应按下列原则进行：

(1)上道工序的加工不能影响下道工序的定位与夹紧，也要综合考虑中间穿插的通用机床加工工序。

(2)先进行内型腔加工的工序，后进行外型腔加工的工序。

(3)在同一次安装中进行的多道工序，应先安排对工件刚性破坏小的工序。

(4)以相同定位、夹紧方式或同一把刀具加工的工序，最好连接进行，以减少重复定位次数、换刀次数与挪动压板次数。

四、走刀路线的选择

走刀路线是刀具在整个加工工序中相对于工件的运动轨迹，它不但包括了工序的内容，而且也反映出工序的顺序。走刀路线是编写程序的依据之一，在确定走刀路线时最好画一张工序简图，将已经拟定出的走刀路线画上去(包括进刀、退刀路线)，这样可为编程带来不少方便。

工序顺序是指同一道工序中，加工各个表面的先后次序，它对零件的加工质量、加工效率和数控加工中的走刀路线有直接影响，应根据零件的结构特点和工序的加工要求等进行合理的安排。工序的划分与安排一般可随走刀路线来进行，在确定走刀路线时，主要遵循以下原则：

1.应能保证零件的加工精度和表面粗糙度要求

如图 1-5-1 所示，当铣削平面零件外轮廓时，一般采用立铣刀侧刃切削。刀具切入工件时，应避免沿零件外廓的法向切入，而应沿外廓曲线延长线的切向进行切入，以避免在切入处产生刀具的刻痕而影响表面质量，保证零件外廓曲线平滑过渡。同理，在切离工件时，也应避免在工件的轮廓处直接退刀，而应该沿零件轮廓延长线的切向逐渐切离工件。

铣削封闭的内轮廓表面时，若内轮廓曲线允许外延，则应沿切线方向切入、切出。若内轮廓曲线不允许外延，如图 1-5-2 所示，刀具只能沿内轮廓曲线的法向切入、切出时，刀具的切入、切出点应尽量选在内轮廓曲线两几何元素的交点处。当内部几何元素相切无交点时，为防止刀补取消时在轮廓拐角处留下凹口，刀具的切入、切出点应远离拐角。

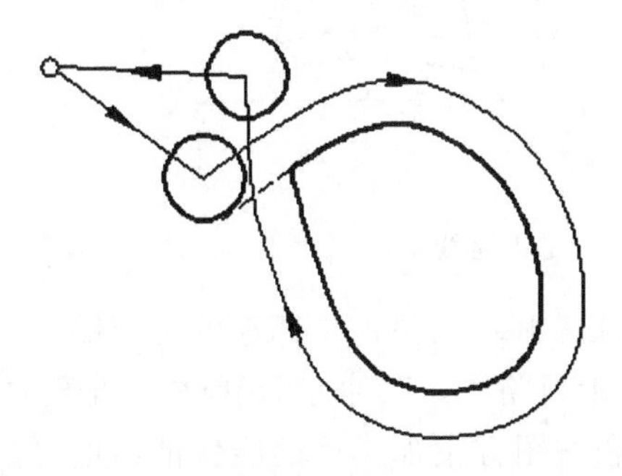

图 1-5-1　外轮廓切入、切出

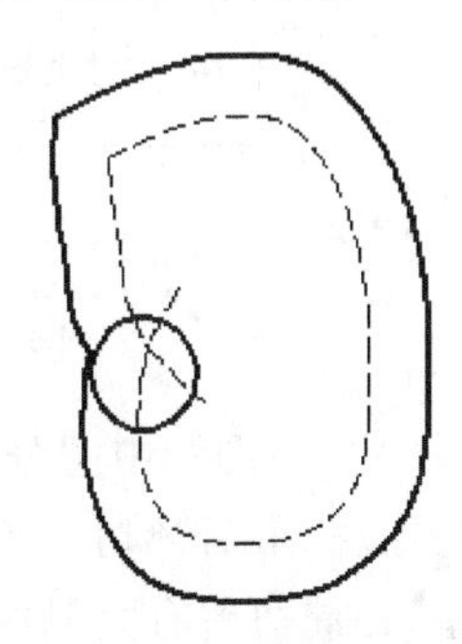

图 1-5-2　内轮廓切入、切出

图 1-5-3 所示为以圆弧插补方式铣削外整圆时的走刀路线图，当整圆加工完毕时，不要在切点处直接退刀，而应让刀具沿切线方向多运动一段距离，以免取消刀补时，刀具与工件表面相碰，造成工件报废。铣削内圆弧时也要遵循从切向切入的原则，最好安排从圆弧过渡到圆弧的加工路线，如图 1-5-4 所示，这样可以提高内孔表面的加工精度和加工质量。

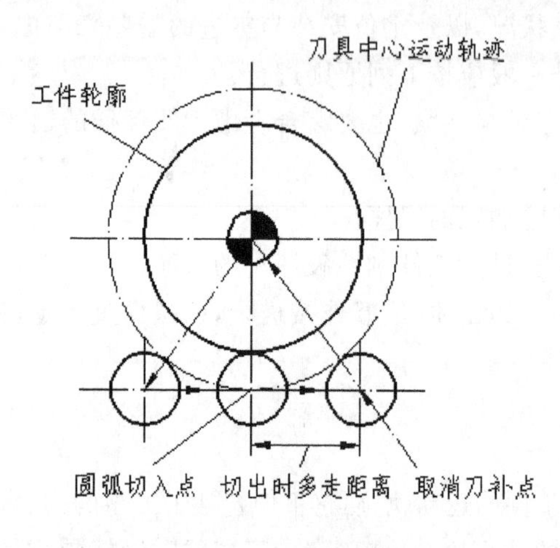

图 1-5-3　外整圆切入、切出

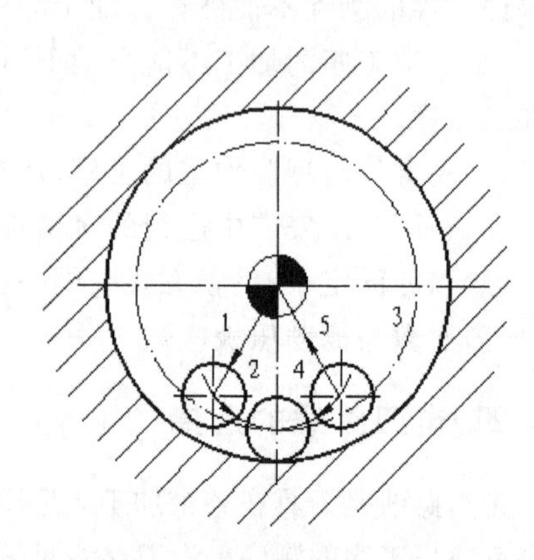

图 1-5-4　内整圆切入、切出

对于孔位置精度要求较高的零件，在精镗孔系时，镗孔的路线一定要注意使各孔的定位方向一致，即采用单向趋近定位点的方法，避免传动系统反向间隙的误差或测量系统的误差对定位精度产生影响。

铣削曲面时，常用球头刀采用行切法进行加工，所谓行切法是指刀具与零件轮廓的切点轨迹是一行一行的，而行间的距离是按零件加工精度的要求确定的。

对于边界敞开的曲面加工，可采用两种走刀路线。如发动机大叶片，在采用图 1-5-5 左图所示的加工方案时，每次沿直线加工，刀位点计算简单，程序较少，加工过程符合直纹面的形成，可以准确保证母线的直线度。当采用图 1-5-5 右图所示的加工方案时，符合这类零件的数据给出情况，便于加工后检验，叶形的准确度较高，但程序较多。由于曲面零件的边界是敞开的，没有其他表面限制，所以边界曲面可以延伸，球头刀应由边界外开始加工。

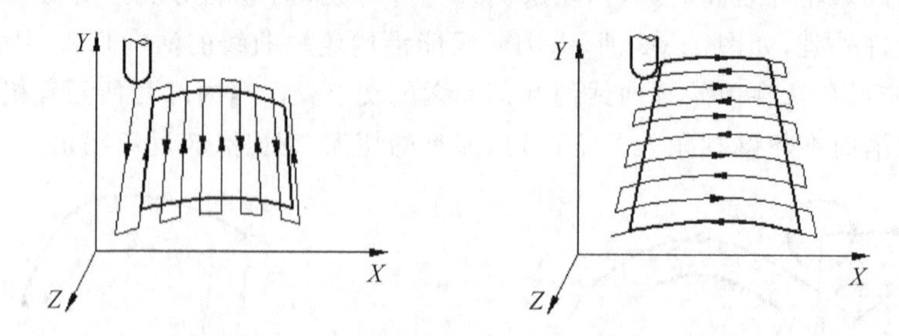

图 1-5-5　边界敞开的曲面走刀路线

在图 1-5-6 中，左图和中图分别为采用行切法加工和环切法加工凹槽的走刀路线，而右图是先采用行切法，最后环切一刀光整轮廓表面的走刀路线。三种方案中，左图方案的加工表面质量最差，在周边留有大量的残余，中图方案和右图方案加工后的能保证精度，但中图方案采用环切的方案，走刀路线稍长，且编程计算工作量较大。

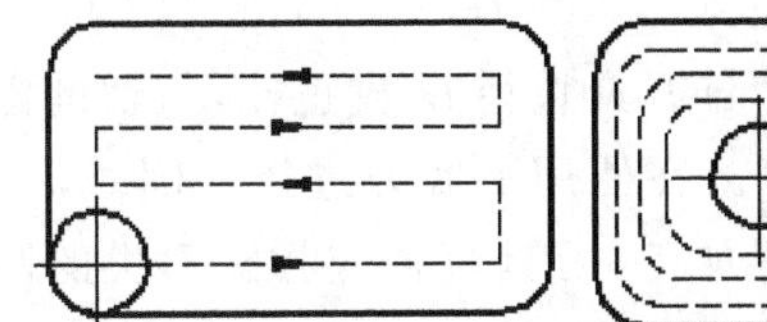
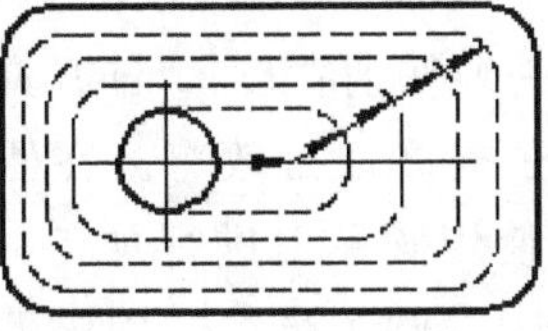
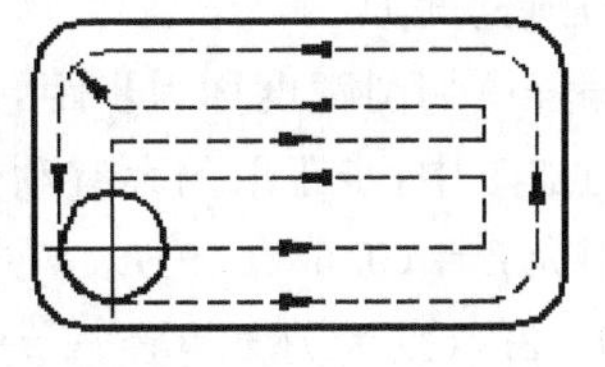

图 1-5-6　行切法加工、环切法加工、行切与环切结合加工

此外，轮廓加工中应避免进给停顿，这是因为加工过程中的切削力会使工艺系统产生弹性变形并处于相对平衡状态，当进给停顿时，切削力突然减小会改变系统的平衡状态，刀具会在进给停顿处的零件轮廓上留下刻痕。

为提高工件表面的精度和减小粗糙度，可以采用多次走刀的方法，精加工余量一般以0.2～0.5mm 为宜。精铣时宜采用顺铣方式，以减小零件被加工表面的粗糙度值。

2. 应使走刀路线最短，减少刀具空行程时间，提高加工效率

图 1-5-7 所示为正确选择钻孔加工路线的例子。按照一般习惯，总是先加工均布于同一圆周上的 8 个孔，再加工另一圆周上的孔，如图 1-5-7 左图所示。但是对点位控制的数控机床而言，要求定位精度高，定位过程尽可能快，因此这类机应按空程最短来安排走刀路线，此时按如图 1-5-7 右图所示路线进行加工，以节省时间。

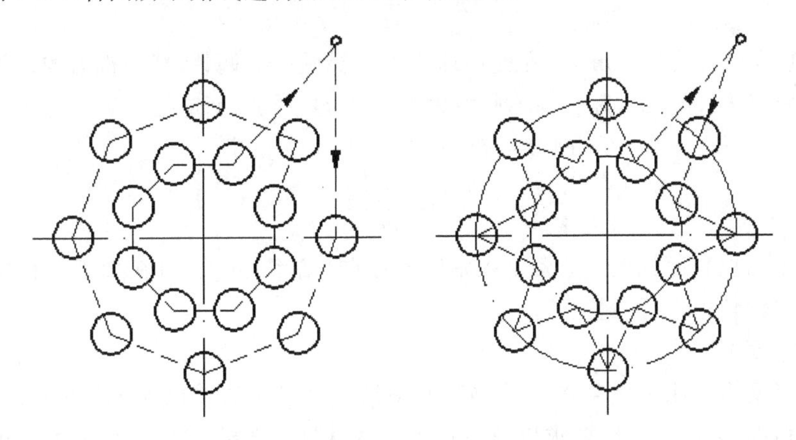

图 1-5-7　钻孔加工的传统路线与优化路线

五、切削用量的确定

合理地选择切削用量对于发挥数控机床的最佳效益有着至关重要的影响。选择切削用量的原则是：粗加工时，一般以提高生产率为主，但也应考虑经济性和加工成本。半精加工和精加工时，应在保证加工质量的前提下，兼顾切削效率、经济性和加工成本。其具体数值应根据机床说明书、刀具说明书、切削用量手册并结合经验决定。

1. 切削深度 t

也称背吃刀量，在机床、工件和刀具刚度允许的情况下，可使 t 等于加工余量，这是提高生产率的一个有效措施。为了保证零件的加工精度和表面粗糙度，一般应留一定的余量进行精加工。

2. 切削宽度 L

在编程中切削宽度称为步距，一般切削宽度 L 与刀具直径 D 成正比，与切削深度成反比。在粗加工中，步距取的大有利于提高加工效率。在使用平底刀进行切削时，一般 L 的取值范围为 $L=(0.6-0.9)D$。在使用圆鼻刀进行加工，刀具直径应扣除刀尖的圆角部分即 $d=D-2r$，(D 为刀具直径，r 为刀尖圆角半径)，而 L 可以取 $(0.8-0.9)d$。而在使用球头刀进行精加工时，步距的确定应首先考虑所需达到的精度和表面粗糙度。

3. 切削线速度 V_c

也称单齿切削量，单位为 m/min，提高 V_c 值也是提高生产率的一个有效措施，但 V_c 与刀具耐用度的关系比较密切。随着 V_c 的增大，刀具耐用度急剧下降，故 V_c 的选择主要取决于刀具耐用度。一般好的刀具供应商都会在其手册或刀具说明书中提供刀具的切削速度推荐参数 V_c。另外，切削速度 V_c 值还要根据工件的材料硬度来作适当的调整，例如用立铣刀铣削合金钢 30CrNi2MoVA 时，V_c 可达 8m/min 左右，而用同样的立铣刀铣削铝合金时，V_c 可达 200m/min 以上。

4. 主轴转速 n

主轴转速的单位是 r/min，一般根据切削速度 V_c 来选定，其计算公式为：

$$n=\frac{1000V_c}{\pi D_c}$$

其中：D_c 为刀具直径(mm)。在使用球头刀时要做一些调整，球头铣刀的计算直径 D_{eff} 要小于铣刀直径 D_c，故其实际转速不应按铣刀直径 D_c 计算，而应按计算直径 D_{eff} 计算。

$$D_{eff}=[D_c^2-(D_c-2t)^2]\times 0.5$$

$$n=\frac{1000V_c}{\pi D_{eff}}$$

数控机床的控制面板上一般备有主轴转速修调(倍率)开关，可在加工过程中根据实际加工情况对主轴转速进行调整。

5. 进给速度 V_f

进给速度是指机床工作台在作插位时的进给速度，V_f 的单位为 mm/min。V_f 应根据零件的加工精度、表面粗糙度要求以及刀具和工件材料来选择。V_f 的增加可以提高生产效率，但是刀具的耐用度也会降低。加工表面粗糙度要求较低时，V_f 可选择的大些。进给速度可以按下面公式进行计算：

$$V_f=n\times z\times f_z$$

其中：V_f 表示工作台进给量，单位为 mm/min；n 表示主轴转速，单位为转/分；z 表示刀具齿数，单位为齿；f_z 表示进给量，单位为 mm/齿，f_z 值由刀具供应商提供。

在数控编程中，还应考虑在不同情形下选择不同的进给速度，如在初始切削进刀时，特别是从 Z 轴下刀进行端铣时，受力较大，考虑到程序的安全性问题，应选择相对较慢的进给速度。

另外 Z 轴方向由高往低走进给产生端切削时，可以设置不同的进给速度。在切削过程中，有时的平面侧向进刀可能产生全刀切削，即刀具的周边都要切削，切削条件相对较恶劣，可以设置较低的进给速度。

在加工过程中，V_f 也可通过机床控制面板上的修调开关进行人工调整，但是最大进给速度要受到设备刚度和进给系统性能等的限制。

在实际的加工过程中,可以对各个切削用量参数进行调整,如使用较高的进给速度进行加工,虽然刀具的寿命有所降低,但节省了加工时间,反而能产生更好的效益。

面对加工中不断产生的变化,数控加工中切削用量的选择在很大程度上依赖于编程人员的经验,因此编程人员必须熟悉刀具的使用和切削用量的确定原则,不断积累经验,从而保证零件的加工质量和效率,充分发挥数控机床的优点,提高企业的经济效益和生产水平。

六、加工工艺文件的编写

当前机械加工工艺过程卡、刀具调整卡、数控加工工序卡还没有统一的标准格式,都是由各个单位结合具体的情况自行确定。

1. 机械加工工艺过程卡(工艺路线卡)

机械加工工艺过程卡规定了整个生产过程中,产品(或零件)所要经过的车间、工序等总的加工路线及所有使用的设备和工艺装备,可以作为工序卡片的汇总文件(表1-5-1)。

表1-5-1 机械加工工艺过程卡

机械加工工艺过程卡			产品名称	零件名称		零件图号
材料名称及牌号		毛坯种类或材料规格			总工时	
工序号	工序名称	工序简要内容	设备名称及型号	夹具	量具	工时

2. 刀具调整卡

刀具调整卡是组装刀具和调整刀具的依据,内容包括刀具号、刀具名称、刀柄型号、刀具直径和长度等,详细内容参考表1-5-2。

表1-5-2 刀具调整卡

刀具调整卡							
零件名称			零件图号				
设备名称		设备型号		程序号			
材料名称及牌号		硬度	工序名称	平面铣削	工序号		
序号	刀具编号	刀具名称	刀具材料及牌号	刀具参数		刀补地址	
				直径	长度	直径	长度

3. 数控加工工序卡片

这种卡片是编制数控加工程序的主要依据和操作人员配合数控程序进行数控加工的主要指导性文件。主要包括:工步顺序、工步内容、各工步所用刀具及切削用量等。当工序加工内容十分复杂时，也可把工序简图画在工序卡片上，其具体内容参考表 1-5-3。

表 1-5-3 数控加工工序卡

<table>
<tr><td colspan="10">数控加工工序卡</td></tr>
<tr><td colspan="2">零件名称</td><td colspan="2">平面铣加工件</td><td colspan="2">零件图号</td><td colspan="2"></td><td>夹具名称</td><td></td></tr>
<tr><td colspan="2">设备名称及型号</td><td colspan="8"></td></tr>
<tr><td colspan="2">材料名称及牌号</td><td>硬度</td><td></td><td colspan="2">工序名称</td><td colspan="2"></td><td>工序号</td><td></td></tr>
<tr><td rowspan="2">工步号</td><td rowspan="2">工步内容</td><td colspan="4">切削用量</td><td colspan="2">刀具</td><td colspan="2">量具</td></tr>
<tr><td>V_f</td><td>n</td><td>f</td><td>a_p</td><td>编号</td><td>名称</td><td>编号</td><td>名称</td></tr>
<tr><td></td><td></td><td></td><td></td><td></td><td></td><td></td><td></td><td></td><td></td></tr>
<tr><td></td><td></td><td></td><td></td><td></td><td></td><td></td><td></td><td></td><td></td></tr>
</table>

任务实施

1. 数控加工工艺的概念及特点？
2. 工序划分的依据是什么？
3. 走刀路线和切削用量如何确定？
4. 加工工艺文件有哪几种？

任务评价

项目一、任务五评价如表 1-5-4 所示。

表 1-5-4 任务评价表

<table>
<tr><td rowspan="2">评价类型</td><td rowspan="2">序号</td><td rowspan="2">评价内容</td><td colspan="2">学生自评</td><td colspan="2">小组互评</td><td colspan="2">教师评价</td></tr>
<tr><td>合格</td><td>不合格</td><td>合格</td><td>不合格</td><td>合格</td><td>不合格</td></tr>
<tr><td rowspan="4">任务内容</td><td>1</td><td>数控加工工艺概念及特点</td><td></td><td></td><td></td><td></td><td></td><td></td></tr>
<tr><td>2</td><td>工序的划分</td><td></td><td></td><td></td><td></td><td></td><td></td></tr>
<tr><td>3</td><td>走刀路线和切削用量确定</td><td></td><td></td><td></td><td></td><td></td><td></td></tr>
<tr><td>4</td><td>加工工艺文件</td><td></td><td></td><td></td><td></td><td></td><td></td></tr>
<tr><td rowspan="3">成果分享</td><td colspan="2">收获之处</td><td colspan="6"></td></tr>
<tr><td colspan="2">不足之处</td><td colspan="6"></td></tr>
<tr><td colspan="2">改进措施</td><td colspan="6"></td></tr>
</table>

典型零件加工

项目简介

1. 针对一个典型零件进行加工工艺分析，对平面特征、四方特征、圆台特征、凹圆槽特征、内四方槽特征、内斜四方槽特征、直槽特征、钻孔特征、铰孔特征、攻丝特征等进行加工

2. 学会填写工艺卡片

数控铣零件千变万化，但无论图纸如何复杂，都是由各种基础特征组合而成的。通过作者的分析总结，针对一个典型零件，分步骤对基础特征进行学习和加工。在每个任务的新增知识架构环节，将原先先理论后实操的学习步骤改成了将新增知识的相关理论放在本书最后一个项目中，让学生自主学习。把相关的知识点作为一种参考资料，充分提高学生自学的能力，为今后综合零件加工打好基础。

任务一　典型零件加工工件分析

任务目标

理论知识方面：

1. 了解工件加工的顺序
2. 了解工件加工刀具的选择与切削用量
3. 了解工件加工的操作步骤
4. 了解工件加工精度测量

实践知识方面：

能顺利完成典型零件的加工

任务描述

通过此任务学会典型零件轮廓特征的数控铣加工工艺安排，如图 2-1-1 所示：

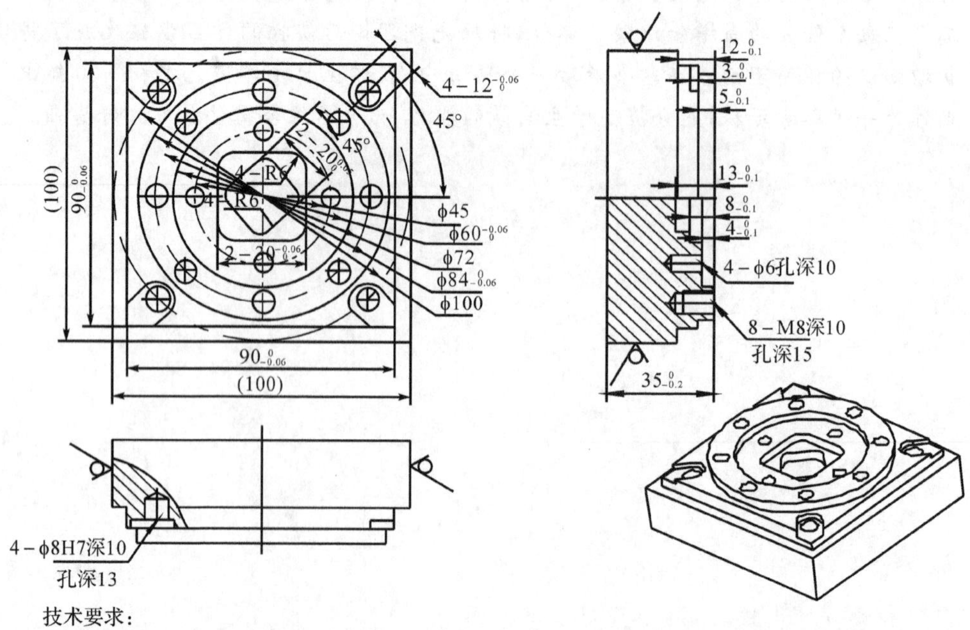

图 2-1-1　典型零件轮廓特征的数控铣加工工艺

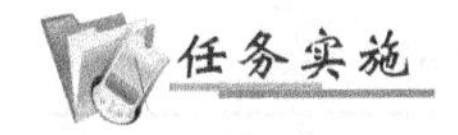

一、读图确定零件特征

(1)对图样要有全面的认识,尺寸与各种公差符号要清楚。

(2)分析毛坯材料为硬铝,规格为100mm×100mm×37mm的方料,如图2-1-2所示。

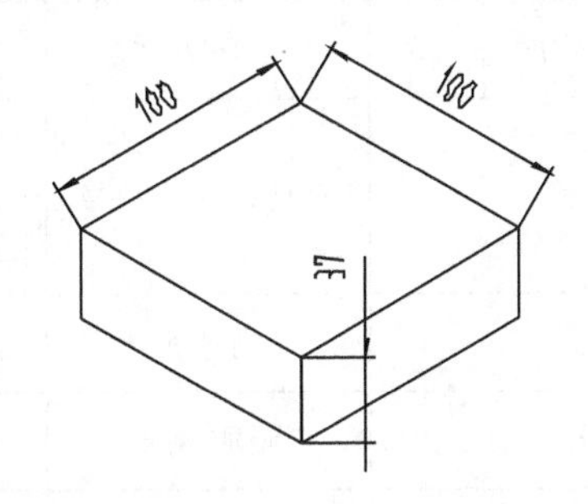

图2-1-2 100mm×100mm×37mm方料

二、零件分析与尺寸计算

1.结构分析

由于该零件属于轮廓、圆、槽和孔综合性零件加工,需要考虑加工工艺的顺序,保证零件的垂直度和平行度,合理使用零件加工的编程指令、切削用量等问题。

2.工艺分析

经过以上分析,可用硬质合金盘铣刀分粗、精加工直接铣出工件平面,D16mm的立铣刀完成零件轮廓90mm×90mm、D80mm凸台、D60mm槽,D10mm的立铣刀完成零件轮廓30mm×30mm、20mm×20mm的四方槽、4个外面斜槽,D6mm钻头完成D45mm轮廓上的4个D6mm孔,D6.8mm钻头完成D72mm轮廓上的8个M8螺纹底孔,M8丝攻完成D72mm轮廓上的8个M8螺纹孔,D7.8mm钻头完成D100mm轮廓上的4个D8H7底孔,D8mm铰刀完成D100mm轮廓上的4个D8H7精度孔,粗加工留余量0.3mm。

3.定位及装夹分析

考虑到工件属于轮廓、圆、槽、孔综合性零件加工,零件6面均需要加工,而4个侧面只需加工上半部分,因此工件分两次装夹可以完成零件全部轮廓。可将方料直接装夹在平口钳上,一次装夹完成平面,二次装夹完成剩下所有轮廓。在工件装夹时的夹紧过程中,既要防止工件的转动、变形和夹伤,又要防止工件在加工中松动。

三、工艺卡片

有关加工顺序、工步内容、夹具、刀具、量具检具、切削用量、冷却润滑液等工艺问题,详见以下工艺卡片(表2-1-1,表2-1-2)。

表 2-1-1 典型零件轮廓特征的数控铣加工工艺刀具调整卡(单位:mm)

<table>
<tr><td colspan="11">刀具调整卡</td></tr>
<tr><td colspan="2">零件名称</td><td colspan="3">典型零件</td><td>零件图号</td><td colspan="5"></td></tr>
<tr><td colspan="2">设备名称</td><td>数控铣床</td><td colspan="2">设备型号</td><td>VMC850</td><td colspan="3">程序号</td><td colspan="2"></td></tr>
<tr><td colspan="2">材料名称及牌号</td><td>LY12</td><td>硬度</td><td>25</td><td>工序名称</td><td colspan="2">平面铣削</td><td colspan="2">工序号</td><td>001</td></tr>
<tr><td rowspan="2">序号</td><td rowspan="2">刀具编号</td><td rowspan="2" colspan="3">刀具名称</td><td rowspan="2">刀具材料及牌号</td><td colspan="3">刀具参数</td><td colspan="2">刀补地址</td></tr>
<tr><td>直径</td><td colspan="2">长度</td><td>直径</td><td>长度</td></tr>
<tr><td>1</td><td>T1</td><td colspan="3">寻边器</td><td>高速钢</td><td>$\phi10$</td><td colspan="2"></td><td></td><td></td></tr>
<tr><td>2</td><td>T2</td><td colspan="3">面铣刀</td><td>硬质合金</td><td>$\phi80$</td><td colspan="2"></td><td></td><td></td></tr>
<tr><td>3</td><td>T3</td><td colspan="3">键槽铣刀</td><td>高速钢</td><td>$\phi16$</td><td colspan="2">20</td><td></td><td></td></tr>
<tr><td>4</td><td>T4</td><td colspan="3">键槽铣刀</td><td>高速钢</td><td>$\phi10$</td><td colspan="2">20</td><td></td><td></td></tr>
<tr><td>5</td><td>T5</td><td colspan="3">钻头</td><td>高速钢</td><td>$\phi6$</td><td colspan="2">30</td><td></td><td></td></tr>
<tr><td>6</td><td>T6</td><td colspan="3">钻头</td><td>高速钢</td><td>$\phi6.8$</td><td colspan="2">30</td><td></td><td></td></tr>
<tr><td>7</td><td>T7</td><td colspan="3">丝锥</td><td>高速钢</td><td>M8</td><td colspan="2">15</td><td></td><td></td></tr>
<tr><td>8</td><td>T8</td><td colspan="3">钻头</td><td>高速钢</td><td>$\phi7.8$</td><td colspan="2">30</td><td></td><td></td></tr>
<tr><td>9</td><td>T9</td><td colspan="3">铰刀</td><td>高速钢</td><td>$\phi8H7$</td><td colspan="2">30</td><td></td><td></td></tr>
<tr><td></td><td></td><td colspan="3"></td><td></td><td></td><td colspan="2"></td><td></td><td></td></tr>
<tr><td></td><td></td><td colspan="3"></td><td></td><td></td><td colspan="2"></td><td></td><td></td></tr>
<tr><td></td><td></td><td colspan="3"></td><td></td><td></td><td colspan="2"></td><td></td><td></td></tr>
</table>

表 2-1-2　典型零件轮廓特征的数控铣加工数控加工工序卡(单位:mm)

数控加工工序卡					
零件名称	典型零件	零件图号		夹具名称	平口钳
设备名称及型号	数控铣 VMC850				
材料名称及牌号	LY12			硬度	

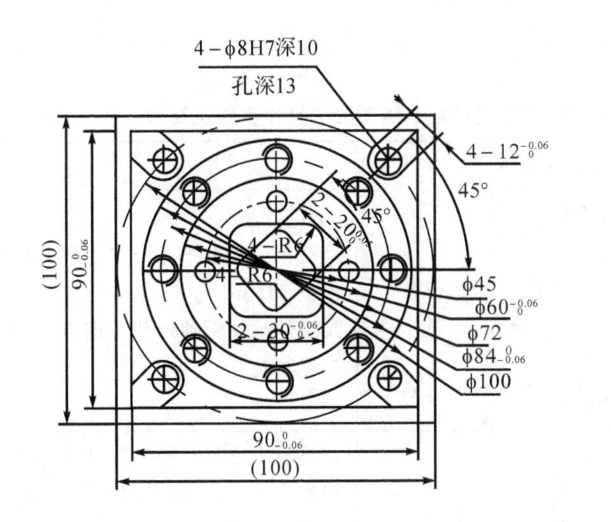

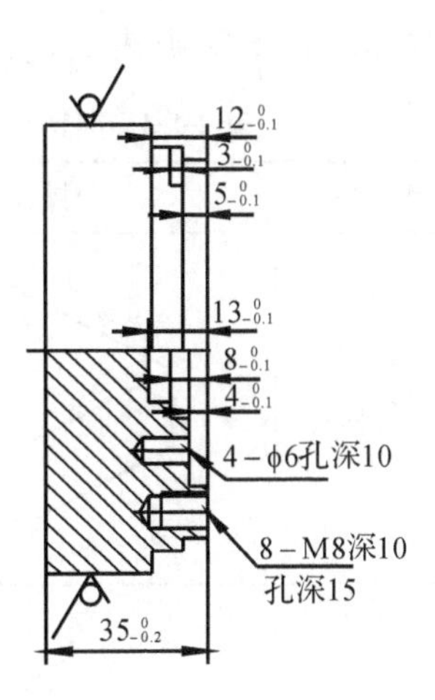

工步号	工步内容	切削用量			刀具		量具名称
		n	f	a_p	编号	名称	
1	铣底面	1000	300	0.5	T1	ϕ80	带表游标卡尺
2	铣上表面	1000	300	0.5	T1	ϕ80	带表卡尺
3	铣四方	1000	300	12	T2	ϕ16	带表卡尺、千分尺
4	铣圆台	1000	300	5	T2	ϕ16	带表卡尺、千分尺
5	铣内圆槽	1000	300	4	T2	ϕ16	带表游标卡尺
6	铣内四方	1000	300	4	T3	ϕ10	带表游标卡尺
7	铣内斜四方	1000	300	5	T3	ϕ10	带表游标卡尺
8	铣外斜直槽	1000	300	3	T3	ϕ10	带表游标卡尺
9	钻 4 个 D6 孔	1000	60		T4	ϕ6	带表游标卡尺
10	加工 8 个 M8 底孔	1000	60		T5	ϕ6.8	带表游标卡尺
11	加工 8 个 M8 螺纹孔	100	125		T6	M8	带表卡尺、螺纹塞规
12	加工 4 个 D8H7 底孔	1000	60		T7	ϕ7.8	带表游标卡尺
13	加工 4 个 D8H7 精度孔	100	100		T8	D8H7	带表卡尺,塞规

四、完成本任务的知识架构

(1)掌握数控刀具的选择与装夹。
(2)掌握零件装夹夹具的选择与精度的找正。
(3)掌握工件坐标系的确定与在机床上工件坐标系的找正。

五、上机加工过程

1.操作步骤及要领(表 2-1-3)

表 2-1-3　典型零件轮廓特征的数控铣加工工艺操作步骤及要领

名称	作业图	操作步骤及说明	
1	准备毛坯		1.从材料堆里挑选一块毛坯,厚度尺寸大于 36mm 2.工件毛坯轮廓形状是四方形,采用平口钳装夹
2	装工件	工件 22 (37) 等高块 35 平口钳(活动钳口) 平口钳(固定钳口)	1.该面工件只有平面要加工,因此不采用程序加工,直接采用手轮移动工件进行平面铣削 2.工件加工深度没有很高要求,采用 35mm 等高块,使工件伸出钳口平面 22mm,(工件伸出钳口平面不要太多,保证工件刚性)
3	装面铣刀		采用 ϕ80mm 面铣刀加工平面效率高,(如有 ϕ120mm 面铣刀,可直接选用 ϕ120mm面铣刀,使平面一刀光出)
4	面铣刀 Z 对刀		ϕ80mm 面铣刀采用刀柄碰刀尖法 Z 向对刀

续表 2-1-3

名称	作业图	操作步骤及说明	
5	铣底面	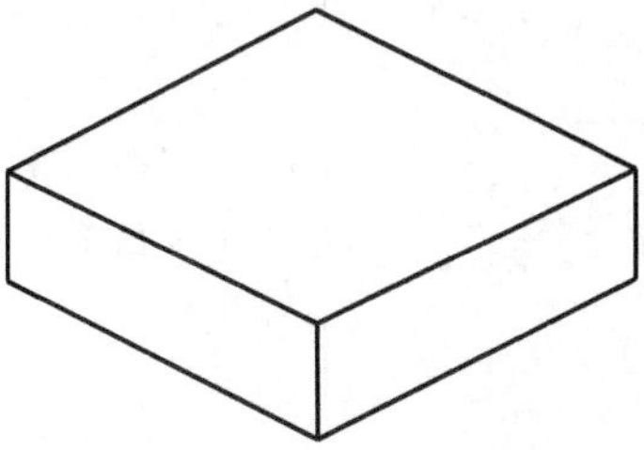	通过手轮移动工作台，切削工件平面，加工出工件轮廓形状
5	装工件	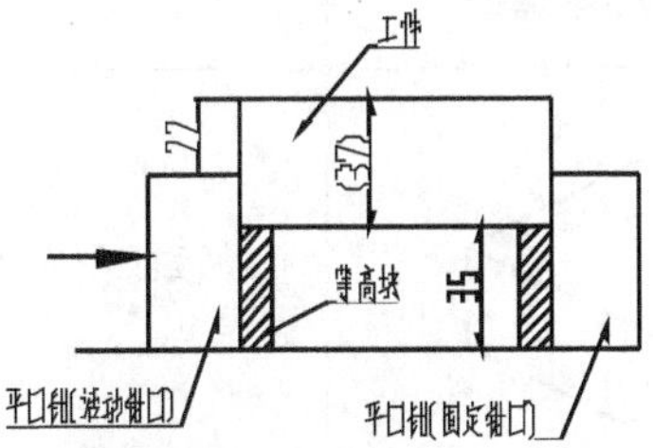	1. 一个面加工好后，工件翻身加工另一面 2. 工件轮廓加工深度为 12mm，工件上表面要求离开平口钳平面大于 12mm 3. 钳口深为 50mm，采用 35mm 等高块，工件伸出钳口平面 22(工件伸出钳口平面不要太多，保证工件刚性)
6	装寻边器		采用寻边器找出工件坐标点
7	X、Y 对刀		采用寻边器通过左右两边碰边法，找出工件 X、Y 轴的坐标点
8	装面铣刀		采用 $\phi 80$mm 面铣刀来加工工件平面

续表 2-1-3

名称	作业图	操作步骤及说明	
9	面铣刀 Z 对刀		ϕ80mm 面铣刀采用刀柄碰刀尖法 Z 向对刀
10	铣上平面	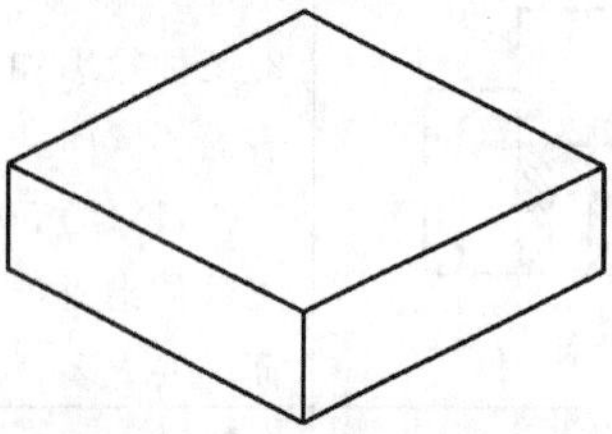	通过运行平面加工程序，加工出工件上表面
11	装 ϕ16 立铣刀	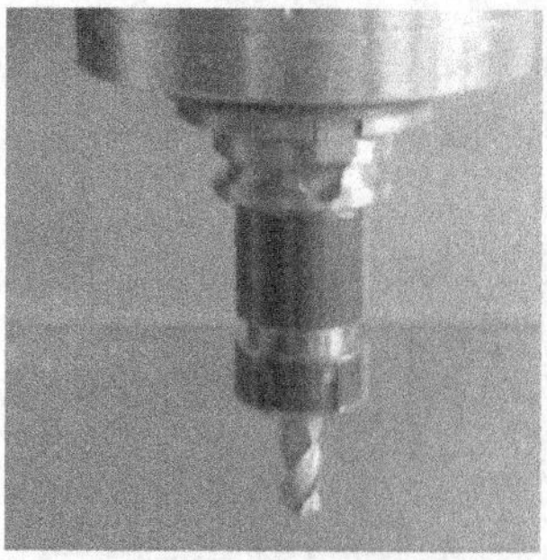	采用 ϕ16mm 键槽铣刀加工四方、圆台和凹圆槽轮廓
12	ϕ16 立铣刀 Z 对刀		ϕ16mm 键槽铣刀采用刀柄碰刀尖法 Z 向对刀
13	铣四方	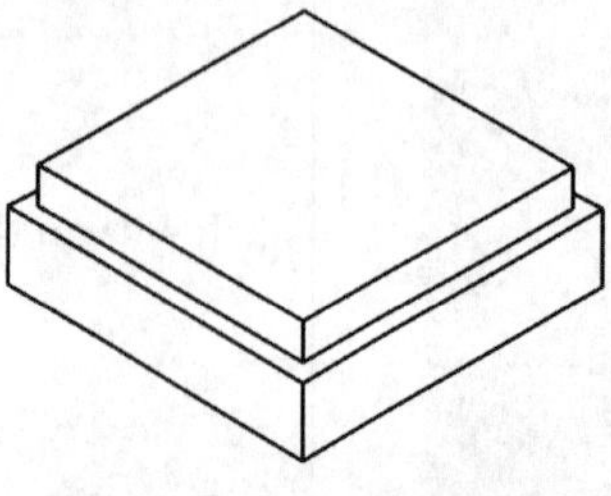	通过运行四方程序，加工出工件四方轮廓

续表 2-1-3

名称	作业图	操作步骤及说明	
14	铣圆台	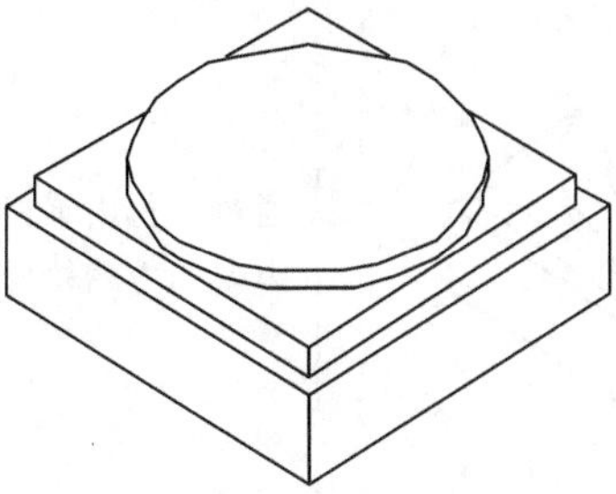	通过运行圆台程序，加工出工件圆台轮廓
15	铣内圆槽	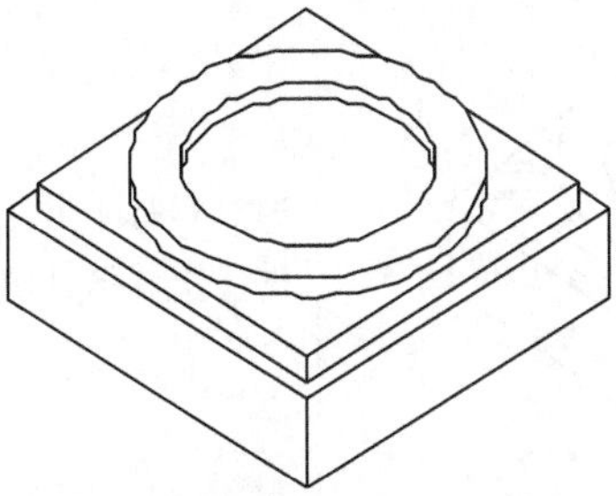	通过运行凹圆槽程序，加工出工件凹圆槽轮廓
16	装 $\phi10$ 键槽铣刀	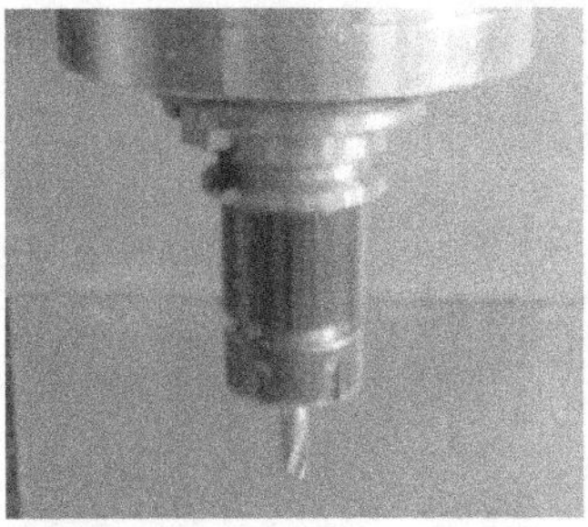	采用 $\phi10$mm 键槽铣刀来加工内四方槽、内斜四方槽和4个外斜直槽
17	$\phi10$ 键槽铣刀 Z 对刀		$\phi10$mm 键槽铣刀采用刀柄碰刀尖法 Z 向对刀
18	铣内四方槽	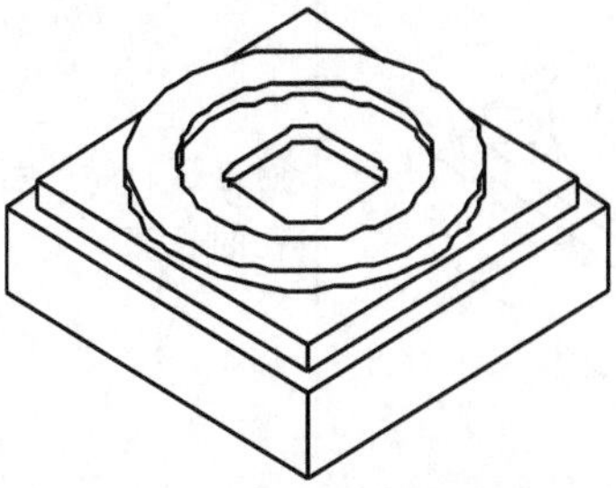	通过运行内四方槽程序，加工出工件内四方槽轮廓

续表 2-1-3

名称	作业图	操作步骤及说明	
19	铣内斜四方槽	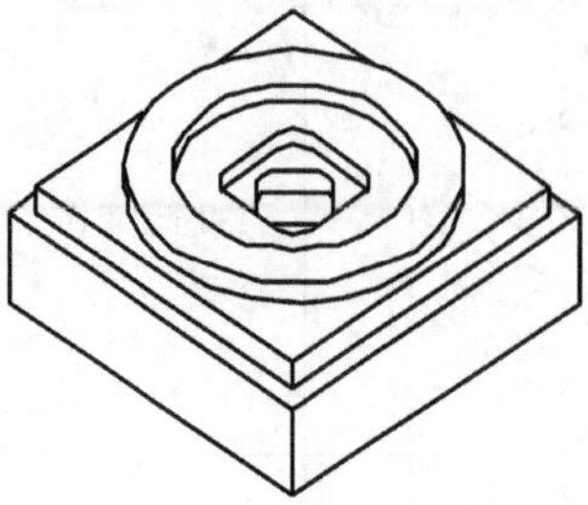	通过运行内斜四方槽程序，加工出工件内斜四方槽轮廓
20	铣 4 个斜直槽	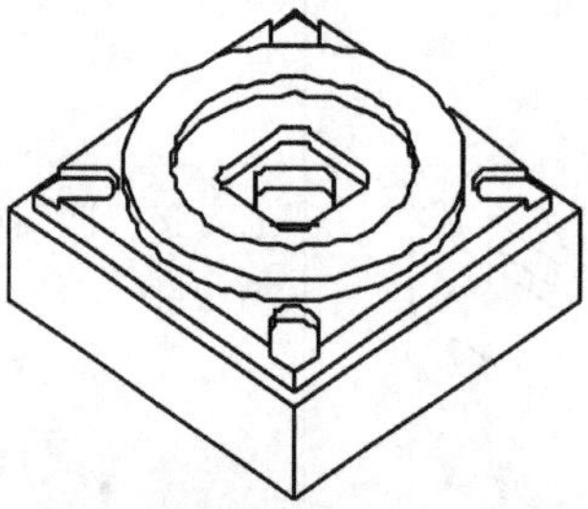	通过运行 4 个外斜直槽程序，加工出工件 4 个外斜直槽轮廓
21	装 $\phi6$ 钻头		用 $\phi6$mm 钻头加工 D6mm 的 4 个孔
22	$\phi6$ 钻头 Z 对刀		钻头采用刀柄碰刀尖法 Z 向对刀
23	钻 4 个 $\phi6$ 的孔	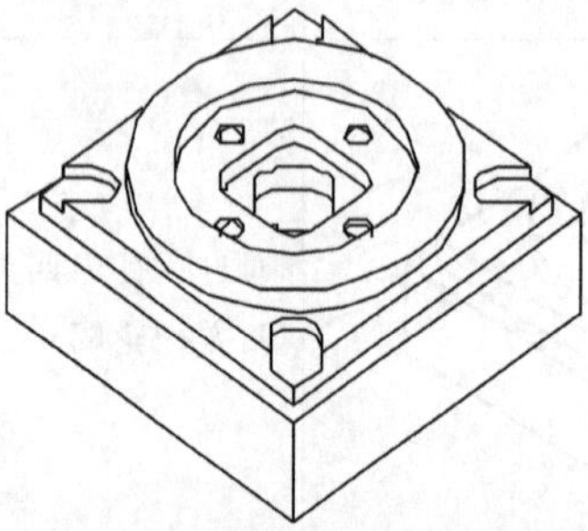	通过运行钻头程序，加工出工件 $\phi6$mm 孔的轮廓

续表 2-1-3

名称	作业图	操作步骤及说明	
24	装 ϕ6.8 钻头		用 ϕ6.8mm 钻头加工 M8 底孔
25	ϕ6.8 钻头 Z 对刀		钻头采用刀柄碰刀尖法 Z 向对刀
26	钻 8 个 M8 的底孔		通过运行钻头程序，加工出工件 ϕ6.8mm 孔的轮廓
27	装 M8 丝锥		用 M8 的丝锥加工 M8 螺纹孔

续表 2-1-3

名称	作业图	操作步骤及说明	
28	M8 丝锥 Z 对刀		丝锥采用刀柄碰刀尖法 Z 向对刀
29	攻 8 个 M8 的螺纹孔	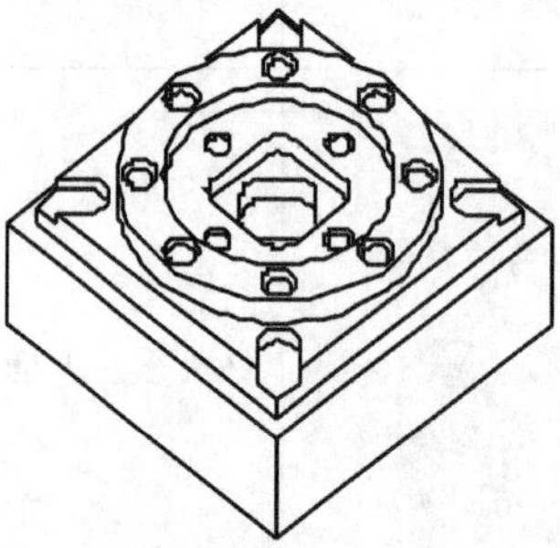	通过运行攻螺纹程序，加工出工件螺纹轮廓
30	装 $\phi7.8$ 钻头		用 $\phi7.8$mm 钻头来加工 D8H7 底孔
31	$\phi7.8$ 钻头 Z 对刀		钻头采用刀柄碰刀尖法 Z 向对刀
32	钻 4 个 D8H7 底孔	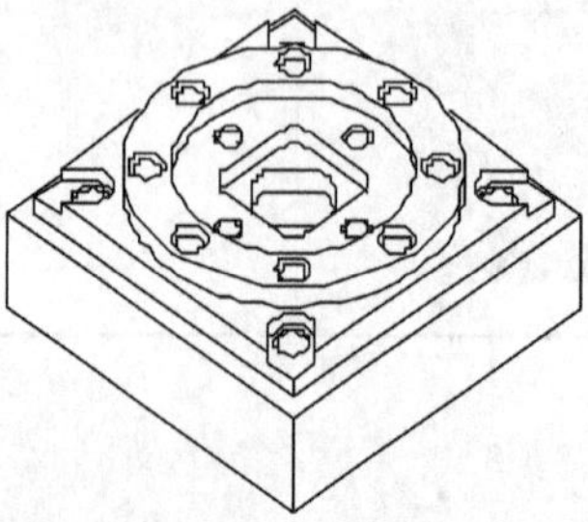	通过运行钻头程序，加工出工件 $\phi7.8$mm 孔的轮廓

续表 2-1-3

名称	作业图	操作步骤及说明	
33	装 D8H7 铰刀		用 D8H7 铰刀来加工 D8H7 公差孔
34	D8H7 铰刀 Z 对刀		铰刀采用刀柄碰刀尖法 Z 向对刀
35	铰 4 个 D8H7 精度孔		通过运行铰孔程序，加工出工件公差孔的轮廓

2. 加工注意事项

(1)加工前必须认真检查刀具是否与程序中要求的刀具一致。

(2)加工前必须认真检查所执行的程序是不是应该执行的程序。

(3)加工前必须认真检查显示屏光标所在位置是否正确。

(4)加工前必须认真检查换刀点(刀具位置)是否正确。

3. 加工时切削参数的调整

(1)加工时若工件排屑不畅，可适当降低主轴旋转速度和刀具进给速度。

(2)加工时若出现刀具振动产生响声，可适当降低主轴旋转速度。

(3)加工时若工件表面粗糙度值达不到要求，可适当提高主轴旋转速度和降低刀具进给速度。

六、自我评价(表 2-1-4)

表 2-1-4　典型零件轮廓特征的数控铣加工工艺的自我评价

材料		LY12		课时	
自我评价成绩				任课教师	
自我评价项目			结果	配分	得分
	1	工序安排是否能完成加工			
	2	工序安排是否满足零件的加工要求			
	3	编程格式及关键指令是否能正确使用			
	4	工序安排是否符合该种批量生产			
	5	题目:通过该零件编程你的收获主要有哪些?作答			
	6	题目:你设计本程序的主要思路是什么?作答			
	7	题目:你是如何完成程序的完善与修改的?作答			
工件刀具安装	1	刀具安装是否正确			
	2	工件安装是否正确			
	3	刀具安装是否牢固			
	4	工件安装是否牢固			
	5	题目:安装刀具时需要注意的事项主要有哪些?作答			
	6	题目:安装工件时需要注意的事项主要有哪些?作答			
操作与加工	1	操作是否规范			
	2	着装是否规范			
	3	切削用量是否符合加工要求			
	4	刀柄与刀片的选用是否合理			
	5	题目:如何使加工和操作更好地符合批量生产?作答			
	6	题目:加工时需要注意的事项主要有哪些?作答			
	7	题目:加工时经常出现的加工误差主要有哪些?作答			
精度检查	1	是否已经了解本零件测量的各种量具的原理及使用			
	2	本零件所使用的测量方法是否已掌握			
	3	题目:本零件精度检测的主要内容是什么?采用了何种方法?作答			
	4	题目:批量生产时,你将如何检测该零件的各项精度要求?作答			
(本部分共计 100 分)合计					
自我总结					
学生签字: 年　月　日			教导教师签字: 年　月　日		

七、教师评价(表 2-1-5)

表 2-1-5　典型零件轮廓特征的数控铣加工工艺的教师评价

	评　价　项　目	评价情况
1	与其他同学口头交流学习内容是否流畅	
2	是否尊重他人	
3	学习态度是否积极主动	
4	是否服从教师的教学安排	
5	着装是否符合标准	
6	是否能正确地领会他人提出的学习问题	
7	是否按照安全操作规范的要求操作	
8	能否辨别工作环境中哪些是危险的因素	
9	是否合理、规范地使用工具和量具	
10	是否能保证学习环境的干净整洁	
11	是否遵守学习场所的规章制度	
12	是否有工作的责任心	
13	是否达到全勤	
14	学习是否积极主动	
15	能否正确地对待肯定与否定的意见	
16	团队学习中主动与合作的情况如何	

参与评价同学签字：

年　月　日

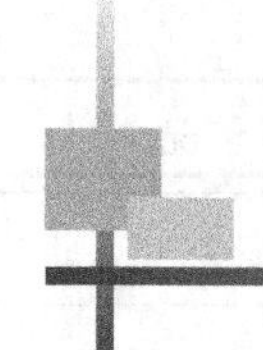

任务二　手铣平面加工

任务目标

理论知识方面：

1.学习数控机床坐标轴的方向

2.学习数控机床手轮的操作使用

3.学习面铣刀用刀柄 Z 向对刀

实践知识方面：

学习用面铣刀铣削平面的方法

任务描述

通过此任务学会手铣平面的加工方法，如图 2-2-1 所示。

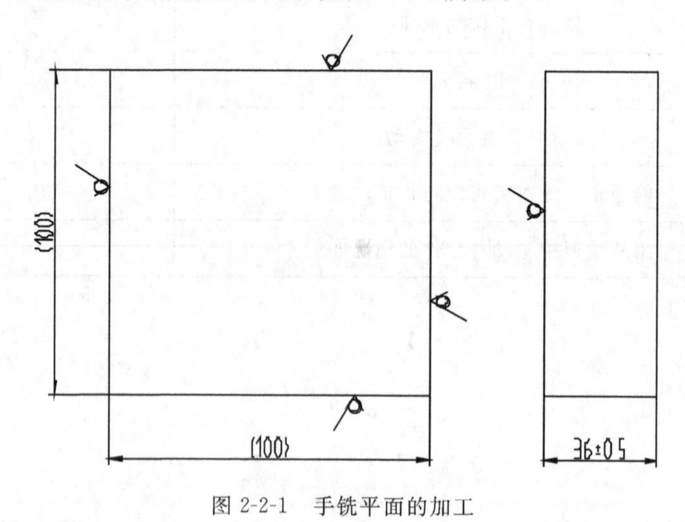

图 2-2-1　手铣平面的加工

任务实施

一、读图确定零件特征

(1)对图样要有全面的认识，尺寸与各种公差符号要清楚。

(2)分析毛坯材料为硬铝,规格为 100mm×100mm×37mm 的方料,如图 2-2-2 所示。

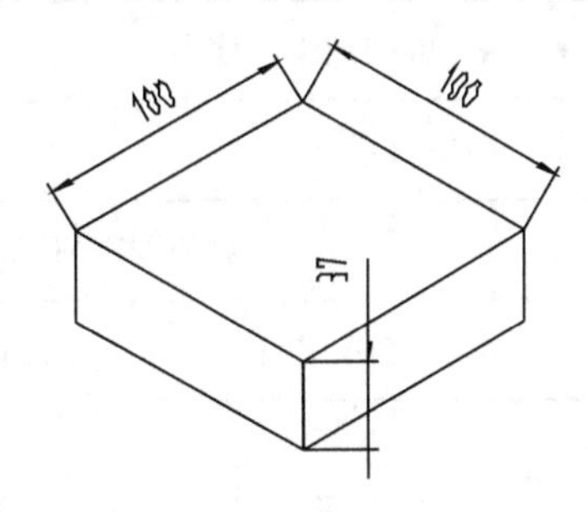

图 2-2-2　100mm×100mm×37mm 方料

二、零件分析与尺寸计算

1. 结构分析

由于该零件只是简单的平面加工,不用考虑加工工艺的顺序、垂直度、平行度、编程指令等问题。

2. 工艺分析

经过以上分析,可用硬质合金盘铣刀分粗、精加工直接铣出工件平面即可,粗加工留余量 0.3mm。

3. 定位及装夹分析

考虑到工件只是简单的平面加工,可将方料直接装夹在平口钳上,一次装夹完成所有加工内容。在工件装夹时的夹紧过程中,既要防止工件的转动、变形和夹伤,又要防止工件在加工中松动。

三、工艺卡片

有关加工顺序、工步内容、夹具、刀具、量具检具、切削用量、冷却润滑液等工艺问题,详见表 2-2-1 和表 2-2-2 工艺卡片。

表 2-2-1　手铣平面加工刀具调整卡(单位:mm)

<table>
<tr><td colspan="11">刀具调整卡</td></tr>
<tr><td colspan="2">零件名称</td><td colspan="2">平面加工件</td><td>零件图号</td><td colspan="6"></td></tr>
<tr><td colspan="2">设备名称</td><td>数控铣床</td><td>设备型号</td><td>VMC850</td><td colspan="4">程序号</td><td colspan="2"></td></tr>
<tr><td colspan="2">材料名称及牌号</td><td colspan="2">LY12</td><td>工序名称</td><td colspan="2">平面铣削</td><td colspan="3">工序号</td><td>02</td></tr>
<tr><td rowspan="2">序号</td><td rowspan="2">刀具编号</td><td colspan="2" rowspan="2">刀具名称</td><td rowspan="2">刀具材料及牌号</td><td colspan="3">刀具参数</td><td colspan="3">刀补地址</td></tr>
<tr><td>直径</td><td colspan="2">长度</td><td colspan="2">直径</td><td>长度</td></tr>
<tr><td>1</td><td>T1</td><td colspan="2">寻边器</td><td>高速钢</td><td>ϕ10</td><td colspan="2"></td><td colspan="2"></td><td></td></tr>
<tr><td>2</td><td>T2</td><td colspan="2">面铣刀</td><td>硬质合金</td><td>ϕ80</td><td colspan="2"></td><td colspan="2"></td><td></td></tr>
</table>

表 2-2-2　手铣平面加工数控加工工序卡(单位:mm)

数控加工工序卡							
零件名称	平面加工件		零件图号			夹具名称	平口钳
设备名称及型号	数控铣 VMC850						
材料名称及牌号	LY12		工序名称	平面铣削		工序号	3

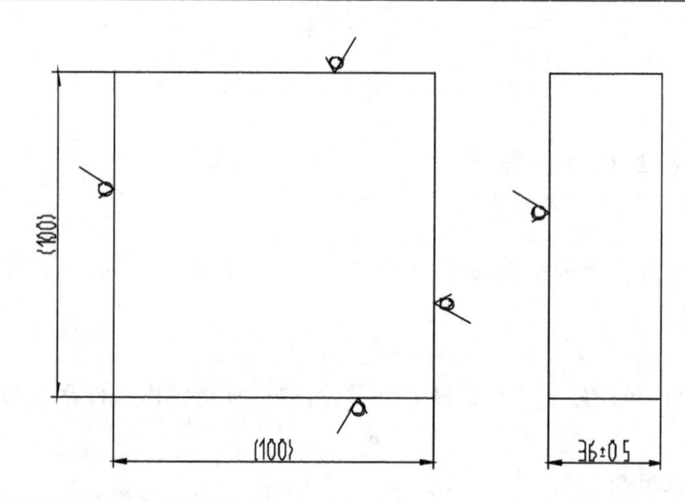

工步号	工步内容	切削用量				刀具		量具名称
		V_f	n	f	A_p	编号	名称	
1	加工平面		1000	300	1	T2	面铣刀	带表游标卡尺

四、本任务新增知识架构

(1)学习数控操作面板,详见项目八任务一的内容。

(2)学习数控铣床坐标系,详见项目八任务三的内容。

(3)学习数控铣床 Z 向对刀,详见项目八任务四的内容。

五、上机加工过程

1. 操作步骤及要领(表 2-2-3)

表 2-2-3 手铣平面加工操作步骤及要领

序号	步骤名称	作业图	操作步骤及说明
1	准备毛坯		1.从材料堆里挑选一块毛坯,厚度尺寸大于 36mm 2.工件毛坯轮廓形状是四方形,采用平口钳装夹
2	装工件		1.这面工件没有其他轮廓要加工,只有平面,因此不采用程序加工,直接采用手轮移动工件进行平面铣削 2.工件加工深度要求不高,采用 35 等高块,使工件伸出钳口平面 22mm,(工件伸出钳口平面不要太多,保证工件刚性)
3	装 ϕ80 面铣刀		采用 ϕ80mm 面铣刀来加工平面
4	ϕ80 面铣刀 Z 对刀		ϕ80mm 面铣刀采用刀柄碰刀尖法 Z 向对刀

续表 2-2-3

序号	步骤名称	作业图	操作步骤及说明
7	手摇 粗铣平面		通过手轮移动工作台，切削工件平面，加工出工件平面轮廓形状
8	测量平面		通过带表游标卡尺测量工件厚度尺寸
9	手摇 精铣平面		通过调整刀具 Z 向高度，在次手轮移动工作台，切削工件平面至尺寸，加工出工件平面轮廓形状

2. 加工注意事项

(1)加工前必须认真检查刀具是否与程序中要求的一致。

(2)加工前必须认真检查所执行的程序是不是应该执行的程序。

(3)加工前必须认真检查显示屏光标所在位置是否正确。

(4)加工前必须认真检查换刀点(刀具位置)是否正确。

3. 加工时切削参数的调整

(1)加工时若工件排屑不畅，可适当降低主轴旋转速度和刀具进给速度。

(2)加工时，出现刀具振动产生响声时，可适当降低主轴旋转速度。

(3)加工时若工件表面粗糙度值达不到要求，可适当提高主轴旋转速度和降低刀具进给速度。

七、自我评价(表 2-2-4)

表 2-2-4　手铣平面加工的自我评价

<table>
<tr><td colspan="2">材料</td><td>LY12</td><td>课时</td><td colspan="2"></td></tr>
<tr><td colspan="2">自我评价成绩</td><td></td><td>任课教师</td><td colspan="2"></td></tr>
<tr><td colspan="3">自我评价项目</td><td>结果</td><td>配分</td><td>得分</td></tr>
<tr><td rowspan="7"></td><td>1</td><td>工序安排是否能完成加工</td><td></td><td></td><td></td></tr>
<tr><td>2</td><td>工序安排是否满足零件的加工要求</td><td></td><td></td><td></td></tr>
<tr><td>3</td><td>编程格式及关键指令是否能正确使用</td><td></td><td></td><td></td></tr>
<tr><td>4</td><td>工序安排是否符合该种批量生产</td><td></td><td></td><td></td></tr>
<tr><td>5</td><td>题目:通过该零件编程你的收获主要有哪些?作答</td><td></td><td></td><td></td></tr>
<tr><td>6</td><td>题目:你设计本程序的主要思路是什么?作答</td><td></td><td></td><td></td></tr>
<tr><td>7</td><td>题目:你是如何完成程序的完善与修改的?作答</td><td></td><td></td><td></td></tr>
<tr><td rowspan="6">工件刀具安装</td><td>1</td><td>刀具安装是否正确</td><td></td><td></td><td></td></tr>
<tr><td>2</td><td>工件安装是否正确</td><td></td><td></td><td></td></tr>
<tr><td>3</td><td>刀具安装是否牢固</td><td></td><td></td><td></td></tr>
<tr><td>4</td><td>工件安装是否牢固</td><td></td><td></td><td></td></tr>
<tr><td>5</td><td>题目:安装刀具时需要注意的事项主要有哪些?作答</td><td></td><td></td><td></td></tr>
<tr><td>6</td><td>题目:安装工件时需要注意的事项主要有哪些?作答</td><td></td><td></td><td></td></tr>
<tr><td rowspan="7">操作与加工</td><td>1</td><td>操作是否规范</td><td></td><td></td><td></td></tr>
<tr><td>2</td><td>着装是否规范</td><td></td><td></td><td></td></tr>
<tr><td>3</td><td>切削用量是否符合加工要求</td><td></td><td></td><td></td></tr>
<tr><td>4</td><td>刀柄与刀片的选用是否合理</td><td></td><td></td><td></td></tr>
<tr><td>5</td><td>题目:如何使加工和操作更好地符合批量生产?作答</td><td></td><td></td><td></td></tr>
<tr><td>6</td><td>题目:加工时需要注意的事项主要有哪些?作答</td><td></td><td></td><td></td></tr>
<tr><td>7</td><td>题目:加工时经常出现的加工误差主要有哪些?作答</td><td></td><td></td><td></td></tr>
<tr><td rowspan="4">精度检查</td><td>1</td><td>是否已经了解本零件测量的各种量具的原理及使用</td><td></td><td></td><td></td></tr>
<tr><td>2</td><td>本零件所使用的测量方法是否已掌握</td><td></td><td></td><td></td></tr>
<tr><td>3</td><td>题目:本零件精度检测的主要内容是什么?采用了何种方法?作答</td><td></td><td></td><td></td></tr>
<tr><td>4</td><td>题目:批量生产时,你将如何检测该零件的各项精度要求?作答</td><td></td><td></td><td></td></tr>
<tr><td colspan="6">(本部分共计 100 分)合计</td></tr>
<tr><td colspan="2">自我总结</td><td colspan="4"></td></tr>
<tr><td colspan="3">学生签字:
年　月　日</td><td colspan="3">教导教师签字:
年　月　日</td></tr>
</table>

八、教师评价(表 2-2-5)

表 2-2-5　手铣平面加工的教师评价

评价项目		评价情况
1	与其他同学口头交流学习内容是否流畅	
2	是否尊重他人	
3	学习态度是否积极主动	
4	是否服从教师的教学安排	
5	着装是否符合标准	
6	是否能正确地领会他人提出的学习问题	
7	是否按照安全的操作规范的要求操作	
8	能否辨别工作环境中哪些是危险的因素	
9	是否合理规范地使用工具和量具	
10	是否能保证学习环境的干净整洁	
11	是否遵守学习场所的规章制度	
12	是否有工作岗位的责任心	
13	是否达到全勤	
14	学习是否积极主动	
15	能否正确地对待肯定与否定的意见	
16	团队学习中主动与合作的情况如何	

参与评价同学签字：

年　　月　　日

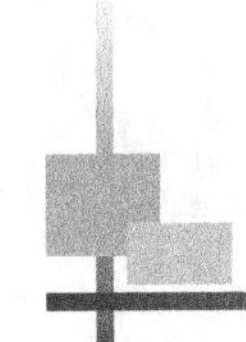

任务三　数控铣平面加工

任务目标

理论知识方面：

1. 学习工件坐标系
2. 学习快速移动指令 G00、直线插补指令 G01
3. 学习绝对指令 G90、增量指令 G91
4. 学习完整的程序格式

实践知识方面：

学习用面铣刀程序加工铣削平面的方法

任务描述

通过此任务学会平面特征的数控铣加工，如图 2-3-1 所示。

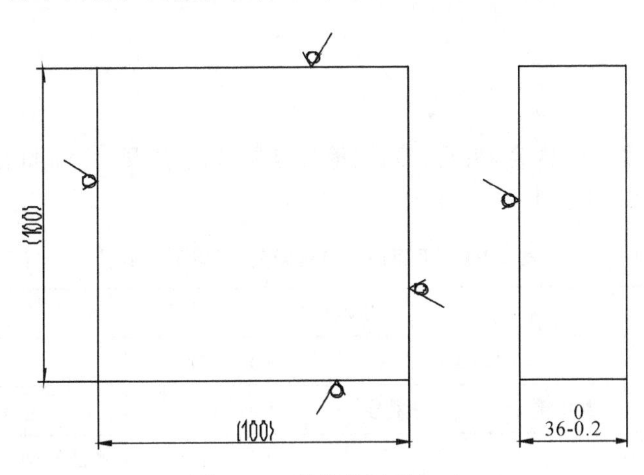

图 2-3-1　数控铣平面加工

任务实施

一、读图确定零件特征

(1)对图样要有全面的认识，尺寸与各种公差符号要清楚。

(2)分析毛坯材料为硬铝,规格为 100mm×100mm×36mm 的方料,如图 2-3-2 所示。

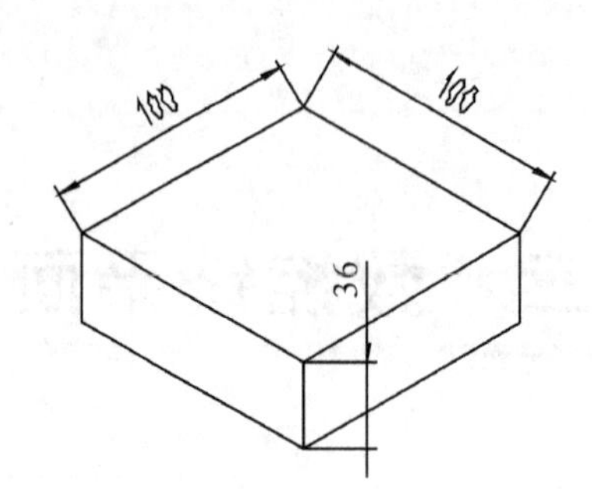

图 2-3-2　100mm×100mm×36mm 方料

二、零件分析与尺寸计算

1. 结构分析

由于该零件为简单的平面加工,应考虑工件加工的平行度与编程指令等问题,工件厚度尺寸公差为 0～0.2mm。

2. 工艺分析

经过以上分析,可用硬质合金盘铣刀分粗、精加工直接铣出工件平面即可,粗加工留余量 0.3mm。

3. 定位及装夹分析

考虑到工件只是简单的平面加工,可将方料直接装夹在平口钳上,一次装夹完成所有加工内容。在工件装夹时的夹紧过程中,既要防止工件的转动、变形和夹伤,又要防止工件在加工中松动。

三、工艺卡片

有关加工顺序及工步内容,夹具、刀具、量具检具、切削用量、冷却润滑液等工艺问题,详见表 2-3-1 和表 2-3-2 工艺卡片。

表 2-3-1　平面加工刀具调整卡(单位:mm)

<table>
<tr><td colspan="11">刀具调整卡</td></tr>
<tr><td colspan="2">零件名称</td><td colspan="2">平面加工件</td><td>零件图号</td><td colspan="6"></td></tr>
<tr><td colspan="2">设备名称</td><td>数控铣床</td><td>设备型号</td><td>VMC850</td><td colspan="4">程序号</td><td colspan="2"></td></tr>
<tr><td colspan="2">材料名称及牌号</td><td colspan="2">LY12</td><td>工序名称</td><td colspan="2">平面铣削</td><td colspan="2">工序号</td><td colspan="2">3</td></tr>
<tr><td rowspan="2">序号</td><td rowspan="2">刀具编号</td><td colspan="2" rowspan="2">刀具名称</td><td rowspan="2">刀具材料及牌号</td><td colspan="3">刀具参数</td><td colspan="3">刀补地址</td></tr>
<tr><td>直径</td><td colspan="2">长度</td><td colspan="2">直径</td><td>长度</td></tr>
<tr><td>1</td><td>T1</td><td colspan="2">寻边器</td><td>高速钢</td><td>$\phi10$</td><td colspan="2"></td><td colspan="2"></td><td></td></tr>
<tr><td>2</td><td>T2</td><td colspan="2">面铣刀</td><td>硬质合金</td><td>$\phi80$</td><td colspan="2"></td><td colspan="2"></td><td></td></tr>
<tr><td></td><td></td><td colspan="2"></td><td></td><td></td><td colspan="2"></td><td colspan="2"></td><td></td></tr>
</table>

表 2-3-2 平面加工数控加工工序卡(单位:mm)

<table>
<tr><td colspan="10">数控加工工序卡</td></tr>
<tr><td>零件名称</td><td colspan="2">平面加工件</td><td colspan="2">零件图号</td><td colspan="2"></td><td colspan="2">夹具名称</td><td>平口钳</td></tr>
<tr><td>设备名称及型号</td><td colspan="9">数控铣 VMC850</td></tr>
<tr><td>材料名称及牌号</td><td colspan="2">LY12</td><td colspan="2">工序名称</td><td colspan="2">平面铣削</td><td colspan="2">工序号</td><td>3</td></tr>
<tr><td colspan="10">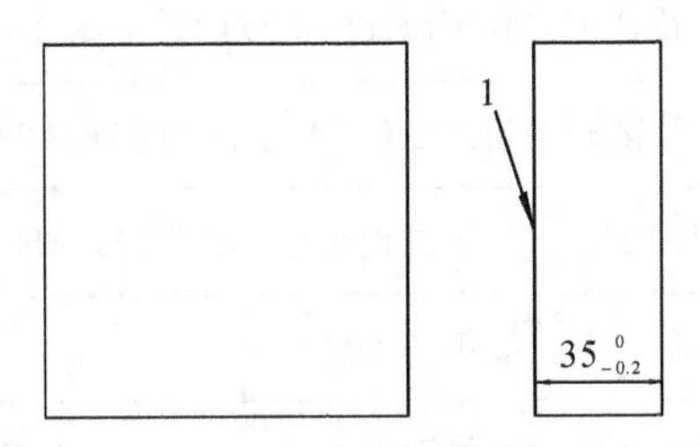
</td></tr>
<tr><td rowspan="2">工步号</td><td rowspan="2">工步内容</td><td colspan="4">切削用量</td><td colspan="2">刀具</td><td colspan="2" rowspan="2">量具名称</td></tr>
<tr><td>V_f</td><td>n</td><td>f</td><td>Ap</td><td>编号</td><td>名称</td></tr>
<tr><td>1</td><td>加工平面</td><td></td><td>1000</td><td>150</td><td>1</td><td>T2</td><td>面铣刀</td><td colspan="2">带表游标卡尺</td></tr>
<tr><td></td><td></td><td></td><td></td><td></td><td></td><td></td><td></td><td colspan="2"></td></tr>
<tr><td></td><td></td><td></td><td></td><td></td><td></td><td></td><td></td><td colspan="2"></td></tr>
<tr><td></td><td></td><td></td><td></td><td></td><td></td><td></td><td></td><td colspan="2"></td></tr>
</table>

四、本任务新增知识架构

(1)学习数控编程内容步骤,详见项目八任务二的内容。
(2)学习数控铣床 X、Y、Z 向对刀,详见项目八任务四的内容。
(3)学习数控铣床基本指令编程 G0、G1 等,详见项目八任务五的内容。

五、编制程序(表 2-3-3)

表 2-3-3 编制平面加工程序

铣平面程序	
%	程序传输开始代码
O1	程序名
G94G90G54G40G21G17	机床初始参数设置:每分钟进给、绝对编程、工件坐标、刀补取消、毫米单位、XY 平面

续表 2-3-3

G00Z200	刀具快速抬到安全高度
X0Y0	刀具移动到工件坐标原点(判断刀具 X、Y 位置是否正确)
S1000M03	主轴正转 1000r/min
X-30Y-100	刀具快速进刀到平面加工切削起点
Z2	刀具快速下刀到平面加工深度的安全高度
G01Z-1F100	刀具切削到平面加工深度,进给速度为 100mm/min
Y100F300	平面加工走直线第二点坐标,切削进给速度为 300mm/min
X30	平面加工走直线第三点坐标
Y-100	平面加工走直线第四点坐标
G00Z200	刀具快速退刀到安全高度
X0Y200	工件快速移动到机床门口(方便工件拆卸与测量)
M30	程序结束,程序运行光标并回到程序开始处
%	程序传输结束代码

六、上机加工过程

1. 操作步骤及要领(表 2-3-4)

表 2-3-4 平面加工操作步骤及要领

序号	步骤名称	作业图	操作步骤及说明
1	准备毛坯		1. 工件毛坯接上一个任务完成的零件 2. 工件毛坯轮廓形状是四方形,采用平口钳装夹

续表 2-3-4

序号	步骤名称	作业图	操作步骤及说明
2	装工件	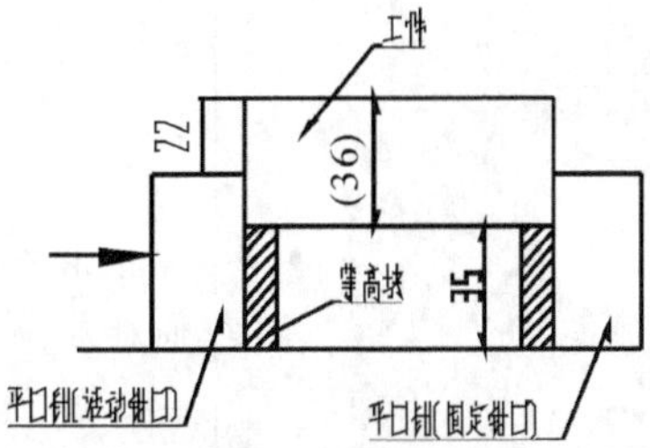 工件；22；(36)；等高块；35；平口钳(活动钳口)；平口钳(固定钳口)	1. 工件轮廓加工深度为 12mm，工件上表面只要离开平口钳平面大于 12mm 2. 钳口深为 50mm，采用 35mm 等高块，工件伸出钳口平面 22mm，(工件伸出钳口平面不要太多，保证工件刚性)
3	装寻边器		采用寻边器找出工件坐标点
4	X、Y 对刀		采用寻边器通过左右两边碰边法，找出工件 X、Y 轴的坐标点
5	装 $\phi 80$ 面铣刀		采用 $\phi 80$mm 面铣刀来加工工件平面

续表 2-3-4

序号	步骤名称	作业图	操作步骤及说明
6	ϕ80 面铣刀 Z 对刀		ϕ80mm 面铣刀采用刀柄碰刀尖法 Z 向对刀
7	粗铣平面		通过运行平面程序，平面留 0.2mm 余量，加工出工件平面轮廓形状
8	测量平面		通过带表游标卡尺测量工件厚度尺寸
9	精铣平面		通过修改程序，在次运行平面程序，加工出工件平面轮廓形状

2. 加工注意事项

(1)加工前必须认真检查刀具是否与程序中要求的一致。

(2)加工前必须认真检查所执行的程序是不是应该执行的程序。

(3)加工前必须认真检查显示屏光标所在位置是否正确。

(4)加工前必须认真检查换刀点(刀具位置)是否正确。

3. 加工时切削参数的调整

(1)加工时若工件排屑不畅可适当降低主轴旋转速度和刀具进给速度。

(2)加工时出现刀具振动产生响声时可适当降低主轴旋转速度。

(3)加工时若工件表面粗糙度值达不到要求可适当提高主轴旋转速度和降低刀具进给速度。

七、自我评价(表 2-3-5)

表 2-3-5　平面加工的自我评价

材料		LY12	课时		
自我评价成绩			任课教师		
自我评价项目			结果	配分	得分
	1	工序安排是否能完成加工			
	2	工序安排是否满足零件的加工要求			
	3	编程格式及关键指令是否能正确使用			
	4	工序安排是否符合该种批量生产			
	5	题目:通过该零件编程你的收获主要有哪些? 作答			
	6	题目:你设计本程序的主要思路是什么? 作答			
	7	题目:你是如何完成程序的完善与修改的? 作答			
工件刀具安装	1	刀具安装是否正确			
	2	工件安装是否正确			
	3	刀具安装是否牢固			
	4	工件安装是否牢固			
	5	题目:安装刀具时需要注意的事项主要有哪些? 作答			
	6	题目:安装工件时需要注意的事项主要有哪些? 作答			
操作与加工	1	操作是否规范			
	2	着装是否规范			
	3	切削用量是否符合加工要求			
	4	刀柄与刀片的选用是否合理			
	5	题目:如何使加工和操作更好地符合批量生产? 作答			
	6	题目:加工时需要注意的事项主要有哪些? 作答			
	7	题目:加工时经常出现的加工误差主要有哪些? 作答			
精度检查	1	是否已经了解本零件测量的各种量具的原理及使用			
	2	本零件所使用的测量方法是否已掌握			
	3	题目:本零件精度检测的主要内容是什么? 采用了何种方法? 作答			
	4	题目:批量生产时,你将如何检测该零件的各项精度要求? 作答			
(本部分共计 100 分)合计					
自我总结					
学生签字:		年　月　日	教导教师签字:		年　月　日

八、教师评价(表 2-3-6)

表 2-3-6　平面加工的教师评价

评　价　项　目		评价情况
1	与其他同学口头交流学习内容是否流畅	
2	是否尊重他人	
3	学习态度是否积极主动	
4	是否服从教师的教学安排	
5	着装是否符合标准	
6	是否能正确地领会他人提出的学习问题	
7	是否按照安全的操作规范的要求操作	
8	能否辨别工作环境中哪些是危险的因素	
9	是否合理规范地使用工具和量具	
10	是否能保证学习环境的干净整洁	
11	是否遵守学习场所的规章制度	
12	是否有工作岗位的责任心	
13	是否达到全勤	
14	学习是否积极主动	
15	能否正确地对待肯定与否定的意见	
16	团队学习中主动与合作的情况如何	

参与评价同学签字：

年　　月　　日

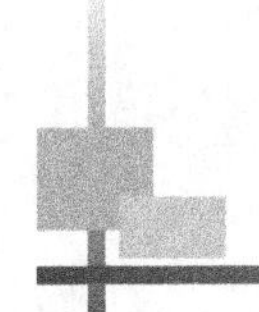

任务四　四方加工

任务目标

理论知识方面：

1. 应用快速移动指令 G00、直线插补指令 G01
2. 学习刀具半径补偿功能(G40/G41/G42)
3. 学习米制指令 G21 与英制指令 G20

实践知识方面：

学习用立铣刀或键槽铣刀铣削台阶面和侧面的方法

任务描述

通过此任务学会外轮廓特征的数控铣加工，如图 2-4-1 所示。

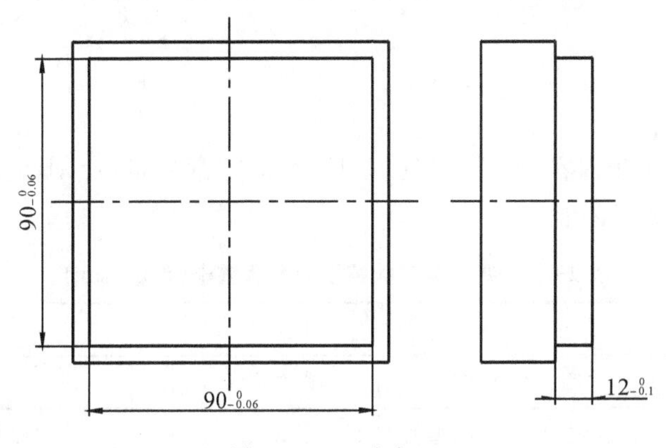

图 2-4-1　四方加工

任务实施

一、读图确定零件特征

(1)对图样要有全面的认识，尺寸与各种公差符号要清楚。

(2)分析毛坯材料为硬铝，规格为 100mm×100mm×34.9mm 的方料，如图 2-4-2 所示。

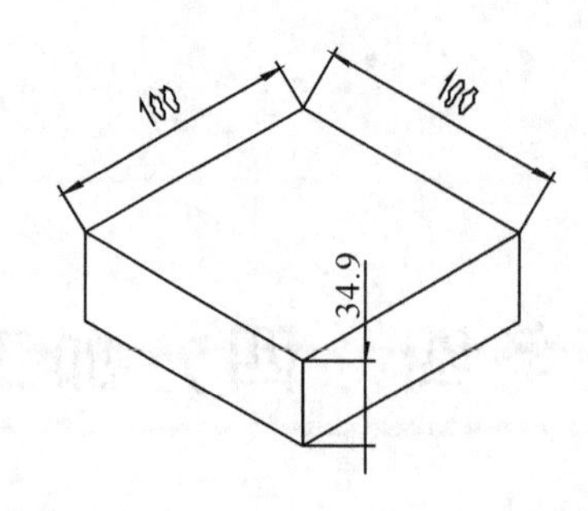

图 2-4-2　100mm×100mm×34.9mm 方料

二、零件分析与尺寸计算

1. 结构分析

由于该零件加工要求是铣削零件的外轮廓，并保证工件轮廓尺寸公差为 0～0.06mm，台阶高度为 12(0～0.1)mm，应考虑加工工艺的顺序、对称度、平行度、编程指令、切削用量等问题。

2. 工艺分析

经过以上分析，可用 D16mm 高速钢立铣刀分粗、精加工直接铣出工件平面即可，粗加工留余量 0.2mm。

3. 定位及装夹分析

考虑到工件只是简单的平面加工，可将方料直接装夹在平口钳上，一次装夹完成所有加工内容。在工件装夹时的夹紧过程中，既要防止工件的转动、变形和夹伤，又要防止工件在加工中松动。

三、工艺卡片

有关加工顺序、工步内容、夹具、刀具、量具检具、切削用量、冷却润滑液等工艺问题，详见表 2-4-1 和表 2-4-2 工艺卡片。

表 2-4-1　四方加工数控铣刀具调整卡(单位:mm)

零件名称	四方加工件		零件图号				
设备名称	数控铣床	设备型号	VMC850	程序号			
材料名称及牌号	LY12	工序名称	平面铣削	工序号	4		
序号	刀具编号	刀具名称	刀具材料及牌号	刀具参数		刀补地址	
				直径	长度	直径	长度
1	T1	寻边器	高速钢	ϕ10			
2	T2	立铣刀	高速钢	ϕ16	30	D2	H2

表 2-4-2　四方加工数控加工工序卡(单位:mm)

数控加工工序卡					
零件名称	四方加工件	零件图号		夹具名称	平口钳
设备名称及型号	数控铣 VMC850				
材料名称及牌号	LY12	工序名称	平面铣削	工序号	4

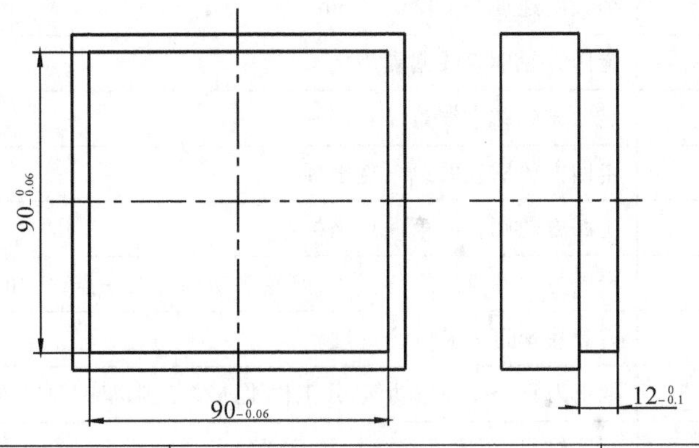

工步号	工步内容	刀具				切削用量		量具名称
		V_f	n	f	A_p	编号	名称	
1	加工四方		1000	150	5	T2	立铣刀	千分尺

四、本任务新增知识架构

学习刀具半径补偿指令 G40、G41、G42 等,详见项目八任务六的内容。

五、编制程序(表 2-4-3)

表 2-4-3　编制四方加工程序

铣四方程序	
%	程序传输开始代码
O1	程序名
G94G90G54G40G21G17	机床初始参数设置:每分钟进给、绝对编程、工件坐标、刀补取消、毫米单位、XY 平面
G00Z200	刀具快速抬到安全高度
X0Y0	刀具移动到工件坐标原点(判断刀具 X、Y 位置是否正确)
M3S1000	主轴正转 1000r/min

续表 2-4-3

X-60Y60	刀具快速进刀到四方轮廓切削起点
Z3	刀具快速下刀到四方轮廓加工深度的安全高度
G01Z-12F100	刀具切削到四方轮廓加工深度，进给速度为 100mm/min
G41D2Y45F300	建立左刀具半径补偿功能，走直线进刀到四方轮廓起点 Y 坐标处，轮廓切削进给速度为 300mm/min
X-45	走四方轮廓直线起点坐标
X45	走四方轮廓直线第二点坐标
Y-45	走四方轮廓直线第三点坐标
X-45	走四方轮廓直线第四点坐标
Y50	走四方轮廓直线第终点坐标（轮廓切削过头一点，使加工表面光滑）
G00Z200	刀具快速退刀到安全高度
G40X0Y200	取消刀具半径补偿功能，并工件快速移动到机床门口（方便工件拆卸与测量）
M30	程序结束，程序运行光标并回到程序开始处
%	程序传输结束代码

六、上机加工过程

1. 操作步骤及要领（表 2-4-4）

表 2-4-4　四方加工操作步骤及要领

序号	步骤名称	作业图	操作步骤及说明
1	准备毛坯		1. 工件毛坯接上一个任务完成的零件 2. 工件毛坯轮廓形状是四方形，采用平口钳装夹
2	装工件	工件 22 35 等高块 35 平口钳(活动钳口) 平口钳(固定钳口)	1. 工件轮廓加工深度为 15mm，工件上表面只要离开平口钳平面大于 15mm 2. 钳口深为 50mm，采用 35mm 等高块，工件伸出钳口平面 22mm，（工件伸出钳口平面不要太多，保证工件刚性）

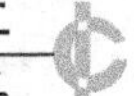

续表 2-4-4

序号	步骤名称	作业图	操作步骤及说明
3	装寻边器	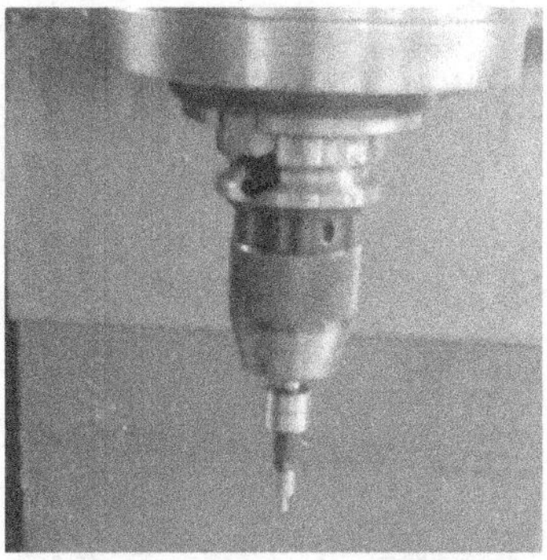	采用寻边器找出工件坐标点
4	X、Y 对刀		采用寻边器通过左右两边碰边法，找出工件 X、Y 轴的坐标点
5	装 $\phi16$ 键槽铣刀	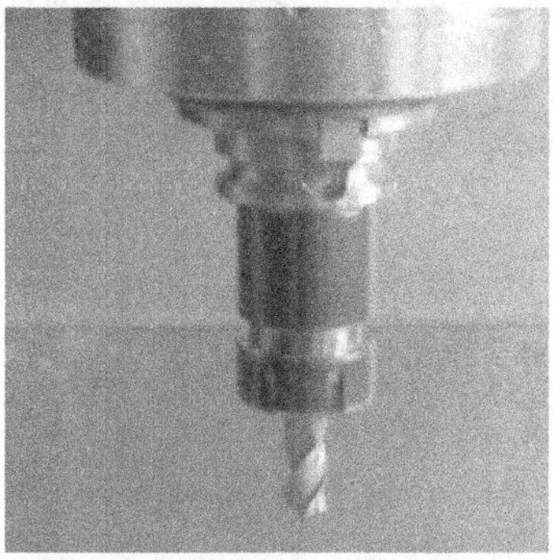	采用 ϕ16mm 键槽铣刀来加工四方
6	$\phi16$ 键槽铣刀 Z 对刀		ϕ16mm 键槽铣刀采用刀柄碰刀尖法 Z 向对刀

续表 2-4-4

序号	步骤名称	作业图	操作步骤及说明
7	粗铣四方		通过运行四方程序，底面、侧面留0.15mm余量，同样程序运行2遍（防止刀具让刀），加工出工件四方轮廓形状
8	测量四方		通过千分尺测量四方轮廓尺寸，带表游标卡尺测量四方深度尺寸
9	精铣四方		通过修改轮廓刀补值与程序，再次运行四方程序，同样程序运行2遍（防止刀具让刀），加工出工件四方轮廓形状

2.加工注意事项

(1)加工前必须认真检查刀具是否与程序中要求的刀具一致。

(2)加工前必须认真检查所执行的程序是不是应该执行的程序。

(3)加工前必须认真检查显示屏光标所在位置是否正确。

(4)加工前必须认真检查换刀点(刀具位置)是否正确。

3.加工时切削参数的调整

(1)加工时若工件排屑不畅可适当降低主轴旋转速度和刀具进给速度。

(2)加工时出现刀具振动产生响声时可适当降低主轴旋转速度。

(3)加工时若工件表面粗糙度值达不到要求可适当提高主轴旋转速度和降低刀具进给速度。

七、自我评价(表 2-4-5)

表 2-4-5 四方加工的自我评价

<table>
<tr><td colspan="2">材料</td><td colspan="2">LY12</td><td>课时</td><td colspan="2"></td></tr>
<tr><td colspan="3">自我评价成绩</td><td></td><td colspan="2">任课教师</td><td></td></tr>
<tr><td colspan="4">自我评价项目</td><td>结果</td><td>配分</td><td>得分</td></tr>
<tr><td rowspan="7"></td><td>1</td><td colspan="2">工序安排是否能完成加工</td><td></td><td></td><td></td></tr>
<tr><td>2</td><td colspan="2">工序安排是否满足零件的加工要求</td><td></td><td></td><td></td></tr>
<tr><td>3</td><td colspan="2">编程格式及关键指令是否能正确使用</td><td></td><td></td><td></td></tr>
<tr><td>4</td><td colspan="2">工序安排是否符合该种批量生产</td><td></td><td></td><td></td></tr>
<tr><td>5</td><td colspan="2">题目:通过该零件编程你的收获主要有哪些？作答</td><td></td><td></td><td></td></tr>
<tr><td>6</td><td colspan="2">题目:你设计本程序的主要思路是什么？作答</td><td></td><td></td><td></td></tr>
<tr><td>7</td><td colspan="2">题目:你是如何完成程序的完善与修改的？作答</td><td></td><td></td><td></td></tr>
<tr><td rowspan="6">工件刀具安装</td><td>1</td><td colspan="2">刀具安装是否正确</td><td></td><td></td><td></td></tr>
<tr><td>2</td><td colspan="2">工件安装是否正确</td><td></td><td></td><td></td></tr>
<tr><td>3</td><td colspan="2">刀具安装是否牢固</td><td></td><td></td><td></td></tr>
<tr><td>4</td><td colspan="2">工件安装是否牢固</td><td></td><td></td><td></td></tr>
<tr><td>5</td><td colspan="2">题目:安装刀具时需要注意的事项主要有哪些？作答</td><td></td><td></td><td></td></tr>
<tr><td>6</td><td colspan="2">题目:安装工件时需要注意的事项主要有哪些？作答</td><td></td><td></td><td></td></tr>
<tr><td rowspan="7">操作与加工</td><td>1</td><td colspan="2">操作是否规范</td><td></td><td></td><td></td></tr>
<tr><td>2</td><td colspan="2">着装是否规范</td><td></td><td></td><td></td></tr>
<tr><td>3</td><td colspan="2">切削用量是否符合加工要求</td><td></td><td></td><td></td></tr>
<tr><td>4</td><td colspan="2">刀柄与刀片的选用是否合理</td><td></td><td></td><td></td></tr>
<tr><td>5</td><td colspan="2">题目:如何使加工和操作更好地符合批量生产？作答</td><td></td><td></td><td></td></tr>
<tr><td>6</td><td colspan="2">题目:加工时需要注意的事项主要有哪些？作答</td><td></td><td></td><td></td></tr>
<tr><td>7</td><td colspan="2">题目:加工时经常出现的加工误差主要有哪些？作答</td><td></td><td></td><td></td></tr>
<tr><td rowspan="4">精度检查</td><td>1</td><td colspan="2">是否已经了解本零件测量的各种量具的原理及使用</td><td></td><td></td><td></td></tr>
<tr><td>2</td><td colspan="2">本零件所使用的测量方法是否已掌握</td><td></td><td></td><td></td></tr>
<tr><td>3</td><td colspan="2">题目:本零件精度检测的主要内容是什么？采用了何种方法？作答</td><td></td><td></td><td></td></tr>
<tr><td>4</td><td colspan="2">题目:批量生产时,你将如何检测该零件的各项精度要求？作答</td><td></td><td></td><td></td></tr>
<tr><td colspan="7">(本部分共计 100 分)合计</td></tr>
<tr><td colspan="2">自我总结</td><td colspan="5"></td></tr>
<tr><td colspan="3">学生签字：
年 月 日</td><td colspan="4">教导教师签字：
年 月 日</td></tr>
</table>

八、教师评价(表 2-4-6)

表 2-4-6　四方加工的教师评价

评 价 项 目		评价情况
1	与其他同学口头交流学习内容是否流畅	
2	是否尊重他人	
3	学习态度是否积极主动	
4	是否服从教师的教学安排	
5	着装是否符合标准	
6	是否能正确地领会他人提出的学习问题	
7	是否按照安全的操作规范的要求操作	
8	能否辨别工作环境中哪些是危险的因素	
9	是否合理规范地使用工具和量具	
10	是否能保证学习环境的干净整洁	
11	是否遵守学习场所的规章制度	
12	是否有工作岗位的责任心	
13	是否达到全勤	
14	学习是否积极主动	
15	能否正确地对待肯定与否定的意见	
16	团队学习中主动与合作的情况如何	

参与评价同学签字：

年　　月　　日

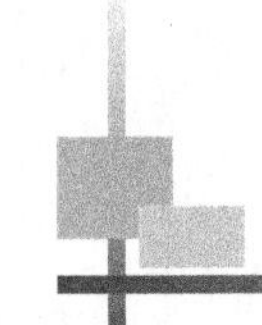

任务五　圆台加工

任务目标

理论知识方面：

1. 学习切削平面加工指令 G17/G18/G19
2. 学习圆弧插补指令 G02/G03
3. 学习整圆编程格式

实践知识方面：

学习用立铣刀或键槽铣刀铣削台阶面和侧面的方法

任务描述

通过此任务学会整圆特征的数控铣加工，如图 2-5-1 所示。

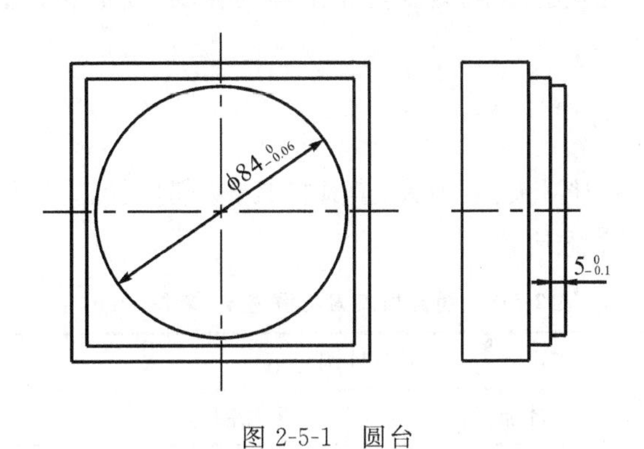

图 2-5-1　圆台

任务实施

一、读图确定零件特征

(1)对图样要有全面的认识，尺寸与各种公差符号要清楚。

(2)分析毛坯材料为硬铝，规格为上一个任务完成的零件，如图 2-5-2 所示。

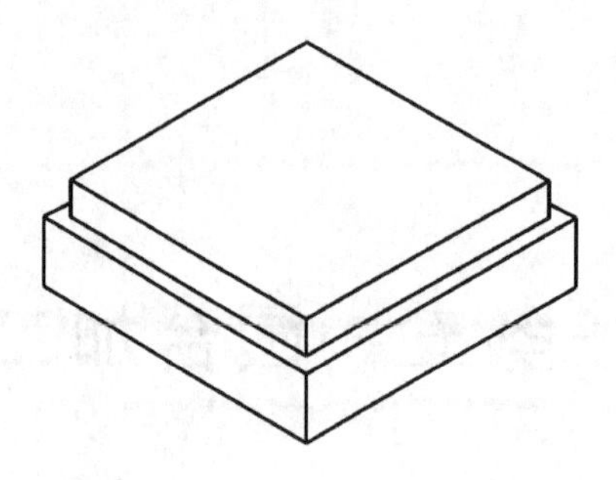

图 2-5-2　上一个任务完成的零件

二、零件分析与尺寸计算

1.结构分析

由于该零件加工要求是铣削零件的外轮廓，并保证工件轮廓尺寸公差为 0～0.06mm，台阶高度为 5(0～0.1)mm 应考虑加工工艺的顺序、对称度、平行度、编程指令、切削用量等问题。

2.工艺分析

经过以上分析，可用 D16mm 高速钢立铣刀分粗、精加工直接铣出工件平面即可，粗加工留余量 0.2mm。

3.定位及装夹分析

考虑到工件只是简单的平面加工，可将方料直接装夹在平口钳上，一次装夹完成所有加工内容。在工件装夹的夹紧过程中，既要防止工件的转动、变形和夹伤，又要防止工件在加工中松动。

三、工艺卡片

有关加工顺序、工步内容、夹具、刀具、量具检具、切削用量、冷却润滑液等工艺问题，详见表 2-5-1 和表 2-5-2 工艺卡片。

表 2-5-1　圆台加工刀具调整卡(单位:mm)

<table>
<tr><td colspan="9">刀具调整卡</td></tr>
<tr><td colspan="2">零件名称</td><td colspan="2">圆台加工件</td><td>零件图号</td><td colspan="4"></td></tr>
<tr><td colspan="2">设备名称</td><td>数控铣床</td><td>设备型号</td><td>VMC850</td><td colspan="2">程序号</td><td colspan="2"></td></tr>
<tr><td colspan="2">材料名称及牌号</td><td colspan="2">LY12</td><td>工序名称</td><td>平面铣削</td><td colspan="2">工序号</td><td>5</td></tr>
<tr><td rowspan="2">序号</td><td rowspan="2">刀具编号</td><td colspan="2" rowspan="2">刀具名称</td><td rowspan="2">刀具材料及牌号</td><td colspan="2">刀具参数</td><td colspan="2">刀补地址</td></tr>
<tr><td>直径</td><td>长度</td><td>直径</td><td>长度</td></tr>
<tr><td>1</td><td>T1</td><td colspan="2">寻边器</td><td>高速钢</td><td>$\phi 10$</td><td></td><td></td><td></td></tr>
<tr><td>2</td><td>T2</td><td colspan="2">立铣刀</td><td>高速钢</td><td>$\phi 16$</td><td>30</td><td>D2</td><td>H2</td></tr>
<tr><td></td><td></td><td colspan="2"></td><td></td><td></td><td></td><td></td><td></td></tr>
</table>

表 2-5-2　圆台加工数控加工工序卡(单位:mm)

<table>
<tr><td colspan="8">数控加工工序卡</td></tr>
<tr><td>零件名称</td><td>圆台加工件</td><td>零件图号</td><td colspan="2"></td><td>夹具名称</td><td colspan="2">平口钳</td></tr>
<tr><td colspan="2">设备名称及型号</td><td colspan="6">数控铣 VMC850</td></tr>
<tr><td colspan="2">材料名称及牌号</td><td>LY12</td><td>工序名称</td><td>平面铣削</td><td>工序号</td><td colspan="2">5</td></tr>
</table>

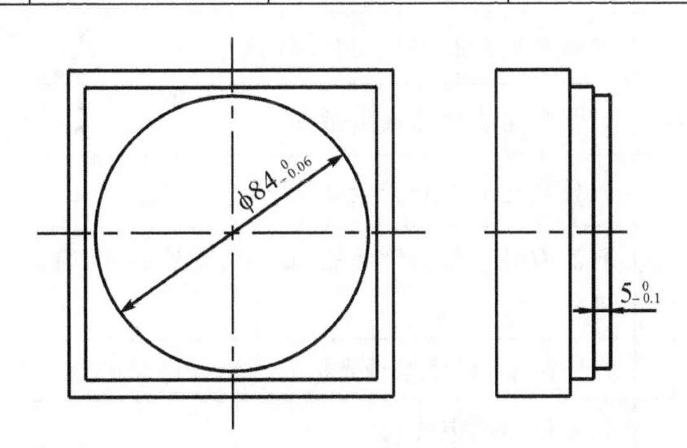

<table>
<tr><td rowspan="2">工步号</td><td rowspan="2">工步内容</td><td colspan="4">切削用量</td><td colspan="2">刀具</td><td rowspan="2">量具名称</td></tr>
<tr><td>V_f</td><td>n</td><td>f</td><td>A_p</td><td>编号</td><td>名称</td></tr>
<tr><td>1</td><td>加工圆台</td><td></td><td>1000</td><td>150</td><td>5</td><td>T2</td><td>立铣刀</td><td>千分尺</td></tr>
<tr><td></td><td></td><td></td><td></td><td></td><td></td><td></td><td></td><td></td></tr>
<tr><td></td><td></td><td></td><td></td><td></td><td></td><td></td><td></td><td></td></tr>
</table>

四、本任务新增知识架构

学习圆弧加工指令 G02、G03 等,详见项目八任务五的内容。

五、编制程序(表 2-5-3)

表 2-5-3　编制圆台加工程序

铣圆台程序	
%	程序传输开始代码
O1	程序名
G94G90G54G40G21G17	机床初始参数设置:每分钟进给、绝对编程、工件坐标、刀补取消、毫米单位、XY 平面
G00Z200	刀具快速抬到安全高度
X0Y0	刀具移动到工件坐标原点(判断刀具 X、Y 位置是否正确)
S1000M03	主轴正转 1000r/min

续表 2-5-3

X-60Y0	刀具快速进刀到圆台轮廓切削起点
Z3	刀具快速下刀到圆台轮廓加工深度的安全高度
G01Z-5F100	刀具切削到圆台轮廓加工深度，进给速度为 100mm/min
G41D2X-54Y-12F300	建立左刀具半径补偿功能，走圆弧进刀到圆弧起点处，轮廓切削进给速度为 300mm/min
G03X-42Y0R12	走圆台轮廓圆弧进刀到圆弧终点处
G02I42	走圆台轮廓整圆加工指令
G00Z200	刀具快速退刀到安全高度
G40X0Y200	取消刀具半径补偿功能，并工件快速移动到机床门口(方便工件拆卸与测量)
M30	程序结束，程序运行光标并回到程序开始处
%	程序传输结束代码

六、上机加工过程

1. 操作步骤及要领(表 2-5-4)

表 2-5-4　圆台加工操作步骤及要领

序号	步骤名称	作业图	操作步骤及说明
1	准备毛坯		1. 工件毛坯接上一个任务完成的零件 2. 工件毛坯轮廓形状是四方形，采用平口钳装夹
2	装工件	工件 22 等高块 35 平口钳(活动钳口) 平口钳(固定钳口)	1. 工件轮廓加工深度为 15mm，工件上表面只要离开平口钳平面大于 15mm 2. 钳口深为 50mm，采用 35mm 等高块，工件伸出钳口平面 22mm(工件伸出钳口平面不要太多，保证工件刚性)

续表 2-5-4

序号	步骤名称	作业图	操作步骤及说明
3	装寻边器		采用寻边器找出工件坐标点
4	X、Y 对刀		采用寻边器通过左右两边碰边法，找出工件 X、Y 轴的坐标点
5	装 $\phi 16$ 键槽铣刀		采用 $\phi 16$mm 键槽铣刀来加工圆台
6	$\phi 16$ 键槽铣刀 Z 对刀		$\phi 16$mm 键槽铣刀采用刀柄碰刀尖法 Z 向对刀

续表 2-5-4

序号	步骤名称	作业图	操作步骤及说明
7	粗铣圆台		通过运行圆台程序，底面、侧面留0.15mm余量，同样程序运行2遍（防止刀具让刀），加工出工件圆台轮廓形状
8	测量圆台		通过千分尺测量圆台轮廓尺寸，带表游标卡尺测量圆台深度尺寸
9	精铣圆台		通过修改轮廓刀补值与程序，在次运行圆台程序，同样程序运行2遍（防止刀具让刀），加工出工件圆台轮廓形状

2. 加工注意事项

(1)加工前必须认真检查刀具是否与程序中要求的刀具一致。

(2)加工前必须认真检查所执行的程序是不是应该执行的程序。

(3)加工前必须认真检查显示屏光标所在位置是否正确。

(4)加工前必须认真检查换刀点(刀具位置)是否正确。

3. 加工时切削参数的调整

(1)加工时若工件排屑不畅可适当降低主轴旋转速度和刀具进给速度。

(2)加工时出现刀具振动产生响声时可适当降低主轴旋转速度。

(3)加工时若工件表面粗糙度值达不到要求可适当提高主轴旋转速度和降低刀具进给速度。

七、自我评价(表 2-5-5)

表 2-5-5　圆台加工的自我评价

<table>
<tr><td colspan="2">材料</td><td colspan="2">LY12</td><td>课时</td><td colspan="2"></td></tr>
<tr><td colspan="3">自我评价成绩</td><td></td><td>任课教师</td><td colspan="2"></td></tr>
<tr><td colspan="4">自我评价项目</td><td>结果</td><td>配分</td><td>得分</td></tr>
<tr><td rowspan="7"></td><td>1</td><td colspan="2">工序安排是否能完成加工</td><td></td><td></td><td></td></tr>
<tr><td>2</td><td colspan="2">工序安排是否满足零件的加工要求</td><td></td><td></td><td></td></tr>
<tr><td>3</td><td colspan="2">编程格式及关键指令是否能正确使用</td><td></td><td></td><td></td></tr>
<tr><td>4</td><td colspan="2">工序安排是否符合该种批量生产</td><td></td><td></td><td></td></tr>
<tr><td>5</td><td colspan="2">题目:通过该零件编程你的收获主要有哪些?作答</td><td></td><td></td><td></td></tr>
<tr><td>6</td><td colspan="2">题目:你设计本程序的主要思路是什么?作答</td><td></td><td></td><td></td></tr>
<tr><td>7</td><td colspan="2">题目:你是如何完成程序的完善与修改的?作答</td><td></td><td></td><td></td></tr>
<tr><td rowspan="6">工件刀具安装</td><td>1</td><td colspan="2">刀具安装是否正确</td><td></td><td></td><td></td></tr>
<tr><td>2</td><td colspan="2">工件安装是否正确</td><td></td><td></td><td></td></tr>
<tr><td>3</td><td colspan="2">刀具安装是否牢固</td><td></td><td></td><td></td></tr>
<tr><td>4</td><td colspan="2">工件安装是否牢固</td><td></td><td></td><td></td></tr>
<tr><td>5</td><td colspan="2">题目:安装刀具时需要注意的事项主要有哪些?作答</td><td></td><td></td><td></td></tr>
<tr><td>6</td><td colspan="2">题目:安装工件时需要注意的事项主要有哪些?作答</td><td></td><td></td><td></td></tr>
<tr><td rowspan="7">操作与加工</td><td>1</td><td colspan="2">操作是否规范</td><td></td><td></td><td></td></tr>
<tr><td>2</td><td colspan="2">着装是否规范</td><td></td><td></td><td></td></tr>
<tr><td>3</td><td colspan="2">切削用量是否符合加工要求</td><td></td><td></td><td></td></tr>
<tr><td>4</td><td colspan="2">刀柄与刀片的选用是否合理</td><td></td><td></td><td></td></tr>
<tr><td>5</td><td colspan="2">题目:如何使加工和操作更好地符合批量生产?作答</td><td></td><td></td><td></td></tr>
<tr><td>6</td><td colspan="2">题目:加工时需要注意的事项主要有哪些?作答</td><td></td><td></td><td></td></tr>
<tr><td>7</td><td colspan="2">题目:加工时经常出现的加工误差主要有哪些?作答</td><td></td><td></td><td></td></tr>
<tr><td rowspan="4">精度检查</td><td>1</td><td colspan="2">是否已经了解本零件测量的各种量具的原理及使用</td><td></td><td></td><td></td></tr>
<tr><td>2</td><td colspan="2">本零件所使用的测量方法是否已掌握</td><td></td><td></td><td></td></tr>
<tr><td>3</td><td colspan="2">题目:本零件精度检测的主要内容是什么?采用了何种方法?作答</td><td></td><td></td><td></td></tr>
<tr><td>4</td><td colspan="2">题目:批量生产时,你将如何检测该零件的各项精度要求?作答</td><td></td><td></td><td></td></tr>
<tr><td colspan="7">(本部分共计 100 分)合计</td></tr>
<tr><td colspan="2">自我总结</td><td colspan="5"></td></tr>
<tr><td colspan="3">学生签字:
年　月　日</td><td colspan="4">教导教师签字:
年　月　日</td></tr>
</table>

八、教师评价(表 2-5-6)

表 2-5-6 圆台加工的教师评价

评 价 项 目		评价情况
1	与其他同学口头交流学习内容是否流畅	
2	是否尊重他人	
3	学习态度是否积极主动	
4	是否服从教师的教学安排	
5	着装是否符合标准	
6	是否能正确地领会他人提出的学习问题	
7	是否按照安全的操作规范的要求操作	
8	能否辨别工作环境中哪些是危险的因素	
9	是否合理规范地使用工具和量具	
10	是否能保证学习环境的干净整洁	
11	是否遵守学习场所的规章制度	
12	是否有工作岗位的责任心	
13	是否达到全勤	
14	学习是否积极主动	
15	能否正确地对待肯定与否定的意见	
16	团队学习中主动与合作的情况如何	

参与评价同学签字：

年　　月　　日

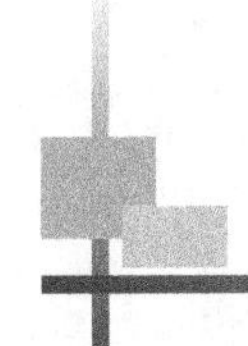

任务六　凹圆槽加工

任务目标

理论知识方面：

1. 运用圆弧插补指令 G02/G03
2. 学习螺旋下刀编程指令
3. 学习去除多余材料编程方法

实践知识方面：

学习用立铣刀或键槽铣刀铣削台阶面和侧面的方法

任务描述

通过此任务学会凹圆槽特征的数控铣加工，如图 2-6-1 所示。

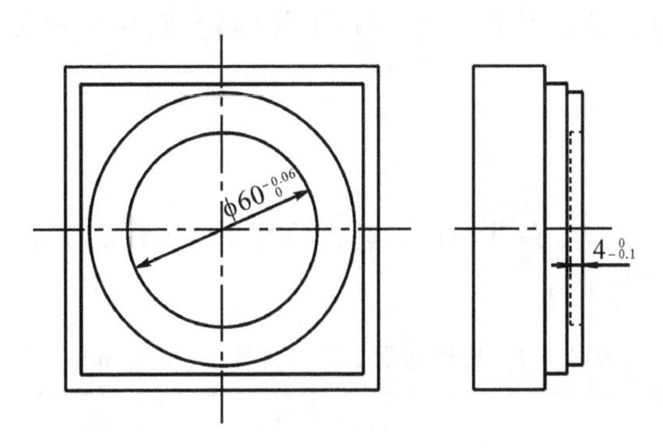

图 2-6-1　凹圆槽特征的数控铣加工

任务实施

一、读图确定零件特征

(1)对图样要有全面的认识，尺寸与各种公差符号要清楚。

(2)分析毛坯材料为硬铝，规格为上一个任务完成的零件，如图 2-6-2 所示。

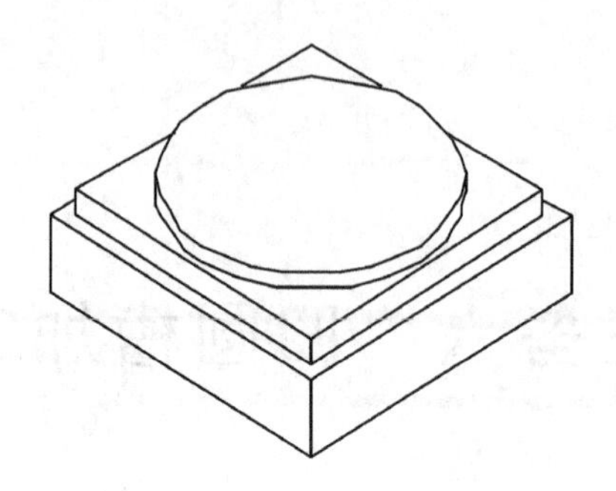

图 2-6-2　上一个任务完成的零件

二、零件分析与尺寸计算

1. 结构分析

由于该零件加工要求是铣削零件的外轮廓，并保证工件轮廓尺寸公差为 0～0.06mm，台阶高度为 5(0～0.1)mm，应考虑加工工艺的顺序、对称度、平行度、编程指令、切削用量等问题。

2. 工艺分析

经过以上分析，可用 D16mm 高速钢立铣刀分粗、精加工直接铣出工件平面即可，粗加工留余量 0.2mm。

3. 定位及装夹分析

考虑到工件只是简单的平面加工，可将方料直接装夹在平口钳上，一次装夹完成所有加工内容。在工件装夹的夹紧过程中，既要防止工件的转动、变形和夹伤，又要防止工件在加工中松动。

三、工艺卡片

有关加工顺序、工步内容、夹具、刀具、量具检具、切削用量、冷却润滑液等工艺问题，详见表 2-6-1 和表 2-6-2 工艺卡片。

表 2-6-1　凹圆槽加工刀具调整卡(单位:mm)

刀具调整卡							
零件名称		凹圆槽加工件		零件图号			
设备名称		数控铣床	设备型号	VMC850	程序号		
材料名称及牌号		LY12		工序名称	平面铣削	工序号	6
序号	刀具编号	刀具名称	刀具材料及牌号	刀具参数		刀补地址	
				直径	长度	直径	长度
1	T1	寻边器	高速钢	$\phi 10$			
2	T2	立铣刀	高速钢	$\phi 16$	30	D2	H2

表 2-6-2 凹圆槽加工数控加工工序卡(单位:mm)

数控加工工序卡							
零件名称	凹圆槽加工件		零件图号		夹具名称	平口钳	
设备名称及型号	数控铣 VMC850						
材料名称及牌号	LY12	工序名称	平面铣削	工序号	6		

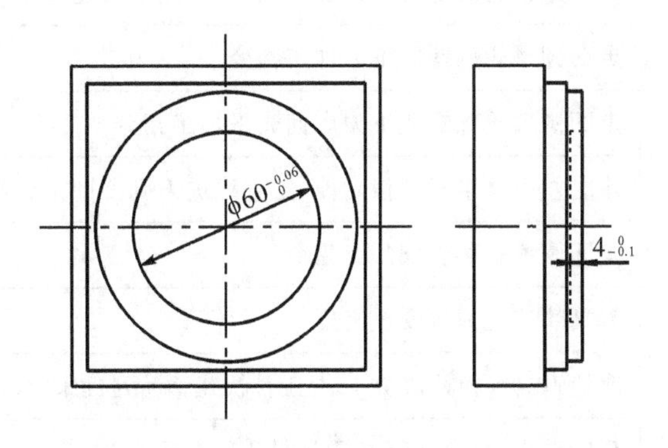

工步号	工步内容	切削用量				刀具		量具名称
		V_f	n	f	A_p	编号	名称	
1	加工凹圆槽		1000	150	4	T2	立铣刀	带表游标卡尺

四、本任务新增知识架构

学习圆弧加工指令 G02、G03 等,详见项目八任务五的内容。

五、编制程序(表 2-6-3)

表 2-6-3 编制凹圆槽加工程序

铣凹圆槽程序	
%	程序传输开始代码
O1	程序名
G94G90G54G40G21G17	机床初始参数设置:每分钟进给、绝对编程、工件坐标、刀补取消、毫米单位、*XY* 平面
G00Z200	刀具快速抬到安全高度
X0Y0	刀具移动到工件坐标原点(判断刀具 *X*、*Y* 位置是否正确)
S1000M03	主轴正转 1000r/min

续表 2-6-3

X-7Y0	刀具快速进刀到凹圆槽轮廓螺旋下刀切削起点
Z3	刀具快速下刀到凹圆槽轮廓加工深度的安全高度
G01Z0F100	刀具切削到凹圆槽轮廓加工上表面，进给速度为100mm/min
G3I7Z-2F200	走凹圆槽轮廓螺旋下刀加工指令，切削进给速度为200mm/min
G3I7Z-4	走凹圆槽轮廓螺旋下刀加工指令
G3I7	走凹圆槽轮廓螺旋下刀底面光平加工指令
G1G41D2X-30	建立左刀具半径补偿功能，走直线进刀到凹圆槽轮廓起点
G03I30	走凹圆槽轮廓整圆加工指令
G00Z200	刀具快速退刀到安全高度
G40X0Y200	取消刀具半径补偿功能，并工件快速移动到机床门口(方便工件拆卸与测量)
M30	程序结束，程序运行光标并回到程序开始处
%	程序传输结束代码

六、上机加工过程

1. 操作步骤及要领(表 2-6-4)

表 2-6-4　凹发圆槽加工操作步骤及要领

序号	步骤名称	作业图	操作步骤及说明
1	准备毛坯		1. 工件毛坯接上一个任务完成的零件 2. 工件毛坯轮廓形状是四方形，采用平口钳装夹
2	装工件	工件 22 等高块 35 平口钳(活动钳口) 平口钳(固定钳口)	1. 工件轮廓加工深度为15mm，工件上表面只要离开平口钳平面大于15mm 2. 钳口深为50mm，采用35mm等高块，工件伸出钳口平面22mm(工件伸出钳口平面不要太多，保证工件刚性)

续表 2-6-4

序号	步骤名称	作业图	操作步骤及说明
3	装寻边器		采用寻边器找出工件坐标点
4	X、Y 对刀		采用寻边器通过左右两边碰边法，找出工件 X、Y 轴的坐标点
5	装 $\phi16$ 键槽铣刀		采用 $\phi16$mm 键槽铣刀来加工凹圆槽
6	$\phi16$ 键槽铣刀 Z 对刀		$\phi16$mm 键槽铣刀采用刀柄碰刀尖法 Z 向对刀

续表 2-6-4

序号	步骤名称	作业图	操作步骤及说明
7	粗铣凹圆槽		通过运行凹圆槽程序，底面、侧面留0.15mm余量，同样程序运行2遍(防止刀具让刀)，加工出工件凹圆槽轮廓形状
8	测量凹圆槽		通过带表游标卡尺测量凹圆槽的轮廓与深度尺寸
9	精铣凹圆槽		通过修改轮廓刀补值与程序，在次运行凹圆槽程序，同样程序运行2遍(防止刀具让刀)，加工出工件凹圆槽轮廓形状

2. 加工注意事项

(1)加工前必须认真检查刀具是否与程序中要求的刀具一致。

(2)加工前必须认真检查所执行的程序是不是应该执行的程序。

(3)加工前必须认真检查显示屏光标所在位置是否正确。

(4)加工前必须认真检查换刀点(刀具位置)是否正确。

3. 加工时切削参数的调整

(1)加工时若工件排屑不畅可适当降低主轴旋转速度和刀具进给速度。

(2)加工时出现刀具振动产生响声时可适当降低主轴旋转速度。

(3)加工时若工件表面粗糙度值达不到要求可适当提高主轴旋转速度和降低刀具进给速度。

七、自我评价(表 2-6-5)

表 2-6-5　凹圆槽加工的自我评价

材料		LY12	课时		
自我评价成绩			任课教师		
自我评价项目			结果	配分	得分
	1	工序安排是否能完成加工			
	2	工序安排是否满足零件的加工要求			
	3	编程格式及关键指令是否能正确使用			
	4	工序安排是否符合该种批量生产			
	5	题目:通过该零件编程你的收获主要有哪些? 作答			
	6	题目:你设计本程序的主要思路是什么? 作答			
	7	题目:你是如何完成程序的完善与修改的? 作答			
工件刀具安装	1	刀具安装是否正确			
	2	工件安装是否正确			
	3	刀具安装是否牢固			
	4	工件安装是否牢固			
	5	题目:安装刀具时需要注意的事项主要有哪些? 作答			
	6	题目:安装工件时需要注意的事项主要有哪些? 作答			
操作与加工	1	操作是否规范			
	2	着装是否规范			
	3	切削用量是否符合加工要求			
	4	刀柄与刀片的选用是否合理			
	5	题目:如何使加工和操作更好地符合批量生产? 作答			
	6	题目:加工时需要注意的事项主要有哪些? 作答			
	7	题目:加工时经常出现的加工误差主要有哪些? 作答			
精度检查	1	是否已经了解本零件测量的各种量具的原理及使用			
	2	本零件所使用的测量方法是否已掌握			
	3	题目:本零件精度检测的主要内容是什么? 采用了何种方法? 作答			
	4	题目:批量生产时,你将如何检测该零件的各项精度要求? 作答			
(本部分共计 100 分)合计					
自我总结					
学生签字: 年　月　日			教导教师签字: 年　月　日		

八、教师评价(表 2-6-6)

表 2-6-6 凹圆槽加工的教师评价

评价项目		评价情况
1	与其他同学口头交流学习内容是否流畅	
2	是否尊重他人	
3	学习态度是否积极主动	
4	是否服从教师的教学安排	
5	着装是否符合标准	
6	是否能正确地领会他人提出的学习问题	
7	是否按照安全的操作规范的要求操作	
8	能否辨别工作环境中哪些是危险的因素	
9	是否合理规范地使用工具和量具	
10	是否能保证学习环境的干净整洁	
11	是否遵守学习场所的规章制度	
12	是否有工作岗位的责任心	
13	是否达到全勤	
14	学习是否积极主动	
15	能否正确地对待肯定与否定的意见	
16	团队学习中主动与合作的情况如何	

参与评价同学签字：

年　月　日

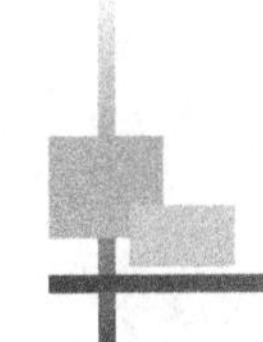

任务七　内四方加工

任务目标

理论知识方面：

1. 运用圆弧插补指令 G02/G03
2. 运用刀具半径补偿功能(G40/G41/G42)
3. 运用去除多余材料编程方法
4. 学习直接下刀编程方法

实践知识方面：

学习用立铣刀或键槽铣刀铣削台阶面和侧面的方法

任务描述

通过此任务学会内四方特征的数控铣加工，如图 2-7-1 所示。

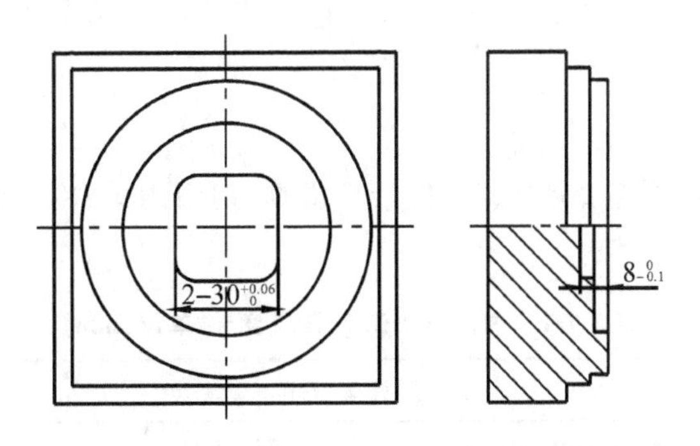

图 2-7-1　内四方特征的数控铣加工

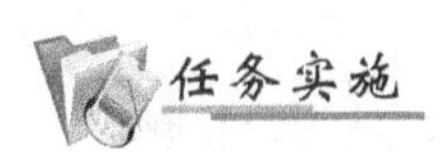

任务实施

一、读图确定零件特征

(1)对图样要有全面的认识，尺寸与各种公差符号要清楚。

(2)分析毛坯材料为硬铝，规格为上一个任务完成的零件，如图 2-7-2 所示。

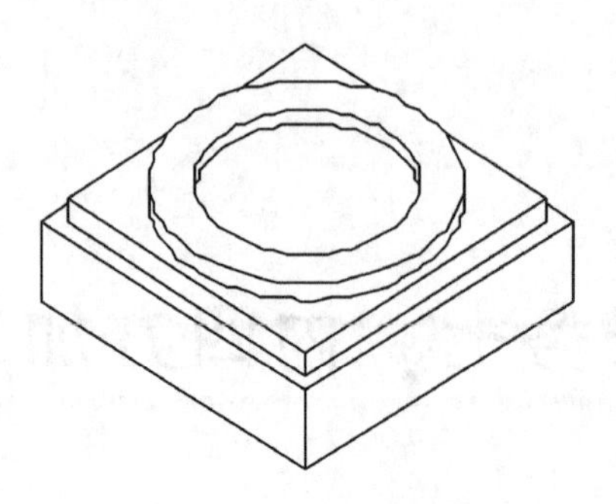

图 2-7-2　上一个任务完成的零件

二、零件分析与尺寸计算

1. 结构分析

由于该零件加工要求是铣削零件的外轮廓，并保证工件轮廓尺寸公差为 0～0.06mm，台阶高度为 8(0～0.1)mm，应考虑加工工艺的顺序、对称度、平行度、编程指令、切削用量等问题。

2. 工艺分析

经过以上分析，可用 D10mm 高速钢立铣刀分粗、精加工直接铣出工件平面即可，粗加工留余量 0.2mm。

3. 定位及装夹分析

考虑到工件只是简单的平面加工，可将方料直接装夹在平口钳上，一次装夹完成所有加工内容。在工件装夹的夹紧过程中，既要防止工件的转动、变形和夹伤，又要防止工件在加工中松动。

三、工艺卡片

有关加工顺序、工步内容、夹具、刀具、量具检具、切削用量、冷却润滑液等工艺问题，详见表 2-7-1 和表 2-7-2 工艺卡片。

表 2-7-1　内四方加工刀具调整卡(单位:mm)

<table>
<tr><td colspan="11">刀具调整卡</td></tr>
<tr><td colspan="2">零件名称</td><td colspan="3">内四方槽加工件</td><td>零件图号</td><td colspan="5"></td></tr>
<tr><td colspan="2">设备名称</td><td>数控铣床</td><td colspan="2">设备型号</td><td>VMC850</td><td colspan="3">程序号</td><td colspan="2"></td></tr>
<tr><td colspan="2">材料名称及牌号</td><td>LY12</td><td>硬度</td><td>25</td><td>工序名称</td><td colspan="2">平面铣削</td><td colspan="2">工序号</td><td>7</td></tr>
<tr><td rowspan="2">序号</td><td rowspan="2">刀具编号</td><td colspan="3" rowspan="2">刀具名称</td><td rowspan="2">刀具材料及牌号</td><td colspan="2">刀具参数</td><td colspan="3">刀补地址</td></tr>
<tr><td>直径</td><td>长度</td><td colspan="2">直径</td><td>长度</td></tr>
<tr><td>1</td><td>T1</td><td colspan="3">寻边器</td><td>高速钢</td><td>$\phi10$</td><td></td><td colspan="2"></td><td></td></tr>
<tr><td>2</td><td>T2</td><td colspan="3">键槽铣刀</td><td>高速钢</td><td>$\phi10$</td><td>20</td><td colspan="2">D2</td><td>H2</td></tr>
<tr><td></td><td></td><td colspan="3"></td><td></td><td></td><td></td><td colspan="2"></td><td></td></tr>
</table>

表 2-7-2　内四方加工数控加工工序卡(单位:mm)

数控加工工序卡							
零件名称	内四方槽加工件	零件图号		夹具名称	平口钳		
设备名称及型号	数控铣 VMC850						
材料名称及牌号	LY12	工序名称	平面铣削	工序号	7		

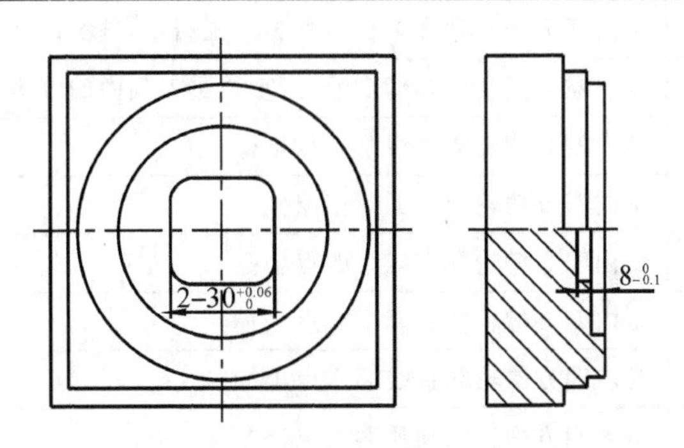

工步号	工步内容	切削用量				刀具		量具名称
		V_f	n	f	A_p	编号	名称	
1	加工内四方槽		1000	150	4	T2	立铣刀	带表游标卡尺

四、本任务新增知识架构

掌握轮廓加工指令 G00、G01、G02、G03 等,详见项目八任务五的内容。

五、编制程序(表 2-7-3)

表 2-7-3　编制内四方加工程序

铣内四方槽程序	
%	程序传输开始代码
O1	程序名
G94G90G54G40G21G17	机床初始参数设置:每分钟进给、绝对编程、工件坐标、刀补取消、毫米单位、*XY* 平面
G00Z200	刀具快速抬到安全高度
X0Y0	刀具移动到工件坐标原点(判断刀具 *X*、*Y* 位置是否正确)
S1000M03	主轴正转 1000r/min

续表 2-7-3

Z3	刀具快速进刀到内四方槽轮廓切削起点
G01Z－3F100	刀具快速下刀到内四方槽轮廓加工上表面，并离开一个 1mm，进给速度为 100mm/min
Z－8F50	刀具切削到内四方槽轮廓加工深度，进给速度为 50mm/min
X－5	走内四方槽轮廓多余材料整圆轮廓起点
G3I5F150	走内四方槽轮廓多余材料整圆加工指令，进给速度为 150mm/min
G1G41D2X－15	建立左刀具半径补偿功能，走直线进刀到内四方槽轮廓起点
Y－9	走内四方槽轮廓直线第二点坐标
G03X－9Y－15R6	走内四方槽轮廓圆弧第三点坐标
G01X9	走内四方槽轮廓直线第四点坐标
G03X15Y－9R6	走内四方槽轮廓圆弧第五点坐标
G01Y9	走内四方槽轮廓直线第六点坐标
G03X9Y15R6	走内四方槽轮廓圆弧第七点坐标
G01X－9	走内四方槽轮廓直线第八点坐标
G03X－15Y9R6	走内四方槽轮廓圆弧第九点坐标
G01Y－1	走内四方槽轮直线第终点坐标（轮廓切削过头一点，使加工表面光滑）
G00Z200	刀具快速退刀到安全高度
G40X0Y20	取消刀具半径补偿功能，并工件快速移动到机床门口（方便工件拆卸与测量）
M30	程序结束，程序运行光标并回到程序开始处
%	程序传输结束代码

六、上机加工过程

1. 操作步骤及要领（表 2-7-4）

表 2-7-4 内四方加工操作步骤及要领

序号	步骤名称	作业图	操作步骤及说明
1	准备毛坯		1. 工件毛坯接上一个任务完成的零件 2. 工件毛坯轮廓形状是四方形，采用平口钳装夹

续表 2-7-4

序号	步骤名称	作业图	操作步骤及说明
2	装工件	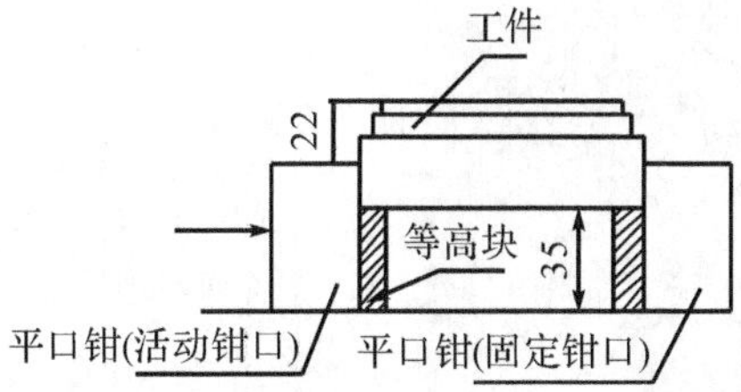	1. 工件轮廓加工深度为 15mm，工件上表面只要离开平口钳平面大于 15mm 2. 钳口深为 50mm，采用 35mm 等高块，工件伸出钳口平面 22mm（工件伸出钳口平面不要太多，保证工件刚性）
3	装寻边器	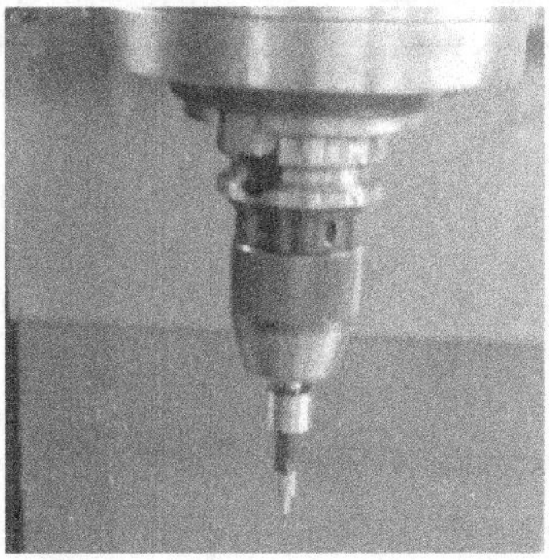	采用寻边器找出工件坐标点
4	*X*、*Y* 对刀		采用寻边器通过左右两边碰边法，找出工件 X、Y 轴的坐标点
5	装 $\phi10$ 键槽铣刀	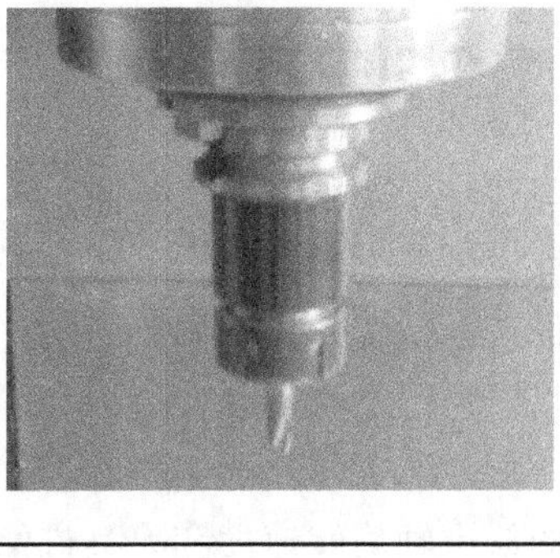	采用 $\phi10$mm 键槽铣刀来加工内斜四方槽

续表 2-7-4

序号	步骤名称	作业图	操作步骤及说明
6	ϕ10 键槽铣刀 Z 对刀		ϕ10mm 键槽铣刀采用刀柄碰刀尖法 Z 向对刀
7	粗铣内四方槽		通过运行内四方槽程序，底面、侧面留 0.15mm 余量，同样程序运行 2 遍（防止刀具让刀），加工出工件内四方槽轮廓形状
8	测量内四方槽		通过带表游标卡尺测量内四方槽的轮廓与深度尺寸
9	精铣内四方槽		通过修改轮廓刀补值与程序，在次运行内四方槽程序，同样程序运行 2 遍（防止刀具让刀），加工出工件内四方槽轮廓形状

2. 加工注意事项

(1)加工前必须认真检查刀具是否与程序中要求的刀具一致。

(2)加工前必须认真检查所执行的程序是不是应该执行的程序。

(3)加工前必须认真检查显示屏光标所在位置是否正确。

(4)加工前必须认真检查换刀点(刀具位置)是否正确。

3. 加工时切削参数的调整

(1)加工时若工件排屑不畅可适当降低主轴旋转速度和刀具进给速度。

(2)加工时出现刀具振动产生响声时可适当降低主轴旋转速度。

(3)加工时若工件表面粗糙度值达不到要求可适当提高主轴旋转速度和降低刀具进给速度。

七、自我评价(表 2-7-5)

表 2-7-5 内四方加工的自我评价

<table>
<tr><td colspan="2">材料</td><td>LY12</td><td>课时</td><td colspan="3"></td></tr>
<tr><td colspan="2">自我评价成绩</td><td></td><td>任课教师</td><td colspan="3"></td></tr>
<tr><td colspan="4">自我评价项目</td><td>结果</td><td>配分</td><td>得分</td></tr>
<tr><td rowspan="7"></td><td>1</td><td colspan="2">工序安排是否能完成加工</td><td></td><td></td><td></td></tr>
<tr><td>2</td><td colspan="2">工序安排是否满足零件的加工要求</td><td></td><td></td><td></td></tr>
<tr><td>3</td><td colspan="2">编程格式及关键指令是否能正确使用</td><td></td><td></td><td></td></tr>
<tr><td>4</td><td colspan="2">工序安排是否符合该种批量生产</td><td></td><td></td><td></td></tr>
<tr><td>5</td><td colspan="2">题目:通过该零件编程你的收获主要有哪些?作答</td><td></td><td></td><td></td></tr>
<tr><td>6</td><td colspan="2">题目:你设计本程序的主要思路是什么?作答</td><td></td><td></td><td></td></tr>
<tr><td>7</td><td colspan="2">题目:你是如何完成程序的完善与修改的?作答</td><td></td><td></td><td></td></tr>
<tr><td rowspan="6">工件刀具安装</td><td>1</td><td colspan="2">刀具安装是否正确</td><td></td><td></td><td></td></tr>
<tr><td>2</td><td colspan="2">工件安装是否正确</td><td></td><td></td><td></td></tr>
<tr><td>3</td><td colspan="2">刀具安装是否牢固</td><td></td><td></td><td></td></tr>
<tr><td>4</td><td colspan="2">工件安装是否牢固</td><td></td><td></td><td></td></tr>
<tr><td>5</td><td colspan="2">题目:安装刀具时需要注意的事项主要有哪些?作答</td><td></td><td></td><td></td></tr>
<tr><td>6</td><td colspan="2">题目:安装工件时需要注意的事项主要有哪些?作答</td><td></td><td></td><td></td></tr>
<tr><td rowspan="7">操作与加工</td><td>1</td><td colspan="2">操作是否规范</td><td></td><td></td><td></td></tr>
<tr><td>2</td><td colspan="2">着装是否规范</td><td></td><td></td><td></td></tr>
<tr><td>3</td><td colspan="2">切削用量是否符合加工要求</td><td></td><td></td><td></td></tr>
<tr><td>4</td><td colspan="2">刀柄与刀片的选用是否合理</td><td></td><td></td><td></td></tr>
<tr><td>5</td><td colspan="2">题目:如何使加工和操作更好地符合批量生产?作答</td><td></td><td></td><td></td></tr>
<tr><td>6</td><td colspan="2">题目:加工时需要注意的事项主要有哪些?作答</td><td></td><td></td><td></td></tr>
<tr><td>7</td><td colspan="2">题目:加工时经常出现的加工误差主要有哪些?作答</td><td></td><td></td><td></td></tr>
<tr><td rowspan="4">精度检查</td><td>1</td><td colspan="2">是否已经了解本零件测量的各种量具的原理及使用</td><td></td><td></td><td></td></tr>
<tr><td>2</td><td colspan="2">本零件所使用的测量方法是否已掌握</td><td></td><td></td><td></td></tr>
<tr><td>3</td><td colspan="2">题目:本零件精度检测的主要内容是什么?采用了何种方法?作答</td><td></td><td></td><td></td></tr>
<tr><td>4</td><td colspan="2">题目:批量生产时,你将如何检测该零件的各项精度要求?作答</td><td></td><td></td><td></td></tr>
<tr><td colspan="7">(本部分共计 100 分)合计</td></tr>
<tr><td colspan="2">自我总结</td><td colspan="5"></td></tr>
<tr><td colspan="3">学生签字:
年 月 日</td><td colspan="4">教导教师签字:
年 月 日</td></tr>
</table>

八、教师评价(表 2-7-6)

表 2-7-6　内四方加工的教师评价

评　价　项　目		评价情况
1	与其他同学口头交流学习内容是否流畅	
2	是否尊重他人	
3	学习态度是否积极主动	
4	是否服从教师的教学安排	
5	着装是否符合标准	
6	是否能正确地领会他人提出的学习问题	
7	是否按照安全的操作规范的要求操作	
8	能否辨别工作环境中哪些是危险的因素	
9	是否合理规范地使用工具和量具	
10	是否能保证学习环境的干净整洁	
11	是否遵守学习场所的规章制度	
12	是否有工作岗位的责任心	
13	是否达到全勤	
14	学习是否积极主动	
15	能否正确地对待肯定与否定的意见	
16	团队学习中主动与合作的情况如何	

参与评价同学签字：

年　　月　　日

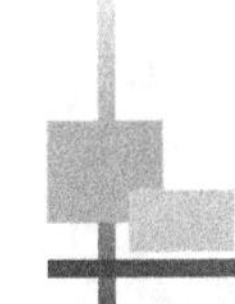

任务八　内斜四方加工

任务目标

理论知识方面：

1.运用圆弧插补指令 G02/G03

2.运用刀具半径补偿功能(G40/G41/G42)

3.运用直接下刀编程方法

4.学习坐标旋转加工指令 G68/G69

实践知识方面：

学习用立铣刀或键槽铣刀铣削台阶面和侧面的方法

任务描述

通过此任务学会内四方特征的数控铣加工，如图 2-8-1 所示：

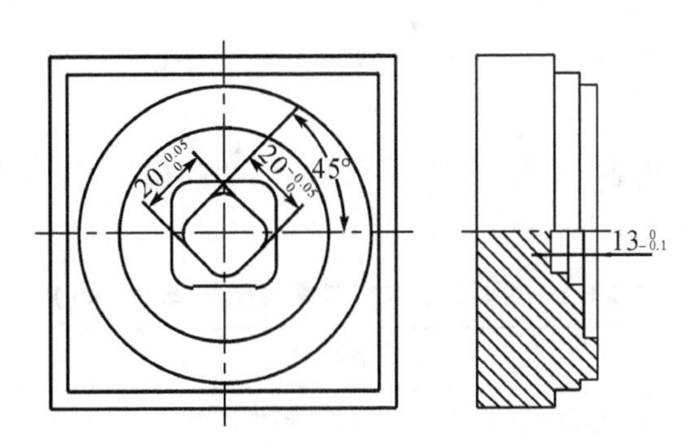

图 2-8-1　内斜四方特征的数控铣加工

任务实施

一、读图确定零件特征

(1)对图样要有全面的认识，尺寸与各种公差符号要清楚。

(2)分析毛坯材料为硬铝，规格为上一个任务完成的零件，如图 2-8-2 所示。

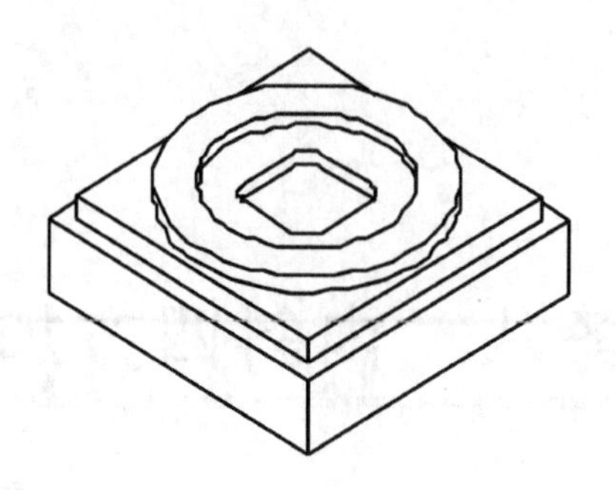

图 2-8-2　上一个任务完成的零件

二、零件分析与尺寸计算

1. 结构分析

由于该零件加工要求是铣削零件的外轮廓，并保证工件轮廓尺寸公差为 0～0.06mm，台阶高度为 13(0～0.1)mm 应考虑加工工艺的顺序、对称度、平行度、编程指令、切削用量等问题。

2. 工艺分析

经过以上分析，可用 D10mm 高速钢立铣刀分粗、精加工直接铣出工件平面即可，粗加工留余量 0.2mm。

3. 定位及装夹分析

考虑到工件只是简单的平面加工，可将方料直接装夹在平口钳上，一次装夹完成所有加工内容。在工件装夹的夹紧过程中，既要防止工件的转动、变形和夹伤，又要防止工件在加工中松动。

三、工艺卡片

有关加工顺序、工步内容、夹具、刀具、量具检具、切削用量、冷却润滑液等工艺问题，详见表 2-8-1 和表 2-8-2 工艺卡片。

表 2-8-1　内斜四方加工刀具调整卡(单位:mm)

刀具调整卡							
零件名称		内斜四方槽加工件	零件图号				
设备名称		数控铣床 / 设备型号	VMC850	程序号			
材料名称及牌号		LY12	工序名称	平面铣削		工序号	8
序号	刀具编号	刀具名称	刀具材料及牌号	刀具参数		刀补地址	
				直径	长度	直径	长度
1	T1	寻边器	高速钢	$\phi10$			
2	T2	键槽铣刀	高速钢	$\phi10$	20	D2	H2

表 2-8-2　内斜四方加工数控加工工序卡(单位:mm)

零件名称	内斜四方槽加工件	零件图号		夹具名称	平口钳
设备名称及型号	数控铣 VMC850				
材料名称及牌号	LY12	工序名称	平面铣削	工序号	8

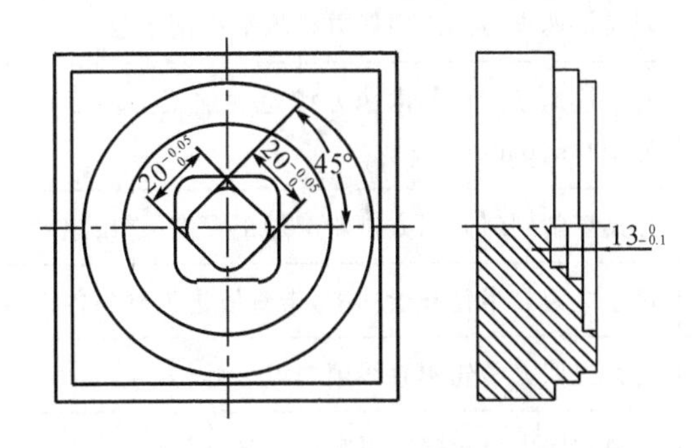

工步号	工步内容	切削用量				刀具		量具名称
		V_f	n	f	A_p	编号	名称	
1	加工内斜四方槽		1000	150	5	T2	立铣刀	带表游标卡尺

四、本任务新增知识架构

学习坐标旋转加工指令 G68、G69 等,详见项目八任务八的内容。

五、编制程序(表 2-8-3)

表 2-8-3　编制内斜四方加工程序

铣斜内四方槽程序	
%	程序传输开始代码
O1	程序名
G69	坐标旋转指令取消(在程序中如用到坐标旋转指令,在程序头必须要取消坐标旋转指令)
G94G90G54G40G21G17	机床初始参数设置:每分钟进给、绝对编程、工件坐标、刀补取消、毫米单位、XY 平面

续表 2-8-3

G00Z200	刀具快速抬到安全高度
G68X0Y0R45	工件坐标旋转 45 度
X0Y0	刀具移动到工件坐标原点(判断刀具 X、Y 位置是否正确)
S1000M03	主轴正转 1000r/min
Z3	刀具快速进刀到斜内四方槽轮廓切削起点
G01Z－7F100	刀具快速下刀到斜内四方槽轮廓加工上表面,并离开一个 1mm,进给速度为 100mm/min
Z－13F50	刀具切削到斜内四方槽轮廓加工深度,进给速度为 50mm/min
G41D2X－10F200	建立左刀具半径补偿功能,走直线进刀到斜内四方槽轮廓起点
Y－4	走斜内四方槽轮廓直线第二点坐标
G03X－4Y－10R6	走斜内四方槽轮廓圆弧第三点坐标
G01X4	走斜内四方槽轮廓直线第四点坐标
G03X10Y－4R6	走斜内四方槽轮廓圆弧第五点坐标
G01Y4	走斜内四方槽轮廓直线第六点坐标
G03X4Y10R6	走斜内四方槽轮廓圆弧第七点坐标
G01X－4	走斜内四方槽轮廓直线第八点坐标
G03X－10Y4R6	走斜内四方槽轮廓圆弧第九点坐标
G01Y－1	走斜内四方槽轮直线第终点坐标(轮廓切削过头一点,使加工表面光滑)
G00Z200	刀具快速退刀到安全高度
G69	坐标旋转指令取消
G40X0Y200	取消刀具半径补偿功能,并工件快速移动到机床门口(方便工件拆卸与测量)
M30	程序结束,程序运行光标并回到程序开始处
%	程序传输结束代码

六、上机加工过程

1. 操作步骤及要领(表 2-8-4)

表 2-8-4　内斜四方加工操作步骤及要领

序号	步骤名称	作业图	操作步骤及说明
1	准备毛坯		1. 工件毛坯接上一个任务完成的零件 2. 工件毛坯轮廓形状是四方形，采用平口钳装夹
2	装工件	工件 22 等高块 35 平口钳(活动钳口) 平口钳(固定钳口)	1. 工件轮廓加工深度为 15mm，工件上表面只要离开平口钳平面大于 15mm 2. 钳口深为 50mm，采用 35mm 等高块，工件伸出钳口平面 22mm（工件伸出钳口平面不要太多，保证工件刚性）
3	装寻边器		采用寻边器找出工件坐标点
4	X、Y 对刀		采用寻边器通过左右两边碰边法，找出工件 X、Y 轴的坐标点
5	装 $\phi 10$ 键槽铣刀		采用 $\phi 10$mm 键槽铣刀来加工内斜四方槽

续表 2-8-4

序号	步骤名称	作业图	操作步骤及说明
6	ϕ10 键槽铣刀 Z 对刀		ϕ10mm 键槽铣刀采用刀柄碰刀尖法 Z 向对刀
7	粗铣内斜四方槽		通过运行内斜四方槽程序，底面、侧面留 0.15mm 余量，同样程序运行 2 遍(防止刀具让刀)，加工出工件内斜四方槽轮廓形状
8	测量内斜四方槽		通过带表游标卡尺测量内斜四方槽的轮廓与深度尺寸
9	精铣内斜四方槽		通过修改轮廓刀补值与程序，在次运行内斜四方槽程序，同样程序运行 2 遍(防止刀具让刀)，加工出工件内斜四方槽轮廓形状

2. 加工注意事项

(1)加工前必须认真检查刀具是否与程序中要求的刀具一致。

(2)加工前必须认真检查所执行的程序是不是应该执行的程序。

(3)加工前必须认真检查显示屏光标所在位置是否正确。

(4)加工前必须认真检查换刀点(刀具位置)是否正确。

3. 加工时切削参数的调整

(1)加工时若工件排屑不畅可适当降低主轴旋转速度和刀具进给速度。

(2)加工时出现刀具振动产生响声时可适当降低主轴旋转速度。

(3)加工时若工件表面粗糙度值达不到要求可适当提高主轴旋转速度和降低刀具进给速度。

七、自我评价(表 2-8-5)

表 2-8-5　内斜四方加工的自我评价

<table>
<tr><td colspan="2">材料</td><td>LY12</td><td>课时</td><td colspan="2"></td></tr>
<tr><td colspan="3">自我评价成绩</td><td>任课教师</td><td colspan="2"></td></tr>
<tr><td colspan="3">自我评价项目</td><td>结果</td><td>配分</td><td>得分</td></tr>
<tr><td rowspan="7"></td><td>1</td><td>工序安排是否能完成加工</td><td></td><td></td><td></td></tr>
<tr><td>2</td><td>工序安排是否满足零件的加工要求</td><td></td><td></td><td></td></tr>
<tr><td>3</td><td>编程格式及关键指令是否能正确使用</td><td></td><td></td><td></td></tr>
<tr><td>4</td><td>工序安排是否符合该种批量生产</td><td></td><td></td><td></td></tr>
<tr><td>5</td><td>题目:通过该零件编程你的收获主要有哪些?作答</td><td></td><td></td><td></td></tr>
<tr><td>6</td><td>题目:你设计本程序的主要思路是什么?作答</td><td></td><td></td><td></td></tr>
<tr><td>7</td><td>题目:你是如何完成程序的完善与修改的?作答</td><td></td><td></td><td></td></tr>
<tr><td rowspan="6">工件刀具安装</td><td>1</td><td>刀具安装是否正确</td><td></td><td></td><td></td></tr>
<tr><td>2</td><td>工件安装是否正确</td><td></td><td></td><td></td></tr>
<tr><td>3</td><td>刀具安装是否牢固</td><td></td><td></td><td></td></tr>
<tr><td>4</td><td>工件安装是否牢固</td><td></td><td></td><td></td></tr>
<tr><td>5</td><td>题目:安装刀具时需要注意的事项主要有哪些?作答</td><td></td><td></td><td></td></tr>
<tr><td>6</td><td>题目:安装工件时需要注意的事项主要有哪些?作答</td><td></td><td></td><td></td></tr>
<tr><td rowspan="7">操作与加工</td><td>1</td><td>操作是否规范</td><td></td><td></td><td></td></tr>
<tr><td>2</td><td>着装是否规范</td><td></td><td></td><td></td></tr>
<tr><td>3</td><td>切削用量是否符合加工要求</td><td></td><td></td><td></td></tr>
<tr><td>4</td><td>刀柄与刀片的选用是否合理</td><td></td><td></td><td></td></tr>
<tr><td>5</td><td>题目:如何使加工和操作更好地符合批量生产?作答</td><td></td><td></td><td></td></tr>
<tr><td>6</td><td>题目:加工时需要注意的事项主要有哪些?作答</td><td></td><td></td><td></td></tr>
<tr><td>7</td><td>题目:加工时经常出现的加工误差主要有哪些?作答</td><td></td><td></td><td></td></tr>
<tr><td rowspan="4">精度检查</td><td>1</td><td>是否已经了解本零件测量的各种量具的原理及使用</td><td></td><td></td><td></td></tr>
<tr><td>2</td><td>本零件所使用的测量方法是否已掌握</td><td></td><td></td><td></td></tr>
<tr><td>3</td><td>题目:本零件精度检测的主要内容是什么?采用了何种方法?作答</td><td></td><td></td><td></td></tr>
<tr><td>4</td><td>题目:批量生产时,你将如何检测该零件的各项精度要求?作答</td><td></td><td></td><td></td></tr>
<tr><td colspan="6">(本部分共计 100 分)合计</td></tr>
<tr><td colspan="2">自我总结</td><td colspan="4"></td></tr>
<tr><td colspan="3">学生签字:
年　月　日</td><td colspan="3">教导教师签字:
年　月　日</td></tr>
</table>

八、教师评价(表 2-8-6)

表 2-8-6 内斜四方加工的教师评价

评 价 项 目		评价情况
1	与其他同学口头交流学习内容是否流畅	
2	是否尊重他人	
3	学习态度是否积极主动	
4	是否服从教师的教学安排	
5	着装是否符合标准	
6	是否能正确地领会他人提出的学习问题	
7	是否按照安全的操作规范的要求操作	
8	能否辨别工作环境中哪些是危险的因素	
9	是否合理规范地使用工具和量具	
10	是否能保证学习环境的干净整洁	
11	是否遵守学习场所的规章制度	
12	是否有工作岗位的责任心	
13	是否达到全勤	
14	学习是否积极主动	
15	能否正确地对待肯定与否定的意见	
16	团队学习中主动与合作的情况如何	

参与评价同学签字：

年 月 日

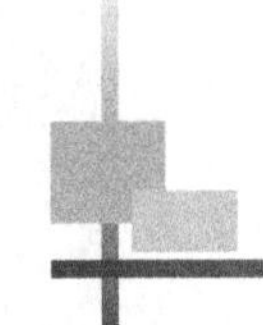

任务九　铣外斜直槽

任务目标

理论知识方面：

1. 运用坐标旋转加工指令 G68/G69
2. 运用刀具半径补偿功能(G40/G41/G42)
3. 学习主、子程序加工指令 M98/M99

实践知识方面：

学习用立铣刀或键槽铣刀铣削台阶面和侧面的方法

任务描述

通过此任务学会外斜直槽特征的数控铣加工，如图 2-9-1 所示。

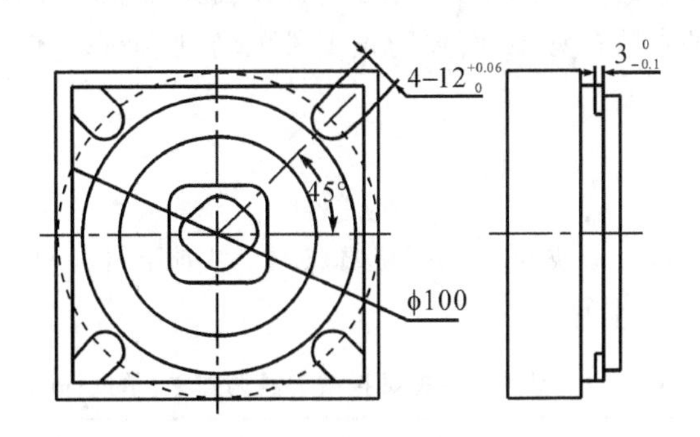

图 2-9-1　铣外斜直槽特征的数控铣加工

任务实施

一、读图确定零件特征

(1)对图样要有全面的认识，尺寸与各种公差符号要清楚。

(2)分析毛坯材料为硬铝，规格为上一个任务完成的零件，如图 2-9-2 所示。

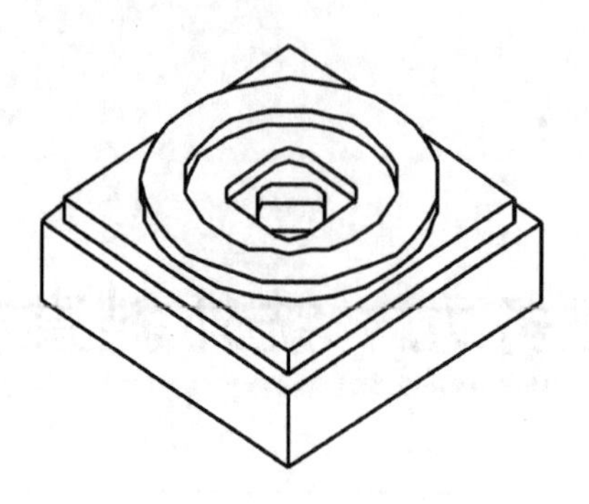

图 2-9-2　上一个任务完成的零件

二、零件分析与尺寸计算

1. 结构分析

由于该零件加工要求是铣削零件的外轮廓，并保证工件轮廓尺寸公差为 0～0.06mm，台阶高度为 13(0～0.1)mm 应考虑加工工艺的顺序、对称度、平行度、编程指令、切削用量等问题。

2. 工艺分析

经过以上分析，可用 D10mm 高速钢立铣刀分粗、精加工直接铣出工件平面即可，粗加工留余量 0.2mm。

3. 定位及装夹分析

考虑到工件只是简单的平面加工，可将方料直接装夹在平口钳上，一次装夹完成所有加工内容。在工件装夹的夹紧过程中，既要防止工件的转动、变形和夹伤，又要防止工件在加工中松动。

三、工艺卡片

有关加工顺序、工步内容、夹具、刀具、量具检具、切削用量、冷却润滑液等工艺问题，详见表 2-9-1 和表 2-9-2 工艺卡片。

表 2-9-1　铣外斜直槽数控铣刀具调整卡(单位:mm)

<table>
<tr><td colspan="8">数控铣刀具调整卡</td></tr>
<tr><td colspan="2">零件名称</td><td>外斜直槽加工件</td><td>零件图号</td><td colspan="4"></td></tr>
<tr><td colspan="2">设备名称</td><td>数控铣床</td><td>设备型号</td><td>VMC850</td><td colspan="2">程序号</td><td></td></tr>
<tr><td colspan="2">材料名称及牌号</td><td>LY12</td><td>工序名称</td><td>平面铣削</td><td colspan="2">工序号</td><td>9</td></tr>
<tr><td rowspan="2">序号</td><td rowspan="2">刀具编号</td><td rowspan="2">刀具名称</td><td rowspan="2">刀具材料及牌号</td><td colspan="2">刀具参数</td><td colspan="2">刀补地址</td></tr>
<tr><td>直径</td><td>长度</td><td>直径</td><td>长度</td></tr>
<tr><td>1</td><td>T1</td><td>寻边器</td><td>高速钢</td><td>$\phi10$</td><td></td><td></td><td></td></tr>
<tr><td>2</td><td>T2</td><td>键槽铣刀</td><td>高速钢</td><td>$\phi10$</td><td></td><td>D2</td><td>H2</td></tr>
<tr><td></td><td></td><td></td><td></td><td></td><td></td><td></td><td></td></tr>
</table>

表 2-9-2　铣外斜直槽数控加工工序卡(单位:mm)

零件名称	外斜直槽加工件	零件图号		夹具名称	平口钳
设备名称及型号	数控铣 VMC850				
材料名称及牌号	LY12	工序名称	平面铣削	工序号	9

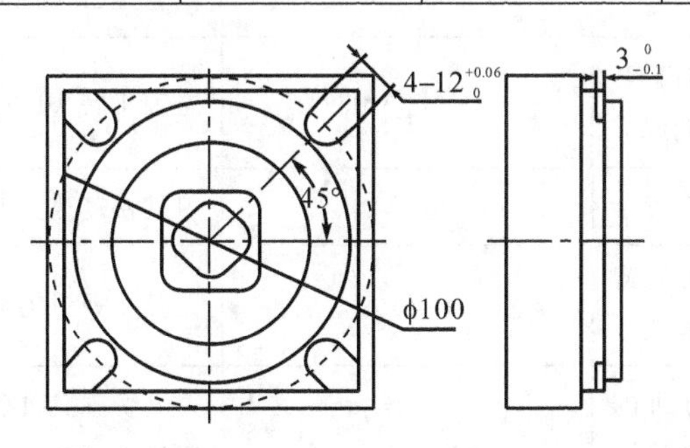

工步号	工步内容	切削用量				刀具		量具名称
		V_f	n	f	A_p	编号	名称	
1	加工 4 个斜直槽		1000	150	10	T2	立铣刀	带表游标卡尺

四、本任务新增知识架构

学习数控加工子程序结构,详见项目八任务八的内容。

五、编制程序(表 2-9-3)

表 2-9-3　编制铣外斜直槽程序

铣外斜直槽主程序		铣外斜直槽子程序	
%	程序传输开始代码	%	程序传输开始代码
O1	主程序名	O2	子程序名
＃1=45	设定工件旋转角度	G69	坐标旋转指令取消(在程序中如用到坐标旋转指令,在程序头必须要取消坐标旋转指令)
M98P2	调用子程序,加工第一个外斜直槽轮廓	G94G90G54G40G21G17	机床初始参数设置:每分钟进给、绝对编程、工件坐标、刀补取消、毫米单位、XY 平面

续表 2-9-3

#1=135	设定工件旋转角度	G00Z200	刀具快速抬到安全高度
M98P2	调用子程序,加工第二个外斜直槽轮廓	G68X0Y0R#1	工件坐标旋转设定参数
#1=225	设定工件旋转角度	X0Y0	刀具移动到工件坐标原点(判断刀具 *X*、*Y* 位置是否正确)
M98P2	调用子程序,加工第三个外斜直槽轮廓	S1000M03	主轴正转 1000r/min
#1=315	设定工件旋转角度	X70Y0	刀具快速进刀到外斜直槽轮廓切削起点
M98P2	调用子程序,加工第四个外斜直槽轮廓	Z3	刀具快速进刀到外斜直槽轮廓切削起点
X0Y200	工件快速移动到机床门口(方便工件拆卸与测量)	G01Z−8F200	刀具切削到外斜直槽轮廓加工深度,进给速度为 200mm/min,(在工件外下刀,下刀速度可以加快)
M30	程序结束,程序运行光标并回到程序开始处	G41D2Y6	建立左刀具半径补偿功能,走直线进刀到外斜直槽轮廓起点,(轮廓加工比较窄,切削进给速度可以与下刀速度一致)
%	程序传输结束代码	X50	走外斜直槽轮廓直线第二点坐标
		G03X50Y−6R6	走外斜直槽轮廓圆弧第三点坐标
		G01X70	走外斜直槽轮廓直线第终点坐标
		G00Z200	刀具快速退刀到安全高度
		G69	坐标旋转指令取消
		G40X0Y0	取消刀具半径补偿功能,并工件快速移动到坐标原点
		M99	子程序结束
		%	程序传输结束代码

六、上机加工过程

1. 操作步骤及要领(表 2-9-4)

表 2-9-4　铣外斜直槽操作步骤及要领

序号	步骤名称	作业图	操作步骤及说明
1	准备毛坯		1. 工件毛坯接上一个任务完成的零件 2. 工件毛坯轮廓形状是四方形，采用平口钳装夹
2	装工件	工件 22 等高块 35 平口钳(活动钳口)　平口钳(固定钳口)	1. 工件轮廓加工深度为 15mm，工件上表面只要离开平口钳平面大于 15mm 2. 钳口深为 50mm，采用 35mm 等高块，工件伸出钳口平面 22mm(工件伸出钳口平面不要太多，保证工件刚性)
3	装寻边器		采用寻边器找出工件坐标点
4	*X*、*Y* 对刀		采用寻边器通过左右两边碰边法，找出工件 *X*、*Y* 轴的坐标点
5	装 $\phi10$ 键槽铣刀		采用 $\phi10$mm 键槽铣刀来加工 4 个外斜直槽

续表 2-9-4

序号	步骤名称	作业图	操作步骤及说明
6	ϕ10 键槽铣刀 Z 对刀		ϕ10mm 键槽铣刀采用刀柄碰刀尖法 Z 向对刀
7	粗铣 4 个外斜直槽		通过运行 4 个外斜直槽程序,底面、侧面留 0.15mm 余量,同样程序运行 2 遍,加工出工件外斜直槽轮廓形状
8	测量 4 个外斜直槽		通过带表游标卡尺测量 4 个外斜直槽的轮廓与深度尺寸
9	精铣 4 个外斜直槽		通过修改轮廓刀补值与程序,在次运行 4 个外斜直槽程序,同样程序运行 2 遍(防止刀具让刀),加工出工件外斜直槽轮廓形状

2. 加工注意事项

(1)加工前必须认真检查刀具是否与程序中要求的刀具一致。

(2)加工前必须认真检查所执行的程序是不是应该执行的程序。

(3)加工前必须认真检查显示屏光标所在位置是否正确。

(4)加工前必须认真检查换刀点(刀具位置)是否正确。

3. 加工时切削参数的调整

(1)加工时若工件排屑不畅可适当降低主轴旋转速度和刀具进给速度。

(2)加工时出现刀具振动产生响声时可适当降低主轴旋转速度。

(3)加工时若工件表面粗糙度值达不到要求可适当提高主轴旋转速度和降低刀具进给速度。

七、自我评价(表 2-9-5)

表 2-9-5　铣外斜直槽的自我评价

材料		LY12	课时		
自我评价成绩			任课教师		
自我评价项目			结果	配分	得分
	1	工序安排是否能完成加工			
	2	工序安排是否满足零件的加工要求			
	3	编程格式及关键指令是否能正确使用			
	4	工序安排是否符合该种批量生产			
	5	题目:通过该零件编程你的收获主要有哪些?作答			
	6	题目:你设计本程序的主要思路是什么?作答			
	7	题目:你是如何完成程序的完善与修改的?作答			
工件刀具安装	1	刀具安装是否正确			
	2	工件安装是否正确			
	3	刀具安装是否牢固			
	4	工件安装是否牢固			
	5	题目:安装刀具时需要注意的事项主要有哪些?作答			
	6	题目:安装工件时需要注意的事项主要有哪些?作答			
操作与加工	1	操作是否规范			
	2	着装是否规范			
	3	切削用量是否符合加工要求			
	4	刀柄与刀片的选用是否合理			
	5	题目:如何使加工和操作更好地符合批量生产?作答			
	6	题目:加工时需要注意的事项主要有哪些?作答			
	7	题目:加工时经常出现的加工误差主要有哪些?作答			
精度检查	1	是否已经了解本零件测量的各种量具的原理及使用			
	2	本零件所使用的测量方法是否已掌握			
	3	题目:本零件精度检测的主要内容是什么?采用了何种方法?作答			
	4	题目:批量生产时,你将如何检测该零件的各项精度要求?作答			
(本部分共计 100 分)合计					
自我总结					
学生签字: 年　月　日			教导教师签字: 年　月　日		

八、教师评价(表 2-9-6)

表 2-9-6　铣外斜直槽的教师评价

评　价　项　目		评价情况
1	与其他同学口头交流学习内容是否流畅	
	是否尊重他人	
3	学习态度是否积极主动	
4	是否服从教师的教学安排	
5	着装是否符合标准	
6	是否能正确地领会他人提出的学习问题	
7	是否按照安全的操作规范的要求操作	
8	能否辨别工作环境中哪些是危险的因素	
9	是否合理规范地使用工具和量具	
10	是否能保证学习环境的干净整洁	
11	是否遵守学习场所的规章制度	
12	是否有工作岗位的责任心	
13	是否达到全勤	
14	学习是否积极主动	
15	能否正确地对待肯定与否定的意见	
16	团队学习中主动与合作的情况如何	

参与评价同学签字：

年　　月　　日

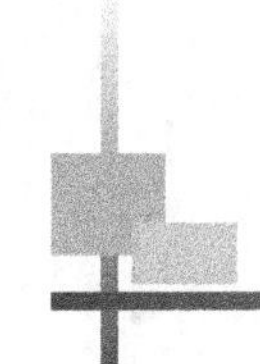

任务十　钻孔加工

任务目标

理论知识方面：

1. 学习点孔循环加工指令 G81/G80
2. 学习深孔循环加工指令 G83/G80
3. 学习钻孔切削用量

实践知识方面：

学习用钻头加工孔的方法

任务描述

通过此任务学会直孔特征的数控铣加工，如图 2-10-1 所示。

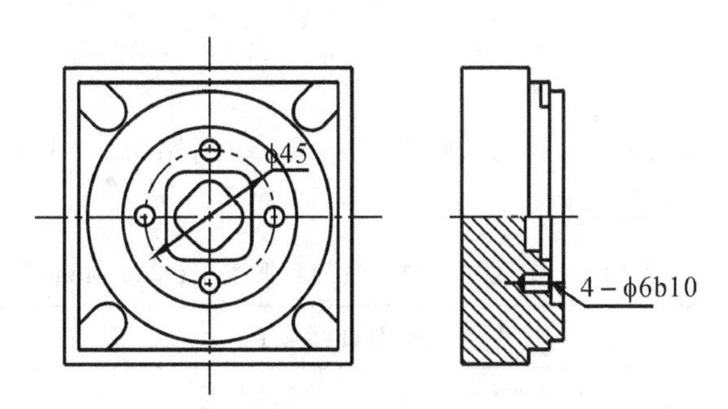

图 2-10-1　直孔特征的数控铣加工

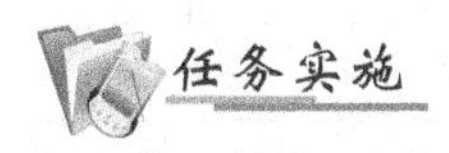

任务实施

一、读图确定零件特征

(1)对图样要有全面的认识，尺寸与各种公差符号要清楚。

(2)分析毛坯材料为硬铝，规格为上一个任务完成的零件，如图 2-10-2 所示。

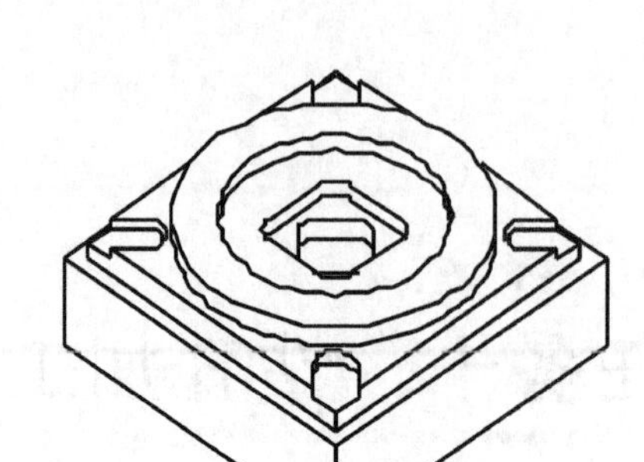

图 2-10-2　上一个任务完成的零件

二、零件分析与尺寸计算

1. 结构分析

由于该零件加工要求是钻孔加工，应考虑加工工艺的顺序、对称度、孔的位置度、编程指令、切削用量等问题。

2. 工艺分析

经过以上分析，可用 D6mm 高速钢钻头直接钻出即可。

3. 定位及装夹分析

考虑到工件只是简单的平面加工，可将方料直接装夹在平口钳上，一次装夹完成所有加工内容。在工件装夹的夹紧过程中，既要防止工件的转动、变形和夹伤，又要防止工件在加工中松动。

三、工艺卡片

有关加工顺序、工步内容、夹具、刀具、量具检具、切削用量、冷却润滑液等工艺问题，详见表 2-10-1 和表 2-10-2 工艺卡片。

表 2-10-1　钻孔加工数控铣刀具调整卡(单位:mm)

<table>
<tr><td colspan="9">数控铣刀具调整卡</td></tr>
<tr><td colspan="2">零件名称</td><td colspan="2">钻孔加工件</td><td>零件图号</td><td colspan="4"></td></tr>
<tr><td colspan="2">设备名称</td><td>数控铣床</td><td>设备型号</td><td>VMC850</td><td colspan="3">程序号</td><td></td></tr>
<tr><td colspan="2">材料名称及牌号</td><td colspan="2">LY12</td><td>工序名称</td><td>平面铣削</td><td colspan="2">工序号</td><td>10</td></tr>
<tr><td rowspan="2">序号</td><td rowspan="2">刀具编号</td><td colspan="2" rowspan="2">刀具名称</td><td rowspan="2">刀具材料及牌号</td><td colspan="2">刀具参数</td><td colspan="2">刀补地址</td></tr>
<tr><td>直径</td><td>长度</td><td>直径</td><td>长度</td></tr>
<tr><td>1</td><td>T1</td><td colspan="2">寻边器</td><td>高速钢</td><td>$\phi10$</td><td></td><td></td><td></td></tr>
<tr><td>2</td><td>T2</td><td colspan="2">钻头</td><td>高速钢</td><td>$\phi6$</td><td></td><td></td><td></td></tr>
<tr><td></td><td></td><td colspan="2"></td><td></td><td></td><td></td><td></td><td></td></tr>
</table>

表 2-10-2　钻孔加工数控加工工序卡(单位:mm)

数控加工工序卡					
零件名称	钻孔加工件	零件图号		夹具名称	平口钳
设备名称及型号	数控铣 VMC850				
材料名称及牌号	LY12	工序名称	平面铣削	工序号	10

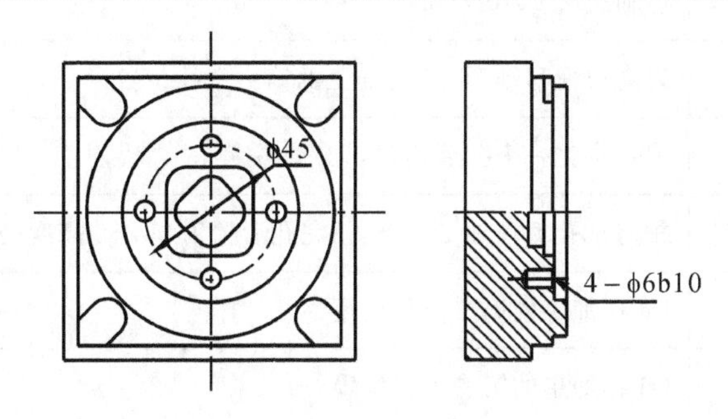

工步号	工步内容	切削用量				刀具		量具名称
		V_f	n	f	A_p	编号	名称	
1	ϕ6 钻孔		1000	60		T2	钻头	游标卡尺

四、本任务新增知识架构

学习钻孔加工循环指令 G80、G81、G82、G83 等,详见项目八任务七的内容。

五、编制程序(表 2-10-3)

表 2-10-3　编制钻孔加工程序(单位:mm)

钻 D6 孔程序	
%	程序传输开始代码
O1	程序名
G80	钻孔循环指令取消(在程序中如用到钻孔循环指令,在程序头必须要取消钻孔循环指令)

续表 2-10-3

G94G90G54G40G21G17	机床初始参数设置：每分钟进给、绝对编程、工件坐标、刀补取消、毫米单位、*XY* 平面
G00Z200	刀具快速抬到安全高度
X0Y0	刀具移动到工件坐标原点（判断刀具 *X*、*Y* 位置是否正确）
S1000M03	主轴正转 1000r/min
X22.500Y0	刀具快速移动到 D6 孔加工的第一个孔位置
Z50	刀具钻完一个孔后抬刀到安全高度
G98G83Z－15R2F60	排屑钻孔循环加工指令，钻完孔后抬刀到 Z50 高度处，去加工一个孔
X0Y22.500	D6 孔加工的第二个孔位置
X－22.500Y0	D6 孔加工的第三个孔位置
X0Y－22.500	D6 孔加工的第四个孔位置
G80G00Z200	刀具快速退刀到安全高度，并取消钻孔循环指令
X0Y200	工件快速移动到机床门口（方便工件拆卸与测量）
M30	程序结束，程序运行光标并回到程序开始处
%	程序传输结束代码

六、上机加工过程

1. 操作步骤及要领（表 2-10-4）

表 2-10-4　钻孔加工操作步骤及要领

序号	步骤名称	作业图	操作步骤及说明
1			1. 工件毛坯接上一个任务完成的零件 2. 工件毛坯轮廓形状是四方形，采用平口钳装夹

续表 2-10-4

序号	步骤名称	作业图	操作步骤及说明
2	装工件	工件 22 等高块 35 平口钳(活动钳口) 平口钳(固定钳口)	1. 工件轮廓加工深度为 15mm，工件上表面只要离开平口钳平面大于 15mm 2. 钳口深为 50mm，采用 35mm 等高块，工件伸出钳口平面 22mm（工件伸出钳口平面不要太多，保证工件刚性）
3	装寻边器		采用寻边器找出工件坐标点
4	*X*、*Y* 对刀		采用寻边器通过左右两边碰边法，找出工件 *X*、*Y* 轴的坐标点
5	装 $\phi6$ 钻头		采用 $\phi6$mm 钻头来加工 D6mm 的 4 个孔

续表 2-10-4

序号	步骤名称	作业图	操作步骤及说明
6	ϕ6 钻头 *Z* 对刀		钻头采用刀柄碰刀尖法 Z 向对刀
7	钻 4 个 ϕ6 的孔		通过运行钻孔程序，加工出工件 D6mm 孔的轮廓形状
8	检测尺寸		游标卡尺测量孔的深度、中心距与直径大小

2. 加工注意事项

(1)加工前必须认真检查刀具是否与程序中要求的刀具一致。

(2)加工前必须认真检查所执行的程序是不是应该执行的程序。

(3)加工前必须认真检查显示屏光标所在位置是否正确。

(4)加工前必须认真检查换刀点(刀具位置)是否正确。

3. 加工时切削参数的调整

(1)加工时若工件排屑不畅可适当降低主轴旋转速度和刀具进给速度。

(2)加工时出现刀具振动产生响声时可适当降低主轴旋转速度。

(3)加工时若工件表面粗糙度值达不到要求可适当提高主轴旋转速度和降低刀具进给速度。

八、自我评价(表 2-10-5)

表 2-10-5　钻孔加工的自我评价

材料	LY12		课时		
自我评价成绩			任课教师		
自我评价项目			结果	配分	得分
	1	工序安排是否能完成加工			
	2	工序安排是否满足零件的加工要求			
	3	编程格式及关键指令是否能正确使用			
	4	工序安排是否符合该种批量生产			
	5	题目:通过该零件编程你的收获主要有哪些?作答			
	6	题目:你设计本程序的主要思路是什么?作答			
	7	题目:你是如何完成程序的完善与修改的?作答			
工件刀具安装	1	刀具安装是否正确			
	2	工件安装是否正确			
	3	刀具安装是否牢固			
	4	工件安装是否牢固			
	5	题目:安装刀具时需要注意的事项主要有哪些?作答			
	6	题目:安装工件时需要注意的事项主要有哪些?作答			
操作与加工	1	操作是否规范			
	2	着装是否规范			
	3	切削用量是否符合加工要求			
	4	刀柄与刀片的选用是否合理			
	5	题目:如何使加工和操作更好地符合批量生产?作答			
	6	题目:加工时需要注意的事项主要有哪些?作答			
	7	题目:加工时经常出现的加工误差主要有哪些?作答			
精度检查	1	是否已经了解本零件测量的各种量具的原理及使用			
	2	本零件所使用的测量方法是否已掌握			
	3	题目:本零件精度检测的主要内容是什么?采用了何种方法?作答			
	4	题目:批量生产时,你将如何检测该零件的各项精度要求?作答			
(本部分共计 100 分)合计					
自我总结					
学生签字: 年　月　日			教导教师签字: 年　月　日		

八、教师评价(表 2-10-6)

表 2-10-6　钻孔加工的教师评价

评价项目		评价情况
1	与其他同学口头交流学习内容是否流畅	
2	是否尊重他人	
3	学习态度是否积极主动	
4	是否服从教师的教学安排	
5	着装是否符合标准	
6	是否能正确地领会他人提出的学习问题	
7	是否按照安全的操作规范的要求操作	
8	能否辨别工作环境中哪些是危险的因素	
9	是否合理规范地使用工具和量具	
10	是否能保证学习环境的干净整洁	
11	是否遵守学习场所的规章制度	
12	是否有工作岗位的责任心	
13	是否达到全勤	
14	学习是否积极主动	
15	能否正确地对待肯定与否定的意见	
16	团队学习中主动与合作的情况如何	

参与评价同学签字：

年　　月　　日

任务十一　螺纹孔加工

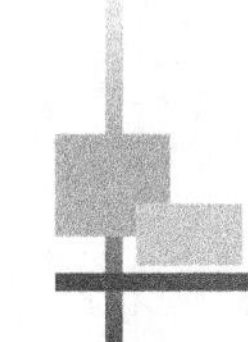

任务目标

理论知识方面：
1.学习螺纹底孔加工参数
2.学习螺纹加工指令 G84/G80
3.学习螺纹加工切削用量
实践知识方面：
学习用丝锥加工螺纹的切削方法

任务描述

通过此任务学会螺纹切削的数控铣加工，如图 2-11-1 所示。

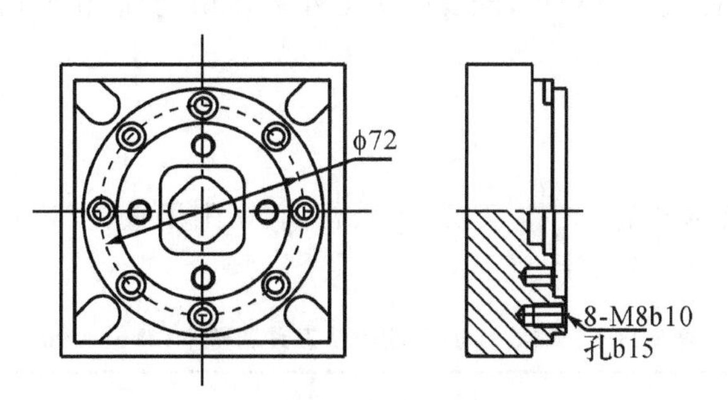

图 2-11-1　螺纹切削的数控铣加工

任务实施

一、读图确定零件特征

(1)对图样要有全面的认识，尺寸与各种公差符号要清楚。
(2)分析毛坯材料为硬铝，规格为上一个任务完成的零件，如图 2-11-2 所示。

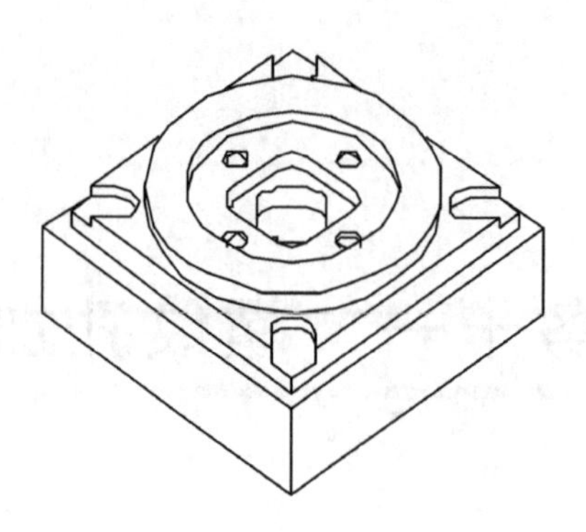

图 2-11-2　上一个任务完成的零件

二、零件分析与尺寸计算

1. 结构分析

由于该零件加工要求是钻孔、螺纹加工，应考虑加工工艺的顺序、对称度、孔的位置度、编程指令、切削用量等问题。

2. 工艺分析

经过以上分析，可用 D6.8mm 的高速钢钻头钻出螺纹底孔，在用 M8 的高速钢丝锥加工出 M8 的螺纹即可。

3. 定位及装夹分析

考虑到工件只是简单的平面加工，可将方料直接装夹在平口钳上，一次装夹完成所有加工内容。在工件装夹的夹紧过程中，既要防止工件的转动、变形和夹伤，又要防止工件在加工中松动。

三、工艺卡片

有关加工顺序、工步内容、夹具、刀具、量具检具、切削用量、冷却润滑液等工艺问题，详见表 2-11-1 和表 2-11-2 工艺卡片。

表 2-11-1　螺纹孔加工数控铣刀具调整卡(单位:mm)

<table>
<tr><td colspan="9">数控铣刀具调整卡</td></tr>
<tr><td colspan="2">零件名称</td><td colspan="2">螺纹孔加工件</td><td>零件图号</td><td colspan="4"></td></tr>
<tr><td colspan="2">设备名称</td><td>数控铣床</td><td>设备型号</td><td>VMC850</td><td colspan="3">程序号</td><td></td></tr>
<tr><td colspan="2">材料名称及牌号</td><td colspan="2">LY12</td><td>工序名称</td><td colspan="2">平面铣削</td><td>工序号</td><td>12</td></tr>
<tr><td rowspan="2">序号</td><td rowspan="2">刀具编号</td><td colspan="2" rowspan="2">刀具名称</td><td rowspan="2">刀具材料及牌号</td><td colspan="2">刀具参数</td><td colspan="2">刀补地址</td></tr>
<tr><td>直径</td><td>长度</td><td>直径</td><td>长度</td></tr>
<tr><td>1</td><td>T1</td><td colspan="2">寻边器</td><td>高速钢</td><td>$\phi10$</td><td></td><td></td><td></td></tr>
<tr><td>2</td><td>T2</td><td colspan="2">钻头</td><td>高速钢</td><td>$\phi6.8$</td><td>20</td><td></td><td></td></tr>
<tr><td>3</td><td>T3</td><td colspan="2">M8 丝锥</td><td>高速钢</td><td>M8</td><td>15</td><td></td><td></td></tr>
<tr><td></td><td></td><td colspan="2"></td><td></td><td></td><td></td><td></td><td></td></tr>
</table>

表 2-11-2　螺纹孔加工数控加工工序卡(单位:mm)

数控加工工序卡							
零件名称	螺纹孔加工件		零件图号		夹具名称	平口钳	
设备名称及型号		数控铣 VMC850					
材料名称及牌号		LY12	工序名称	平面铣削	工序号	12	

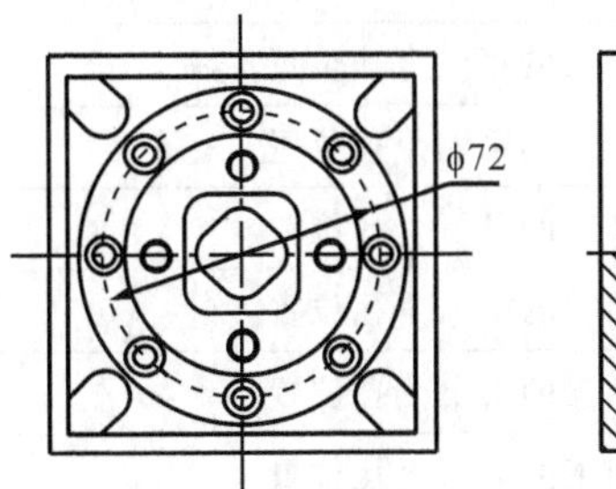

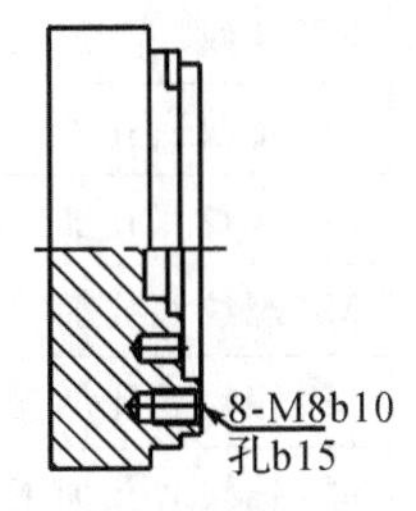

工步号	工步内容	切削用量				刀具		量具名称
		V_f	n	f	A_p	编号	名称	
1	加工 M8 螺纹底孔		1000	60		T2	钻头	游标卡尺
2	加工 M8 螺纹孔		100	125		T3	丝锥	M8 螺纹塞规

四、本任务新增知识架构

学习攻丝加工循环指令 G80、G84 等,详见项目八任务七的内容。

五、编制程序(表 2-11-3、表 2-11-4)

表 2-11-3　编制螺纹孔加工程序

钻 M8 螺纹底孔程序	
%	程序传输开始代码
O1	程序名
G80	钻孔循环指令取消(在程序中如用到钻孔循环指令,在程序头必须要取消钻孔循环指令)
G94G90G54G40G21G17	机床初始参数设置:每分钟进给、绝对编程、工件坐标、刀补取消、毫米单位、XY 平面
G00Z200	刀具快速抬到安全高度
X0Y0	刀具移动到工件坐标原点(判断刀具 X、Y 位置是否正确)
S1000M03	主轴正转 1000r/min

续表 2-11-3

X36Y0	刀具快速移动到 M8 螺纹底孔加工的第一个孔位置
Z50	刀具钻完一个孔后抬刀到安全高度
G98G83R3F60	排屑钻孔循环加工指令，钻完孔后抬刀到 Z50 高度处，去加工一个孔，钻孔进给速度为 60mm/min
X25.456Y25.456	M8 螺纹底孔加工的第二个孔位置
X0Y36	M8 螺纹底孔加工的第三个孔位置
X－25.456Y25.456	M8 螺纹底孔加工的第四个孔位置
X－36Y0	M8 螺纹底孔加工的第五个孔位置
X－25.456Y－25.456	M8 螺纹底孔加工的第六个孔位置
X0Y－36	M8 螺纹底孔加工的第七个孔位置
X25.456Y－25.456	M8 螺纹底孔加工的第八个孔位置
G80G00Z200	刀具快速退刀到安全高度，并取消钻孔循环指令
X0Y200	工件快速移动到机床门口（方便工件拆卸与测量）
M30	程序结束，程序运行光标并回到程序开始处
%	程序传输结束代码

表 2-11-4　M8 攻螺纹程序

M8 攻螺纹程序	
%	程序传输开始代码
O2	程序名
G80	钻孔循环指令取消（在程序中如用到钻孔循环指令，在程序头必须要取消钻孔循环指令）
G94G90G54G40G21G17	机床初始参数设置：每分钟进给、绝对编程、工件坐标、刀补取消、毫米单位、*XY* 平面
G00Z200	刀具快速抬到安全高度
X0Y0	刀具移动到工件坐标原点（判断刀具 *X*、*Y* 位置是否正确）
S100M03	主轴正转 1000r/min
X36Y0	刀具快速移动到 M8 螺纹孔加工的第一个孔位置
Z50	刀具钻完一个孔后抬刀到安全高度
G98G84Z－11R3F125	排屑钻孔循环加工指令，钻完孔后抬刀到 Z50 高度处，去加工一个孔，（攻螺纹时刀具进给速度必须是 F＝P＊S＝1.25X100＝125）
X25.456Y25.456	M8 螺纹孔加工的第二个孔位置
X0Y36	M8 螺纹孔加工的第三个孔位置
X－25.456Y25.456	M8 螺纹孔加工的第四个孔位置
X－36Y0	M8 螺纹孔加工的第五个孔位置

续表 2-11-4

X－25.456Y－25.456	M8 螺纹孔加工的第六个孔位置
X0Y－36	M8 螺纹孔加工的第七个孔位置
X25.456Y－25.456	M8 螺纹孔加工的第八个孔位置
G80G00Z200	刀具快速退刀到安全高度，并取消钻孔循环指令
X0Y200	工件快速移动到机床门口（方便工件拆卸与测量）
M30	程序结束，程序运行光标并回到程序开始处
%	程序传输结束代码

六、上机加工过程

1. 操作步骤及要领（表 2-11-5）

表 2-11-5　螺纹孔加工操作步骤及要领

序号	步骤名称	作业图	操作步骤及说明
1	装备毛坯		1. 工件毛坯接上一个任务完成的零件 2. 工件毛坯轮廓形状是四方形，采用平口钳装夹
2	装工件		1. 工件轮廓加工深度为 15mm，工件上表面只要离开平口钳平面大于 15mm 2. 钳口深为 50mm，采用 35mm 等高块，工件伸出钳口平面 22mm（工件伸出钳口平面不要太多，保证工件刚性）
3	装寻边器		采用寻边器找出工件坐标点

续表 2-11-5

序号	步骤名称	作业图	操作步骤及说明
4	X、Y 对刀		采用寻边器通过左右两边碰边法，找出工件 X、Y 轴的坐标点
5	装 ϕ6.8 钻头		采用 ϕ6.8mm 钻头来加工 M8 的底孔，(M8 的螺距为 1.25mm，那底孔直径为 8－1.25＝6.75mm)
6	ϕ6.8 钻头 Z 对刀		钻头采用刀柄碰刀尖法 Z 向对刀
7	钻 8 个 M8 的底孔	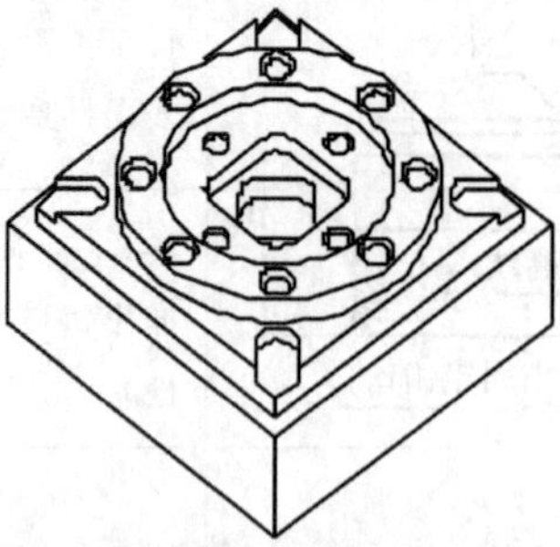	通过运行钻孔程序，加工出工件 D6.8 孔的轮廓形状
8	装 M8 丝锥		采用 M8 丝锥来加工 M8 的螺纹孔

续表 2-11-5

序号	步骤名称	作业图	操作步骤及说明
9	M8 丝锥 Z 对刀		丝锥采用刀柄碰刀尖法 Z 向对刀
10	攻 8 个 M8 的 螺纹孔		通过运行攻丝程序，加工出工件 M8 螺纹孔的轮廓形状
11	检测尺寸		游标卡尺测量孔的深度与中心距，塞规检测孔的直径大小

2. 加工注意事项

(1)加工前必须认真检查刀具是否与程序中要求的刀具一致。

(2)加工前必须认真检查所执行的程序是不是应该执行的程序。

(3)加工前必须认真检查显示屏光标所在位置是否正确。

(4)加工前必须认真检查换刀点(刀具位置)是否正确。

3. 加工时切削参数的调整

(1)加工时若工件排屑不畅可适当降低主轴旋转速度和刀具进给速度。

(2)加工时出现刀具振动产生响声时可适当降低主轴旋转速度。

(3)加工时若工件表面粗糙度值达不到要求可适当提高主轴旋转速度和降低刀具进给速度。

七、自我评价(表 2-11-6)

表 2-11-6　螺纹孔加工的自我评价

<table>
<tr><td colspan="3">材料</td><td colspan="2">LY12</td><td>课时</td><td colspan="2"></td></tr>
<tr><td colspan="3">自我评价成绩</td><td colspan="2"></td><td>任课教师</td><td colspan="2"></td></tr>
<tr><td colspan="5">自我评价项目</td><td>结果</td><td>配分</td><td>得分</td></tr>
<tr><td rowspan="7"></td><td>1</td><td colspan="3">工序安排是否能完成加工</td><td></td><td></td><td></td></tr>
<tr><td>2</td><td colspan="3">工序安排是否满足零件的加工要求</td><td></td><td></td><td></td></tr>
<tr><td>3</td><td colspan="3">编程格式及关键指令是否能正确使用</td><td></td><td></td><td></td></tr>
<tr><td>4</td><td colspan="3">工序安排是否符合该种批量生产</td><td></td><td></td><td></td></tr>
<tr><td>5</td><td colspan="3">题目:通过该零件编程你的收获主要有哪些?作答</td><td></td><td></td><td></td></tr>
<tr><td>6</td><td colspan="3">题目:你设计本程序的主要思路是什么?作答</td><td></td><td></td><td></td></tr>
<tr><td>7</td><td colspan="3">题目:你是如何完成程序的完善与修改的?作答</td><td></td><td></td><td></td></tr>
<tr><td rowspan="6">工件刀具安装</td><td>1</td><td colspan="3">刀具安装是否正确</td><td></td><td></td><td></td></tr>
<tr><td>2</td><td colspan="3">工件安装是否正确</td><td></td><td></td><td></td></tr>
<tr><td>3</td><td colspan="3">刀具安装是否牢固</td><td></td><td></td><td></td></tr>
<tr><td>4</td><td colspan="3">工件安装是否牢固</td><td></td><td></td><td></td></tr>
<tr><td>5</td><td colspan="3">题目:安装刀具时需要注意的事项主要有哪些?作答</td><td></td><td></td><td></td></tr>
<tr><td>6</td><td colspan="3">题目:安装工件时需要注意的事项主要有哪些?作答</td><td></td><td></td><td></td></tr>
<tr><td rowspan="7">操作与加工</td><td>1</td><td colspan="3">操作是否规范</td><td></td><td></td><td></td></tr>
<tr><td>2</td><td colspan="3">着装是否规范</td><td></td><td></td><td></td></tr>
<tr><td>3</td><td colspan="3">切削用量是否符合加工要求</td><td></td><td></td><td></td></tr>
<tr><td>4</td><td colspan="3">刀柄与刀片的选用是否合理</td><td></td><td></td><td></td></tr>
<tr><td>5</td><td colspan="3">题目:如何使加工和操作更好地符合批量生产?作答</td><td></td><td></td><td></td></tr>
<tr><td>6</td><td colspan="3">题目:加工时需要注意的事项主要有哪些?作答</td><td></td><td></td><td></td></tr>
<tr><td>7</td><td colspan="3">题目:加工时经常出现的加工误差主要有哪些?作答</td><td></td><td></td><td></td></tr>
<tr><td rowspan="4">精度检查</td><td>1</td><td colspan="3">是否已经了解本零件测量的各种量具的原理及使用</td><td></td><td></td><td></td></tr>
<tr><td>2</td><td colspan="3">本零件所使用的测量方法是否已掌握</td><td></td><td></td><td></td></tr>
<tr><td>3</td><td colspan="3">题目:本零件精度检测的主要内容是什么?采用了何种方法?作答</td><td></td><td></td><td></td></tr>
<tr><td>4</td><td colspan="3">题目:批量生产时,你将如何检测该零件的各项精度要求?作答</td><td></td><td></td><td></td></tr>
<tr><td colspan="8">(本部分共计 100 分)合计</td></tr>
<tr><td colspan="2">自我总结</td><td colspan="6"></td></tr>
<tr><td colspan="4">学生签字:
年　　月　　日</td><td colspan="4">教导教师签字:
年　　月　　日</td></tr>
</table>

八、教师评价(表 2-11-7)

表 2-11-7 螺纹孔加工的教师评价

评 价 项 目		评价情况
1	与其他同学口头交流学习内容是否流畅	
2	是否尊重他人	
3	学习态度是否积极主动	
4	是否服从教师的教学安排	
5	着装是否符合标准	
6	是否能正确地领会他人提出的学习问题	
7	是否按照安全的操作规范的要求操作	
8	能否辨别工作环境中哪些是危险的因素	
9	是否合理规范地使用工具和量具	
10	是否能保证学习环境的干净整洁	
11	是否遵守学习场所的规章制度	
12	是否有工作岗位的责任心	
13	是否达到全勤	
14	学习是否积极主动	
15	能否正确地对待肯定与否定的意见	
16	团队学习中主动与合作的情况如何	

参与评价同学签字：

年　　月　　日

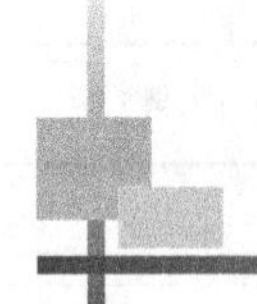

任务十二　铰孔加工

任务目标

理论知识方面：

1.学习铰孔加工的底孔参数

2.学习铰孔加工指令 G85/G86/G80

3.学习铰孔加工切削用量

实践知识方面：

学习用铰刀加工有公差孔的加工方法

任务描述

通过此任务学会 D8H7 有精度小孔的数控铣加工，如图 2-12-1 所示。

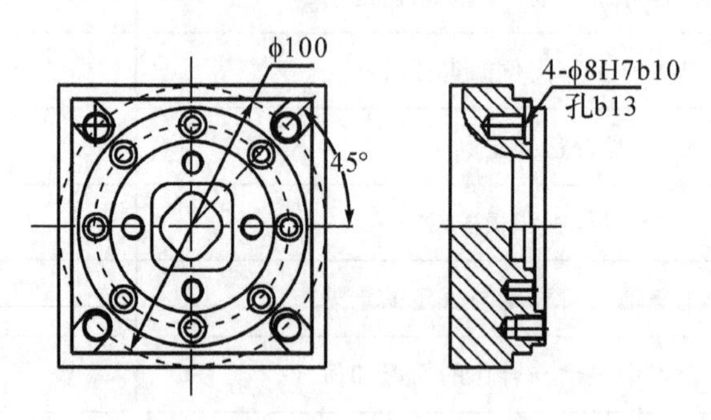

图 2-12-1　D8H7 有精度小孔的数控铣加工

任务实施

一、读图确定零件特征

(1)对图样要有全面的认识，尺寸与各种公差符号要清楚。

(2)分析毛坯材料为硬铝，规格为上一个任务完成的零件，如图 2-12-2 所示。

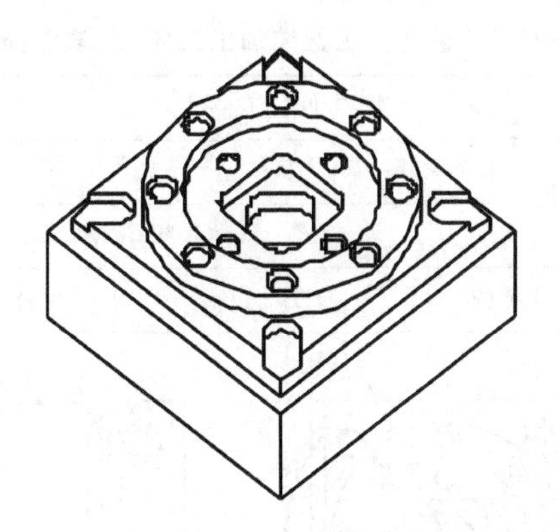

图 2-12-2　上一个任务完成的零件

二、零件分析与尺寸计算

1. 结构分析

由于该零件加工要求是钻孔、螺纹加工，应考虑加工工艺的顺序、对称度、孔的位置度、编程指令、切削用量等问题。

2. 工艺分析

经过以上分析，可用 D6.8mm 的高速钢钻头钻出螺纹底孔，在用 M8 的高速钢丝锥加工出 M8 的螺纹即可。

3. 定位及装夹分析

考虑到工件只是简单的平面加工，可将方料直接装夹在平口钳上，一次装夹完成所有加工内容。在工件装夹的夹紧过程中，既要防止工件的转动、变形和夹伤，又要防止工件在加工中松动。

三、工艺卡片

有关加工顺序、工步内容、夹具、刀具、量具检具、切削用量、冷却润滑液等工艺问题，详见表 2-12-1 和表 2-12-2 工艺卡片。

表 2-12-1　铰孔加工刀具调整卡(单位:mm)

<table>
<tr><td colspan="9">刀具调整卡</td></tr>
<tr><td colspan="2">零件名称</td><td colspan="2">铰孔加工件</td><td>零件图号</td><td colspan="4"></td></tr>
<tr><td colspan="2">设备名称</td><td>数控铣床</td><td>设备型号</td><td>VMC850</td><td colspan="3">程序号</td><td></td></tr>
<tr><td colspan="2">材料名称及牌号</td><td colspan="2">LY12</td><td>工序名称</td><td>平面铣削</td><td colspan="2">工序号</td><td>12</td></tr>
<tr><td rowspan="2">序号</td><td rowspan="2">刀具编号</td><td colspan="2" rowspan="2">刀具名称</td><td rowspan="2">刀具材料及牌号</td><td colspan="2">刀具参数</td><td colspan="2">刀补地址</td></tr>
<tr><td>直径</td><td>长度</td><td>直径</td><td>长度</td></tr>
<tr><td>1</td><td>T1</td><td colspan="2">寻边器</td><td>高速钢</td><td>ϕ10</td><td></td><td></td><td></td></tr>
<tr><td>2</td><td>T2</td><td colspan="2">钻头</td><td>高速钢</td><td>ϕ7.8</td><td></td><td></td><td></td></tr>
<tr><td>3</td><td>T3</td><td colspan="2">铰刀</td><td>高速钢</td><td>ϕ7.8H7</td><td></td><td></td><td></td></tr>
<tr><td></td><td></td><td colspan="2"></td><td></td><td></td><td></td><td></td><td></td></tr>
</table>

表 2-12-2　铰孔加工数控加工工序卡(单位:mm)

数控加工工序卡					
零件名称	铰孔加工件	零件图号		夹具名称	平口钳
设备名称及型号	数控铣 VMC850				
材料名称及牌号	LY12	工序名称	平面铣削	工序号	12

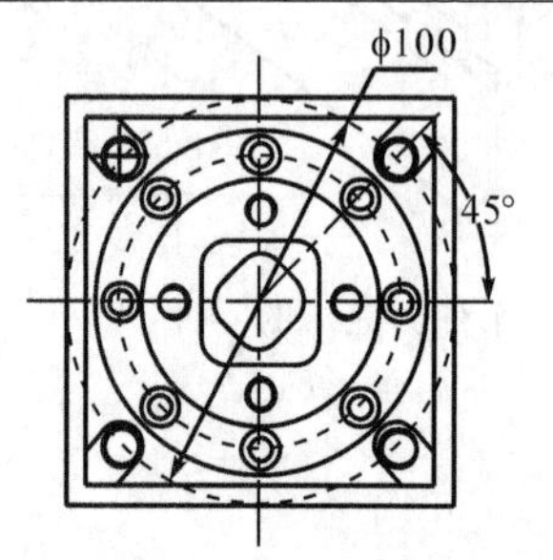

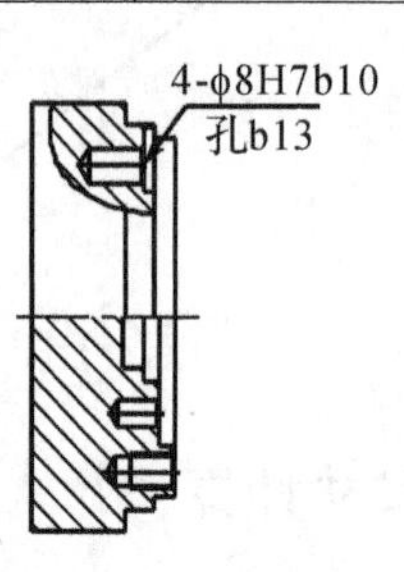

工步号	工步内容	切削用量				刀具		量具名称
		V_f	n	f	A_p	编号	名称	
1	ϕ8H7 钻底孔		1000	60		T2	钻头	游标卡尺
2	ϕ8H7 铰孔		100	100	0.1	T3	铰刀	ϕ8H7 塞规

四、本任务新增知识架构

学习铰孔加工循环指令 G80、G85、G86 等,详见项目八任务七的内容。

五、编辑程序(表 2-12-3)

表 2-12-3　编辑铰孔加工程序

钻 D8H7 底孔程序	
%	程序传输开始代码
O1	程序名
G80	钻孔循环指令取消(在程序中如用到钻孔循环指令,在程序头必须要取消钻孔循环指令)
G94G90G54G40G21G17	机床初始参数设置:每分钟进给、绝对编程、工件坐标、刀补取消、毫米单位、*XY* 平面
G00Z200	刀具快速抬到安全高度
X0Y0	刀具移动到工件坐标原点(判断刀具 *X*、*Y* 位置是否正确)
S1000M03	主轴正转 1000r/min
X35.355Y35.355	刀具快速移动到 D8H7 底孔加工的第一个孔位置
Z50	刀具钻完一个孔后抬刀到安全高度

续表 2-12-3

G98G83Z－23R－5F60	排屑钻孔循环加工指令，钻完孔后抬刀到 Z50 高度处，去加工一个孔，钻孔进给速度为 60mm/min
X－35.355Y35.355	D8H7 底孔加工的第二个孔位置
X－35.355Y－35.355	D8H7 底孔加工的第三个孔位置
X35.355Y－35.355	D8H7 底孔加工的第四个孔位置
G80G00Z200	刀具快速退刀到安全高度，并取消钻孔循环指令
X0Y200	工件快速移动到机床门口（方便工件拆卸与测量）
M30	程序结束，程序运行光标并回到程序开始处
%	程序传输结束代码
铰 D8H7 孔程序	
%	程序传输开始代码
O2	程序名
G80	钻孔循环指令取消（在程序中如用到钻孔循环指令，在程序头必须要取消钻孔循环指令）
G94G90G54G40G21G17	机床初始参数设置：每分钟进给、绝对编程、工件坐标、刀补取消、毫米单位、*XY* 平面
G00Z200	刀具快速抬到安全高度
X0Y0	刀具移动到工件坐标原点（判断刀具 *X*、*Y* 位置是否正确）
S150M03	主轴正转 150r/min（铰孔转速要低一点，它是挤压切削工件来增加工件表面光洁度）
X35.355Y35.355	刀具快速移动到 D8H7 底孔加工的第一个孔位置
Z50	刀具钻完一个孔后抬刀到安全高度
G98G85Z－23R－5F100	排屑钻孔循环加工指令，钻完孔后抬刀到 Z50 高度处，去加工一个孔，钻孔进给速度为 60mm/min
X－35.355Y35.355	D8H7 底孔加工的第二个孔位置
X－35.355Y－35.355	D8H7 底孔加工的第三个孔位置
X35.355Y－35.355	D8H7 底孔加工的第四个孔位置
G80G00Z200	刀具快速退刀到安全高度，并取消钻孔循环指令
X0Y200	工件快速移动到机床门口（方便工件拆卸与测量）
M30	程序结束，程序运行光标并回到程序开始处
%	程序传输结束代码

六、上机加工过程

1. 操作步骤及要领(表 2-12-4)

表 2-12-4　铰孔加工操作步骤及要领

序号	步骤名称	作业图	操作步骤及说明
1	准备毛坯		1. 工件毛坯接上一个任务完成的零件 2. 工件毛坯轮廓形状是四方形，采用平口钳装夹
2	装工件	工件 22 等高块 35 平口钳(活动钳口) 平口钳(固定钳口)	1. 工件轮廓加工深度为 15mm，工件上表面只要离开平口钳平面大于 15mm 2. 钳口深为 50mm，采用 35mm 等高块，工件伸出钳口平面 22mm(工件伸出钳口平面不要太多，保证工件刚性)
3	装寻边器		采用寻边器找出工件坐标点
4	X、Y 对刀		采用寻边器通过左右两边碰边法，找出工件 X、Y 轴的坐标点

续表 2-12-4

序号	步骤名称	作业图	操作步骤及说明
5	装 $\phi7.8$ 钻头		采用 $\phi7.8$mm 钻头来加工 D8H7 的底孔，留 0.2mm 余量
6	$\phi7.8$ 钻头 Z 对刀		钻头采用刀柄碰刀尖法 Z 向对刀
7	钻 4 个 D8H7 底孔		通过运行钻孔程序，加工出工件 D7.8mm 孔的轮廓形状
8	装 D8H7 铰刀		采用 D8H7 铰刀来加工 D8H7 "0.02mm"公差孔，(D8H7：D8 指刀具直径 D8，H7 指刀具直径大小在 0.02mm 之内)

续表 2-12-4

序号	步骤名称	作业图	操作步骤及说明
9	D8H7 铰刀 Z 对刀		铰刀采用刀柄碰刀尖法 Z 向对刀
10	铰 4 个 D8H7 精度孔		通过运行铰孔孔程序，加工出工件 D8H7 孔的轮廓形状
11	检测尺寸		游标卡尺测量孔的深度与中心距，塞规检测孔的直径大小

2. 加工注意事项

(1)加工前必须认真检查刀具是否与程序中要求的刀具一致。

(2)加工前必须认真检查所执行的程序是不是应该执行的程序。

(3)加工前必须认真检查显示屏光标所在位置是否正确。

(4)加工前必须认真检查换刀点(刀具位置)是否正确。

3. 加工时切削参数的调整

(1)加工时若工件排屑不畅可适当降低主轴旋转速度和刀具进给速度。

(2)加工时出现刀具振动产生响声时可适当降低主轴旋转速度。

(3)加工时若工件表面粗糙度值达不到要求可适当提高主轴旋转速度和降低刀具进给速度。

七、自我评价(表 2-12-5)

表 2-12-5　铰孔加工的自我评价

<table>
<tr><td colspan="2">材料</td><td colspan="2">LY12</td><td>课时</td><td colspan="2"></td></tr>
<tr><td colspan="3">自我评价成绩</td><td></td><td colspan="2">任课教师</td><td></td></tr>
<tr><td colspan="4">自我评价项目</td><td>结果</td><td>配分</td><td>得分</td></tr>
<tr><td rowspan="7"></td><td>1</td><td colspan="2">工序安排是否能完成加工</td><td></td><td></td><td></td></tr>
<tr><td>2</td><td colspan="2">工序安排是否满足零件的加工要求</td><td></td><td></td><td></td></tr>
<tr><td>3</td><td colspan="2">编程格式及关键指令是否能正确使用</td><td></td><td></td><td></td></tr>
<tr><td>4</td><td colspan="2">工序安排是否符合该种批量生产</td><td></td><td></td><td></td></tr>
<tr><td>5</td><td colspan="2">题目:通过该零件编程你的收获主要有哪些? 作答</td><td></td><td></td><td></td></tr>
<tr><td>6</td><td colspan="2">题目:你设计本程序的主要思路是什么? 作答</td><td></td><td></td><td></td></tr>
<tr><td>7</td><td colspan="2">题目:你是如何完成程序的完善与修改的? 作答</td><td></td><td></td><td></td></tr>
<tr><td rowspan="6">工件刀具安装</td><td>1</td><td colspan="2">刀具安装是否正确</td><td></td><td></td><td></td></tr>
<tr><td>2</td><td colspan="2">工件安装是否正确</td><td></td><td></td><td></td></tr>
<tr><td>3</td><td colspan="2">刀具安装是否牢固</td><td></td><td></td><td></td></tr>
<tr><td>4</td><td colspan="2">工件安装是否牢固</td><td></td><td></td><td></td></tr>
<tr><td>5</td><td colspan="2">题目:安装刀具时需要注意的事项主要有哪些? 作答</td><td></td><td></td><td></td></tr>
<tr><td>6</td><td colspan="2">题目:安装工件时需要注意的事项主要有哪些? 作答</td><td></td><td></td><td></td></tr>
<tr><td rowspan="7">操作与加工</td><td>1</td><td colspan="2">操作是否规范</td><td></td><td></td><td></td></tr>
<tr><td>2</td><td colspan="2">着装是否规范</td><td></td><td></td><td></td></tr>
<tr><td>3</td><td colspan="2">切削用量是否符合加工要求</td><td></td><td></td><td></td></tr>
<tr><td>4</td><td colspan="2">刀柄与刀片的选用是否合理</td><td></td><td></td><td></td></tr>
<tr><td>5</td><td colspan="2">题目:如何使加工和操作更好地符合批量生产? 作答</td><td></td><td></td><td></td></tr>
<tr><td>6</td><td colspan="2">题目:加工时需要注意的事项主要有哪些? 作答</td><td></td><td></td><td></td></tr>
<tr><td>7</td><td colspan="2">题目:加工时经常出现的加工误差主要有哪些? 作答</td><td></td><td></td><td></td></tr>
<tr><td rowspan="4">精度检查</td><td>1</td><td colspan="2">是否已经了解本零件测量的各种量具的原理及使用</td><td></td><td></td><td></td></tr>
<tr><td>2</td><td colspan="2">本零件所使用的测量方法是否已掌握</td><td></td><td></td><td></td></tr>
<tr><td>3</td><td colspan="2">题目:本零件精度检测的主要内容是什么? 采用了何种方法? 作答</td><td></td><td></td><td></td></tr>
<tr><td>4</td><td colspan="2">题目:批量生产时,你将如何检测该零件的各项精度要求? 作答</td><td></td><td></td><td></td></tr>
<tr><td colspan="7">(本部分共计 100 分)合计</td></tr>
<tr><td colspan="2">自我总结</td><td colspan="5"></td></tr>
<tr><td colspan="3">学生签字:
年　月　日</td><td colspan="4">教导教师签字:
年　月　日</td></tr>
</table>

八、教师评价(表 2-12-6)

表 2-12-6　铰孔加工的教师评价

评　价　项　目		评价情况
1	与其他同学口头交流学习内容是否流畅	
2	是否尊重他人	
3	学习态度是否积极主动	
4	是否服从教师的教学安排	
5	着装是否符合标准	
6	是否能正确地领会他人提出的学习问题	
7	是否按照安全的操作规范的要求操作	
8	能否辨别工作环境中哪些是危险的因素	
9	是否合理规范地使用工具和量具	
10	是否能保证学习环境的干净整洁	
11	是否遵守学习场所的规章制度	
12	是否有工作岗位的责任心	
13	是否达到全勤	
14	学习是否积极主动	
15	能否正确地对待肯定与否定的意见	
16	团队学习中主动与合作的情况如何	

参与评价同学签字：

年　　月　　日

项目三 中级工零件加工

项目简介

1. 掌握数控铣床中级工技能
2. 掌握完整零件程序的编写

项目简介

通过项目二的学习，学生已经掌握了基本特征的加工技能。本项目分为两个任务：任务一，通过棘轮零件的加工练习，不仅巩固了项目二的学习，而且这些基本特征相互结合，使学生的技能进一步提升。任务二，学生自行考虑相关知识内容，按照任务一棘轮加工的模式，完成接下来中级工图纸的加工，让学生达到中级工的技能水平。

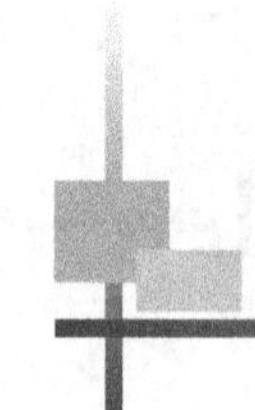

任务一 棘轮工件加工

任务目标

理论知识方面：

1. 掌握工件加工的顺序
2. 掌握工件加工刀具的选择与切削用量
3. 掌握工件加工的操作步骤
4. 掌握工件加工精度测量

实践知识方面：

能顺采完成棘轮零件的加工

任务描述

通过此任务学会中级工零件难度的数控铣棘轮工件加工，如图 3-1-1 所示。

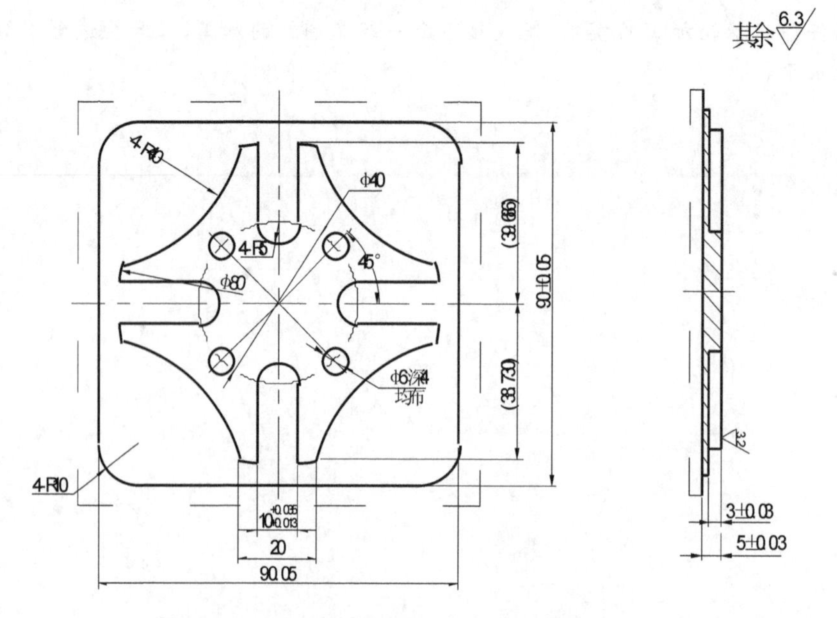

图 3-1-1 中级工零件难度的数控铣棘轮工件加工

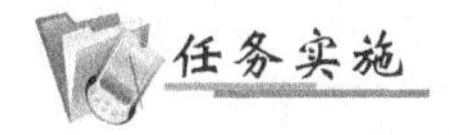

任务实施

一、读图确定零件特征

(1)对图样要有全面的认识,尺寸与各种公差符号要清楚。

(2)分析毛坯材料为硬铝,规格为 100mm×100mm×40mm 的方料,如图 3-1-2 所示。

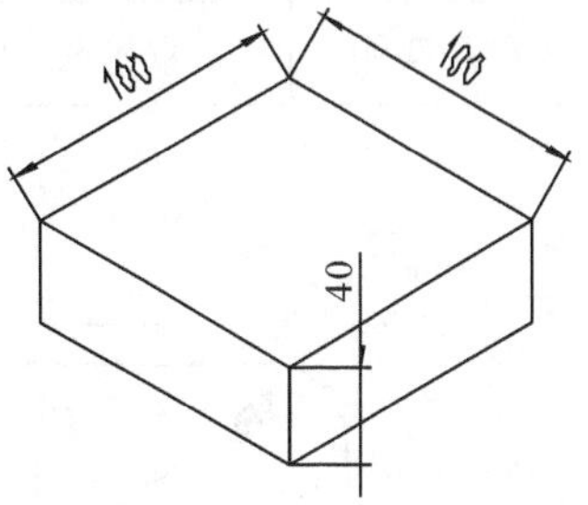

图 3-1-2　100mm×100mm×40mm 方料

二、零件分析与尺寸计算

1.结构分析

由于该零件属于轮廓、圆、槽、孔综合性零件加工,需要考虑加工工艺的顺序、保证零件的垂直度、平行度,合理使用零件加工的编程指令、切削用量等问题。

2.工艺分析

经过以上分析,可用硬质合金盘铣刀分粗、精加工直接铣出工件平面,D16mm 的立铣刀完成零件轮廓 90×90mm、棘轮轮廓的凸台、4 个 D10mm 直槽用 D10mm 的立铣刀加工,D6mm 钻头完成 D40mm 轮廓上的 4 个 D6mm 孔。

3.定位及装夹分析

考虑到工件属于轮廓、圆、槽、孔综合性零件加工,零件加工只需加工一面轮廓形状就可以了,不用翻面加工,可将方料直接装夹在平口钳上,一次装夹完成所有轮廓。

三、工艺卡片

有关加工顺序、工步内容、夹具、刀具、量具检具、切削用量、冷却润滑液等工艺问题,详见表 3-1-1 和表 3-1-2 工艺卡片。

表 3-1-1　棘轮工件加工刀具调整卡(单位:mm)

<table>
<tr><td colspan="8">刀具调整卡</td></tr>
<tr><td colspan="2">零件名称</td><td>棘轮</td><td>零件图号</td><td>1</td><td colspan="2">硬度</td><td>25</td></tr>
<tr><td colspan="2">设备名称</td><td>数控铣床</td><td colspan="4">材料名称及牌号</td><td>LY12</td></tr>
<tr><td rowspan="2">序号</td><td rowspan="2">刀具编号</td><td rowspan="2">刀具名称</td><td rowspan="2">刀具材料及牌号</td><td colspan="2">刀具参数</td><td colspan="2">刀补地址</td></tr>
<tr><td>直径</td><td>长度</td><td>直径 D</td><td>长度 H</td></tr>
<tr><td>1</td><td>T1</td><td>面铣刀</td><td>硬质合金</td><td>ϕ80</td><td></td><td></td><td></td></tr>
<tr><td>2</td><td>T2</td><td>立铣刀</td><td>高速钢</td><td>ϕ16</td><td>20</td><td>8.2/7.98</td><td></td></tr>
<tr><td>3</td><td>T3</td><td>立铣刀</td><td>高速钢</td><td>ϕ8</td><td>20</td><td>4.2/3.98</td><td></td></tr>
<tr><td>4</td><td>T4</td><td>钻头</td><td>高速钢</td><td>ϕ6</td><td>30</td><td></td><td></td></tr>
<tr><td></td><td></td><td></td><td></td><td></td><td></td><td></td><td></td></tr>
</table>

表 3-1-2　棘轮工件加工数控加工工序卡(单位:mm)

数控加工工序卡					
零件名称	棘轮	零件图号	1	夹具名称	平口钳
设备名称及型号	数控铣 VMC850		材料名称及牌号		LY12

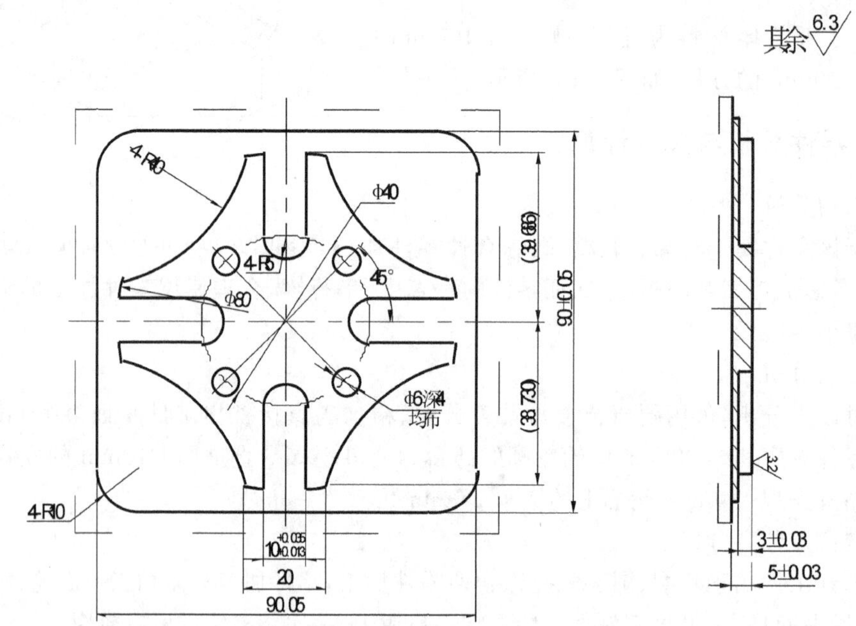

工步号	工步内容	切削用量			量具
		n	F	A_p	
1	铣上平面	1000	300	0.5	
2	粗铣 90×90 轮廓	800	300	4.8	游标卡尺
3	粗铣棘轮轮廓	800	300	2.8	游标卡尺
4	精铣 90×90 轮廓	1200	300	5	千分尺 75～100
5	精铣棘轮轮廓	1200	300	5	千分尺 75～100
6	粗铣 4 条宽 10 直槽	1000	300	2.8	游标卡尺
7	粗铣 4 条宽 10 直槽	1200	300	3	内侧千分尺 5～25
8	钻 4 个 D6 孔	1000	60		游标卡尺

四、本任务所需的知识架构

(1)掌握数控铣床的操作面板。
(2)掌握工件装夹的夹具选择与精度调整。
(3)掌握工件坐标系的确定。
(4)掌握刀具选择与切削用量的确定。
(5)掌握数控编程指令的综合运用。

五、编制程序(表 3-1-3)

表 3-1-3　编制棘轮工件加工程序

棘轮工件加工	
铣平面程序(D80 面铣刀)	
%	程序传输开始代码
O1	程序名
G94G90G54G40G21G17	机床初始参数设置:每分钟进给、绝对编程、工件坐标、刀补取消、毫米单位、XY 平面
G00Z200	刀具快速抬到安全高度
X0Y0	刀具移动到工件坐标原点(判断刀具 X、Y 位置是否正确)
S1000M03	主轴正转 1000r/min
X－30Y－100	刀具快速进刀到平面加工切削起点
Z2	刀具快速下刀到平面加工深度的安全高度
G01Z0F100	刀具切削到平面加工深度,进给速度为 100mm/min
Y100F300	平面加工走直线第二点坐标,切削进给速度为 300mm/min
X30	平面加工走直线第三点坐标
Y－100	平面加工走直线第四点坐标
G00 Z200	刀具快速退刀到安全高度
X0Y200	工件快速移动到机床门口(方便工件拆卸与测量)
M30	程序结束,程序运行光标并回到程序开始处
%	程序传输结束代码
铣四方程序(D16 立铣刀)	
%	程序传输开始代码

续表 3-1-3

O2	程序名
G94G90G54G40G21G17	机床初始参数设置：每分钟进给、绝对编程、工件坐标、刀补取消、毫米单位、*XY* 平面
G00Z200	刀具快速抬到安全高度
X0Y0	刀具移动到工件坐标原点(判断刀具 *X*、*Y* 位置是否正确)
S1000M03	主轴正转 1000r/min
X－60Y60	刀具快速进刀到四方轮廓切削起点
Z2	刀具快速下刀到四方轮廓加工深度的安全高度
G01Z－5F100	刀具切削到四方轮廓加工深度，进给速度为 100mm/min
G41D2Y45F300	建立左刀具半径补偿功能，走直线进刀到四方轮廓起点 *Y* 坐标处，切削进给速度为 300mm/min
X－35	走四方轮廓直线起点坐标
X35	走四方轮廓直线第二点坐标
G02X45Y35R10	走四方轮廓圆弧第三点坐标
G01Y－35	走四方轮廓直线第四点坐标
G02X35Y－45R10	走四方轮廓圆弧第五点坐标
G01X－35	走四方轮廓直线第六点坐标
G02X－45Y－35R10	走四方轮廓圆弧第七点坐标
G01Y35	走四方轮廓直线第八点坐标
G02X－35Y45R10	走四方轮廓圆弧第九点坐标
G01X－30	走四方轮廓直线第终点坐标
G00Z200	刀具快速退刀到安全高度
G40X0Y200	取消刀具半径补偿功能，并工件快速移动到机床门口(方便工件拆卸与测量)
M30	程序结束，程序运行光标并回到程序开始处
%	程序传输结束代码
铣棘轮程序(D16 立铣刀)	
%	程序传输开始代码
O3	程序名
G94G90G54G40G21G17	机床初始参数设置：每分钟进给、绝对编程、工件坐标、刀补取消、毫米单位、*XY* 平面
G00Z200	刀具快速抬到安全高度

续表 3-1-3

X0Y0	刀具移动到工件坐标原点(判断刀具 *X*、*Y* 位置是否正确)
S1000M03	主轴正转 1000r/min
X－65Y0	刀具快速进刀到棘轮轮廓切削起点
Z3	刀具快速下刀到棘轮轮廓加工深度的安全高度
G01Z－3F100	刀具切削到棘轮轮廓加工深度,进给速度为 100mm/min
G41D3X－50Y－10F300	建立左刀具半径补偿功能,走圆弧进刀到圆弧轮廓起点,切削进给速度为 300mm/min
G03X－40Y0R10	走棘轮轮廓圆弧进刀第二点坐标
G02X－38.730Y10R40	走棘轮轮廓圆弧第三点坐标
G03X－10Y38.730R40	走棘轮轮廓圆弧第四点坐标
G02X10Y38.730R40	走棘轮轮廓圆弧第五点坐标
G03X38.730Y10R40	走棘轮轮廓圆弧第六点坐标
G02X38.730Y－10R40	走棘轮轮廓圆弧第七点坐标
G03X10Y－38.730R40	走棘轮轮廓圆弧第八点坐标
G02X－10Y－38.730R40	走棘轮轮廓圆弧第九点坐标
G03X－38.730Y－10R40	走棘轮轮廓圆弧第十点坐标
G02X－40Y－0R40	走棘轮轮廓圆弧第终点坐标
G00Z200	刀具快速退刀到安全高度
G40X0Y200	取消刀具半径补偿功能,并工件快速移动到机床门口(方便工件拆卸与测量)
M30	程序结束,程序运行光标并回到程序开始处
%	程序传输结束代码

铣 4 个直槽程序(D8mm 立铣刀)			
铣 4 个直槽主程序		铣 4 个直槽子程序	
%	程序传输开始代码	%	程序传输开始代码
O4	主程序名	O5	子程序名
#1=0	设定工件旋转角度	G69	坐标旋转指令取消(在程序中如用到坐标旋转指令,在程序头必须要取消坐标旋转指令)
M98P5	调用 O5 子程序,加工第一个直槽轮廓	G94G90G54G40G21G17	机床初始参数设置:每分钟进给、绝对编程、工件坐标、刀补取消、毫米单位、*XY* 平面
#1=90	设定工件旋转角度	G00Z200	刀具快速抬到安全高度

续表 3-1-3

M98P5	调用 O5 子程序，加工第二个直槽轮廓	G68X0Y0R#1	工件坐标旋转设定参数
#1=180	设定工件旋转角度	X0Y0	刀具移动到工件坐标原点(判断刀具 X、Y 位置是否正确)
M98P5	调用 O5 子程序，加工第三个直槽轮廓	S1000M03	主轴正转 1000r/min
#1=270	设定工件旋转角度	X50Y0	刀具快速进刀到直槽轮廓切削起点
M98P5	调用 O5 子程序，加工第四个直槽轮廓	Z3	刀具快速进刀到直槽轮廓深度切削起点
X0Y200	工件快速移动到机床门口(方便工件拆卸与测量)	G01Z−3F200	刀具切削到直槽轮廓加工深度，进给速度为 200mm/min，(在工件外下刀，下刀速度可以加快)
M30	程序结束，程序运行光标并回到程序开始处	G41D3Y5	建立左刀具半径补偿功能，走直线进刀到直槽轮廓起点，(轮廓加工比较窄，切削进给速度可以与下刀速度一致)
%	程序传输结束代码	X20	走直槽轮廓直线第二点坐标
		G03X20Y−5R−5	走直槽轮廓圆弧第三点坐标
		G01X50	走直槽轮廓直线第终点坐标
		G00Z200	刀具快速退刀到安全高度
		G69	坐标旋转指令取消
		G40X0Y0	取消刀具半径补偿功能，并工件快速移动到坐标原点
		M99	子程序结束
		%	程序传输结束代码

钻 D6mm 孔程序(D6mm 钻头)	
%	程序传输开始代码
O6	程序名
G80	钻孔循环指令取消(在程序中如用到钻孔循环指令，在程序头必须要取消钻孔循环指令)
G94G90G54G40G21G17	机床初始参数设置：每分钟进给、绝对编程、工件坐标、刀补取消、毫米单位、XY 平面
G00Z200	刀具快速抬到安全高度
X0Y0	刀具移动到工件坐标原点(判断刀具 X、Y 位置是否正确)

续表 3-1-3

S1000M03	主轴正转 1000r/min
X14.142Y14.142	刀具快速移动到 D6mm 孔加工的第一个孔位置
Z50	刀具钻完一个孔后抬刀到安全高度
G98G81Z−11R3F100	浅孔钻孔循环加工,钻完孔后抬刀到 Z50 高度处,去加工一个孔
X−14.142Y14.142	D6mm 孔加工的第二个孔位置
X−14.142Y−14.142	D6mm 孔加工的第三个孔位置
X14.142Y−14.142	D6mm 孔加工的第四个孔位置
G80G00Z200	刀具快速退刀到安全高度,并取消钻孔循环指令
X0Y200	工件快速移动到机床门口(方便工件拆卸与测量)
M30	程序结束,程序运行光标并回到程序开始处
%	程序传输结束代码

六、上机加工过程

1. 操作步骤及要领(表 3-1-4)

表 3-1-4　棘轮工件加工操作步骤及要领

序号	步骤名称	作业图	操作步骤及说明
1	装工件		1. 工件形状是四方形的,用平口钳装夹 2. 工件是单个加工,不用设定位块 3. 工件轮廓加工深度为 5mm,工件上表面只要离开平口钳平面大于 5mm 就可以了 4. 采用 30mm 等高块,工件伸出钳口平面 20mm(工件伸出钳口平面不要太多,保证工件刚性)
2	装寻边器		采用寻边器找出工件坐标点

续表 3-1-4

序号	步骤名称	作业图	操作步骤及说明
3	X、Y 对刀		采用寻边器通过左右两边碰边法，找出工件 X、Y 轴的坐标点
4	装面铣刀		采用面铣刀来加工上平面
5	面铣刀 Z 对刀		面铣刀采用刀柄碰刀尖法 Z 向对刀
6	铣上平面	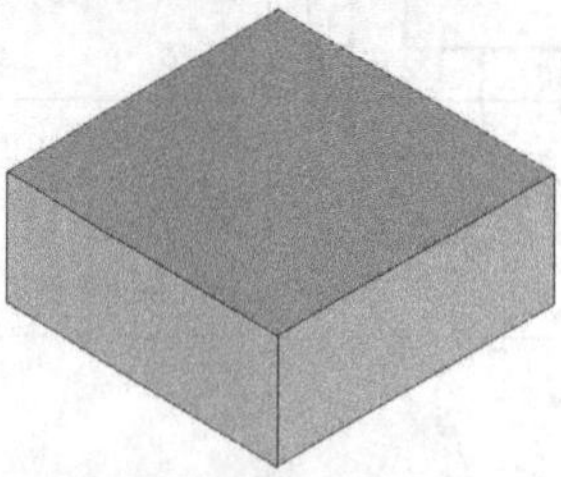	通过运行铣平面程序，加工出工件轮廓形状
7	装 ϕ16 立铣刀	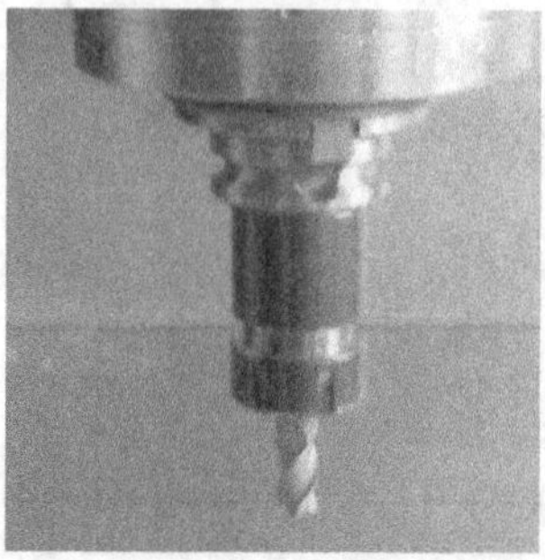	采用 ϕ16mm 立铣刀来加工工件轮廓 90mm×90mm、棘轮轮廓的凸台

续表 3-1-4

序号	步骤名称	作业图	操作步骤及说明
8	ϕ16 立铣刀 Z对刀		ϕ16mm立铣刀采用刀柄碰刀尖法Z向对刀
9	粗、半精铣四方		通过运行轮廓90mm×90mm程序，加工出工件轮廓形状，同样程序运行2遍
10	粗、半精铣棘轮		通过运行棘轮轮廓程序，加工出工件轮廓形状，同样程序运行2遍
11	测量四方、棘轮		通过外径千分尺测量四方、棘轮轮廓外形尺寸，深度千分尺测量四方、棘轮轮廓深度尺寸

续表 3-1-4

序号	步骤名称	作业图	操作步骤及说明
12	精铣四方、棘轮		通过修改轮廓刀补值，在次运行四方、棘轮轮廓程序，加工出工件轮廓形状，同样程序运行 2 遍
13	装 $\phi10$ 立铣刀		采用 $\phi10$mm 立铣刀来加工工件轮廓 4 条宽 10mm 直槽，并完成 $\phi10$mm 立铣刀 Z 向对刀
14	粗、半精铣直槽		通过运行轮廓 4 条宽 10mm 直槽程序，加工出工件轮廓形状，同样程序运行 2 遍
15	测量直槽		通过内径千分尺测量直槽轮廓宽度尺寸、深度千分尺测量直槽轮廓深度尺寸
16	精铣直槽		通过修改轮廓刀补值，在次运行轮廓 4 条宽 10mm 直槽程序，加工出工件轮廓形状，同样程序运行 2 遍

续表 3-1-4

序号	步骤名称	作业图	操作步骤及说明
17	装 $\phi 6$ 钻头		采用 $\phi 6$mm 钻头来加工工件 4 个 D6mm 的孔，并完成 $\phi 6$mm 钻头 Z 向对刀
18	钻孔		通过运行钻孔程序，加工出工件孔的轮廓
19	测量孔的尺寸		通过游标卡尺测量孔的大小与深度尺寸，如深度不够，调整程序钻孔深度，在次运行钻孔程序

2. 加工注意事项

(1)加工前必须认真检查刀具是否与程序中要求的刀具一致。

(2)加工前必须认真检查所执行的程序是不是应该执行的程序。

(3)加工前必须认真检查显示屏光标所在位置是否正确。

(4)加工前必须认真检查换刀点(刀具位置)是否正确。

3. 加工时切削参数的调整

(1)加工时若工件排屑不畅可适当降低主轴旋转速度和刀具进给速度。

(2)加工时出现刀具振动产生响声时可适当降低主轴旋转速度。

(3)加工时若工件表面粗糙度值达不到要求可适当提高主轴旋转速度和降低刀具进给速度。

七、任务评价(表 3-1-5)

表 3-1-5　中级数控铣工棘轮零件评分表

<table>
<tr><td colspan="10">中级数控铣工棘轮零件评分表</td></tr>
<tr><td>序号</td><td colspan="4">鉴定项目及标准</td><td>配分</td><td>自检</td><td>检验结果</td><td>得分</td><td>备注</td></tr>
<tr><td rowspan="5">1</td><td rowspan="5">工艺准备(35 分)</td><td colspan="3">工艺编制</td><td>8</td><td>—</td><td>—</td><td></td><td></td></tr>
<tr><td colspan="3">程序编制及输入</td><td>15</td><td>—</td><td>—</td><td></td><td></td></tr>
<tr><td colspan="3">工件装夹</td><td>3</td><td>—</td><td>—</td><td></td><td></td></tr>
<tr><td colspan="3">刀具选择</td><td>4</td><td>—</td><td>—</td><td></td><td></td></tr>
<tr><td colspan="3">切削用量选择</td><td>5</td><td>—</td><td>—</td><td></td><td></td></tr>
<tr><td rowspan="17">2</td><td rowspan="17">工件加工(60 分)</td><td colspan="3">用试切法对刀</td><td>10</td><td>—</td><td>—</td><td></td><td></td></tr>
<tr><td rowspan="16">工件质量(50 分)</td><td rowspan="2">90</td><td>+0.05</td><td rowspan="2">4</td><td rowspan="2"></td><td rowspan="2"></td><td rowspan="2">两处</td><td rowspan="2"></td></tr>
<tr><td>−0.05</td></tr>
<tr><td>4−R10</td><td></td><td>2</td><td></td><td></td><td></td><td></td></tr>
<tr><td>ϕ80</td><td></td><td>4</td><td></td><td></td><td></td><td></td></tr>
<tr><td>4−R40</td><td></td><td>4</td><td></td><td></td><td></td><td></td></tr>
<tr><td rowspan="2">4−10</td><td>+0.035</td><td rowspan="2">12</td><td rowspan="2"></td><td rowspan="2"></td><td rowspan="2"></td><td rowspan="2"></td></tr>
<tr><td>+0.013</td></tr>
<tr><td>4−R5</td><td></td><td>4</td><td></td><td></td><td></td><td></td></tr>
<tr><td>深 4</td><td></td><td>4</td><td></td><td></td><td></td><td></td></tr>
<tr><td>ϕ40</td><td></td><td>2</td><td></td><td></td><td></td><td></td></tr>
<tr><td>4−ϕ6</td><td></td><td>2</td><td></td><td></td><td></td><td></td></tr>
<tr><td rowspan="2">6</td><td>+0.03</td><td rowspan="2">3</td><td rowspan="2"></td><td rowspan="2"></td><td rowspan="2"></td><td rowspan="2"></td></tr>
<tr><td>−0.03</td></tr>
<tr><td rowspan="2">3</td><td>+0.03</td><td rowspan="2">4</td><td rowspan="2"></td><td rowspan="2"></td><td rowspan="2"></td><td rowspan="2"></td></tr>
<tr><td>−0.03</td></tr>
<tr><td colspan="2">粗糙度</td><td>5</td><td></td><td></td><td></td><td></td></tr>
<tr><td>3</td><td colspan="4">精度检验及误差分析</td><td>5</td><td>—</td><td>—</td><td></td><td></td></tr>
<tr><td>4</td><td>时间扣分</td><td colspan="3">每超时 3 分钟扣 1 分</td><td></td><td></td><td></td><td></td><td></td></tr>
<tr><td colspan="5">合计</td><td>100</td><td></td><td></td><td></td><td></td></tr>
</table>

八、自我评价(表 3-1-6)

表 3-1-6 棘轮工件加工的自我评价

<table>
<tr><td colspan="2">材料</td><td>LY12</td><td>课时</td><td colspan="2"></td></tr>
<tr><td colspan="2">自我评价成绩</td><td></td><td>任课教师</td><td colspan="2"></td></tr>
<tr><td colspan="3">自我评价项目</td><td>结果</td><td>配分</td><td>得分</td></tr>
<tr><td rowspan="7"></td><td>1</td><td>工序安排是否能完成加工</td><td></td><td></td><td></td></tr>
<tr><td>2</td><td>工序安排是否满足零件的加工要求</td><td></td><td></td><td></td></tr>
<tr><td>3</td><td>编程格式及关键指令是否能正确使用</td><td></td><td></td><td></td></tr>
<tr><td>4</td><td>工序安排是否符合该种批量生产</td><td></td><td></td><td></td></tr>
<tr><td>5</td><td>题目:通过该零件编程你的收获主要有哪些?作答</td><td></td><td></td><td></td></tr>
<tr><td>6</td><td>题目:你设计本程序的主要思路是什么?作答</td><td></td><td></td><td></td></tr>
<tr><td>7</td><td>题目:你是如何完成程序的完善与修改的?作答</td><td></td><td></td><td></td></tr>
<tr><td rowspan="6">工件刀具安装</td><td>1</td><td>刀具安装是否正确</td><td></td><td></td><td></td></tr>
<tr><td>2</td><td>工件安装是否正确</td><td></td><td></td><td></td></tr>
<tr><td>3</td><td>刀具安装是否牢固</td><td></td><td></td><td></td></tr>
<tr><td>4</td><td>工件安装是否牢固</td><td></td><td></td><td></td></tr>
<tr><td>5</td><td>题目:安装刀具时需要注意的事项主要有哪些?作答</td><td></td><td></td><td></td></tr>
<tr><td>6</td><td>题目:安装工件时需要注意的事项主要有哪些?作答</td><td></td><td></td><td></td></tr>
<tr><td rowspan="7">操作与加工</td><td>1</td><td>操作是否规范</td><td></td><td></td><td></td></tr>
<tr><td>2</td><td>着装是否规范</td><td></td><td></td><td></td></tr>
<tr><td>3</td><td>切削用量是否符合加工要求</td><td></td><td></td><td></td></tr>
<tr><td>4</td><td>刀柄与刀片的选用是否合理</td><td></td><td></td><td></td></tr>
<tr><td>5</td><td>题目:如何使加工和操作更好地符合批量生产?作答</td><td></td><td></td><td></td></tr>
<tr><td>6</td><td>题目:加工时需要注意的事项主要有哪些?作答</td><td></td><td></td><td></td></tr>
<tr><td>7</td><td>题目:加工时经常出现的加工误差主要有哪些?作答</td><td></td><td></td><td></td></tr>
<tr><td rowspan="4">精度检查</td><td>1</td><td>是否已经了解本零件测量的各种量具的原理及使用</td><td></td><td></td><td></td></tr>
<tr><td>2</td><td>本零件所使用的测量方法是否已掌握</td><td></td><td></td><td></td></tr>
<tr><td>3</td><td>题目:本零件精度检测的主要内容是什么?采用了何种方法?作答</td><td></td><td></td><td></td></tr>
<tr><td>4</td><td>题目:批量生产时,你将如何检测该零件的各项精度要求?作答</td><td></td><td></td><td></td></tr>
<tr><td colspan="6">(本部分共计 100 分)合计</td></tr>
<tr><td colspan="2">自我总结</td><td colspan="4"></td></tr>
<tr><td colspan="3">学生签字:
年　月　日</td><td colspan="3">教导教师签字:
年　月　日</td></tr>
</table>

九、教师评价(表 3-1-7)

表 3-1-7　棘轮工件加工的教师评价

评价项目		评价情况
1	与其他同学口头交流学习内容是否流畅	
2	是否尊重他人	
3	学习态度是否积极主动	
4	是否服从教师的教学安排	
5	着装是否符合标准	
6	是否能正确地领会他人提出的学习问题	
7	是否按照安全的操作规范的要求操作	
8	能否辨别工作环境中哪些是危险的因素	
9	是否合理规范地使用工具和量具	
10	是否能保证学习环境的干净整洁	
11	是否遵守学习场所的规章制度	
12	是否有工作岗位的责任心	
13	是否达到全勤	
14	学习是否积极主动	
15	能否正确地对待肯定与否定的意见	
16	团队学习中主动与合作的情况如何	

参与评价同学签字：

年　　月　　日

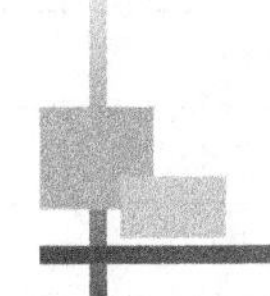

任务二　中级工图纸加工

请按表 3-2-1 所示做好中级工操作技能考核的准备。

表 3-2-1　《数控铣床中级操作工》操作技能考核准备通知单

一、材料准备					
材质	铝材	尺寸	100mm×100mm×40mm	数量	1 件

二、设备、工具、刀具、量具				
分类	名称	尺寸规格	数量	备注
设备	数控铣床		1 台	
	计算机一台		1 台	无编程软件
刀具	ϕ20 立铣刀		1 把	
	ϕ16 立铣刀		1 把	
	ϕ10 键槽铣刀		1 把	
	ϕ8 键槽铣刀		1 把	
	ϕ3 中心钻		1 把	
	ϕ6 钻头		1 把	
工具系统	强力铣刀刀柄		1～2 个	相配的弹性套
	弹簧夹头刀柄		1～2 个	相配的弹性套
	钻夹头及刀柄		1～2 套	0～13mm
	面铣刀及刀柄		1 套	
工具	锉刀		1 套	修理工件
	铜片		若干	
	夹紧工具		1 套	
	刷子		1 把	
	油壶		1 把	
	清洗油		若干	

续表 3-2-1

分类	名称	尺寸规格	数量	备注
量具	0～150mm 游标卡尺		1 把	
	百分表		1 只	
	磁性表座		1 套	
其他	草稿纸		适量	
	计算器			自备
	工作服			自备
	护目镜			自备
注释：	1. 表列物品须在考试前一天准备妥当，整齐摆放；			
	2. 数量栏中的数字无特别限制，表示为考生 1 人的物品数量；			
	3. 如根据实际情况现场确需其他物品，须征得技能鉴定机构同意。			

一、六角槽

请按图 3-2-1 加工六角槽。

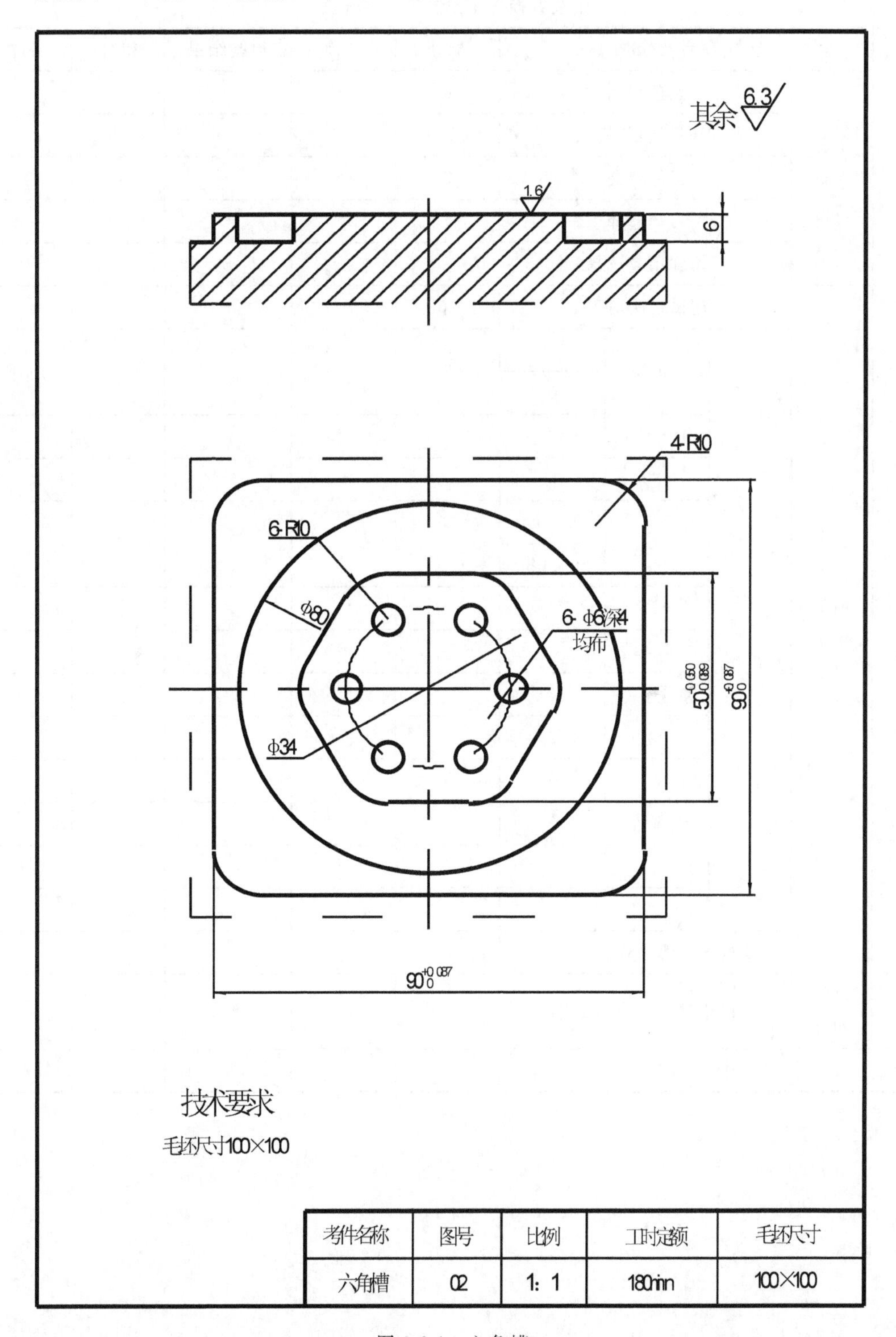

考件名称	图号	比例	工时定额	毛坯尺寸
六角槽	02	1：1	180min	100×100

图 3-2-1　六角槽

表 3-2-2　中级数控铣工技能考试评分表(六角槽)

<table>
<tr><th colspan="10">中级数控铣工技能考试评分表</th></tr>
<tr><th>序号</th><th colspan="4">鉴定项目及标准</th><th>配分</th><th>自检</th><th>检验结果</th><th>得分</th><th>备注</th></tr>
<tr><td rowspan="5">1</td><td rowspan="5">工艺
准备
(35 分)</td><td colspan="3">工艺编制</td><td>8</td><td>—</td><td>—</td><td></td><td></td></tr>
<tr><td colspan="3">程序编制及输入</td><td>15</td><td>—</td><td>—</td><td></td><td></td></tr>
<tr><td colspan="3">工件装夹</td><td>3</td><td>—</td><td>—</td><td></td><td></td></tr>
<tr><td colspan="3">刀具选择</td><td>4</td><td>—</td><td>—</td><td></td><td></td></tr>
<tr><td colspan="3">切削用量选择</td><td>5</td><td>—</td><td>—</td><td></td><td></td></tr>
<tr><td rowspan="16">2</td><td rowspan="16">工件
加工
(60 分)</td><td colspan="3">用试切法对刀</td><td>10</td><td>—</td><td>—</td><td></td><td></td></tr>
<tr><td rowspan="15">工件
质量
(50 分)</td><td rowspan="2">90</td><td>+0.087</td><td rowspan="2">8</td><td rowspan="2"></td><td rowspan="2"></td><td rowspan="2"></td><td rowspan="2">两处</td></tr>
<tr><td>0</td></tr>
<tr><td>4—R10</td><td>2</td><td></td><td></td><td></td><td></td><td></td></tr>
<tr><td>ϕ80</td><td>5</td><td></td><td></td><td></td><td></td><td></td></tr>
<tr><td rowspan="2">50</td><td>−0.050</td><td rowspan="2">12</td><td rowspan="2"></td><td rowspan="2"></td><td rowspan="2"></td><td rowspan="2"></td></tr>
<tr><td>−0.089</td></tr>
<tr><td>6—R10</td><td>3</td><td></td><td></td><td></td><td></td><td></td></tr>
<tr><td>ϕ34</td><td>4</td><td></td><td></td><td></td><td></td><td></td></tr>
<tr><td>深 4</td><td>3</td><td></td><td></td><td></td><td></td><td></td></tr>
<tr><td>6—ϕ6</td><td>3</td><td></td><td></td><td></td><td></td><td></td></tr>
<tr><td>6</td><td>5</td><td></td><td></td><td></td><td></td><td></td></tr>
<tr><td>粗糙度</td><td>5</td><td></td><td></td><td></td><td></td><td></td></tr>
<tr><td></td><td></td><td></td><td></td><td></td><td></td><td></td></tr>
<tr><td></td><td></td><td></td><td></td><td></td><td></td><td></td></tr>
<tr><td>3</td><td colspan="4">精度检验及误差分析</td><td>5</td><td>—</td><td>—</td><td></td><td></td></tr>
<tr><td>4</td><td>时间
扣分</td><td colspan="3">每超时 3 分钟扣 1 分</td><td></td><td></td><td></td><td></td><td></td></tr>
<tr><td colspan="5">合计</td><td>100</td><td></td><td></td><td></td><td></td></tr>
</table>

二、六角

请按图 3-3-2 加工六角。

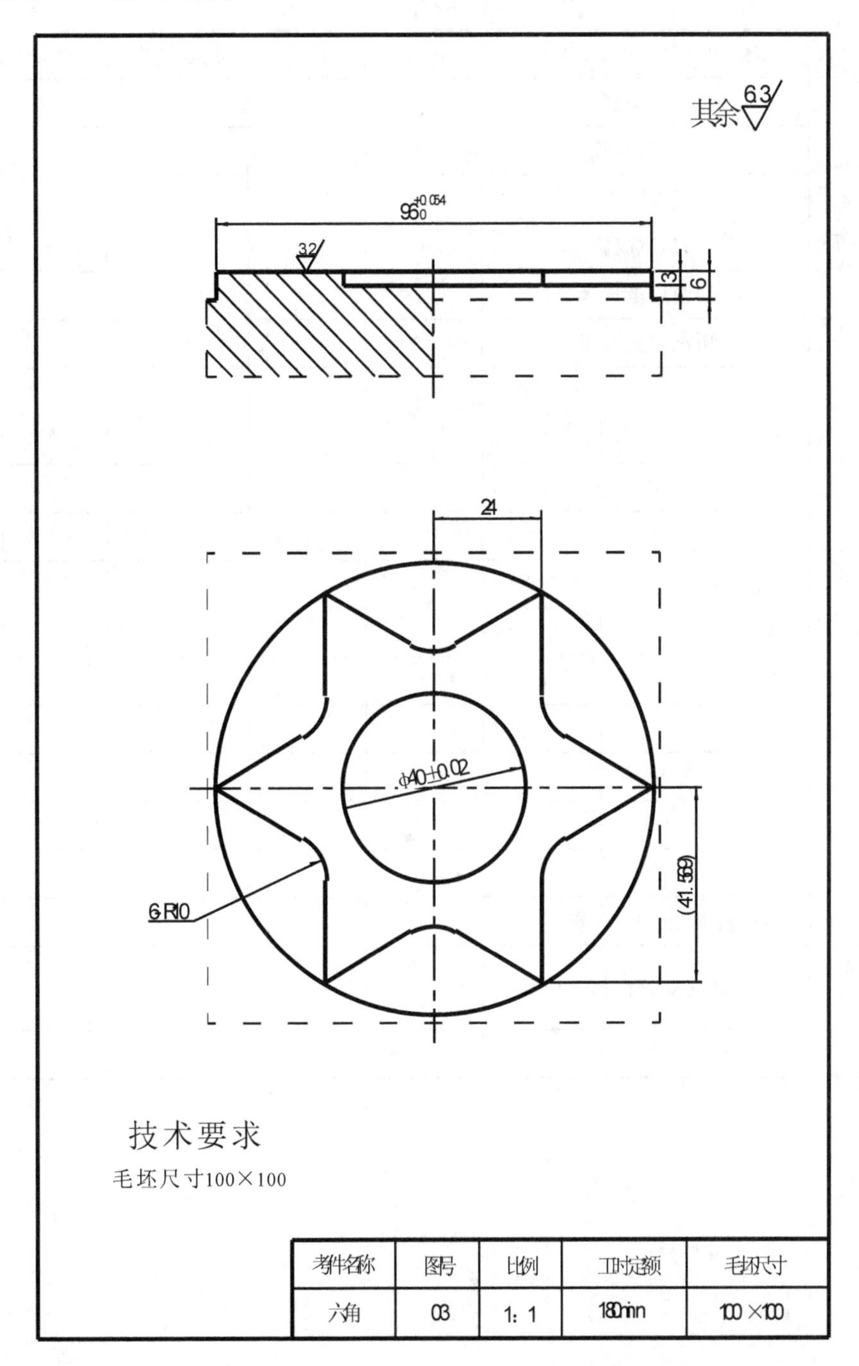

考件名称	图号	比例	工时定额	毛坯尺寸
六角	03	1: 1	180min	100×100

图 3-3-2　六角

表 3-2-3　中级数控铣工技能考试评分表(六角)

<table>
<tr><th colspan="10">中级数控铣工技能考试评分表</th></tr>
<tr><th>序号</th><th colspan="4">鉴定项目及标准</th><th>配分</th><th>自检</th><th>检验结果</th><th>得分</th><th>备注</th></tr>
<tr><td rowspan="5">1</td><td rowspan="5">工艺准备(35分)</td><td colspan="3">工艺编制</td><td>8</td><td>—</td><td>—</td><td></td><td></td></tr>
<tr><td colspan="3">程序编制及输入</td><td>15</td><td>—</td><td>—</td><td></td><td></td></tr>
<tr><td colspan="3">工件装夹</td><td>3</td><td>—</td><td>—</td><td></td><td></td></tr>
<tr><td colspan="3">刀具选择</td><td>4</td><td>—</td><td>—</td><td></td><td></td></tr>
<tr><td colspan="3">切削用量选择</td><td>5</td><td>—</td><td>—</td><td></td><td></td></tr>
<tr><td rowspan="12">2</td><td rowspan="12">工件加工(60分)</td><td colspan="3">用试切法对刀</td><td>10</td><td>—</td><td>—</td><td></td><td></td></tr>
<tr><td rowspan="11">工件质量(50分)</td><td rowspan="2">φ96</td><td>+0.054</td><td rowspan="2">10</td><td rowspan="2"></td><td rowspan="2"></td><td rowspan="2"></td><td rowspan="2"></td></tr>
<tr><td>0</td></tr>
<tr><td>6−R10</td><td>6</td><td></td><td></td><td></td><td></td><td></td></tr>
<tr><td>24</td><td>12</td><td></td><td></td><td></td><td></td><td></td></tr>
<tr><td rowspan="2">φ40</td><td>+0.020</td><td rowspan="2">10</td><td rowspan="2"></td><td rowspan="2"></td><td rowspan="2"></td><td rowspan="2"></td></tr>
<tr><td>−0.020</td></tr>
<tr><td>3</td><td>3</td><td></td><td></td><td></td><td></td><td></td></tr>
<tr><td>6</td><td>4</td><td></td><td></td><td></td><td></td><td></td></tr>
<tr><td>粗糙度</td><td>5</td><td></td><td></td><td></td><td></td><td></td></tr>
<tr><td></td><td></td><td></td><td></td><td></td><td></td><td></td></tr>
<tr><td></td><td></td><td></td><td></td><td></td><td></td><td></td></tr>
<tr><td>3</td><td colspan="4">精度检验及误差分析(5分)</td><td>5</td><td>—</td><td>—</td><td></td><td></td></tr>
<tr><td>4</td><td>时间扣分</td><td colspan="3">每超时3分钟扣1分</td><td></td><td></td><td></td><td></td><td></td></tr>
<tr><td colspan="5">合计</td><td>100</td><td></td><td></td><td></td><td></td></tr>
</table>

三、太极

请按图 3-2-3 加工太极。

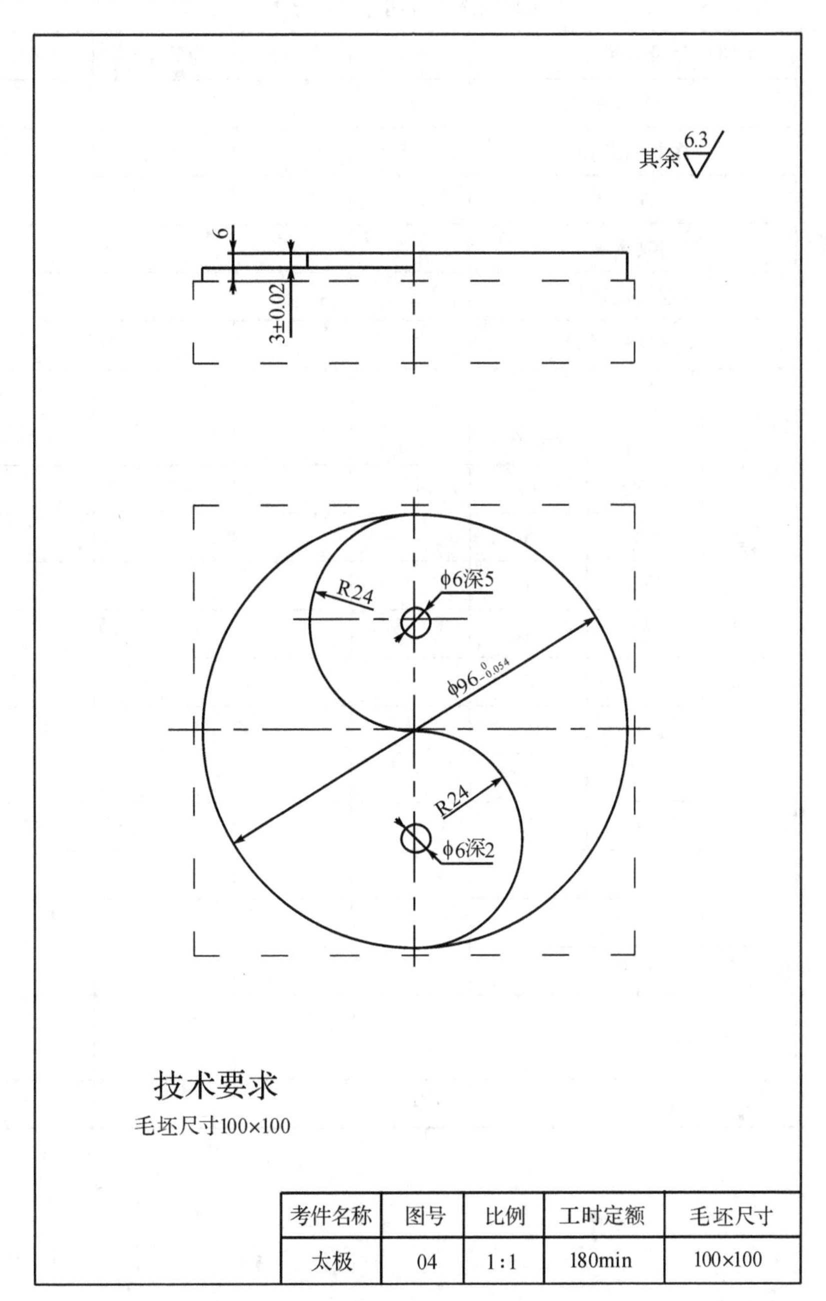

图 3-2-3 太极

表 3-2-4 中级数控铣工技能考试评分表(太极)

中级数控铣工技能考试评分表									
序号	鉴定项目及标准				配分	自检	检验结果	得分	备注
1	工艺准备（35分）	工艺编制			8	—	—		
		程序编制及输入			15	—	—		
		工件装夹			3	—	—		
		刀具选择			4	—	—		
		切削用量选择			5	—	—		
2	工件加工（60分）	用试切法对刀			10	—	—		
		工件质量（50分）	$\phi96$	0 −0.054	10				
			2−R24	10					
			2−$\phi6$	6					
			深 5	4					
			深 2	4					
			6	5					
			3	+0.02 −0.02	6				
			粗糙度	5					
3	精度检验及误差分析(5分)				5	—	—		
4	时间扣分	每超时 3 分钟扣 1 分							
合计					100				

四、八角

请按图 3-2-4 加工八角。

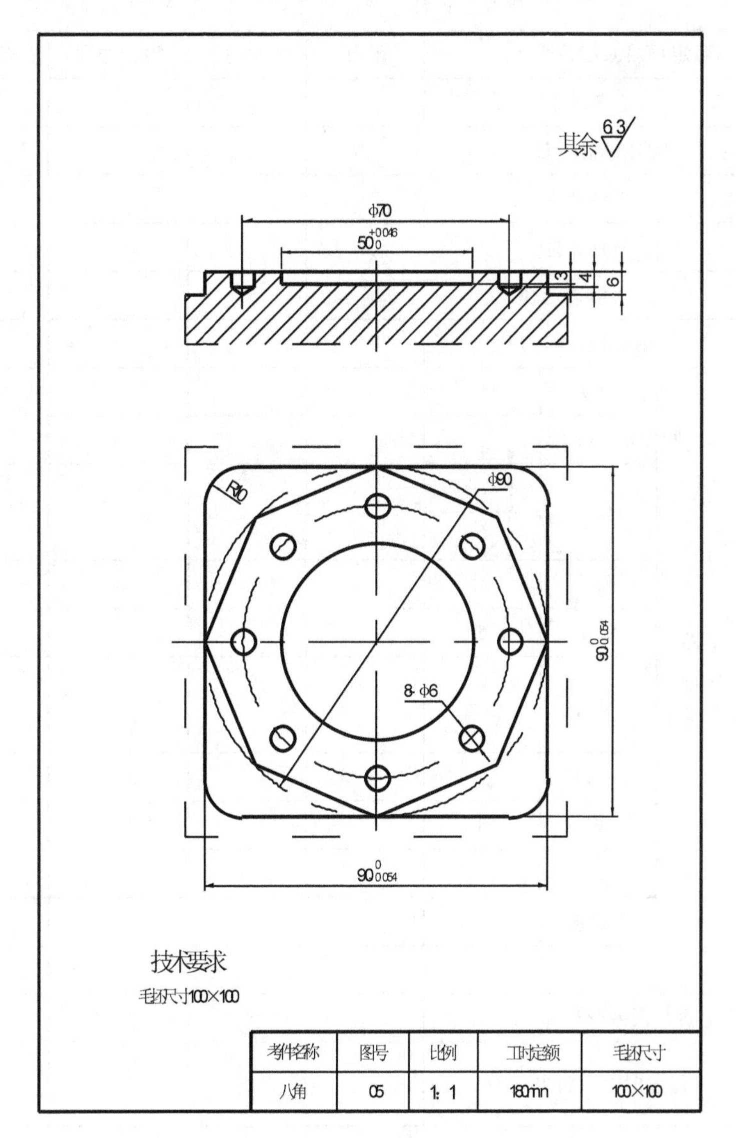

图 3-2-4　八角

表 3-2-5　中级数控铣工技能考试评分表(八角)

中级数控铣工技能考试评分表									
序号	鉴定项目及标准				配分	自检	检验结果	得分	备注
1	工艺准备(35 分)	工艺编制			8	—	—		
		程序编制及输入			15	—	—		
		工件装夹			3	—	—		
		刀具选择			4	—	—		
		切削用量选择			5	—	—		
2	工件加工(60 分)	用试切法对刀			10	—	—		
		工件质量(50 分)	ϕ90	6					
			8—R10	4					
			ϕ50	+0.046 0	8				
			ϕ70	4					
			深 4	6					
			90	0 —0.054	6				
			8—ϕ6	4					
			6	3					
			3	4					
			粗糙度	5					
3	精度检验及误差分析(5 分)				5	—	—		
4	时间扣分	每超时 3 分钟扣 1 分							
合计					100				

五、正方形

请按图 3-2-5 加工正方形。

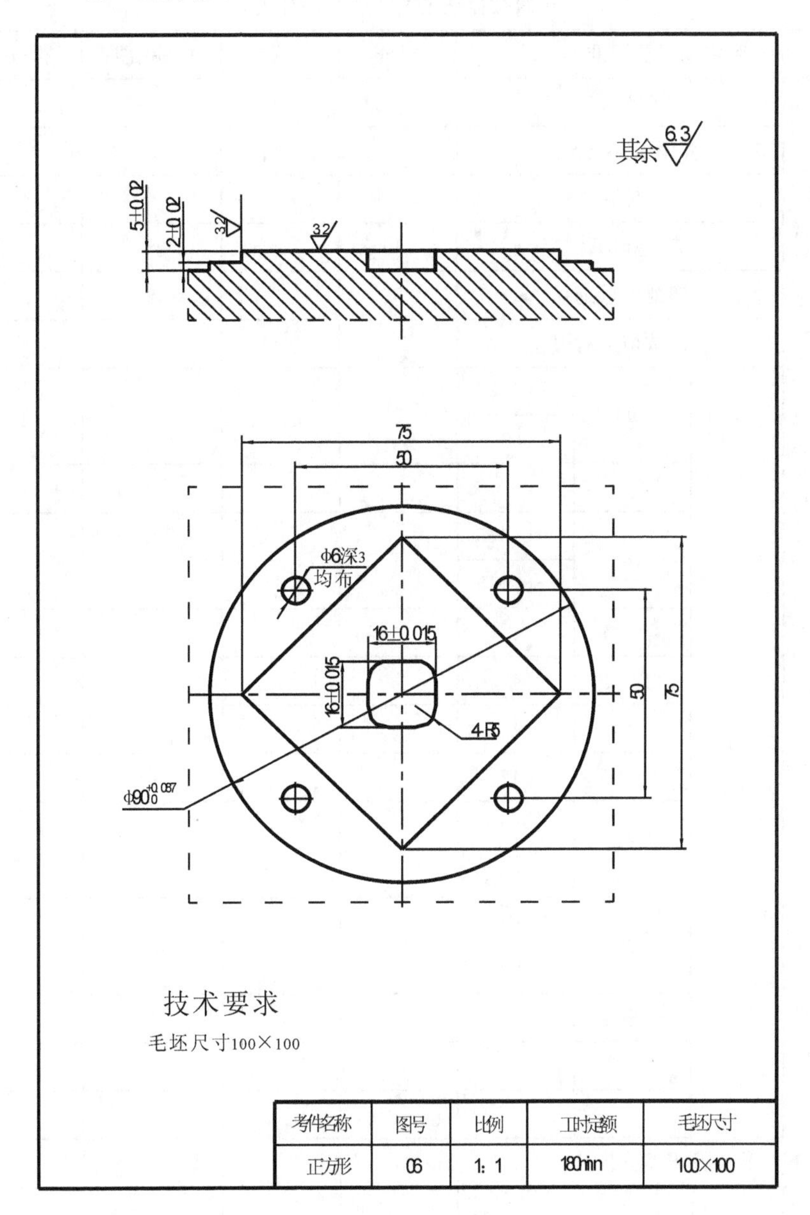

考件名称	图号	比例	工时定额	毛坯尺寸
正方形	06	1：1	180min	100×100

图 3-2-5　正方形

表 3-2-6　中级数控铣工技能考试评分表(正方形)

<table>
<tr><th colspan="10">中级数控铣工技能考试评分表</th></tr>
<tr><th>序号</th><th colspan="4">鉴定项目及标准</th><th>配分</th><th>自检</th><th>检验结果</th><th>得分</th><th>备注</th></tr>
<tr><td rowspan="5">1</td><td rowspan="5">工艺准备(35分)</td><td colspan="3">工艺编制</td><td>8</td><td>—</td><td>—</td><td></td><td></td></tr>
<tr><td colspan="3">程序编制及输入</td><td>15</td><td>—</td><td>—</td><td></td><td></td></tr>
<tr><td colspan="3">工件装夹</td><td>3</td><td>—</td><td>—</td><td></td><td></td></tr>
<tr><td colspan="3">刀具选择</td><td>4</td><td>—</td><td>—</td><td></td><td></td></tr>
<tr><td colspan="3">切削用量选择</td><td>5</td><td>—</td><td>—</td><td></td><td></td></tr>
<tr><td rowspan="17">2</td><td rowspan="17">工件加工(60分)</td><td colspan="3">用试切法对刀</td><td>10</td><td>—</td><td>—</td><td></td><td></td></tr>
<tr><td rowspan="16">工件质量(50分)</td><td rowspan="2">ϕ90</td><td>+0.087</td><td rowspan="2">6</td><td rowspan="2"></td><td rowspan="2"></td><td rowspan="2"></td><td rowspan="2"></td></tr>
<tr><td>0</td></tr>
<tr><td>75</td><td>8</td><td></td><td></td><td></td><td></td><td></td></tr>
<tr><td rowspan="2">16</td><td>+0.015</td><td rowspan="2">8</td><td rowspan="2"></td><td rowspan="2"></td><td rowspan="2"></td><td rowspan="2"></td></tr>
<tr><td>−0.015</td></tr>
<tr><td>4−R5</td><td>4</td><td></td><td></td><td></td><td></td><td></td></tr>
<tr><td>深3</td><td>4</td><td></td><td></td><td></td><td></td><td></td></tr>
<tr><td>50</td><td>4</td><td></td><td></td><td></td><td></td><td></td></tr>
<tr><td>4−ϕ6</td><td>4</td><td></td><td></td><td></td><td></td><td></td></tr>
<tr><td rowspan="2">5</td><td>+0.02</td><td rowspan="2">3</td><td rowspan="2"></td><td rowspan="2"></td><td rowspan="2"></td><td rowspan="2"></td></tr>
<tr><td>−0.02</td></tr>
<tr><td rowspan="2">2</td><td>+0.02</td><td rowspan="2">4</td><td rowspan="2"></td><td rowspan="2"></td><td rowspan="2"></td><td rowspan="2"></td></tr>
<tr><td>−0.02</td></tr>
<tr><td>粗糙度</td><td>5</td><td></td><td></td><td></td><td></td><td></td></tr>
<tr><td></td><td></td><td></td><td></td><td></td><td></td><td></td></tr>
<tr><td></td><td></td><td></td><td></td><td></td><td></td><td></td></tr>
<tr><td>3</td><td colspan="4">精度检验及误差分析(5分)</td><td>5</td><td>—</td><td>—</td><td></td><td></td></tr>
<tr><td>4</td><td>时间扣分</td><td colspan="3">每超时3分钟扣1分</td><td></td><td></td><td></td><td></td><td></td></tr>
<tr><td colspan="5">合计</td><td>100</td><td></td><td></td><td></td><td></td></tr>
</table>

六、五星

请按图 3-2-6 加工五星。

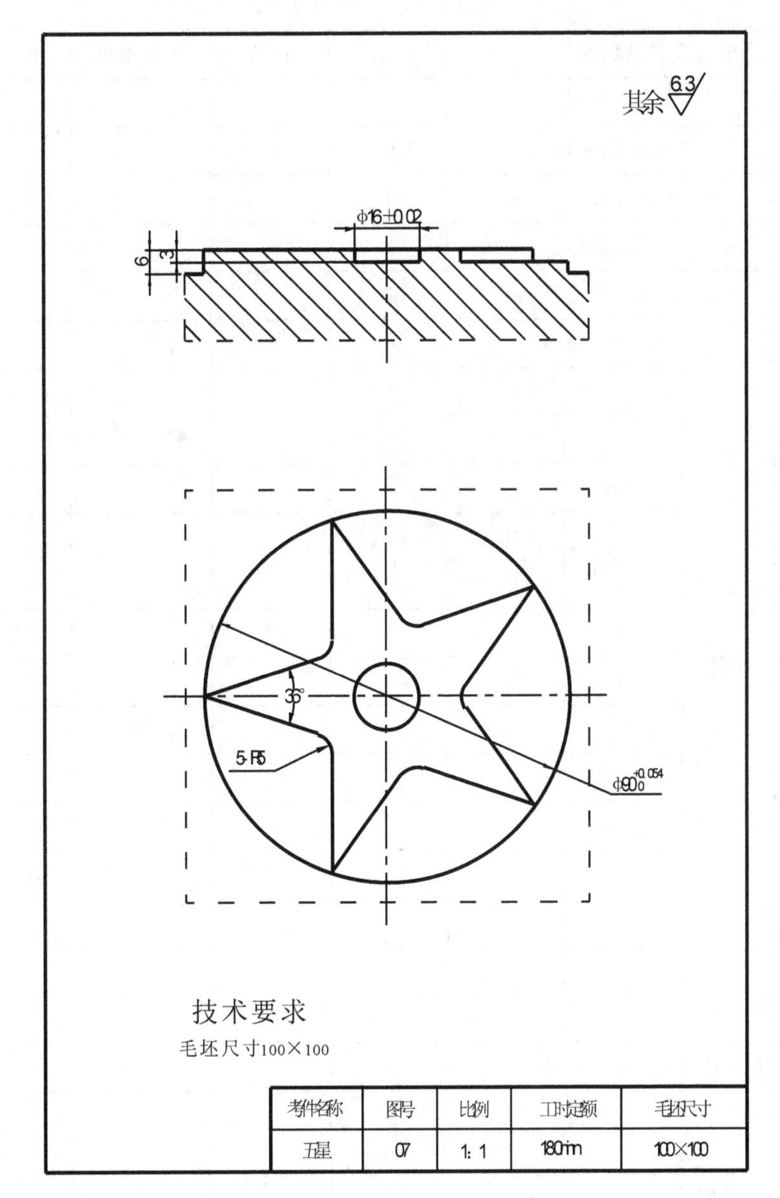

图 3-2-6　五星

表 3-2-7　中级数控铣工技能考试评分表(五星)

<table>
<tr><th colspan="10">中级数控铣工技能考试评分表</th></tr>
<tr><th>序号</th><th colspan="4">鉴定项目及标准</th><th>配分</th><th>自检</th><th>检验结果</th><th>得分</th><th>备注</th></tr>
<tr><td rowspan="5">1</td><td rowspan="5">工艺准备(35分)</td><td colspan="3">工艺编制</td><td>8</td><td>—</td><td>—</td><td></td><td></td></tr>
<tr><td colspan="3">程序编制及输入</td><td>15</td><td>—</td><td>—</td><td></td><td></td></tr>
<tr><td colspan="3">工件装夹</td><td>3</td><td>—</td><td>—</td><td></td><td></td></tr>
<tr><td colspan="3">刀具选择</td><td>4</td><td>—</td><td>—</td><td></td><td></td></tr>
<tr><td colspan="3">切削用量选择</td><td>5</td><td>—</td><td>—</td><td></td><td></td></tr>
<tr><td rowspan="15">2</td><td rowspan="15">工件加工(60分)</td><td colspan="3">用试切法对刀</td><td>10</td><td>—</td><td>—</td><td></td><td></td></tr>
<tr><td rowspan="14">工件质量(50分)</td><td rowspan="2">$\phi 90$</td><td>+0.054</td><td rowspan="2">10</td><td rowspan="2"></td><td rowspan="2"></td><td rowspan="2"></td><td rowspan="2"></td></tr>
<tr><td>0</td></tr>
<tr><td>5−R5</td><td>5</td><td></td><td></td><td></td><td></td><td></td></tr>
<tr><td rowspan="2">$\phi 16$</td><td>+0.02</td><td rowspan="2">15</td><td rowspan="2"></td><td rowspan="2"></td><td rowspan="2"></td><td rowspan="2"></td></tr>
<tr><td>−0.02</td></tr>
<tr><td>3</td><td>5</td><td></td><td></td><td></td><td></td><td></td></tr>
<tr><td>6</td><td>5</td><td></td><td></td><td></td><td></td><td></td></tr>
<tr><td>36°</td><td>5</td><td></td><td></td><td></td><td></td><td></td></tr>
<tr><td>粗糙度</td><td>5</td><td></td><td></td><td></td><td></td><td></td></tr>
<tr><td></td><td></td><td></td><td></td><td></td><td></td><td></td></tr>
<tr><td></td><td></td><td></td><td></td><td></td><td></td><td></td></tr>
<tr><td></td><td></td><td></td><td></td><td></td><td></td><td></td></tr>
<tr><td></td><td></td><td></td><td></td><td></td><td></td><td></td></tr>
<tr><td></td><td></td><td></td><td></td><td></td><td></td><td></td></tr>
<tr><td>3</td><td colspan="4">精度检验及误差分析(5分)</td><td>5</td><td>—</td><td>—</td><td></td><td></td></tr>
<tr><td>4</td><td>时间扣分</td><td colspan="3">每超时3分钟扣1分</td><td></td><td></td><td></td><td></td><td></td></tr>
<tr><td colspan="5">合计</td><td>100</td><td></td><td></td><td></td><td></td></tr>
</table>

七、槽轮

请按图 3-2-7 加工槽轮。

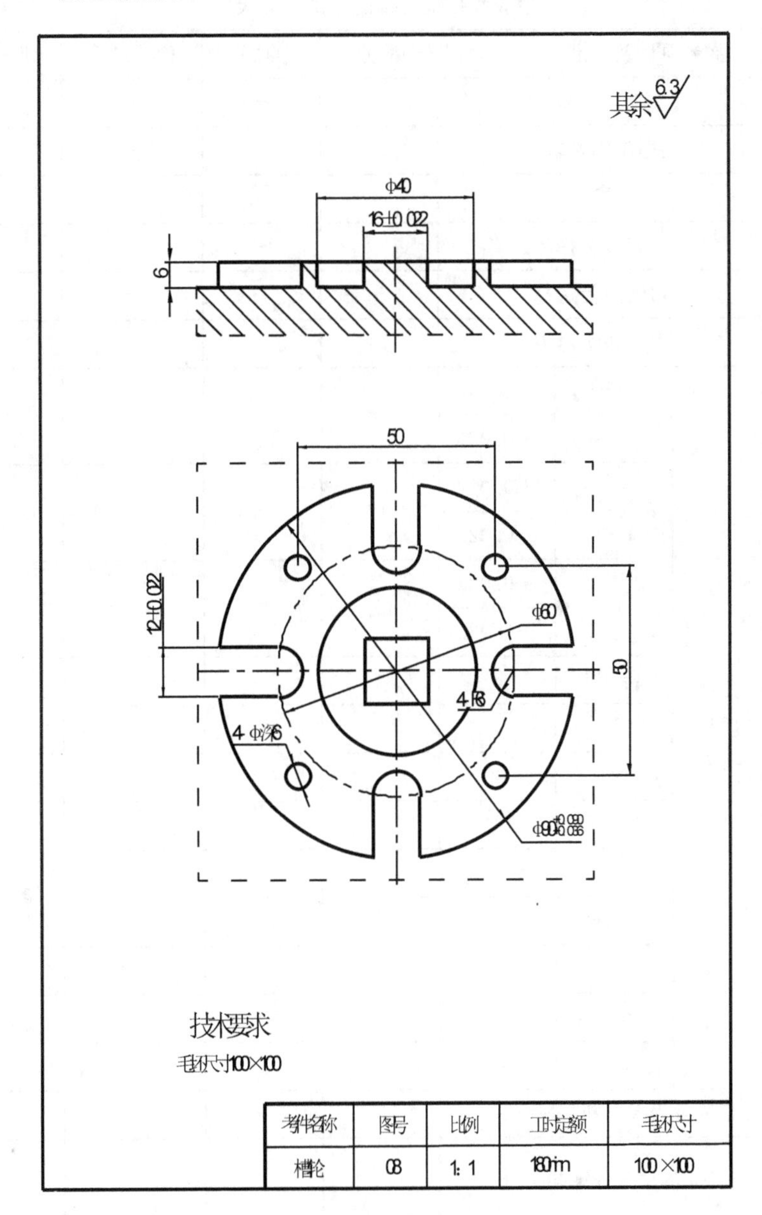

图 3-2-7　槽轮

表 3-2-8　中级数控铣工技能考试评分表(槽轮)

中级数控铣工技能考试评分表									
序号	鉴定项目及标准				配分	自检	检验结果	得分	备注
1	工艺准备(35分)	工艺编制			8	—	—		
		程序编制及输入			15	—	—		
		工件装夹			3	—	—		
		刀具选择			4	—	—		
		切削用量选择			5	—	—		
2	工件加工(60分)	用试切法对刀			10	—	—		
		工件质量(50分)	$\phi90$	+0.090	8				
				+0.036					
			16	+0.022	6				
				−0.022					
			12	+0.022	6				
				−0.022					
			4—R6	4					
			深 3	4					
			50	4					
			4—$\phi6$	4					
			6	3					
			粗糙度	5					
			$\phi40$	3					
			$\phi60$	3					
3	精度检验及误差分析(5分)				5	—	—		
4	时间扣分	每超时 3 分钟扣 1 分							
合计					100				

八、衬板

请按图 3-2-8 加工衬板。

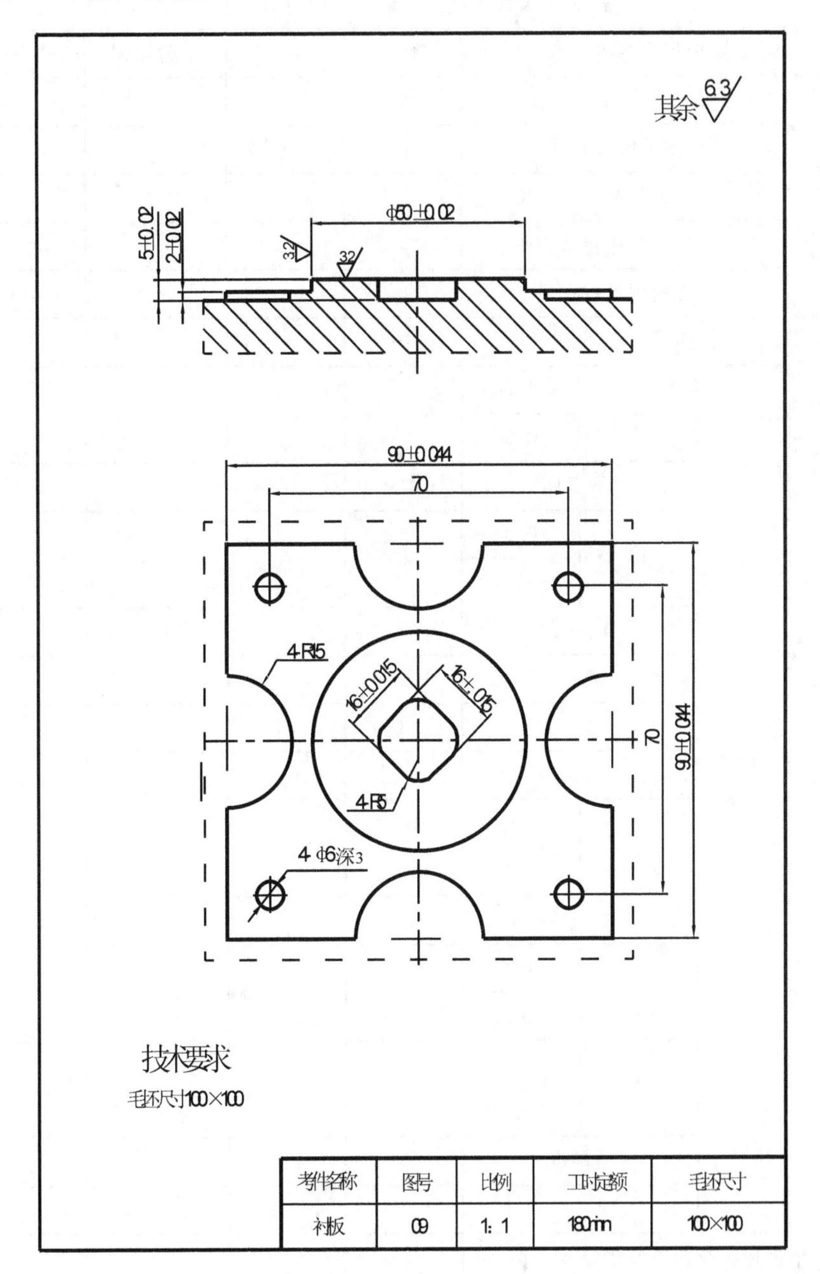

图 3-2-8　衬板

表 3-2-9　中级数控铣工技能考试评分表(衬板)

<table>
<tr><td colspan="10">中级数控铣工技能考试评分表</td></tr>
<tr><td>序号</td><td colspan="4">鉴定项目及标准</td><td>配分</td><td>自检</td><td>检验结果</td><td>得分</td><td>备注</td></tr>
<tr><td rowspan="5">1</td><td rowspan="5">工艺准备(35分)</td><td colspan="3">工艺编制</td><td>8</td><td>—</td><td>—</td><td></td><td></td></tr>
<tr><td colspan="3">程序编制及输入</td><td>15</td><td>—</td><td>—</td><td></td><td></td></tr>
<tr><td colspan="3">工件装夹</td><td>3</td><td>—</td><td>—</td><td></td><td></td></tr>
<tr><td colspan="3">刀具选择</td><td>4</td><td>—</td><td>—</td><td></td><td></td></tr>
<tr><td colspan="3">切削用量选择</td><td>5</td><td>—</td><td>—</td><td></td><td></td></tr>
<tr><td rowspan="19">2</td><td rowspan="19">工件加工(60分)</td><td colspan="3">用试切法对刀</td><td>10</td><td>—</td><td>—</td><td></td><td></td></tr>
<tr><td rowspan="18">工件质量(50分)</td><td rowspan="2">90</td><td>+0.044</td><td rowspan="2">8</td><td rowspan="2"></td><td rowspan="2"></td><td rowspan="2"></td><td rowspan="2"></td></tr>
<tr><td>−0.044</td></tr>
<tr><td colspan="2">4−R15</td><td>4</td><td></td><td></td><td></td><td></td></tr>
<tr><td rowspan="2">16</td><td>+0.015</td><td rowspan="2">8</td><td rowspan="2"></td><td rowspan="2"></td><td rowspan="2"></td><td rowspan="2"></td></tr>
<tr><td>−0.015</td></tr>
<tr><td colspan="2">4−R5</td><td>4</td><td></td><td></td><td></td><td></td></tr>
<tr><td colspan="2">深 3</td><td>2</td><td></td><td></td><td></td><td></td></tr>
<tr><td colspan="2">50</td><td>3</td><td></td><td></td><td></td><td></td></tr>
<tr><td colspan="2">70</td><td>3</td><td></td><td></td><td></td><td></td></tr>
<tr><td rowspan="2">ϕ50</td><td>+0.020</td><td rowspan="2">6</td><td rowspan="2"></td><td rowspan="2"></td><td rowspan="2"></td><td rowspan="2"></td></tr>
<tr><td>−0.020</td></tr>
<tr><td colspan="2">4−ϕ6</td><td>2</td><td></td><td></td><td></td><td></td></tr>
<tr><td rowspan="2">5</td><td>+0.02</td><td rowspan="2">3</td><td rowspan="2"></td><td rowspan="2"></td><td rowspan="2"></td><td rowspan="2"></td></tr>
<tr><td>−0.02</td></tr>
<tr><td rowspan="2">2</td><td>+0.02</td><td rowspan="2">2</td><td rowspan="2"></td><td rowspan="2"></td><td rowspan="2"></td><td rowspan="2"></td></tr>
<tr><td>−0.02</td></tr>
<tr><td colspan="2">粗糙度</td><td>5</td><td></td><td></td><td></td><td></td></tr>
<tr><td colspan="2"></td><td></td><td></td><td></td><td></td><td></td></tr>
<tr><td>3</td><td colspan="4">精度检验及误差分析(5分)</td><td>5</td><td>—</td><td>—</td><td></td><td></td></tr>
<tr><td>4</td><td>时间扣分</td><td colspan="3">每超时3分钟扣1分</td><td></td><td></td><td></td><td></td><td></td></tr>
<tr><td colspan="5">合计</td><td>100</td><td></td><td></td><td></td><td></td></tr>
</table>

九、凸台

请按图 3-2-9 加工凸台。

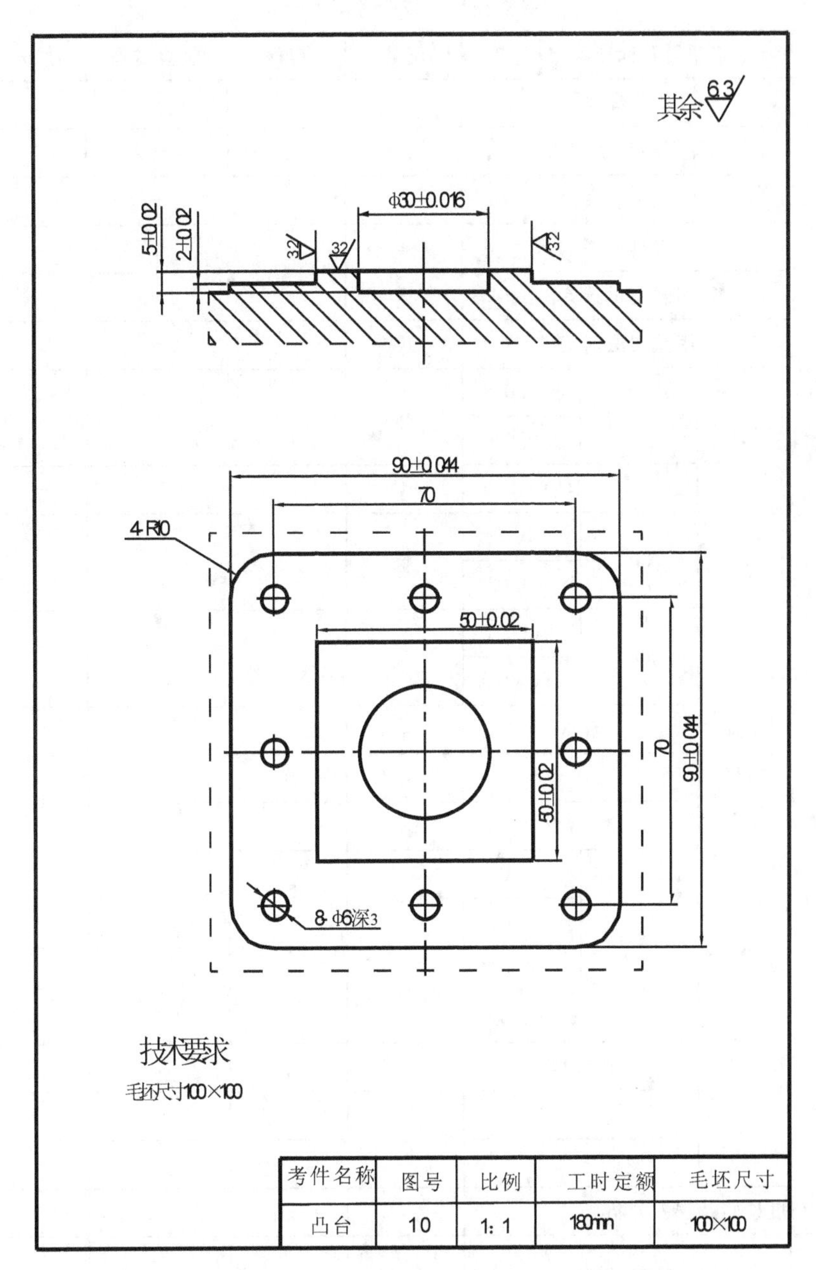

图 3-2-9　凸台

表 3-2-10 中级数控铣工技能考试评分表(凸台)

<table>
<tr><th colspan="10">中级数控铣工技能考试评分表</th></tr>
<tr><th>序号</th><th colspan="4">鉴定项目及标准</th><th>配分</th><th>自检</th><th>检验结果</th><th>得分</th><th>备注</th></tr>
<tr><td rowspan="5">1</td><td rowspan="5">工艺准备(35分)</td><td colspan="3">工艺编制</td><td>8</td><td>—</td><td>—</td><td></td><td></td></tr>
<tr><td colspan="3">程序编制及输入</td><td>15</td><td>—</td><td>—</td><td></td><td></td></tr>
<tr><td colspan="3">工件装夹</td><td>3</td><td>—</td><td>—</td><td></td><td></td></tr>
<tr><td colspan="3">刀具选择</td><td>4</td><td>—</td><td>—</td><td></td><td></td></tr>
<tr><td colspan="3">切削用量选择</td><td>5</td><td>—</td><td>—</td><td></td><td></td></tr>
<tr><td rowspan="18">2</td><td rowspan="18">工件加工(60分)</td><td colspan="3">用试切法对刀</td><td>10</td><td>—</td><td>—</td><td></td><td></td></tr>
<tr><td rowspan="17">工件质量(50分)</td><td rowspan="2">90</td><td>+0.044</td><td rowspan="2">6</td><td rowspan="2"></td><td rowspan="2"></td><td rowspan="2"></td><td rowspan="2"></td></tr>
<tr><td>−0.044</td></tr>
<tr><td colspan="2">4−R10</td><td>4</td><td></td><td></td><td></td><td></td></tr>
<tr><td rowspan="2">50</td><td>+0.02</td><td rowspan="2">6</td><td rowspan="2"></td><td rowspan="2"></td><td rowspan="2"></td><td rowspan="2"></td></tr>
<tr><td>−0.02</td></tr>
<tr><td rowspan="2">ϕ30</td><td>+0.016</td><td rowspan="2">6</td><td rowspan="2"></td><td rowspan="2"></td><td rowspan="2"></td><td rowspan="2"></td></tr>
<tr><td>−0.016</td></tr>
<tr><td colspan="2">深 3</td><td>4</td><td></td><td></td><td></td><td></td></tr>
<tr><td colspan="2">70</td><td>6</td><td></td><td></td><td></td><td></td></tr>
<tr><td colspan="2">8−ϕ6</td><td>8</td><td></td><td></td><td></td><td></td></tr>
<tr><td rowspan="2">5</td><td>+0.02</td><td rowspan="2">3</td><td rowspan="2"></td><td rowspan="2"></td><td rowspan="2"></td><td rowspan="2"></td></tr>
<tr><td>−0.02</td></tr>
<tr><td rowspan="2">2</td><td>+0.02</td><td rowspan="2">2</td><td rowspan="2"></td><td rowspan="2"></td><td rowspan="2"></td><td rowspan="2"></td></tr>
<tr><td>−0.02</td></tr>
<tr><td colspan="2">粗糙度</td><td>5</td><td></td><td></td><td></td><td></td></tr>
<tr><td colspan="2"></td><td></td><td></td><td></td><td></td><td></td></tr>
<tr><td colspan="2"></td><td></td><td></td><td></td><td></td><td></td></tr>
<tr><td>3</td><td colspan="4">精度检验及误差分析(5分)</td><td>5</td><td>—</td><td>—</td><td></td><td></td></tr>
<tr><td>4</td><td>时间扣分</td><td colspan="3">每超时 3 分钟扣 1 分</td><td></td><td></td><td></td><td></td><td></td></tr>
<tr><td colspan="5">合计</td><td>100</td><td></td><td></td><td></td><td></td></tr>
</table>

项目四 高级工零件加工

项目简介

1. 掌握数控铣床高级工技能
2. 掌握完整零件程序的编写
3. 掌握宏程序编写方法

项目简介

通过项目二和项目三的学习，学生已经掌握了基本特征的加工技能。本项目分为两个任务：任务一，通过零件加工练习，不仅巩固了前面中级工的学习，而且这些基本特征相互结合，继续深入学习，使学生的技能进一步提升。任务二，学生自行考虑相关知识内容，按照任务一垫块加工的模式，完成接下来高级工图纸的加工，让学生达到高级工的技能水平。

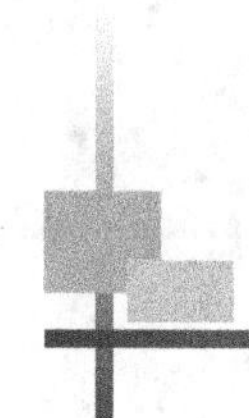

任务一　垫块工件加工

任务目标

理论知识方面：

1. 熟练掌握工件加工的顺序
2. 熟练掌握工件加工刀具的选择与切削用量
3. 熟练掌握工件加工的操作步骤
4. 熟练掌握工件加工精度测量

实践知识方面：

能顺利完成垫块零件的加工

任务描述

通过此任务学会零件的高级难度数控铣加工方法，如图 4-1-1 所示。

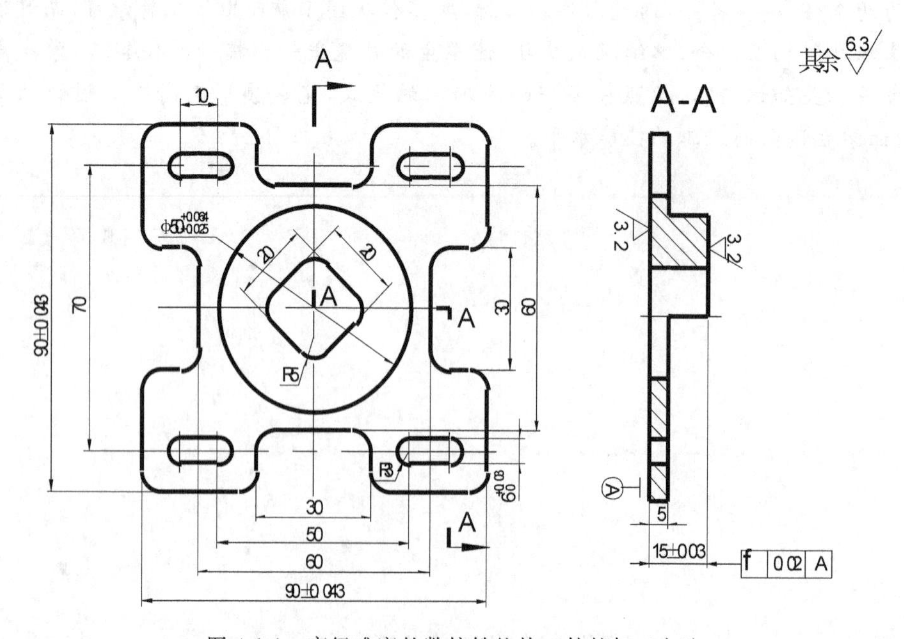

图 4-1-1　高级难度的数控铣垫块工件的加工方法

任务实施

一、读图确定零件特征

(1)对图样要有全面的认识,尺寸与各种公差符号要清楚。

(2)分析毛坯材料为硬铝,规格为 100mm×100mm×18mm 的方料,如:图 4-1-2 所示。

图 4-1-2 100mm×100mm×18mm 方料

二、零件分析与尺寸计算

1. 结构分析

由于该零件属于轮廓、圆、槽、孔综合性零件加工,需要考虑加工工艺的顺序、保证零件的垂直度、平行度,合理使用零件加工的编程指令、切削用量等问题。

2. 工艺分析

经过以上分析,正面:可用硬质合金盘铣刀分粗、精加工直接铣出工件平面,D16mm 的立铣刀完成零件轮廓 90mm×90mm 四方凸台,D8mm 的立铣刀完成零件轮廓 30mm×15mm,4 边缺口、20mm×20mm 的四方槽,D6mm 键槽铣刀完成 4 个键槽;反面:D16mm 的立铣刀完成零件轮廓 D50mm 圆台与上平面。

3. 定位及装夹分析

考虑到工件属于轮廓、圆、槽、孔综合性零件加工,零件需要 2 面加工,一面轮廓是圆台,需要用三爪卡盘装夹,一面是方槽、四方外形轮廓、键槽综合性轮廓,可以用平口钳装夹,但零件轮廓厚度只有 5mm,工件夹紧力较小。毛坯形状是四方形,需要用平口钳装夹加工零件。

三、工艺卡片

有关加工顺序、工步内容、夹具、刀具、量具检具、切削用量、冷却润滑液等工艺问题,详见以下工艺卡片(表 4-1-1、表 4-1-2)。

表 4-1-1 垫块工件加工刀具调整卡(单位:mm)

<table>
<tr><td colspan="8">刀具调整卡</td></tr>
<tr><td colspan="2">零件名称</td><td>垫块</td><td>零件图号</td><td colspan="2">01</td><td>硬度</td><td>25</td></tr>
<tr><td colspan="2">设备名称</td><td>数控铣床</td><td colspan="3">材料名称及牌号</td><td colspan="2">LY12</td></tr>
<tr><td rowspan="2">序号</td><td rowspan="2">刀具编号</td><td rowspan="2">刀具名称</td><td rowspan="2">刀具材料及牌号</td><td colspan="2">刀具参数</td><td colspan="2">刀补地址</td></tr>
<tr><td>直径</td><td>长度</td><td>直径 D</td><td>长度 H</td></tr>
<tr><td>1</td><td>T1</td><td>面铣刀</td><td>硬质合金</td><td>ϕ80</td><td></td><td></td><td></td></tr>
<tr><td>2</td><td>T2</td><td>立铣刀</td><td>高速钢</td><td>ϕ16</td><td>20</td><td>8.2/7.98</td><td></td></tr>
<tr><td>3</td><td>T3</td><td>立铣刀</td><td>高速钢</td><td>ϕ8</td><td>25</td><td>4.2/3.98</td><td></td></tr>
<tr><td>4</td><td>T4</td><td>键槽铣刀</td><td>高速钢</td><td>ϕ6</td><td>10</td><td></td><td></td></tr>
<tr><td></td><td></td><td></td><td></td><td></td><td></td><td></td><td></td></tr>
<tr><td></td><td></td><td></td><td></td><td></td><td></td><td></td><td></td></tr>
<tr><td></td><td></td><td></td><td></td><td></td><td></td><td></td><td></td></tr>
</table>

表 4-1-2　垫块工件加工数控加工工序卡(单位:mm)

数控加工工序卡					
零件名称	棘轮	零件图号	1	夹具名称	平口钳
设备名称及型号	数控铣 VMC850		材料名称及牌号		LY12

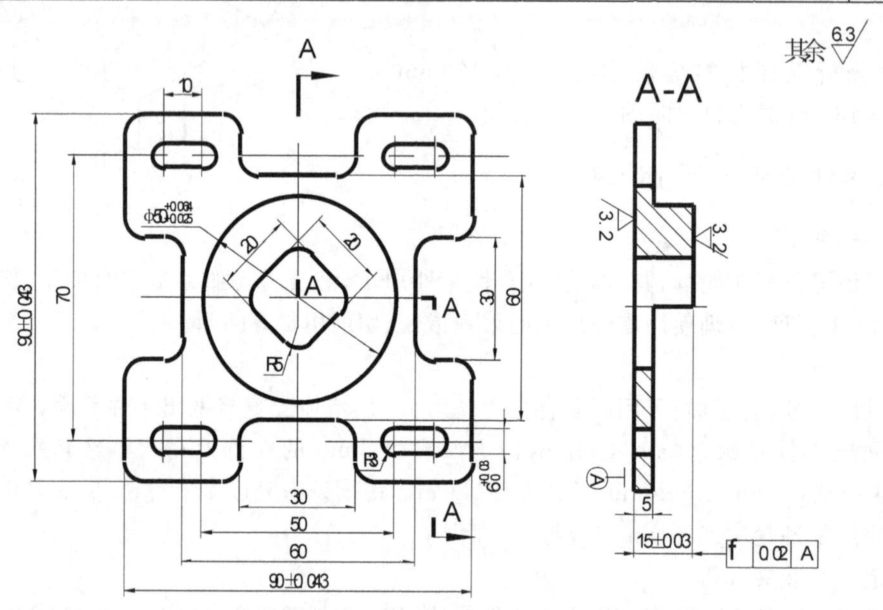

工步号	工步内容	切削用量			量具
		n	F	A_p	
正面					
1	铣上平面	1000	300	0.5	游标卡尺
2	粗铣 90×90 轮廓	800	300	6.5	游标卡尺
3	精铣 90×90 轮廓	1200	300	6.5	千分尺 75～100
4	粗、精铣 30×15,4 边缺口轮廓	1200	300	6	游标卡尺
5	粗、精铣 20×20 斜四方槽	1200	200	5	游标卡尺
6	铣 4 个宽 6 的键槽	1000	300	2.8	游标卡尺
反面					
1	粗铣 D50 的圆台	800	200	5	游标卡尺
2	粗铣圆台上平面	1000	300		游标卡尺
3	精铣圆台底面与上平面	1500	300		千分尺 50～75
4	精铣 D50 的圆台	1500	300		千分尺 0～25

四、本任务所需的知识架构

(1)掌握数控铣床的操作面板。
(2)掌握工件装夹的夹具选择与精度调整。
(3)掌握工件坐标系的确定。
(4)掌握刀具选择与切削用量的确定。
(5)掌握数控编程指令的综合运用。
(6)学习数控加工参数程序的编写。
(7)掌握宏程序在数控编程中的使用。

五、编制程序(表 4-1-3)

表 4-1-3 编制垫块工件加工程序

垫块工件加工	
正面轮廓程序	
铣平面程序(D80 面铣刀)	
%	程序传输开始代码
O1	程序名
G94G90G54G40G21G17	机床初始参数设置:每分钟进给、绝对编程、工件坐标、刀补取消、毫米单位、XY 平面
G00Z200	刀具快速抬到安全高度
X0Y0	刀具移动到工件坐标原点(判断刀具 X、Y 位置是否正确)
S1000M03	主轴正转 1000r/min
X－30Y－100	刀具快速进刀到平面加工切削起点
Z2	刀具快速下刀到平面加工深度的安全高度
G01Z0F100	刀具切削到平面加工深度,进给速度为 100mm/min
Y100F300	平面加工走直线第二点坐标,切削进给速度为 300mm/min
X30	平面加工走直线第三点坐标
Y－100	平面加工走直线第四点坐标
G00 Z100	刀具快速退刀到安全高度
M30	工件快速移动到机床门口(方便工件拆卸与测量)
%	程序结束,程序运行光标并回到程序开始处
	程序传输结束代码
铣四方程序(D16 立铣刀)	
%	程序传输开始代码

续表 4-1-3

O2	程序名
G94G90G54G40G21G17	机床初始参数设置:每分钟进给、绝对编程、工件坐标、刀补取消、毫米单位、XY 平面
G00Z200	刀具快速抬到安全高度
X0Y0	刀具移动到工件坐标原点(判断刀具 X、Y 位置是否正确)
S1000M03	主轴正转 1000r/min
X−65Y65	刀具快速进刀到四方轮廓切削起点
Z2	刀具快速下刀到四方轮廓加工深度的安全高度
G01Z−7F100	刀具切削到四方轮廓加工深度,进给速度为 100mm/min
G41D2Y45F300	建立左刀具半径补偿功能,走直线进刀到四方轮廓起点 Y 坐标处,切削进给速度为 300mm/min
X−40	走四方轮廓直线起点坐标
X40	走四方轮廓直线第二点坐标
G02X45Y40R5	走四方轮廓圆弧第三点坐标
G01Y−40	走四方轮廓直线第四点坐标
G02X40Y−45R5	走四方轮廓圆弧第五点坐标
G01X−40	走四方轮廓直线第六点坐标
G02X−45Y−40R5	走四方轮廓圆弧第七点坐标
G01Y40	走四方轮廓直线第八点坐标
G02X−40Y45R5	走四方轮廓圆弧第九点坐标
G01X−35	走四方轮廓直线第终点坐标
G00Z200	刀具快速退刀到安全高度
G40X0Y20	取消刀具半径补偿功能,并工件快速移动到机床门口(方便工件拆卸与测量)
M30	程序结束,程序运行光标并回到程序开始处
%	程序传输结束代码
铣 4 个缺口程序(D8 立铣刀)	
%	程序传输开始代码
O3	子程序名
G69	坐标旋转指令取消(在程序中如用到坐标旋转指令,在程序头必须要取消坐标旋转指令)
G94G90G54G40G21G17	机床初始参数设置:每分钟进给、绝对编程、工件坐标、刀补取消、毫米单位、XY 平面

续表 4-1-3

G00Z200	刀具快速抬到安全高度
X0Y0	刀具移动到工件坐标原点(判断刀具 X、Y 位置是否正确)
S1000M03	主轴正转 1000r/min
＃1＝0	设定坐标旋转角度
N10G68X0Y0R＃1	工件坐标旋转设定参数
X－55Y9	刀具快速进刀到缺口轮廓切削起点
Z3	刀具快速进刀到缺口轮廓深度切削起点
G01Z－7F200	刀具切削到缺口轮廓加工深度,进给速度为 200mm/min,(在工件外下刀,下刀速度可以加快)
X－41.500	走缺口轮廓多余余量轨迹
Y－9	走缺口轮廓多余余量轨迹
X－55	走缺口轮廓多余余量轨迹
Y－15	走缺口轮廓建立左刀具半径补偿功能,圆弧进刀切削点
G41D3X－50Y－25	建立左刀具半径补偿功能,走圆弧进刀到缺口轮廓圆弧起点
G03X－45Y－20R5	走圆弧进刀到缺口轮廓圆弧终点(缺口轮廓起点)
G02X－40Y－15R5	走缺口轮廓圆弧第二点坐标
G01X－35	走缺口轮廓直线第三点坐标
G03X－30Y－10R5	走缺口轮廓圆弧第四点坐标
G01Y10	走缺口轮廓直线第五点坐标
G03X－35Y15R5	走缺口轮廓圆弧第六点坐标
G01X－40	走缺口轮廓直线第七点坐标
G02X－45Y20R5	走缺口轮廓圆弧第八点坐标
G00Z200	刀具快速退刀到安全高度
G69	坐标旋转指令取消
G40X0Y0	取消刀具半径补偿功能,并工件快速移动到坐标原点
＃1＝＃1＋90	设定工件坐标旋转角度增加量
IF[＃1LE360] GOTO10	判断＃1 角度是否小于等于 360 度,如果小于 360,程序回到 N10 程序段处,加工下一个坐标旋转后的轮廓;如果大于 360,那么程序直接往下运行,不回到 N10 程序段处,加工下一个坐标旋转后的轮廓
G0X0Y200	取消刀具半径补偿功能,并工件快速移动到机床门口(方便工件拆卸与测量)
M30	程序结束,程序运行光标并回到程序开始处
%	程序传输结束代码
铣斜内四方程序(D8 键槽刀)	

续表 4-1-3

%	程序传输开始代码
O4	程序名
G69	坐标旋转指令取消(在程序中如用到坐标旋转指令,在程序头必须要取消坐标旋转指令)
G94G90G54G40G21G17	机床初始参数设置:每分钟进给、绝对编程、工件坐标、刀补取消、毫米单位、*XY* 平面
G00Z200	刀具快速抬到安全高度
X0Y0	度刀具移动到工件坐标原点(判断刀具 *X*、*Y* 位置是否正确)
G68X0Y0R45	工件坐标旋转 45
S1000M03	主轴正转 1000r/min
X0Y0	刀具快速进刀到斜内四方槽轮廓切削起点
Z3	刀具快速下刀到斜内四方槽轮廓加工深度的安全高度
G1Z0F100	刀具快速下刀到斜内四方槽轮廓加工上表面,并离开一个 1mm,进给速度为 100mm/min
#1=-6	设定工件每层切削深度
N10G1Z#6F50	刀具切削到斜内四方槽轮廓加工每层深度,进给速度为 50mm/min
G41D3X10F200	建立左刀具半径补偿功能,走直线进刀到斜内四方槽轮廓起点
Y5	走斜内四方槽轮廓直线第二点坐标
G03X5Y10R5	走斜内四方槽轮廓圆弧第三点坐标
G01X-5	走斜内四方槽轮廓直线第四点坐标
G03X-10Y5R5	走斜内四方槽轮廓圆弧第五点坐标
G01Y-5	走斜内四方槽轮廓直线第六点坐标
G03X-5Y-10R5	走斜内四方槽轮廓圆弧第七点坐标
G01X5	走斜内四方槽轮廓直线第八点坐标
G03X10Y-5R5	走斜内四方槽轮廓圆弧第九点坐标
G01Y1	走斜内四方槽轮直线终点坐标(轮廓切削过头一点,使加工表面光滑)
G40X0Y0	取消刀具半径补偿功能,并斜内四方槽轮廓切削起点处
#1=#1-6	设定工件每层切削深度的增加量
IF[#1GE-18]GOTO10	判断#1 角度是否大于等于-18 度,如果大于等-18,程序回到 N10 程序段处,加工下一层轮廓深度;如果小于-18,那么程序直接往下运行,不回到 N10 程序段处,加工下一层轮廓深度
G0Z200	刀具快速退刀到安全高度
G69	坐标旋转指令取消

续表 4-1-3

G0X0Y200	工件快速移动到机床门口(方便工件拆卸与测量)		
M30	程序结束,程序运行光标并回到程序开始处		
%	程序传输结束代码		
铣 4 个键槽程序(D6 键槽刀)			
铣 4 个键槽主程序		铣 4 个键槽子程序	
%	程序传输开始代码	%	程序传输开始代码
O5	程序名	O6	程序名
G54	运行工件坐标系	G94G90G40G21G17	机床初始参数设置:每分钟进给、绝对编程、刀补取消、毫米单位、XY 平面
G52X－35Y－35	坐标平移到(X－35Y－35)为原点	G00Z200	刀具快速抬到安全高度
M98P6	调用加工键槽 O6 子程序	X0Y0	刀具移动到工件坐标原点(判断刀具 X、Y 位置是否正确)
G52X－35Y35	坐标平移到(X－35Y35)为原点	S1000M03	主轴正转 1000r/min
M98P6	调用加工键槽 O6 子程序	X0Y0	刀具快速进刀到键槽轮廓切削起点
G52X25Y35	坐标平移到(X25Y35)为原点	Z3	刀具快速下刀到键槽轮廓加工深度的安全高度
M98P6	调用加工键槽 O6 子程序	G01Z－8F60	刀具切削到键槽轮廓加工深度,进给速度为 60mm/min
G52X25Y－35	坐标平移到(X25Y－35)为原点	X10F100	走键槽轮廓直线终点坐标,进给速度为 100mm/min,(走轮廓进给速度可以比走深度进给速度快点)
M98P6	调用加工键槽 O6 子程序	G00Z200	刀具快速退刀到安全高度
G0X0Y200	工件快速移动到机床门口(方便工件拆卸与测量)	M99	子程序结束
M30	程序结束,程序运行光标并回到程序开始处	%	程序传输结束代码
%	程序传输结束代码		

续表 4-1-3

正面轮廓程序	
铣 D50 圆台多余余量程序(D16 立铣刀)	
%	程序传输开始代码
O8	程序名
G94G90G54G40G21G17	机床初始参数设置:每分钟进给、绝对编程、工件坐标、刀补取消、毫米单位、XY 平面
G00Z200	刀具快速抬到安全高度
X0Y0	刀具移动到工件坐标原点(判断刀具 X、Y 位置是否正确)
S1000M03	主轴正转 1000r/min
X65Y0	刀具快速进刀到圆台多余余量轮廓切削起点
Z3	刀具快速下刀到圆台多余余量轮廓加工深度的安全高度
G01Z−8F100	刀具切削到圆台轮廓加工深度,进给速度为 100mm/min
X59F200	走圆台多余余量整圆起点坐标(第 1 圈),进给速度为 200mm/min
G03I−59	走圆台轮廓圆弧进刀到圆弧终点标(第 1 圈)
G1X45	走圆台多余余量整圆起点坐标(第 2 圈)
G03I−45	走圆台轮廓圆弧进刀到圆弧终点标(第 2 圈)
G00Z200	刀具快速退刀到安全高度
X0Y200	工件快速移动到机床门口(方便工件拆卸与测量)
M30	程序结束,程序运行光标并回到程序开始处
%	程序传输结束代码
铣 D50 圆台程序(D16 立铣刀)	
%	程序传输开始代码
O9	程序名
G94G90G54G40G21G17	机床初始参数设置:每分钟进给、绝对编程、工件坐标、刀补取消、毫米单位、XY 平面
G00Z200	刀具快速抬到安全高度
X0Y0	刀具移动到工件坐标原点(判断刀具 X、Y 位置是否正确)
S1000M03	主轴正转 1000r/min
X40Y0	刀具快速进刀到圆台轮廓切削起点
Z3	刀具快速下刀到圆台轮廓加工深度的安全高度
G01Z−8F100	刀具切削到圆台轮廓加工深度,进给速度为 100mm/min

续表 4-1-3

G41G1X35Y10D2F300	建立左刀具半径补偿功能，走圆弧进刀到圆弧起点坐标，轮廓切削进给速度为 300mm/min
G2X25Y0R10	走圆台轮廓圆弧进刀到圆弧终点坐标
G03I－25	走圆台轮廓整圆加工
G00Z200	刀具快速退刀到安全高度
G40X0Y200	取消刀具半径补偿功能，并工件快速移动到机床门口(方便工件拆卸与测量)
M30	程序结束，程序运行光标并回到程序开始处
%	程序传输结束代码
铣圆台上平面程序(D16mm 立铣刀)	
%	程序传输开始代码
O10	程序名
G94G90G54G40G21G17	机床初始参数设置：每分钟进给、绝对编程、工件坐标、刀补取消、毫米单位、*XY* 平面
G00Z200	刀具快速抬到安全高度
X0Y0	刀具移动到工件坐标原点(判断刀具 *X*、*Y* 位置是否正确)
S1000M03	主轴正转 1000r/min
X40Y0	刀具快速进刀到圆台上平面轮廓切削起点
Z3	刀具快速下刀到圆台上平面轮廓加工深度的安全高度
G01Z0F100	刀具切削到圆台上平面轮廓加工深度，进给速度为 100mm/min
X17.5F200	走圆台上平面整圆起点坐标(第 1 圈)，进给速度为 200mm/min
G03I－17.5	走圆台上平面轮廓圆弧进刀到圆弧终点坐标
G00Z200	刀具快速退刀到安全高度
X0Y200	工件快速移动到机床门口(方便工件拆卸与测量)
M30	程序结束，程序运行光标并回到程序开始处
%	程序传输结束代码

六、上机加工过程

1. 操作步骤及要领(表 4-1-4)

表 4-1-4　垫块工件加工操作步骤及要领

序号	步骤名称	作业图	操作步骤及说明	相关知识有要点
正面轮廓加工				
1	装工件		1. 工件毛坯形状是四方形的，用平口钳装夹 2. 工件是单个加工，不用设定位块 3. 工件先加工方形轮廓一面，加工深度为 5mm，工件上表面只要离开平口钳平面大于 5mm 就可以了 4. 采用 40mm 等高块，工件伸出钳口平面 8mm（工件伸出钳口平面不要太多，保证工件刚性）	
2	装寻边器		采用寻边器找出工件坐标点	
3	X、Y 对刀		采用寻边器通过左右两边碰边法，找出工件 X、Y 轴的坐标点	
4	装面铣刀		采用面铣刀来加工上平面	

续表 4-1-4

序号	步骤名称	作业图	操作步骤及说明	相关知识有要点
5	面铣刀 Z 对刀		面铣刀采用刀柄碰刀尖法 Z 向对刀	
6	铣上平面		通过运行铣平面程序,加工出工件轮廓形状	
7	装 $\phi16$ 立铣刀		采用 $\phi16$mm 立铣刀来加工工件轮廓 90mm×90mm、棘轮轮廓的凸台	
8	$\phi16$ 立铣刀 Z 对刀		$\phi16$mm 立铣刀采用刀柄碰刀尖法 Z 向对刀	

续表 4-1-4

序号	步骤名称	作业图	操作步骤及说明	相关知识有要点
9	粗铣四方		通过运行轮廓 90mm×90mm 程序，加工出工件轮廓形状，同样程序运行 2 遍	
10	测量四方		通过外径千分尺测量四方轮廓外形尺寸，四方轮廓深度尺寸在图纸上没要求，在这里不用测量	
11	精铣四方		通过修改轮廓刀补值，在次运行四方、棘轮轮廓程序，加工出工件轮廓形状，同样程序运行 2 遍	
12	装 $\phi 8$ 键槽铣刀		采用 $\phi 8$mm 键槽铣刀来加工工件轮廓 30mm × 15mm，4 边缺口与 20mm × 20mm 斜四方槽，并完成 $\phi 10$mm 立铣刀 Z 向对刀	
13	粗、精铣 4 个缺口		通过运行轮廓 30mm×15mm，4 边缺口程序，加工出工件轮廓形状，同样程序运行 2 遍，由于该轮廓没有公差要求，不用粗、精分开加工	

续表 4-1-4

序号	步骤名称	作业图	操作步骤及说明	相关知识有要点
14	粗、精铣斜四方槽		通过运行轮廓 20mm×20mm 斜四方槽程序，加工出工件轮廓形状，同样程序运行 2 遍，由于该轮廓没有公差要求，不用粗、精分开加工	
15	装 ϕ6 键槽铣刀		采用 ϕ6mm 键槽铣刀来加工工件轮廓 30mm × 15mm，4 边缺口与 20mm × 20mm 斜四方槽，并完成 ϕ10mm 立铣刀 Z 向对刀	
16	铣 4 个键槽		通过运行轮廓的 4 个 R3－10mm 键槽程序，加工出工件轮廓形状，由于该轮廓没有公差要求，不用粗、精分开加工	
17	测量正面轮廓尺寸		通过游标卡尺测量正面轮廓尺寸，如工件轮廓尺寸与图纸区别有点大，需要调整程序，在重新加工轮廓，一般对没有公差要求的尺寸，槽、孔轮廓大 0.1～0.2mm，凸台小 0.1～0.2mm	
反面轮廓加工				
1	工件反面装夹	工件 12 (16) 等高块 46 50 平口钳(活动钳口) 平口钳(固定钳口)	1. 工件正面轮廓形状是四方形的，可以用平口钳装夹 2. 工件正面轮廓厚度只有 5mm，为了不影响工件加工深度要求，工件在平口钳上装夹只能夹 4mm 3. 钳口深度为 50mm，采用 46mm 等高块，使工件装夹深度为 4mm	

续表 4-1-4

序号	步骤名称	作业图	操作步骤及说明	相关知识有要点
2	装寻边器		采用寻边器找出工件坐标点，这种情况寻边器不能对工件外形找坐标，因为工件外形与正面轮廓不是绝对对中，这里采用斜四方槽轮廓对中	
3	装 $\phi16$ 立铣刀		采用 $\phi16$mm 立铣刀加工工件 D50mm 圆台与圆台上表面，工件加工深度 10mm，刀具伸出长度要在大于为 10mm，这里取 25mm(一要伸出太长，防止刚性不足，影响加工精度)	
4	粗铣 D50 圆台与圆台上表面		通过运行轮廓 D50mm 圆台与圆台上表面程序，加工出工件轮廓形状	
5	半精铣 D50 圆台轮廓		通过运行轮廓 D50mm 圆台程序，加工出工件轮廓形状	
6	测量圆台轮廓与厚度		通过外径千分尺 0～25mm，测量轮廓厚度尺寸，外径千分尺测量圆台轮廓尺寸	

续表 4-1-4

序号	步骤名称	作业图	操作步骤及说明	相关知识有要点
7	精铣 D50 圆台与圆台上表面		1.通过修改程序深度值,再次运行圆台上下表面程序 2.通过修改圆台轮廓刀补值,再次运行程序,同样程序运行 2 遍加工出工件轮廓形状	
8	棱边倒角		采用修边器、锉刀,使工件所有边进行倒角 0.5×45°	
9	工件检测		通过游标卡尺、千分尺测量工件所有尺寸,确定工件是否合格	

2.加工注意事项

(1)加工前必须认真检查刀具是否与程序中要求的刀具一致。

(2)加工前必须认真检查所执行的程序是不是应该执行的程序。

(3)加工前必须认真检查显示屏光标所在位置是否正确。

(4)加工前必须认真检查换刀点(刀具位置)是否正确。

3.加工时切削参数的调整

(1)加工时若工件排屑不畅可适当降低主轴旋转速度和刀具进给速度。

(2)加工时出现刀具振动产生响声时可适当降低主轴旋转速度。

(3)加工时若工件表面粗糙度值达不到要求可适当提高主轴旋转速度和降低刀具进给速度。

七、任务评价(表 4-1-5)

表 4-1-5　垫块工件加工的任务评价

<table>
<tr><th colspan="10">高级数控铣工垫块零件评分表</th></tr>
<tr><th>序号</th><th colspan="4">鉴定项目及标准</th><th>配分</th><th>自检</th><th>检验结果</th><th>得分</th><th>备注</th></tr>
<tr><td rowspan="5">1</td><td rowspan="5">工艺
准备
(35 分)</td><td colspan="3">工艺编制</td><td>8</td><td>—</td><td>—</td><td></td><td></td></tr>
<tr><td colspan="3">程序编制及输入</td><td>15</td><td>—</td><td>—</td><td></td><td></td></tr>
<tr><td colspan="3">工件装夹</td><td>3</td><td>—</td><td>—</td><td></td><td></td></tr>
<tr><td colspan="3">刀具选择</td><td>4</td><td>—</td><td>—</td><td></td><td></td></tr>
<tr><td colspan="3">切削用量选择</td><td>5</td><td>—</td><td>—</td><td></td><td></td></tr>
<tr><td rowspan="20">2</td><td rowspan="20">工件
加工
(60 分)</td><td colspan="3">用试切法对刀</td><td>10</td><td>—</td><td>—</td><td></td><td></td></tr>
<tr><td rowspan="19">工件
质量
(50 分)</td><td rowspan="2">90</td><td>+0.03</td><td rowspan="2">4</td><td rowspan="2"></td><td rowspan="2"></td><td rowspan="2"></td><td rowspan="2"></td></tr>
<tr><td>−0.03</td></tr>
<tr><td colspan="2">24−R5</td><td>4</td><td></td><td></td><td></td><td></td></tr>
<tr><td colspan="2">50</td><td>2</td><td></td><td></td><td></td><td></td></tr>
<tr><td colspan="2">30</td><td>2</td><td></td><td></td><td></td><td></td></tr>
<tr><td colspan="2">60</td><td>2</td><td></td><td></td><td></td><td></td></tr>
<tr><td rowspan="2">6</td><td>+0.012</td><td rowspan="2">5</td><td rowspan="2"></td><td rowspan="2"></td><td rowspan="2"></td><td rowspan="2"></td></tr>
<tr><td>0</td></tr>
<tr><td colspan="2">R3</td><td>2</td><td></td><td></td><td></td><td></td></tr>
<tr><td colspan="2">10</td><td>2</td><td></td><td></td><td></td><td></td></tr>
<tr><td colspan="2">20</td><td>4</td><td></td><td></td><td></td><td></td></tr>
<tr><td rowspan="2">ϕ50</td><td>+0.064</td><td rowspan="2">5</td><td rowspan="2"></td><td rowspan="2"></td><td rowspan="2"></td><td rowspan="2"></td></tr>
<tr><td>+0.025</td></tr>
<tr><td rowspan="2">15</td><td>+0.03</td><td rowspan="2">5</td><td rowspan="2"></td><td rowspan="2"></td><td rowspan="2"></td><td rowspan="2"></td></tr>
<tr><td>−0.03</td></tr>
<tr><td colspan="2">5</td><td>3</td><td></td><td></td><td></td><td></td></tr>
<tr><td colspan="2">平行度</td><td>5</td><td></td><td></td><td></td><td></td></tr>
<tr><td colspan="2">粗糙度</td><td>5</td><td></td><td></td><td></td><td></td></tr>
<tr><td colspan="2"></td><td></td><td></td><td></td><td></td><td></td></tr>
<tr><td>3</td><td colspan="4">精度检验及误差分析(5 分)</td><td>5</td><td>—</td><td>—</td><td></td><td></td></tr>
<tr><td>4</td><td>时间
扣分</td><td colspan="3">每超时 3 分钟扣 1 分</td><td></td><td></td><td></td><td></td><td></td></tr>
<tr><td colspan="5">合计</td><td>100</td><td></td><td></td><td></td><td></td></tr>
</table>

八、自我评价(表 4-1-6)

表 4-1-6 垫块工件加工的自我评价

<table>
<tr><td colspan="2">材料</td><td>LY12</td><td>课时</td><td colspan="2"></td></tr>
<tr><td colspan="2">自我评价成绩</td><td></td><td>任课教师</td><td colspan="2"></td></tr>
<tr><td colspan="3">自我评价项目</td><td>结果</td><td>配分</td><td>得分</td></tr>
<tr><td rowspan="7"></td><td>1</td><td>工序安排是否能完成加工</td><td></td><td></td><td></td></tr>
<tr><td>2</td><td>工序安排是否满足零件的加工要求</td><td></td><td></td><td></td></tr>
<tr><td>3</td><td>编程格式及关键指令是否能正确使用</td><td></td><td></td><td></td></tr>
<tr><td>4</td><td>工序安排是否符合该种批量生产</td><td></td><td></td><td></td></tr>
<tr><td>5</td><td>题目:通过该零件编程你的收获主要有哪些?作答</td><td></td><td></td><td></td></tr>
<tr><td>6</td><td>题目:你设计本程序的主要思路是什么?作答</td><td></td><td></td><td></td></tr>
<tr><td>7</td><td>题目:你是如何完成程序的完善与修改的?作答</td><td></td><td></td><td></td></tr>
<tr><td rowspan="6">工件刀具安装</td><td>1</td><td>刀具安装是否正确</td><td></td><td></td><td></td></tr>
<tr><td>2</td><td>工件安装是否正确</td><td></td><td></td><td></td></tr>
<tr><td>3</td><td>刀具安装是否牢固</td><td></td><td></td><td></td></tr>
<tr><td>4</td><td>工件安装是否牢固</td><td></td><td></td><td></td></tr>
<tr><td>5</td><td>题目:安装刀具时需要注意的事项主要有哪些?作答</td><td></td><td></td><td></td></tr>
<tr><td>6</td><td>题目:安装工件时需要注意的事项主要有哪些?作答</td><td></td><td></td><td></td></tr>
<tr><td rowspan="7">操作与加工</td><td>1</td><td>操作是否规范</td><td></td><td></td><td></td></tr>
<tr><td>2</td><td>着装是否规范</td><td></td><td></td><td></td></tr>
<tr><td>3</td><td>切削用量是否符合加工要求</td><td></td><td></td><td></td></tr>
<tr><td>4</td><td>刀柄与刀片的选用是否合理</td><td></td><td></td><td></td></tr>
<tr><td>5</td><td>题目:如何使加工和操作更好地符合批量生产?作答</td><td></td><td></td><td></td></tr>
<tr><td>6</td><td>题目:加工时需要注意的事项主要有哪些?作答</td><td></td><td></td><td></td></tr>
<tr><td>7</td><td>题目:加工时经常出现的加工误差主要有哪些?作答</td><td></td><td></td><td></td></tr>
<tr><td rowspan="4">精度检查</td><td>1</td><td>是否已经了解本零件测量的各种量具的原理及使用</td><td></td><td></td><td></td></tr>
<tr><td>2</td><td>本零件所使用的测量方法是否已掌握</td><td></td><td></td><td></td></tr>
<tr><td>3</td><td>题目:本零件精度检测的主要内容是什么?采用了何种方法?作答</td><td></td><td></td><td></td></tr>
<tr><td>4</td><td>题目:批量生产时,你将如何检测该零件的各项精度要求?作答</td><td></td><td></td><td></td></tr>
<tr><td colspan="6">(本部分共计 100 分)合计</td></tr>
<tr><td colspan="2">自我总结</td><td colspan="4"></td></tr>
<tr><td colspan="3">学生签字:
年 月 日</td><td colspan="3">教导教师签字:
年 月 日</td></tr>
</table>

九、教师评价(表 4-1-7)

表 4-1-7　垫块工件加工的教师评价

评价项目		评价情况
1	与其他同学口头交流学习内容是否流畅	
2	是否尊重他人	
3	学习态度是否积极主动	
4	是否服从教师的教学安排	
5	着装是否符合标准	
6	是否能正确地领会他人提出的学习问题	
7	是否按照安全的操作规范的要求操作	
8	能否辨别工作环境中哪些是危险的因素	
9	是否合理规范地使用工具和量具	
10	是否能保证学习环境的干净整洁	
11	是否遵守学习场所的规章制度	
12	是否有工作岗位的责任心	
13	是否达到全勤	
14	学习是否积极主动	
15	能否正确地对待肯定与否定的意见	
16	团队学习中主动与合作的情况如何	

参与评价同学签字：

年　　月　　日

任务二　高级工图纸加工

请按表 4-2-1 准备高级工操作技能考核。

表 4-2-1　《数控铣床高级操作工》操作技能考核准备通知单

一、材料准备					
材质：	铝材	尺寸：	100mm×100mm×20mm	数量：	1件
二、设备、工具、刀具、量具					
分类	名称	尺寸规格	数量	备注	
设备	数控铣床		1台		
	平口钳	160mm	1台	相应工具	
	三爪卡盘	6或8	1台	相应工具	
	ϕ16 立铣刀		1把		
	ϕ10 键槽铣刀		1把		
	ϕ8 键槽铣刀		1把		
	ϕ6 键槽铣刀		1把		
	ϕ4 键槽铣刀		1把		
	ϕ6 球头铣刀		1把		
	ϕ3 中心钻		1把		
	ϕ5 钻头		1把		
	ϕ6 钻头		1把		
工具系统	强力铣刀刀柄		2个	相配的弹性套	
	弹簧夹头刀柄		2个	相配的弹性套	
	钻夹头及刀柄		2套	0～13mm	
	面铣刀及刀柄		1套		

续表 4-2-1

工具	锉刀		1套	
	铜片		若干	
	夹紧工具		1套	
	等高垫块		若干	
	刷子		1把	
	油壶		1把	
	清洗油		若干	
量具	0～150mm游标卡尺		1把	
	百分表		1只	
	标准量块		1套	
	内径千分尺		1套	
	磁性表座		1套	
其他	草稿纸		适量	
	计算器			自备
	工作服			自备
	护目镜			自备
注释：	1.表列物品须在考试前一天准备妥当，整齐摆放；			
	2.数量栏中的数字无特别限制，表示为考生1人的物品数量；			
	3.如根据实际情况现场确需其他物品，须征得技能鉴定机构同意。			

一、方框

请按图 4-2-1 加工方框。

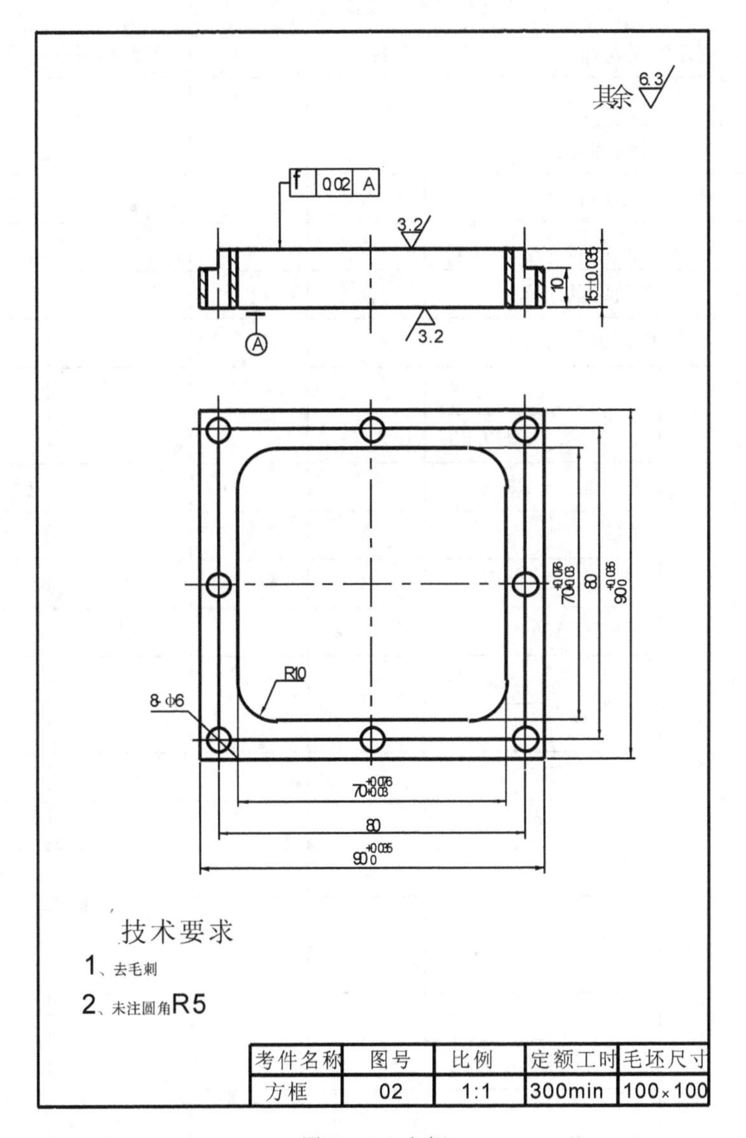

考件名称	图号	比例	定额工时	毛坯尺寸
方框	02	1:1	300min	100×100

图 4-2-1　方框

表 4-2-2 高级数控铣工技能考试评分表(方框)

<table>
<tr><th colspan="10">高级数控铣工技能考试评分表</th></tr>
<tr><th>序号</th><th colspan="4">鉴定项目及标准</th><th>配分</th><th>自检</th><th>检验结果</th><th>得分</th><th>备注</th></tr>
<tr><td rowspan="5">1</td><td rowspan="5">工艺准备(35分)</td><td colspan="3">工艺编制</td><td>8</td><td>—</td><td>—</td><td></td><td></td></tr>
<tr><td colspan="3">程序编制及输入</td><td>15</td><td>—</td><td>—</td><td></td><td></td></tr>
<tr><td colspan="3">工件装夹</td><td>3</td><td>—</td><td>—</td><td></td><td></td></tr>
<tr><td colspan="3">刀具选择</td><td>4</td><td>—</td><td>—</td><td></td><td></td></tr>
<tr><td colspan="3">切削用量选择</td><td>5</td><td>—</td><td>—</td><td></td><td></td></tr>
<tr><td rowspan="19">2</td><td rowspan="19">工件加工(60分)</td><td colspan="3">用试切法对刀</td><td>10</td><td>—</td><td>—</td><td></td><td></td></tr>
<tr><td rowspan="18">工件质量(50分)</td><td rowspan="2">90</td><td>+0.03</td><td rowspan="2">4</td><td rowspan="2"></td><td rowspan="2"></td><td rowspan="2"></td><td rowspan="2"></td></tr>
<tr><td>−0.03</td></tr>
<tr><td colspan="2">24−R5</td><td>4</td><td></td><td></td><td></td><td></td></tr>
<tr><td colspan="2">50</td><td>2</td><td></td><td></td><td></td><td></td></tr>
<tr><td colspan="2">30</td><td>2</td><td></td><td></td><td></td><td></td></tr>
<tr><td colspan="2">60</td><td>2</td><td></td><td></td><td></td><td></td></tr>
<tr><td rowspan="2">6</td><td>+0.012</td><td rowspan="2">5</td><td rowspan="2"></td><td rowspan="2"></td><td rowspan="2"></td><td rowspan="2"></td></tr>
<tr><td>0</td></tr>
<tr><td colspan="2">R3</td><td>2</td><td></td><td></td><td></td><td></td></tr>
<tr><td colspan="2">10</td><td>2</td><td></td><td></td><td></td><td></td></tr>
<tr><td colspan="2">20</td><td>4</td><td></td><td></td><td></td><td></td></tr>
<tr><td rowspan="2">ϕ50</td><td>+0.064</td><td rowspan="2">5</td><td rowspan="2"></td><td rowspan="2"></td><td rowspan="2"></td><td rowspan="2"></td></tr>
<tr><td>+0.025</td></tr>
<tr><td rowspan="2">15</td><td>+0.03</td><td rowspan="2">5</td><td rowspan="2"></td><td rowspan="2"></td><td rowspan="2"></td><td rowspan="2"></td></tr>
<tr><td>−0.03</td></tr>
<tr><td colspan="2">5</td><td>3</td><td></td><td></td><td></td><td></td></tr>
<tr><td colspan="2">平行度</td><td>5</td><td></td><td></td><td></td><td></td></tr>
<tr><td colspan="2">粗糙度</td><td>5</td><td></td><td></td><td></td><td></td></tr>
<tr><td>3</td><td colspan="4">精度检验及误差分析(5分)</td><td>5</td><td>—</td><td>—</td><td></td><td></td></tr>
<tr><td>4</td><td>时间扣分</td><td colspan="3">每超时3分钟扣1分</td><td></td><td></td><td></td><td></td><td></td></tr>
<tr><td colspan="5">合计</td><td>100</td><td></td><td></td><td></td><td></td></tr>
</table>

二、凸轮

请按图 4-2-2 加工凸轮。

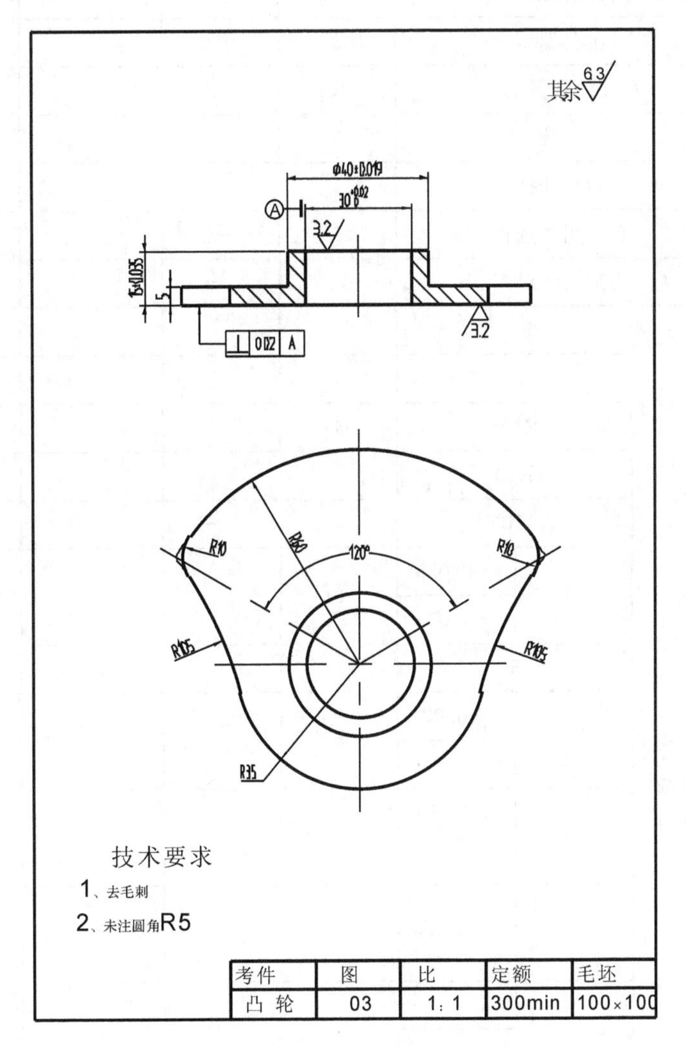

图 4-2-2　凸轮

表 4-2-3　高级数控铣工技能考试评分表(凸轮)

高级数控铣工技能考试评分表									
序号	鉴定项目及标准				配分	自检	检验结果	得分	备注
1	工艺准备(35 分)	工艺编制			8	—	—		
		程序编制及输入			15	—	—		
		工件装夹			3	—	—		
		刀具选择			4	—	—		
		切削用量选择			5	—	—		
2	工件加工(60 分)	用试切法对刀			10	—	—		
		工件质量(50 分)	R35		4				
			R60		4				
			R105		4				
			R10		4				
			120°		4				
			15	+0.035 −0.035	5				
			5		3				
			ϕ30	+0.02 0	6				
			ϕ40	+0.019 −0.019	6				
			垂直度		5				
			粗糙度		5				
3	精度检验及误差分析(5 分)				5	—	—		
4	时间扣分	每超时 3 分钟扣 1 分							
合计					100				

三、烟灰缸

请按图 4-2-3 加工烟灰缸。

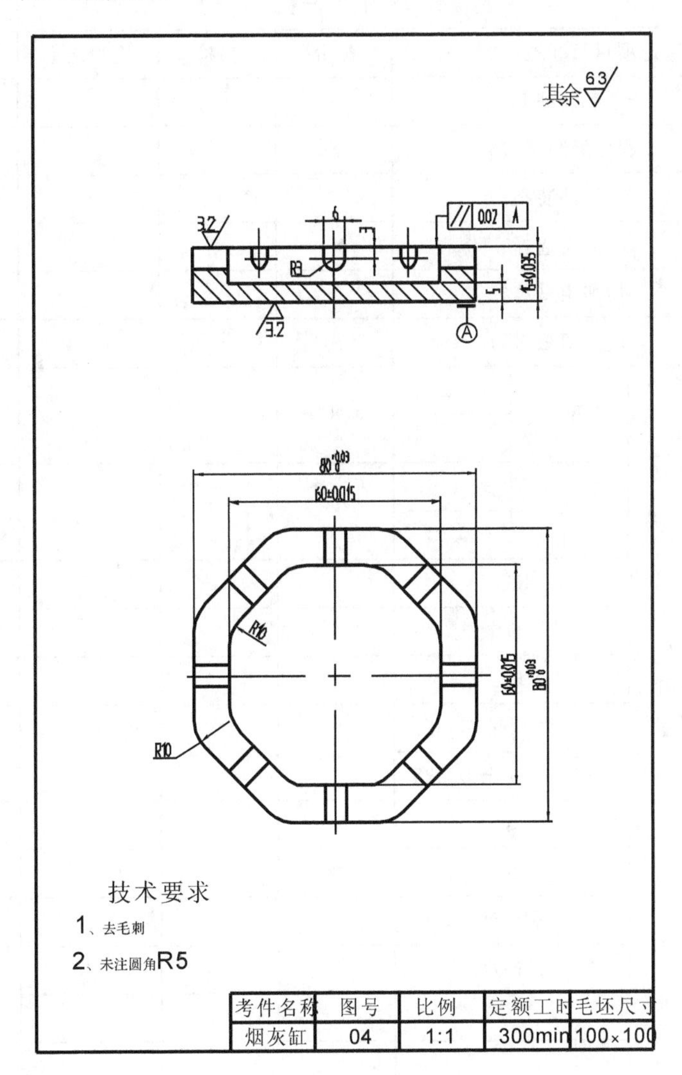

图 4-2-3　烟灰缸

表 4-2-4 高级数控铣工技能考试评分表(烟灰缸)

高级数控铣工技能考试评分表									
序号	鉴定项目及标准				配分	自检	检验结果	得分	备注
1	工艺准备(35 分)	工艺编制			8	—	—		
		程序编制及输入			15	—	—		
		工件装夹			3	—	—		
		刀具选择			4	—	—		
		切削用量选择			5	—	—		
2	工件加工(60 分)	用试切法对刀			10	—	—		
		工件质量(50 分)	80	+0.03	8				
				0					
			60	+0.015	8				
				−0.015					
			R10		4				
			6		4				
			R3		4				
			15	+0.035	5				
				−0.035					
			3		4				
			5		3				
			平行度		5				
			粗糙度		5				
3	精度检验及误差分析(5 分)				5	—	—		
4	时间扣分	每超时 3 分钟扣 1 分							
合计					100				

四、支座

请按图 4-2-4 加工支座。

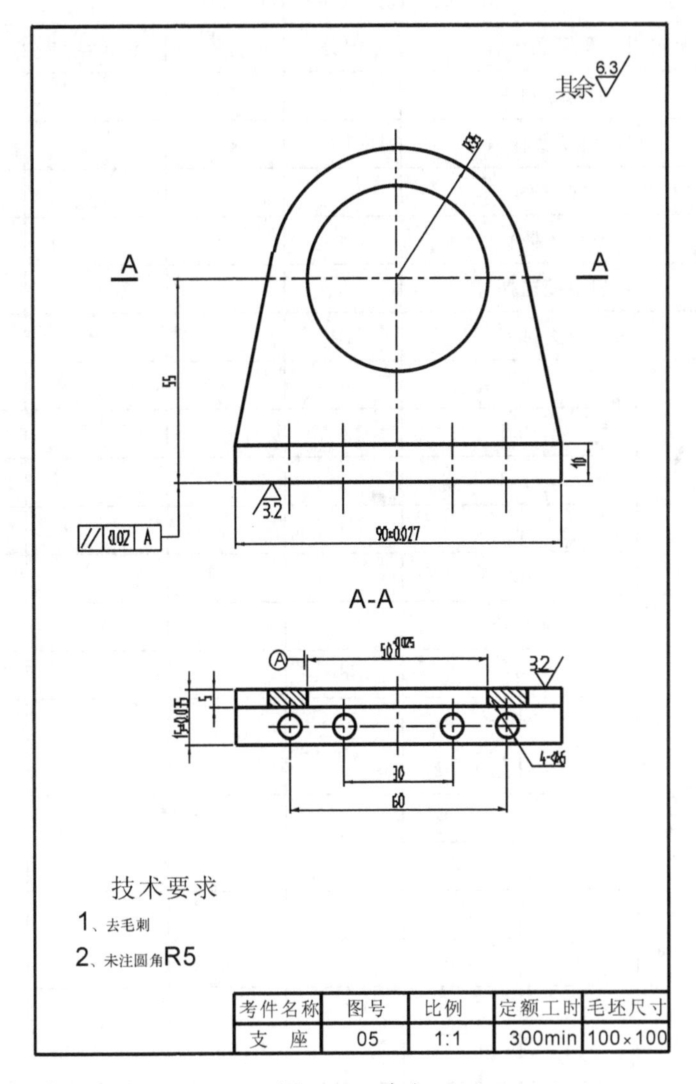

图 4-2-4 支座

表 4-2-5　高级数控铣工技能考试评分表(支座)

序号	鉴定项目及标准				配分	自检	检验结果	得分	备注
高级数控铣工技能考试评分表									
1	工艺准备(35 分)	工艺编制			8	—	—		
		程序编制及输入			15	—	—		
		工件装夹			3	—	—		
		刀具选择			4	—	—		
		切削用量选择			5	—	—		
2	工件加工(60 分)	用试切法对刀			10	—	—		
		工件质量(50 分)	55		4				
			R35		4				
			10		4				
			60		3				
			30		3				
			4—ϕ6		4				
			5		3				
			90	+0.027 −0.027	4				
			ϕ50	+0.025 0	6				
			15	+0.035 −0.035	5				
			垂直度		5				
			粗糙度		5				
3	精度检验及误差分析(5 分)				5	—	—		
4	时间扣分	每超时 3 分钟扣 1 分							
合计					100				

五、肥皂盒

请按图 4-2-5 加工肥皂盒。

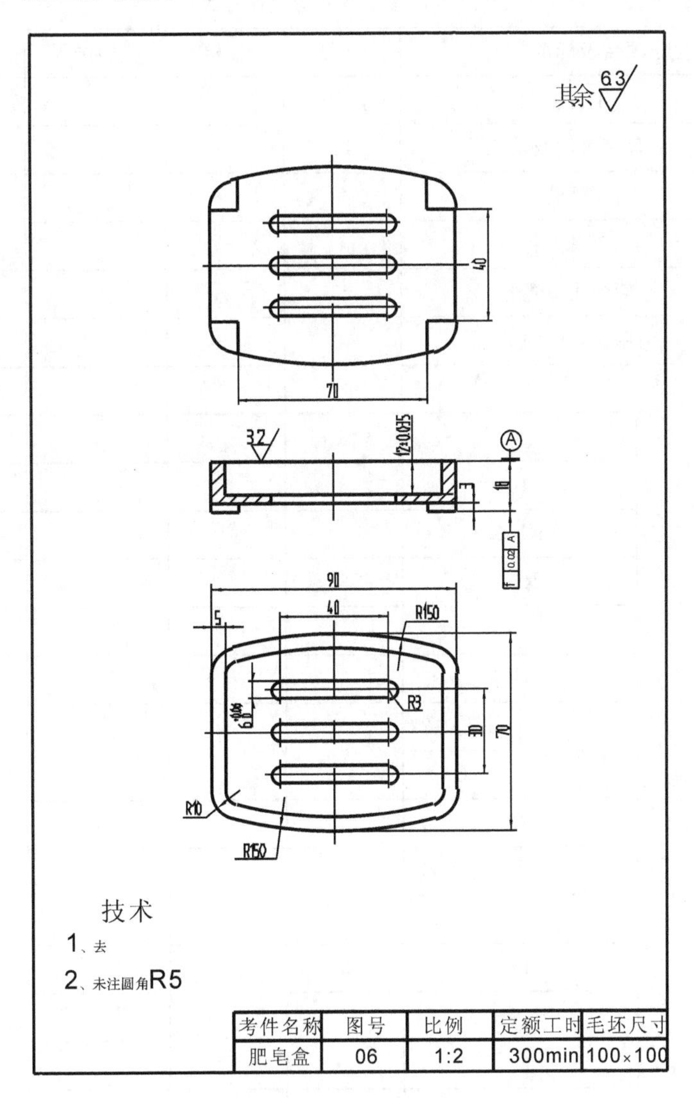

图 4-2-5　肥皂盒

表 4-2-6　高级数控铣工技能考试评分表(肥皂盒)

<table>
<tr><th colspan="10">高级数控铣工技能考试评分表</th></tr>
<tr><th>序号</th><th colspan="4">鉴定项目及标准</th><th>配分</th><th>自检</th><th>检验结果</th><th>得分</th><th>备注</th></tr>
<tr><td rowspan="5">1</td><td rowspan="5">工艺准备(35分)</td><td colspan="3">工艺编制</td><td>8</td><td>—</td><td>—</td><td></td><td></td></tr>
<tr><td colspan="3">程序编制及输入</td><td>15</td><td>—</td><td>—</td><td></td><td></td></tr>
<tr><td colspan="3">工件装夹</td><td>3</td><td>—</td><td>—</td><td></td><td></td></tr>
<tr><td colspan="3">刀具选择</td><td>4</td><td>—</td><td>—</td><td></td><td></td></tr>
<tr><td colspan="3">切削用量选择</td><td>5</td><td>—</td><td>—</td><td></td><td></td></tr>
<tr><td rowspan="20">2</td><td rowspan="20">工件加工(60分)</td><td colspan="3">用试切法对刀</td><td>10</td><td>—</td><td>—</td><td></td><td></td></tr>
<tr><td rowspan="19">工件质量(50分)</td><td colspan="2">90</td><td>3</td><td></td><td></td><td></td><td></td></tr>
<tr><td colspan="2">5</td><td>3</td><td></td><td></td><td></td><td></td></tr>
<tr><td colspan="2">40</td><td>3</td><td></td><td></td><td></td><td></td></tr>
<tr><td colspan="2">R150</td><td>3</td><td></td><td></td><td></td><td></td></tr>
<tr><td colspan="2">R10</td><td>2</td><td></td><td></td><td></td><td></td></tr>
<tr><td colspan="2">30</td><td>3</td><td></td><td></td><td></td><td></td></tr>
<tr><td colspan="2">70</td><td>3</td><td></td><td></td><td></td><td></td></tr>
<tr><td rowspan="2">6</td><td>+0.012</td><td rowspan="2">6</td><td rowspan="2"></td><td rowspan="2"></td><td rowspan="2"></td><td rowspan="2"></td></tr>
<tr><td>0</td></tr>
<tr><td colspan="2">R3</td><td>3</td><td></td><td></td><td></td><td></td></tr>
<tr><td rowspan="2">12</td><td>+0.035</td><td rowspan="2">4</td><td rowspan="2"></td><td rowspan="2"></td><td rowspan="2"></td><td rowspan="2"></td></tr>
<tr><td>−0.035</td></tr>
<tr><td colspan="2">18</td><td>3</td><td></td><td></td><td></td><td></td></tr>
<tr><td colspan="2">40</td><td>2</td><td></td><td></td><td></td><td>仰视图</td></tr>
<tr><td colspan="2">70</td><td>2</td><td></td><td></td><td></td><td>仰视图</td></tr>
<tr><td colspan="2">垂直度</td><td>5</td><td></td><td></td><td></td><td></td></tr>
<tr><td colspan="2">粗糙度</td><td>5</td><td></td><td></td><td></td><td></td></tr>
<tr><td colspan="2"></td><td></td><td></td><td></td><td></td><td></td></tr>
<tr><td colspan="2"></td><td></td><td></td><td></td><td></td><td></td></tr>
<tr><td>3</td><td colspan="4">精度检验及误差分析(5分)</td><td>5</td><td>—</td><td>—</td><td></td><td></td></tr>
<tr><td>4</td><td>时间扣分</td><td colspan="3">每超时3分钟扣1分</td><td></td><td></td><td></td><td></td><td></td></tr>
<tr><td colspan="5">合计</td><td>100</td><td></td><td></td><td></td><td></td></tr>
</table>

六、联结座

请按图 4-2-6 加工联结座。

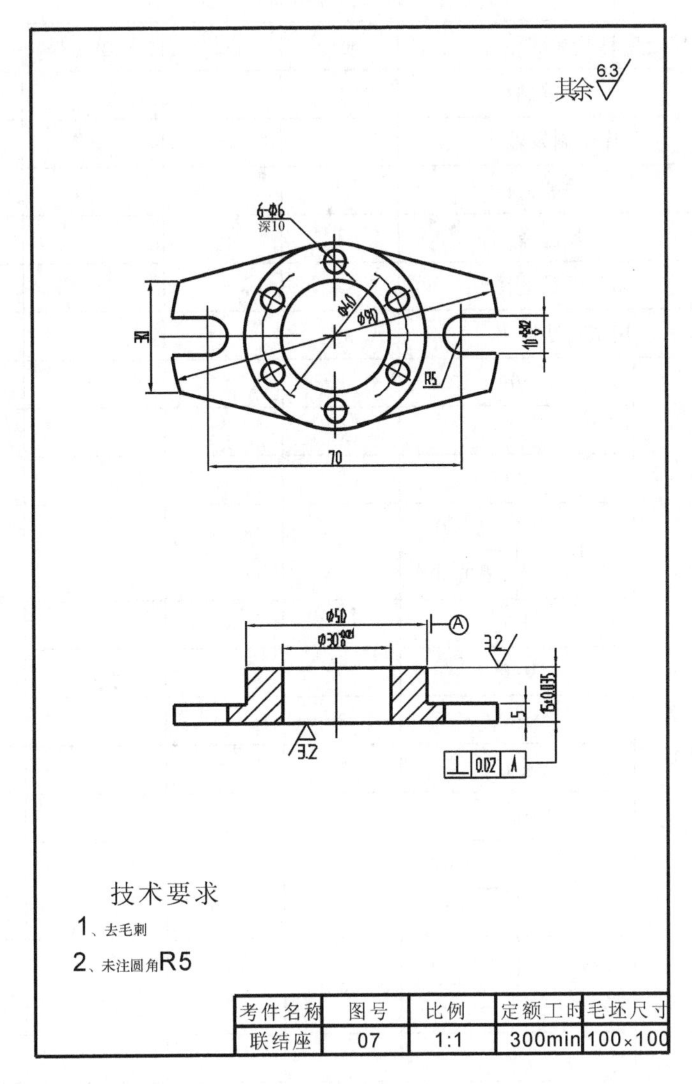

图 4-2-6　联结座

表 4-2-7　高级数控铣工技能考试评分表(联结座)

高级数控铣工技能考试评分表								
序号	鉴定项目及标准			配分	自检	检验结果	得分	备注
1	工艺准备(35分)	工艺编制		8	—	—		
		程序编制及输入		15	—	—		
		工件装夹		3	—	—		
		刀具选择		4	—	—		
		切削用量选择		5	—	—		
2	工件加工(60分)	用试切法对刀		10	—	—		
		工件质量(50分)	$\phi 90$	3				
			70	3				
			30	2				
			$10^{+0.02}_{+0.005}$	5				
			R5	2				
			$\phi 40$	3				
			$\phi 6$	3				
			深 10	3				
			$\phi 50$	3				
			$\phi 30^{+0.021}_{0}$	5				
			$15^{+0.035}_{-0.035}$	5				
			5	3				
			位置度	2				
			垂直度	3				
			粗糙度	5				
3	精度检验及误差分析(5分)			5	—	—		
4	时间扣分	每超时3分钟扣1分						
合计				100				

七、等高块

请按图 4-2-7 加工等高块。

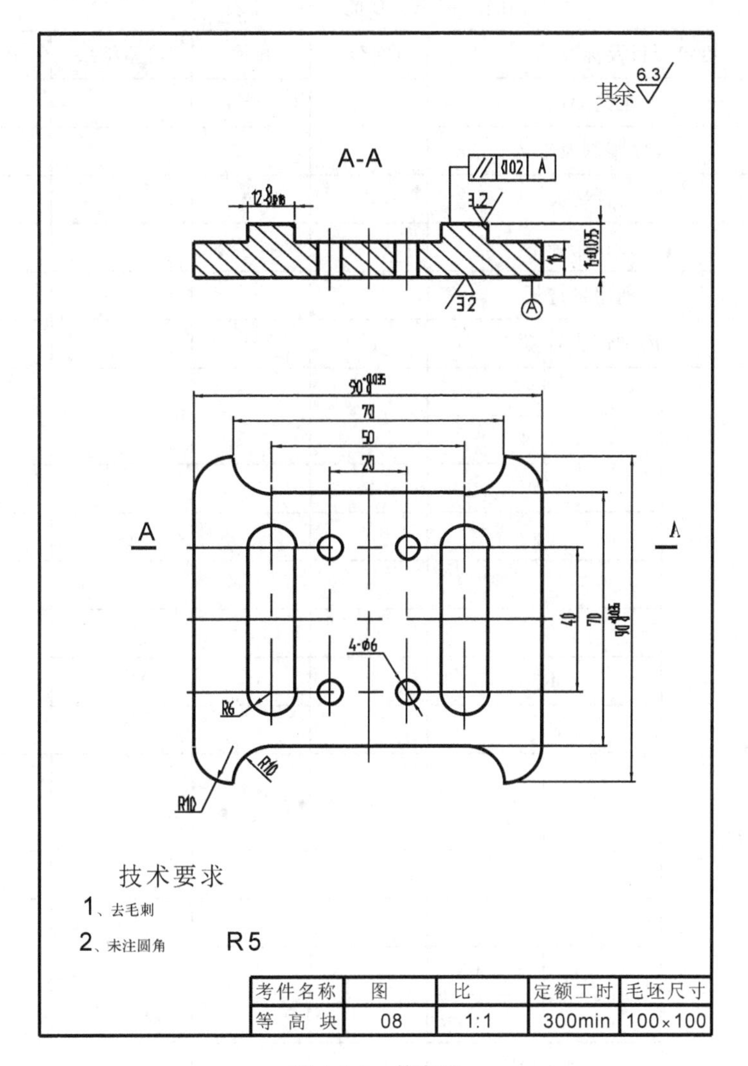

技术要求

1、去毛刺

2、未注圆角　　R5

考件名称	图	比	定额工时	毛坯尺寸
等 高 块	08	1:1	300min	100×100

图 4-2-7　等高块

表 4-2-8　高级数控铣工技能考试评分表(等高块)

高级数控铣工技能考试评分表

序号	鉴定项目及标准			配分	自检	检验结果	得分	备注
1	工艺准备(35分)	工艺编制		8	—	—		
		程序编制及输入		15	—	—		
		工件装夹		3	—	—		
		刀具选择		4	—	—		
		切削用量选择		5	—	—		
2	工件加工(60分)	用试切法对刀		10	—	—		
		工件质量(50分)	$90^{+0.035}_{0}$	6				
			70	3				
			40	4				
			50	3				
			20	3				
			R6	3				
			R10	3				
			$12^{0}_{-0.018}$	5				
			10	3				
			4－ϕ6	2				
			$15^{+0.035}_{-0.035}$	5				
			平行度	5				
			粗糙度	5				
3	精度检验及误差分析(5分)			5	—	—		
4	时间扣分	每超时3分钟扣1分						
合计				100				

八、底座

请按图 4-2-8 加工底座。

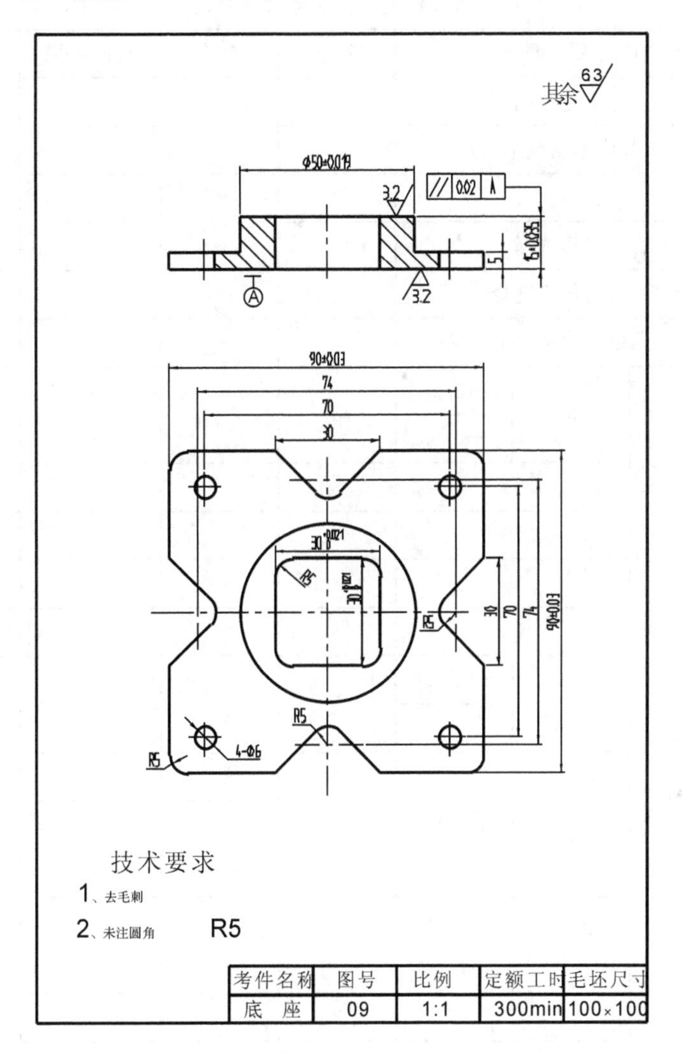

图 4-2-8 底座

表 4-2-9 高级数控铣工技能考试评分表(底座)

<table>
<tr><th colspan="10">高级数控铣工技能考试评分表</th></tr>
<tr><th>序号</th><th colspan="4">鉴定项目及标准</th><th>配分</th><th>自检</th><th>检验结果</th><th>得分</th><th>备注</th></tr>
<tr><td rowspan="5">1</td><td rowspan="5">工艺准备(35 分)</td><td colspan="3">工艺编制</td><td>8</td><td>—</td><td>—</td><td></td><td></td></tr>
<tr><td colspan="3">程序编制及输入</td><td>15</td><td>—</td><td>—</td><td></td><td></td></tr>
<tr><td colspan="3">工件装夹</td><td>3</td><td>—</td><td>—</td><td></td><td></td></tr>
<tr><td colspan="3">刀具选择</td><td>4</td><td>—</td><td>—</td><td></td><td></td></tr>
<tr><td colspan="3">切削用量选择</td><td>5</td><td>—</td><td>—</td><td></td><td></td></tr>
<tr><td rowspan="21">2</td><td rowspan="21">工件加工(60 分)</td><td colspan="3">用试切法对刀</td><td>10</td><td>—</td><td>—</td><td></td><td></td></tr>
<tr><td rowspan="20">工件质量(50 分)</td><td rowspan="2">90</td><td>+0.03</td><td rowspan="2">5</td><td rowspan="2"></td><td rowspan="2"></td><td rowspan="2"></td><td rowspan="2"></td></tr>
<tr><td>−0.03</td></tr>
<tr><td colspan="2">74</td><td>3</td><td></td><td></td><td></td><td></td></tr>
<tr><td colspan="2">70</td><td>4</td><td></td><td></td><td></td><td></td></tr>
<tr><td colspan="2">30</td><td>3</td><td></td><td></td><td></td><td></td></tr>
<tr><td colspan="2">R5</td><td>3</td><td></td><td></td><td></td><td></td></tr>
<tr><td rowspan="2">30</td><td>+0.021</td><td rowspan="2">5</td><td rowspan="2"></td><td rowspan="2"></td><td rowspan="2"></td><td rowspan="2"></td></tr>
<tr><td>0</td></tr>
<tr><td colspan="2">4−ϕ6</td><td>4</td><td></td><td></td><td></td><td></td></tr>
<tr><td rowspan="2">ϕ50</td><td>+0.019</td><td rowspan="2">5</td><td rowspan="2"></td><td rowspan="2"></td><td rowspan="2"></td><td rowspan="2"></td></tr>
<tr><td>−0.019</td></tr>
<tr><td rowspan="2">15</td><td>+0.035</td><td rowspan="2">5</td><td rowspan="2"></td><td rowspan="2"></td><td rowspan="2"></td><td rowspan="2"></td></tr>
<tr><td>−0.035</td></tr>
<tr><td colspan="2">5</td><td>3</td><td></td><td></td><td></td><td></td></tr>
<tr><td colspan="2">平行度</td><td>5</td><td></td><td></td><td></td><td></td></tr>
<tr><td colspan="2">粗糙度</td><td>5</td><td></td><td></td><td></td><td></td></tr>
<tr><td colspan="2"></td><td></td><td></td><td></td><td></td><td></td></tr>
<tr><td colspan="2"></td><td></td><td></td><td></td><td></td><td></td></tr>
<tr><td>3</td><td colspan="4">精度检验及误差分析(5 分)</td><td>5</td><td>—</td><td>—</td><td></td><td></td></tr>
<tr><td>4</td><td>时间扣分</td><td colspan="3">每超时 3 分钟扣 1 分</td><td></td><td></td><td></td><td></td><td></td></tr>
<tr><td colspan="5">合计</td><td>100</td><td></td><td></td><td></td><td></td></tr>
</table>

九、摆杆

请按图 4-2-9 加工摆杆。

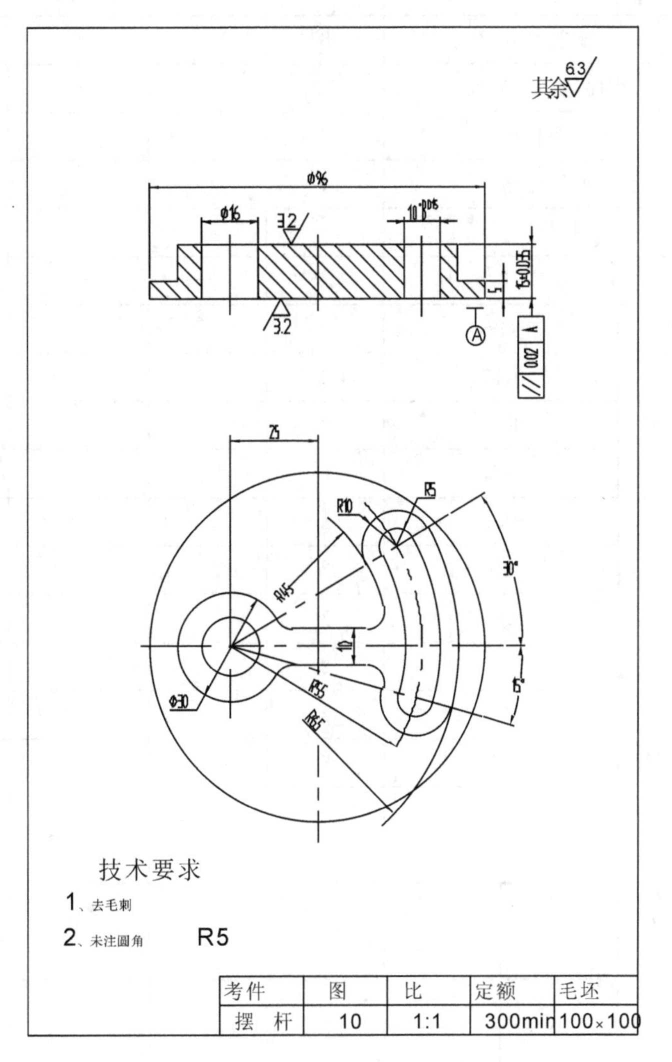

图 4-2-9 摆杆

表 4-2-10　高级数控铣工技能考试评分表(摆杆)

高级数控铣工技能考试评分表									
序号	鉴定项目及标准				配分	自检	检验结果	得分	备注
1	工艺准备(35 分)	工艺编制			8	—	—		
		程序编制及输入			15	—	—		
		工件装夹			3	—	—		
		刀具选择			4	—	—		
		切削用量选择			5	—	—		
2	工件加工(60 分)	用试切法对刀			10	—	—		
		工件质量(50 分)	ϕ96		2				
			R15		2				
			R45		2				
			R5		2				
			R10		2				
			10		2				
			15°		2				
			30°		2				
			R65		2				
			25		3				
			R55		3				
			ϕ16		3				
			10	+0.015 0	5				
			15	+0.035 −0.035	5				
			5		3				
			平行度		5				
			粗糙度		5				
3	精度检验及误差分析(5 分)				5	—	—		
4	时间扣分	每超时 3 分钟扣 1 分							
合计					100				

CAXA 制造工程师自动编程

1. 了解自动编程的发展，熟悉自动编程的特点和基本步骤
2. 能运用 CAXA 制造工程师软件自动编程加工的简单产品

项目简介

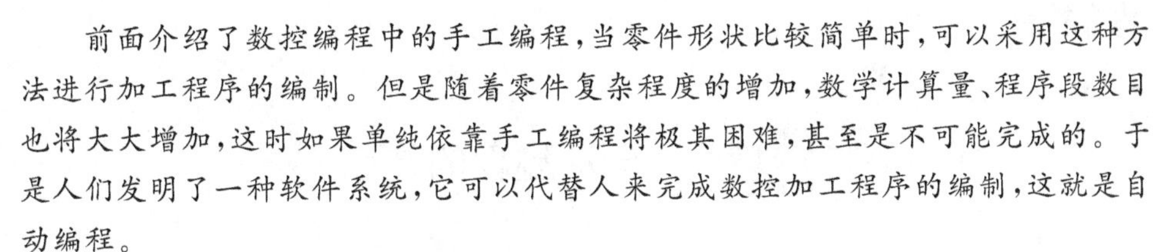

前面介绍了数控编程中的手工编程，当零件形状比较简单时，可以采用这种方法进行加工程序的编制。但是随着零件复杂程度的增加，数学计算量、程序段数目也将大大增加，这时如果单纯依靠手工编程将极其困难，甚至是不可能完成的。于是人们发明了一种软件系统，它可以代替人来完成数控加工程序的编制，这就是自动编程。

本项目分为二个任务：任务一，对自动编程的特点、基本步骤及发展的介绍。任务二，以项目二的典型零件为例，分析该零件应用 CAXA 制造工程师软件进行零件自动编程加工的过程，达到提高零件加工的生产效率，改善加工质量的目的，从而让学生对手工编程与自动编程的区别有更直观的了解。

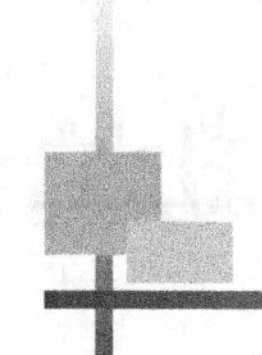

任务一 自动编程简介

任务目标

1. 熟悉自动编程的特点
2. 了解自动编程的发展
3. 熟悉自动编程的基本步骤

任务描述

本任务主要了解自动编程的发展，熟悉自动编程的特点和基本步骤。

任务链接

活动一 自动编程的特点

随着制造设备的数控化率不断提高，数控加工技术在我国得到日益广泛的使用，在模具行业，掌握数控技术与否及加工过程中的数控化率的高低已成为企业是否具有竞争力的象征。数控加工技术应用的关键在于计算机辅助设计和制造(CAD/CAM)系统的质量。

如何进行数控加工程序的编制是影响数控加工效率及质量的关键，传统的手工编程方法复杂、烦琐、易出错、难检查，难以充分发挥数控机床的功能。在模具加工中，经常遇到形状复杂的零件，其形状用自由曲面来描述，采用手工编程方法基本上无法编制数控加工程序。近年来，由于计算机技术的迅速发展，计算机的图形处理功能有了很大增强，基于CAD/CAM技术进行图形交互的自动编程方法日趋成熟，这种方法速度快、精度高、直观、使用简便和便于检查。CAD/CAM技术在工业发达国家已得到广泛使用。近年来在国内的应用也越来越普及，成为实现制造业技术进步的一种必然趋势。

自动编程的特点是编程工作主要由计算机完成。在自动编程方式下，编程人员只需采用某种方式输入工件的几何信息以及工艺信息，计算机就可以自动完成数据处理、编写零件加工程序、制作程序信息载体以及程序检验的工作而无须人的参与。在目前的技术水平下，分析图纸以及工艺处理仍然需要人工来完成，但随着技术的进步，将来的数控

自动编程系统将从只能处理几何参数发展到能够处理工艺参数。即按加工的材料、零件几何尺寸、公差等原始条件,自动选择刀具、决定工序和切削用量等数控加工中的全部信息。

被加工零件采用线架、曲面、实体等几何体来表示,CAM系统在零件几何体基础上生成刀具轨迹,经过后置处理生成加工代码,将加工代码通过传输介质传给数控机床,数控机床按数字量控制刀具运动,完成零件加工。其过程如下:【零件信息】→【CAD系统造型】→【CAM系统生成加工代码】→【数控机床】→【零件】。

(1)零件数据准备:系统自设计和造型功能或通过数据接口传入CAD数据,如STEP,IGES,SAT,DXF,X－T等;在实际的数控加工中,零件数据不仅仅来自图纸,特别在广泛采用Internet网的今天,零件数据往往通过测量或通过标准数据接口传输等方式得到。

(2)确定粗加工、半精加工和精加工方案。

(3)生成各加工步骤的刀具轨迹。

(4)刀具轨迹仿真。

(5)后置输出加工代码。

(6)输出数控加工工艺技术文件。

(7)传给机床实现加工。

活动二　自动编程的发展

数控加工机床与编程技术两者的发展是紧密相关的。数控加工机床的性能提升推动了编程技术的发展,而编程手段的提高也促进了数控加工机床的发展,二者相互依赖。现代数控技术下在向高精度、高效率、高柔性和智能化方向发展,而编程方式也越来越丰富。

数控编程可分为机内编程和机外编程。机内编程指利用数控机床本身提供的交互功能进行编程,机外编程则是脱离数控机床本身在其他设备上进行编程。机内编程的方式随机床的不同而异,可以“手工”方式逐行输入控制代码(手工编程)、交互方式输入控制代码(会话编程)、图形方式输入控制代码(图形编程),甚至可以语音方式输入控制代码(语音编程)或通过高级语言方式输入控制代码(高级语言编程)。但机内编程一般来说只适用于简单形体,而且效率较低。机外编程也可以分成手工编程、计算机辅助APT编程和CAD/CAM编程等方式。机外编程由于其可以脱离数控机床进行数控编程,相对机内编程来说效率较高,是普遍采用的方式。随着编程技术的发展,机外编程处理能力不断增强,已可以进行十分复杂形体的灵敏控加工编程。

在20世纪50年代中期,MIT伺服机构实验室实现了自动编程,并公布了其研究成果,即APT系统。60年代初,APT系统得到发展,可以解决三维物体的连续加工编程,以后经过不断的发展,具有了雕塑曲面的编程功能。APT系统所用的基本概念和基本思想,对于自动编程技术的发展具有深远的意义,即使目前,大多数自动编程系统也在沿用其中的一些模式。如编程中的三个控制面:零件面(PS)、导动面(DS)、检查面(CS)的概念,刀具与检查面的 ON、TO、PAST 关系等等。

随着微电子技术和 CAD 技术的发展，自动编程系统也逐渐过渡到以图形交互为基础的与 CAD 集成的 CAD/CAM 系统为主的编程方法。与以前的语言型自动编程系统相比，CAD/CAM 集成系统可以提供单一准确的产品几何模型，几何模型的产生和处理手段灵活、多样、方便，可以实现设计、制造一体化。

虽然数控编程的方式多种多样，毋庸置疑，目前占主导地位的是采用 CAD/CAM 数控编程系统进行编程。

活动三　自动编程的基本步骤

目前，基于 CAD/CAM 的数控自动编程的基本步骤如图 5-1-1 所示。

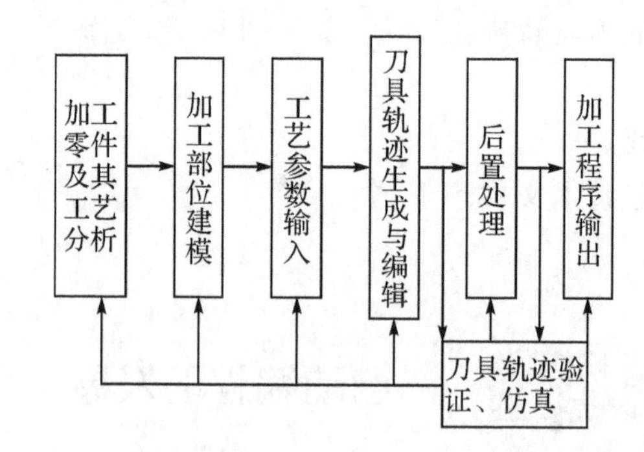

图 5-1-1　基于 CAD/CAM 的数控自动编程的基本步骤

一、加工零件及其工艺分析

加工零件及其工艺分析是数控编程的基础，所以和手工编程、APT 语言编程一样，基于 CAD/CAM 的数控编程也首先要进行这项工作。在目前计算机辅助工艺过程设计(CAPP)技术尚不完善的情况下，该项工作还需人工完成。随着 CAPP 技术及机械制造集成技术(CIMS)的发展与完善，这项工作必然为计算机所代替。加工零件及其工艺分析的主要任务有：

(1)零件几何尺寸、公差及精度要求的核准。

(2)确定加工方法、工夹量具及刀具。

(3)确定编程原点及编程坐标系。

(4)确定走刀路线及工艺参数。

二、加工部位建模

加工部位建模是利用 CAD/CAM 集成数控编程软件的图形绘制、编辑修改、曲线曲面及实体造型等功能将零件被加工部位的几何形状准确绘制在计算机屏幕上，同时在计算机内部以一定的数据结构对该图形加以记录。加工部位建模实质上是人将零件加工部位的相关信息提供给计算机的一种手段，它是自动编程系统进行自动编程的依据和基础。随着建模技术及机械集成技术的发展，将来的数控编程软件将可以直接从CAD模块获得相关信息，而无须对加工部位再进行建模。

三、工艺参数的输入

在本步骤中，将利用编程系统的相关菜单与对话框等，将第一步分析的一些与工艺有关的参数输入到系统中。所需输入的工艺参数有：刀具类型、尺寸与材料、切削用量（主轴转速、进给速度、切削深度及加工余量）、毛坯信息（尺寸、材料等）、其他信息（安全平面、线性逼近误差、刀具轨迹间的残留高度、进退刀方式、走刀方式、冷却方式等）。当然，对于某一加工方式而言，可能只要求其中的部分工艺参数。随着CAPP技术的发展，这些工艺参数可以直接由CAPP系统来给出，这时工艺参数的输入这一步也就可以省掉了。

四、刀具轨迹生成及编辑

完成上述操作后，编程系统将根据这些参数进行分析判断，自动完成有关基点、节点的计算，并对这些数据进行编排形成刀位数据，存入指定的刀位文件中。

刀具轨迹生成后，对于具备刀具轨迹显示及交互编辑功能的系统，还可以将刀具轨迹显示出来，如果有不太合适的地方，可以在人工交互方式下对刀具轨迹进行适当的编辑与修改。

五、刀位轨迹的验证与仿真

对于生成的刀位轨迹数据，还可以利用系统的验证与仿真模块检查其正确性与合理性。所谓刀具轨迹验证（Cldata Check或NC Verification）是指零用计算机图形显示器把加工过程中的零件模型、刀具轨迹、刀具外形一起显示出来，以模拟零件的加工过程，检查刀具轨迹是否正确、加工过程是否发生过切，所选择的刀具、走刀路线、进退刀方式是否合理、刀具与约束面是否发生干涉与碰撞。而仿真是指在计算机屏幕上，采用真实感图形显示技术，把加工过程中的零件模型、机床模型、夹具模型及刀具模型动态显示出来，模拟零件的实际加工过程。仿真过程的真实感较强，基本上具有试切加工的验证效果（对于由于刀具受力变形、刀具强度及韧性不够等问题仍然无法达到试切验证的目标）。

六、后置处理

与APT语言自动编程一样，基于CAD/CAM的数控自动编程也需要进行后置处理，以便将刀位数据文件转换为数控系统所能接受的数控加工程序。

七、程序输出

对于经后置处理而生成的数控加工程序，可以利用打印机打印出清单，供人工阅读；还可以直接驱动纸带穿孔机制作穿孔纸带，提供给有读带装置的机床控制系统使用。对于有标准通信接口的机床控制系统，还可以与编程计算机直接联机，由计算机将加工程序直接送给机床控制系统。

任务实施

1. 自动编程的特点？
2. 自动编程的发展历史？
3. 自动编程的基本步骤有哪些？

任务评价

项目六、任务一评价如表 5-1-1 所示。

表 5-1-1 任务评价表

<table>
<tr><th rowspan="2">评价类型</th><th rowspan="2">序号</th><th rowspan="2">评价内容</th><th colspan="2">学生自评</th><th colspan="2">小组互评</th><th colspan="2">教师评价</th></tr>
<tr><th>合格</th><th>不合格</th><th>合格</th><th>不合格</th><th>合格</th><th>不合格</th></tr>
<tr><td rowspan="3">任务内容</td><td>1</td><td>自动编程的特点</td><td></td><td></td><td></td><td></td><td></td><td></td></tr>
<tr><td>2</td><td>自动编程的发展</td><td></td><td></td><td></td><td></td><td></td><td></td></tr>
<tr><td>3</td><td>自动编程的基本步骤</td><td></td><td></td><td></td><td></td><td></td><td></td></tr>
<tr><td rowspan="3">成果分享</td><td colspan="2">收获之处</td><td colspan="6"></td></tr>
<tr><td colspan="2">不足之处</td><td colspan="6"></td></tr>
<tr><td colspan="2">改进措施</td><td colspan="6"></td></tr>
</table>

任务二　典型零件自动编程加工

任务目标

1. 会建立零件的模型
2. 能完成零件加工方案选择，并熟悉各加工参数
3. 能进行刀具轨迹的模拟及后置处理

任务描述

运用 CAXA 制造工程师软件，对典型零件进行自动编程加工(图 5-2-1)。

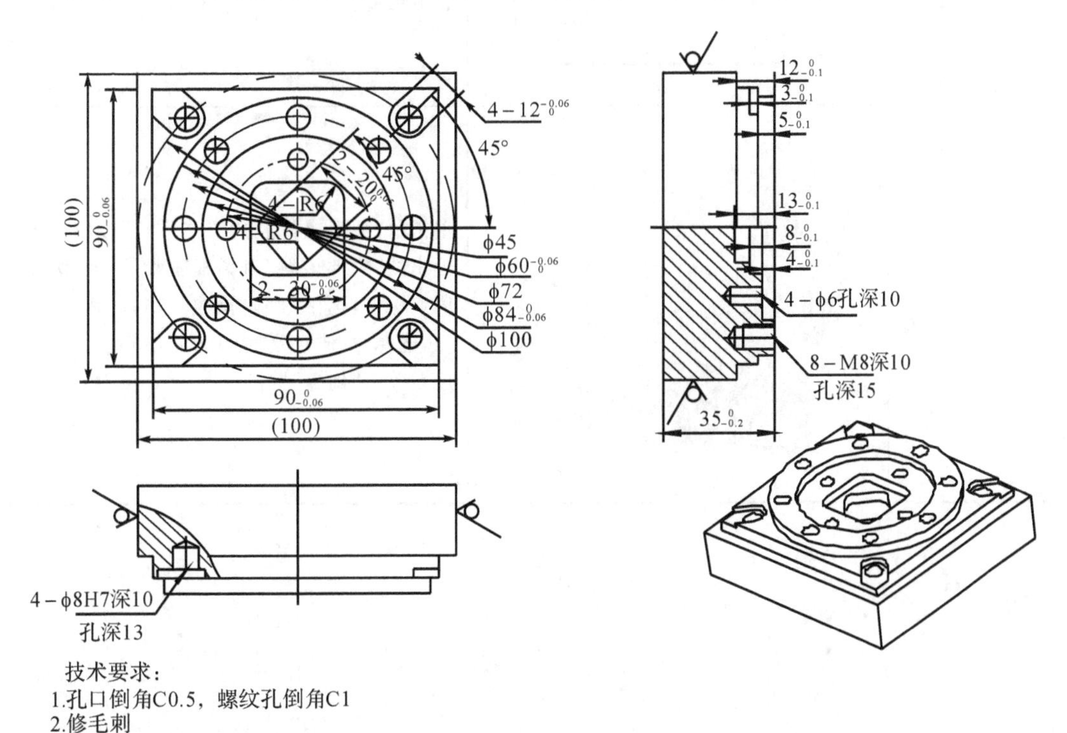

图 5-2-1　典型零件进行自动编程加工

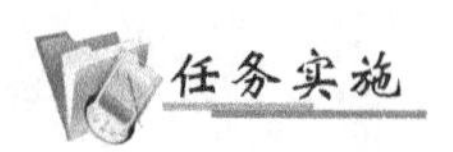

活动一 建立模型

请按表 5-1-1 建立模型。

表 5-2-1 建立模型步骤

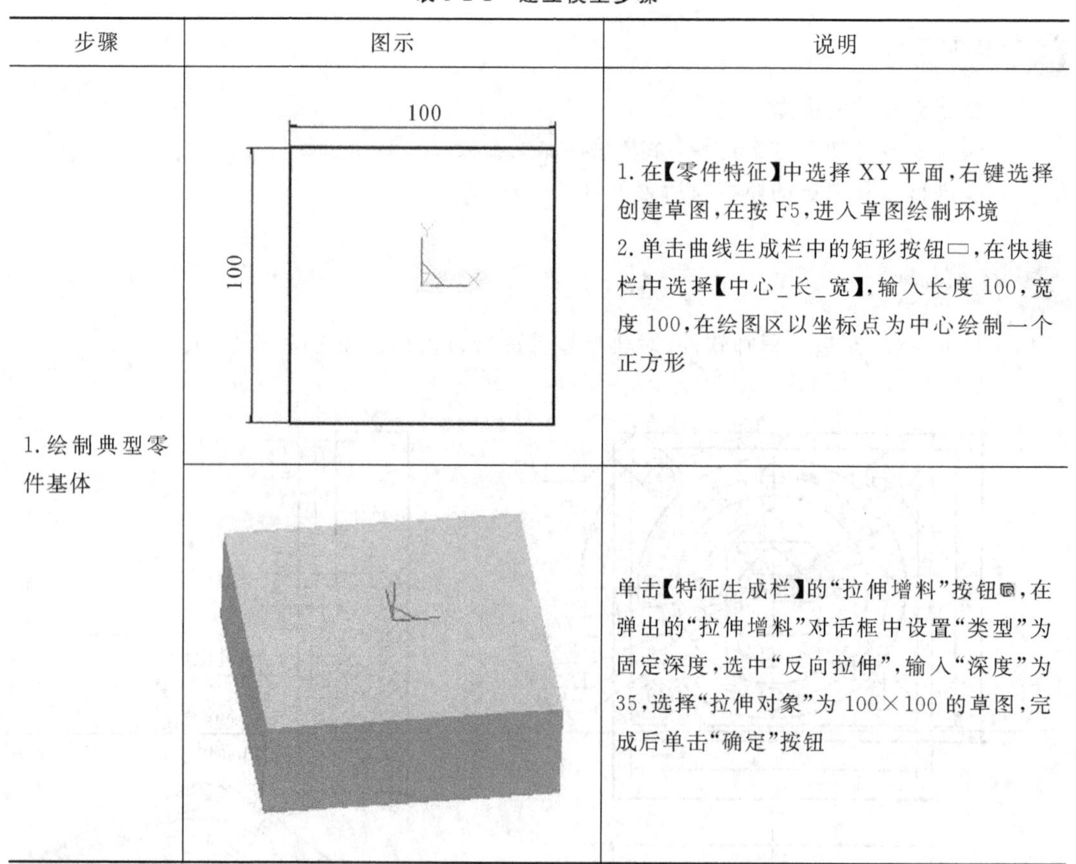

步骤	图示	说明
1. 绘制典型零件基体	100 100	1. 在【零件特征】中选择 XY 平面，右键选择创建草图，在按 F5，进入草图绘制环境 2. 单击曲线生成栏中的矩形按钮▭，在快捷栏中选择【中心_长_宽】，输入长度 100，宽度 100，在绘图区以坐标点为中心绘制一个正方形
		单击【特征生成栏】的“拉伸增料”按钮，在弹出的“拉伸增料”对话框中设置“类型”为固定深度，选中“反向拉伸”，输入“深度”为 35，选择“拉伸对象”为 100×100 的草图，完成后单击“确定”按钮

续表 5-2-1

步骤	图示	说明
2.绘制典型零件方台		1.在绘图区域中左键选取工件上表面,右键选择创建草图,在按F5,进入草图绘制环境 2.单击曲线生成栏中的矩形按钮▭,在快捷栏中选择【中心_长_宽】,输入长度90,宽度90,在绘图区以坐标点为中心绘制一个正方形
		单击曲线生成栏中的矩形按钮▭,在快捷栏中选择【中心_长_宽】,输入长度100,宽度100,在绘图区以坐标点为中心绘制一个正方形
		单击【特征生成栏】的“拉伸除料”按钮,在弹出的“拉伸除料”对话框中设置“类型”为固定深度,取消“反向拉伸”,输入“深度”为12,选择“拉伸对象”为100×100、90×90的草图,完成后单击“确定”按钮

续表 5-2-1

步骤	图示	说明
3.绘制典型零件圆台	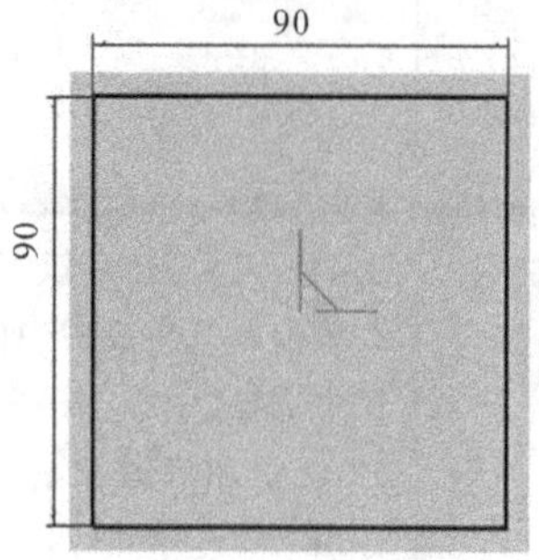	1.在绘图区域中左键选取工件上表面,右键选择创建草图,在按 F5,进入草图绘制环境 2.单击曲线生成栏中的矩形按钮▭,在快捷栏中选择【中心_长_宽】,输入长度 90,宽度 90,绘制一个正方形
	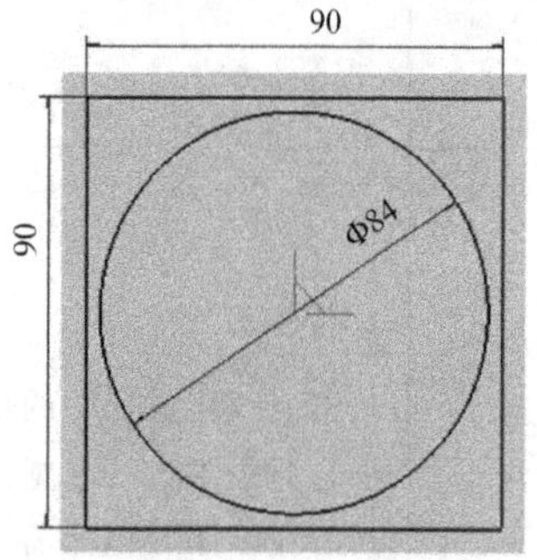	单击曲线生成栏中的矩形按钮 ⊕,在快捷栏中选择【圆心_半径】,以坐标点为圆中心,输入圆半径 42,在按回车键确定,绘制一个圆形
	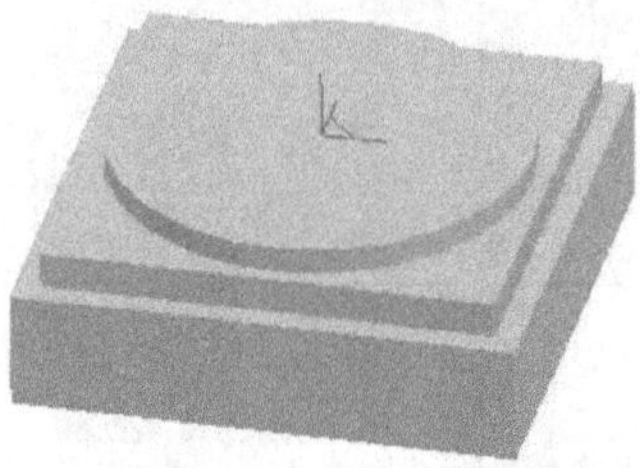	单击【特征生成栏】的“拉伸除料”按钮,在弹出的“拉伸除料”对话框中设置“类型”为固定深度,取消“反向拉伸”,输入“深度”为 5,选择“拉伸对象”为 90×90、D84 的草图,完成后单击“确定”按钮
4.绘制典型零件凹圆槽	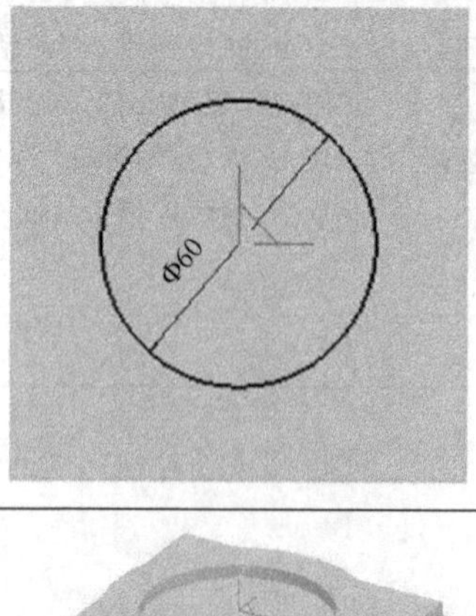	1.在绘图区域中左键选取工件上表面,右键选择创建草图,在按 F5,进入草图绘制环境 2.单击曲线生成栏中的矩形按钮⊕,在快捷栏中选择【圆心_半径】,以坐标点为圆中心,输入圆半径 30,在按回车键确定,绘制一个圆形
		单击【特征生成栏】的“拉伸除料”按钮,在弹出的“拉伸除料”对话框中设置“类型”为固定深度,取消“反向拉伸”,输入“深度”为 4,选择“拉伸对象”为 D60 的草图,完成后单击“确定”按钮

续表 5-2-1

步骤	图示	说明
5.绘制典型零件正内四方形槽		1.在绘图区域中左键选取工件 D60 凹圆槽底面,右键选择创建草图,在按 F5,进入草图绘制环境 2.单击曲线生成栏中的矩形按钮 ,在快捷栏中选择【中心长宽】,输入长度 30,宽度 30,绘制一个正方形
		单击线面编辑栏中的曲线过渡按钮,在快捷栏中选择【圆弧过渡】,“半径”输入 6,在绘图区中选取两条相关的曲线,进行倒圆角
		单击【特征生成栏】的“拉伸除料”按钮,在弹出的“拉伸除料”对话框中设置“类型”为固定深度,取消“反向拉伸”,输入“深度”为 4,选择“拉伸对象”为 30×30,R6 的草图,完成后单击“确定”按钮

续表 5-2-1

步骤	图示	说明
6.绘制典型零件斜内四方形槽	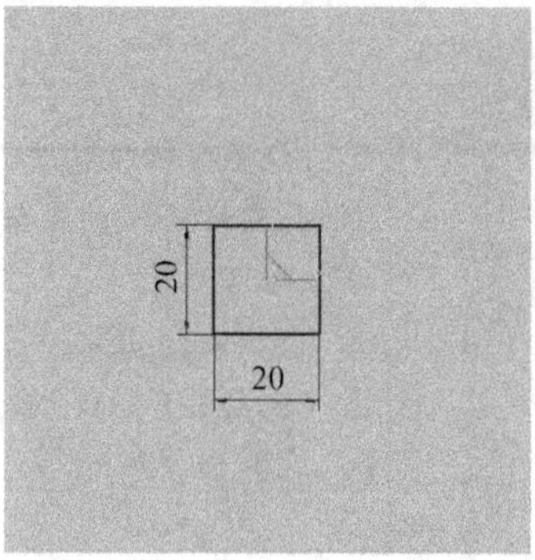 20 20	1.在绘图区域中左键选取工件30×30,R6正内四方形槽底面,右键选择创建草图,在按F5,进入草图绘制环境 2.单击曲线生成栏中的矩形按钮▭,在快捷栏中选择【中心_长_宽】,输入长度20,宽度20,绘制一个正方形
	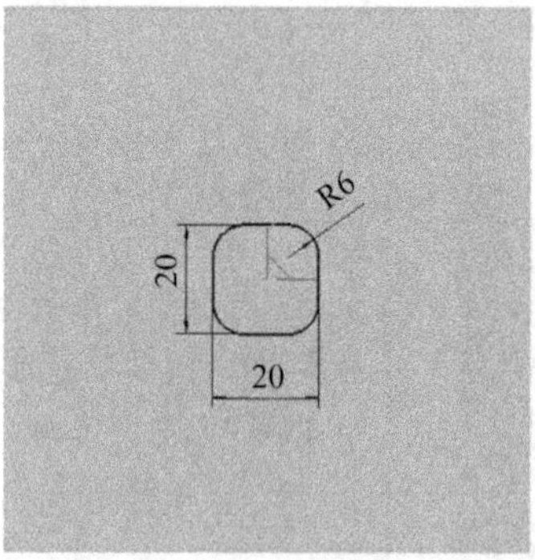 R6 20 20	单击线面编辑栏中的曲线过渡按钮,在快捷栏中选择【圆弧过渡】,“半径”输入6,在绘图区中选取两条相关的曲线,进行倒圆角
	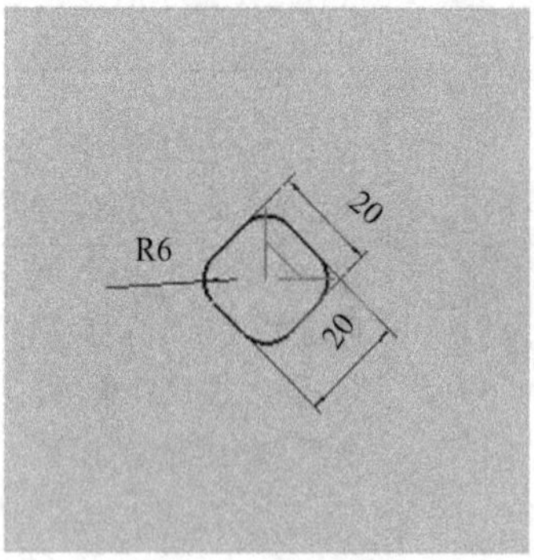 20 R6 20	单击几何变换栏中的平面旋转按钮,在快捷栏中选择【固定角度】,在选“移动”功能,“角度”输入45,在绘图区中确定坐标原点为中心点,再选取所有曲线,完成后单击“右键”确定
	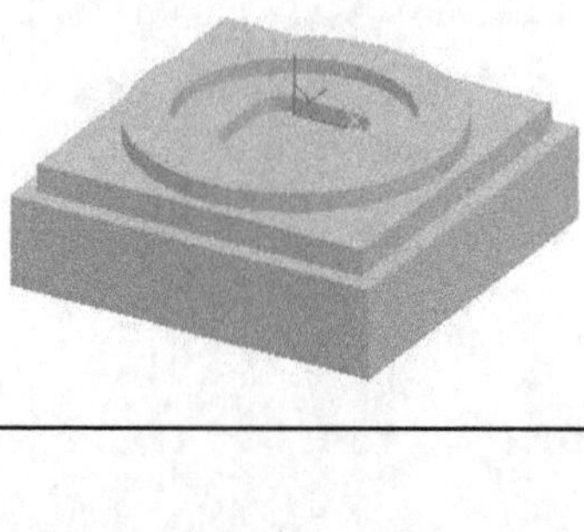	单击【特征生成栏】的“拉伸除料”按钮,在弹出的“拉伸除料”对话框中设置“类型”为固定深度,取消“反向拉伸”,输入“深度”为5,选择“拉伸对象”为20×20,R6的草图,完成后单击“确定”按钮

续表 5-2-1

步骤	图示	说明
7.绘制典型零件 4 个斜直槽	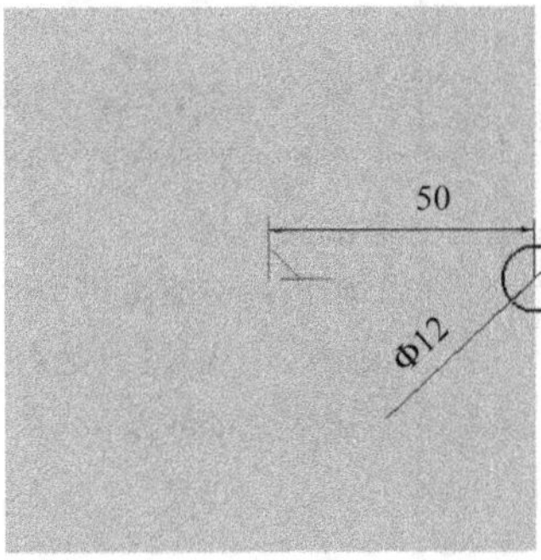	1.在绘图区域中左键选取工件 D84 圆台底面,右键选择创建草图,在按 F5,进入草图绘制环境 2.单击曲线生成栏中的矩形按钮⊕,在快捷栏中选择【圆心_半径】,以坐标 X50、Y0 为圆中心,输入圆半径 6,在按回车键,绘制一个圆
	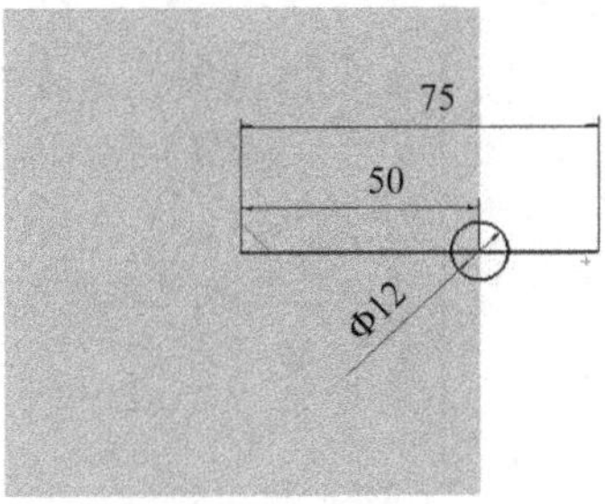	单击【曲线生成栏】的直线按钮⁄,选择【两点线】,绘制出以 0,0 与 75,0 两点坐标直线
	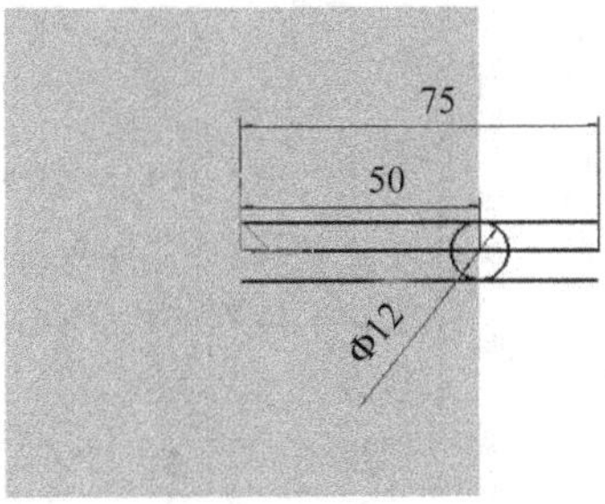	单击【曲线生成栏】的等距线按钮,选择【单跟曲线】,【等距】功能,输入距离为 6,选中直线绘制出上下两条偏置线
	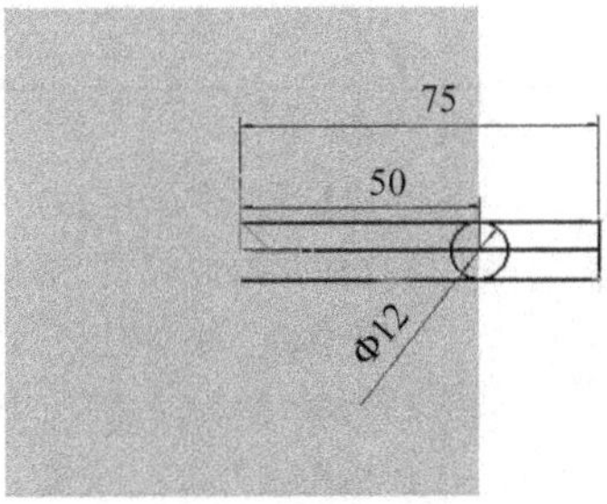	单击【曲线生成栏】的直线按钮⁄,选择【两点线】,绘制出两条偏置线右端连接线

续表 5-2-1

步骤	图示	说明
7.绘制典型零件4个斜直槽	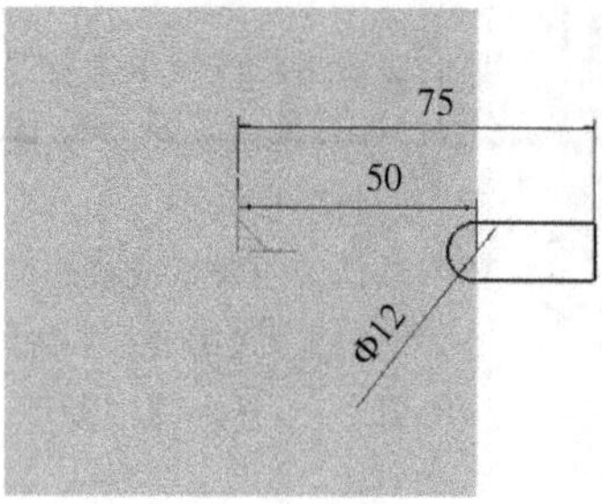 75 50 Φ12	1.单击线面编辑栏中的删除按钮，在绘图区直接选取要删除的曲线，单击右键完成要删除的线条 2.单击线面编辑栏中的曲线剪裁按钮，在快捷栏中选择【快速剪裁】，正常剪裁功能，裁去多余的线条
	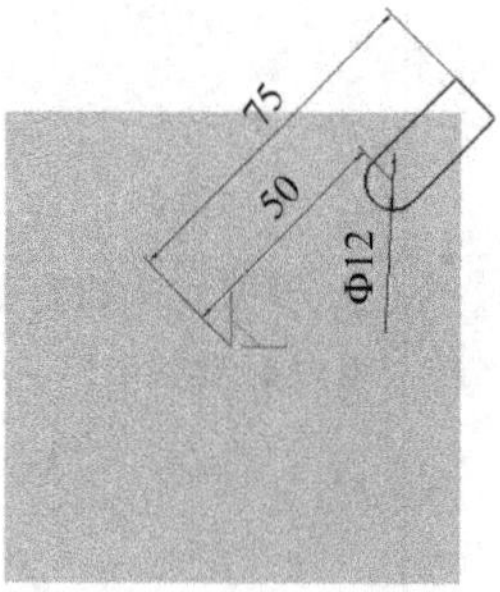 75 50 Φ12	单击几何变换栏中的平面旋转按钮，在快捷栏中选择【固定角度】，在选“移动”功能，“角度”输入45，在绘图区中确定坐标原点为中心点，再选取所有曲线，完成后单击“右键”确定
	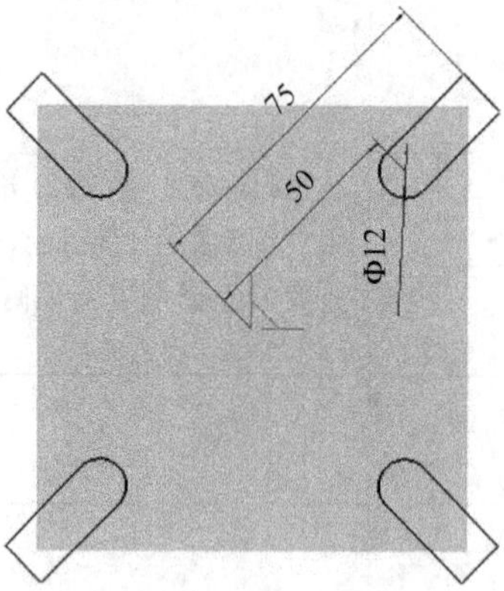 75 50 Φ12	单击几何变换栏中的阵列按钮，在快捷栏中选择【圆形】，均布功能，输入“份数”为4，选取要阵列的线条，右键确认，在左键选取线条圆形阵列的中心点，绘制出所需要的图形
		单击【特征生成栏】的“拉伸除料”按钮，在弹出的“拉伸除料”对话框中设置“类型”为固定深度，取消“反向拉伸”，输入“深度”为3，选择“拉伸对象”为4个斜直槽的草图，完成后单击“确定”按钮

续表 5-2-1

步骤	图示	说明
8.绘制典型零件4个D6的孔		单击【特征生成栏】的打孔按钮，左键拾取打孔的平面(D60凹圆槽底面)，在选择打孔类型，在在平面上指定一点，在按回车键输入坐标22.5、0，在单击【下一步】，在输入“直径”6，“深度”10，在单击【完成】绘制出单个孔的造型
		单击【曲线生成栏】的直线按钮，选择【两点线】，绘制出以0,0,0与0,0,20两点坐标直线
		单击【特征生成栏】的环形阵列按钮，输入“角度”90，“数目”4，选取阵列对象D6的孔，选取边/基准轴为零件的中心轴线，选取“自身旋转”，“单个阵列”，在单击【确定】绘制出4个孔的造型
9.绘制典型零件8个M8的底孔，螺纹不画		单击【特征生成栏】的打孔按钮，左键拾取打孔的平面(上平面)，在选择打孔类型，在平面上指定一点，在按回车键输入坐标36、0，在单击【下一步】，在输入“直径”6.8，“深度”15，“沉孔大径”9，“沉孔角度”90，在单击【完成】绘制出单个孔的造型
		单击【特征生成栏】的环形阵列按钮，输入“角度”45，“数目”8，选取阵列对象D6.8的孔，选取边/基准轴为零件的中心轴线，选取“自身旋转”，“单个阵列”，在单击【确定】绘制出8个孔的造型

续表 5-2-1

步骤	图示	说明
10. 绘制典型零件4个D8H7的孔		单击【特征生成栏】的打孔按钮，左键拾取打孔的平面(斜直槽底面)，在选择打孔类型，在平面上指定一点，在按字母C键，在单击圆弧R6实体线，选取圆心点，在单击【下一步】，在输入“直径”8，“深度”13，“沉孔大径”9，“沉孔角度”90，在单击【完成】绘制出单个孔的造型
		单击【特征生成栏】的环形阵列按钮，输入“角度”90，“数目”4，选取阵列对象D8的孔，选取边/基准轴为零件的中心轴线，选取“自身旋转”，“单个阵列”，在单击【确定】绘制出4个孔的造型
11. 典型零件绘制完成		单击线面编辑栏中的删除按钮，在绘图区直接框选要删除的曲线，单击右键完成要删除的线条

活动二　自动编程

可根据表5-2-2所示进行加工程序的自动编程。

表 5-2-2　自动编程步骤

步骤	图示	说明
1. 刀具库的建立	类型 | 刀具名 | 刀具号 | 刀具半径R 铣刀 D80 1 40. 铣刀 D16 2 8. 铣刀 D10 3 5. 钻头 D6 4 3. 钻头 D6.8 5 3.4 铣刀 M8 6 4. 钻头 D7.8 7 3.9 铣刀 D8H7 8 4.	在【加工管理】中双击刀具库按钮 刀具库：fanuc，进入刀具库管理界面，通过清空刀库、增加刀具、编辑刀具、删除刀具来添加典型零件加工的刀具表，1号刀盘铣刀D80，2号刀立铣刀D16，3号刀立铣刀D10，4号刀钻头D6，5号刀钻头D6.8，6号刀丝锥M8，7号刀钻头D7.8，8号刀铰刀D8H7。(2011版本CAXA软件不能进入丝锥、铰刀刀具，这里用铣刀来代替)，完成后单击“确定”按钮

续表 5-2-2

步骤	图示	说明
2. 模型精度的设置		在【加工管理】中双击模型按钮模型，进入模型参数界面，设置模型几何精度：0.01，模型精度设置不包含不可见曲面、隐藏层中的曲面，完成后单击“确定”按钮
3. 工件坐标系的建立		在【加工管理】中单击坐标系“+”按钮坐标系，在中右键 选择创建坐标，通过单点、三点指令创建加工所需要的坐标系，如果设计坐标与加工坐标一致，那就不用在创建加工坐标系了，创建完坐标系后，通过右键坐标来激活所需要的加工坐标系
4. 工件毛坯的建立	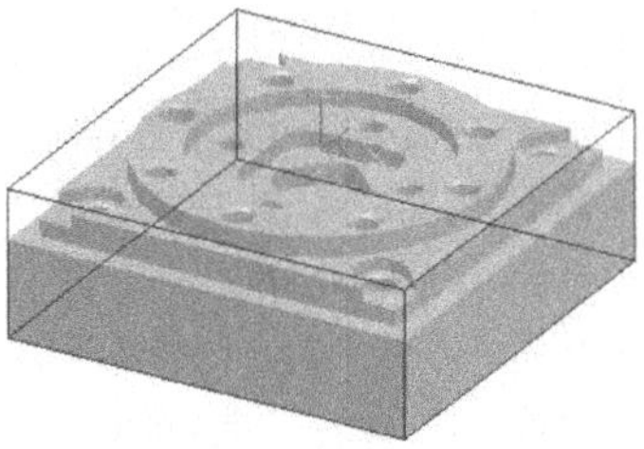	在【加工管理】中双击起始点按钮毛坯，进入定义毛坯界面，选择参照模型功能参照模型，来定义毛坯。显示毛坯按钮来定义模型界面中是否显示毛坯
5. 加工轨迹起始点	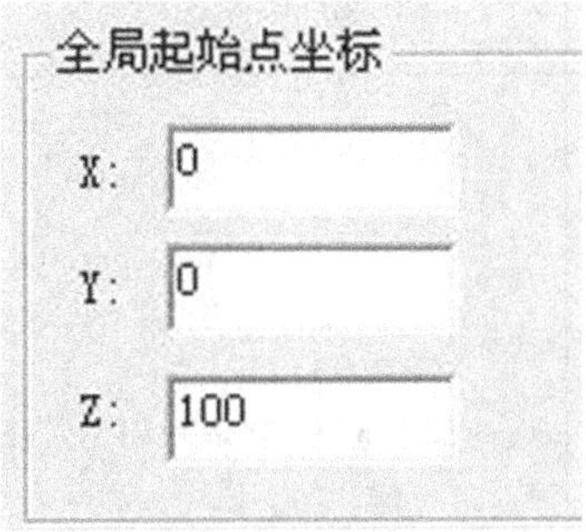	在【加工管理】中双击毛坯按钮起始点，进入全局轨迹起始点界面，设置全局起始点坐标（0，0，200）

续表 5-2-2

步骤	图示	说明
6. 铣平面编程		创建平面加工边界单击【曲线生成栏】的相关线按钮，选择【实体边界】功能，用鼠标左键选取需要铣平面的边界
		单击加工工具栏中的平面轮廓精加工按钮，进入平面轮廓精加工界面 刀具参数：在刀具库中双击你所需要的刀具，D80，公共参数：不用设置 切削用量：主轴转数 1000，下刀速度 100，切入切出速度 300，切屑速度 300，退刀速度 300 下刀方式：安全高度 50，绝对坐标；下刀距离 2，绝对坐标；退刀距离 0，相对坐标；切入切出为垂直；接近返回：选择直线，输入长度 50，角度 0
		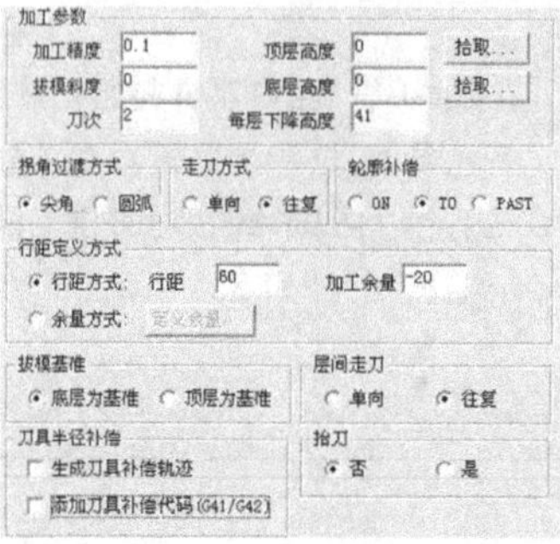 加工参数：主要设置参数有加工精度、刀次、顶层高度，底层高度，走刀方式、轮廓补偿、行距、加工余量、层间走刀、抬刀 具体参数见左表 参数设定完后，单击“确定”，进入选择加工轮廓界面
		选择加工轮廓，并选择轮廓加工方向

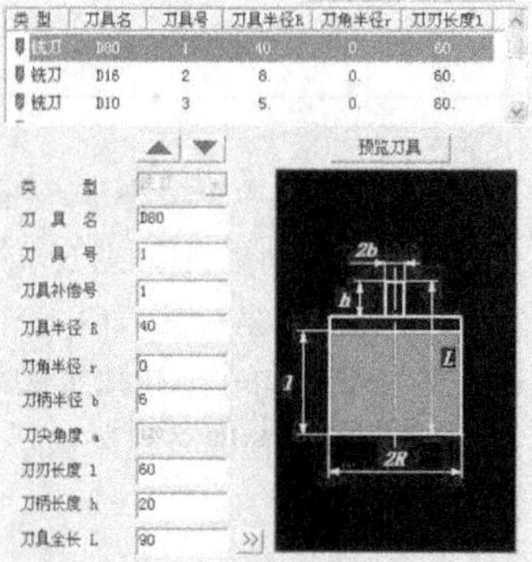

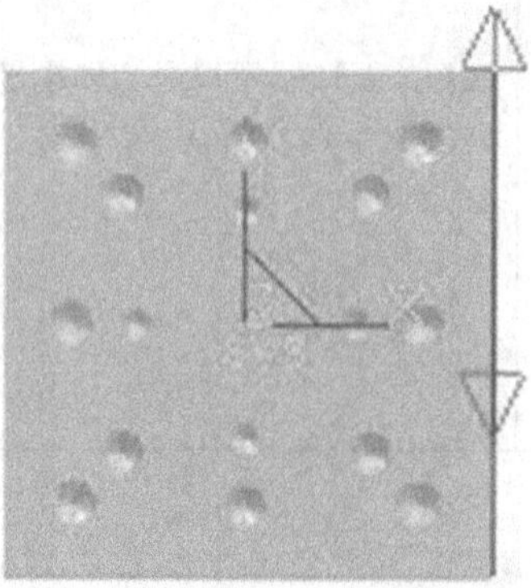

续表 5-2-2

步骤	图示	说明
6. 铣平面编程	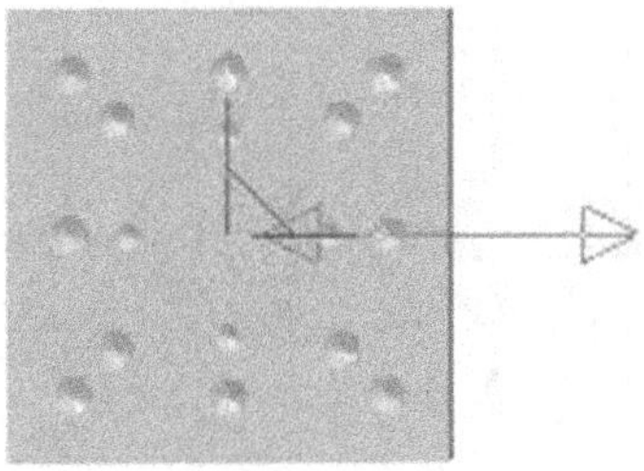	右键确定加工轮廓后，选择轮廓加工余量方向，左边，还是右边
	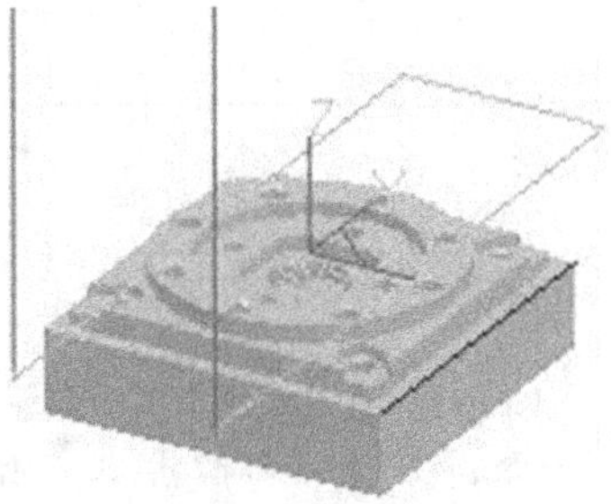	右键确定加工轮廓余量后，设置进刀点，右键确定，退刀点，右键确定，在右键确定，加工平面轨迹完成，按F8按钮，观察加工轨迹立体视图
7. 铣四方编程		隐藏加工平面轨迹与平面边界 在绘图区左键选中平面加工轨迹，在按住Ctrl键，选取平面边界，右键选择隐藏，完成隐藏加工平面轨迹与平面边界
	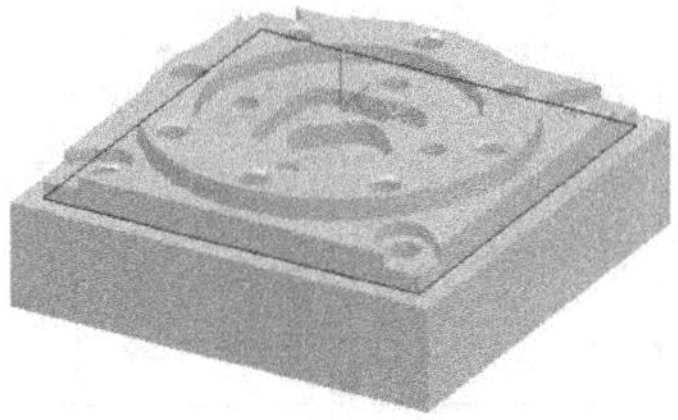	创建四方加工边界 单击【曲线生成栏】的相关线按钮，选择【实体边界】功能，用鼠标左键选取四方90×90实体边界
	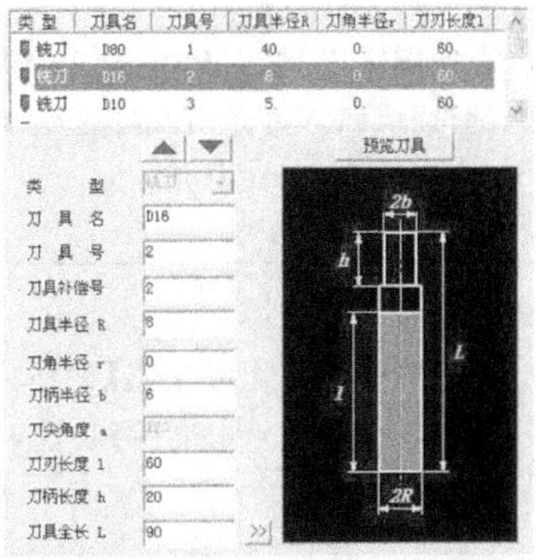	单击加工工具栏中的轮廓线精加工按钮，进入平面轮廓精加工界面 加工边界：最大、最小都为－12 刀具参数：在刀具库中双击你所需要的刀具，D16， 公共参数：不用设置 切削用量：主轴转数1000，下刀速度100，切入切出速度300，切屑速度300，退刀速度300 下刀方式：安全高度50，绝对坐标；下刀距离2，绝对坐标；退刀距离0，相对坐标

续表 5-2-2

步骤	图示	说明
	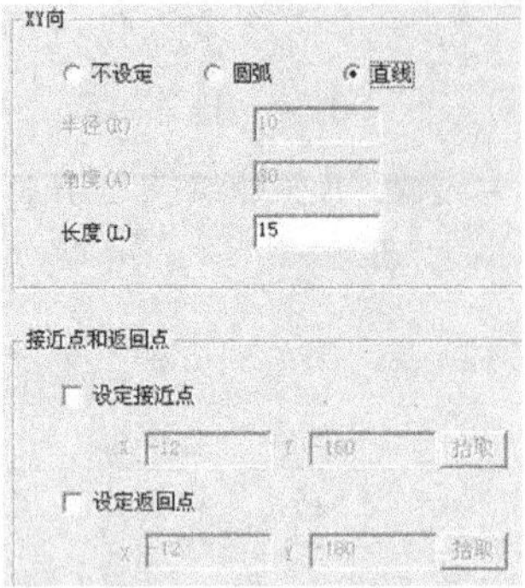	切入切出：XY 向，选择直线方式，长度为 15 （加工轮廓为直线型，一般 XY 向，选择直线方式）
	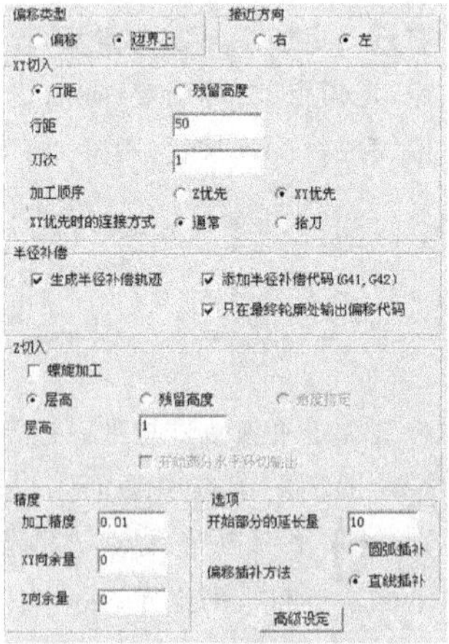	加工参数：主要设置参数有偏移类型、接近方向、行距、刀次、半径补偿、层高、开始部分的延长量。具体参数见左表 参数设定完后，单击“确定”，进入选择加工轮廓界面
		选择加工轮廓，并选择轮廓加工方向，右键确定，加工四方轨迹完成，按 F8 按钮，观察加工轨迹立体视图
8. 铣圆台编程		隐藏加工四方轨迹与四方边界 在绘图区左键选中四方加工轨迹，在按住 Ctrl 键，选取四方边界，右键选择隐藏，完成隐藏加工四方轨迹与四方边界
		创建圆台加工边界单击【曲线生成栏】的相关线按钮，选择【实体边界】功能，用鼠标左键选取圆台 D84 实体边界

续表 5-2-2

步骤	图示	说明
8. 铣圆台编程		单击加工工具栏中的轮廓线精加工按钮,进入平面轮廓精加工界面 加工边界:最大、最小都为-5 刀具参数:在刀具库中双击你所需要的刀具,D16, 公共参数:不用设置 切削用量:主轴转数 1000,下刀速度 100,切入切出速度 300,切屑速度 300,退刀速度 300 下刀方式:安全高度 50,绝对坐标;下刀距离 2,绝对坐标;退刀距离 0,相对坐标
		切入切出:*XY* 向,选择圆弧方式,半径为 10,角度为 30,接近点与返回点设为 X55、Y0(加工轮廓为圆弧形,一般 *XY* 向,选择圆弧方式)
		加工参数:主要设置参数有偏移类型、接近方向、行距、刀次、半径补偿、层高、开始部分的延长量。具体参数见左表 参数设定完后,单击"确定",进入选择加工轮廓界面
		选择加工轮廓,并选择轮廓加工方向,右键确定,加工圆台轨迹完成,按 F8 按钮,观察加工轨迹立体视图

续表 5-2-2

步骤	图示	说明
		隐藏加工圆台轨迹与圆台边界在绘图区左键选中圆台加工轨迹，在按住 Ctrl 键，选取圆台边界，右键选择隐藏，完成隐藏加工圆台轨迹与圆台边界
		创建内圆槽加工边界 单击【曲线生成栏】的相关线按钮，选择【实体边界】功能，用鼠标左键选取内圆槽 D60 实体边界
9. 铣内圆槽编程	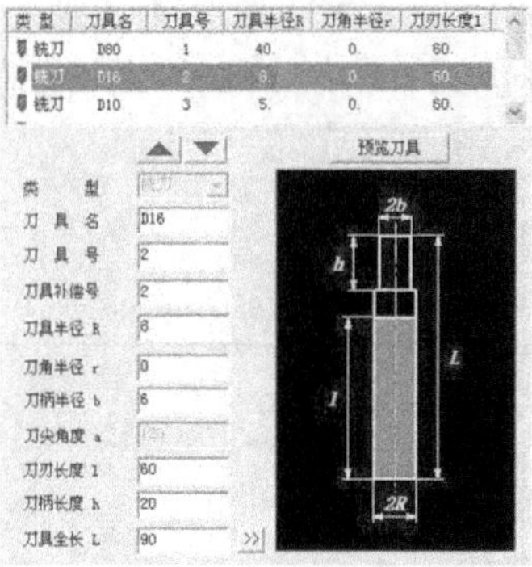	单击加工工具栏中的轮廓线精加工按钮，进入平面轮廓精加工界面 加工边界：最大为 0、最小都为－4 刀具参数：在刀具库中双击你所需要的刀具，D16， 公共参数：不用设置 切削用量：主轴转数 1000，下刀速度 100，切入切出速度 300，切屑速度 300，退刀速度 300 下刀方式：安全高度 50，绝对坐标；下刀距离 2，绝对坐标；退刀距离 0，相对坐标
	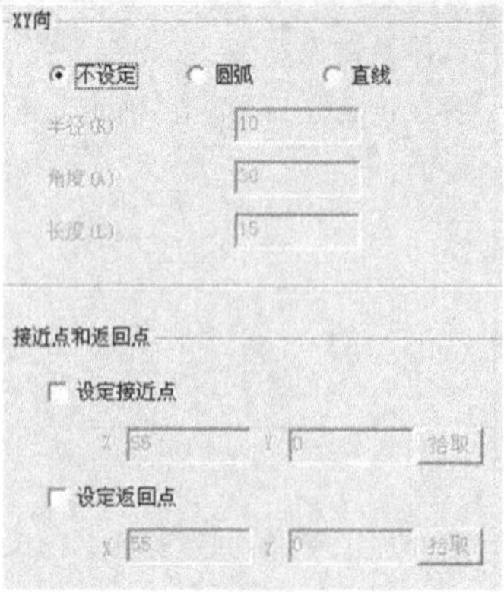	切入切出：不设定 （轮廓加工轨迹方式为螺旋形，一般切入切出都不设定）

续表 5-2-2

步骤	图示	说明
9. 铣内圆槽编程		加工参数：主要设置参数有偏移类型、接近方向、行距、刀次、半径补偿、层高、开始部分的延长量。具体参数见左表 参数设定完后，单击“确定”，进入选择加工轮廓界面
		选择加工轮廓，并选择轮廓加工方向，右键确定，加工内圆槽轨迹完成，按 F8 按钮，观察加工轨迹立体视图
10. 铣内四方槽编程		隐藏加工内圆槽轨迹与内圆槽边界 在绘图区左键选中内圆槽加工轨迹，在按住 Ctrl 键，选取内圆槽边界，右键选择隐藏，完成隐藏加工内圆槽轨迹与内圆槽边界
		创建内四方加工边界 单击【曲线生成栏】的相关线按钮，选择【实体边界】功能，用鼠标左键选取内四方 30×30 实体边界
		单击加工工具栏中的轮廓线精加工按钮，进入平面轮廓精加工界面 加工边界：最大为－4、最小都为－8 刀具参数：在刀具库中双击你所需要的刀具，D10， 公共参数：不用设置 切削用量：主轴转数 1000，下刀速度 100，切入切出速度 300，切屑速度 300，退刀速度 300 下刀方式：安全高度 50，绝对坐标；下刀距离 2，相对坐标；退刀距离 0，相对坐标

续表 5-2-2

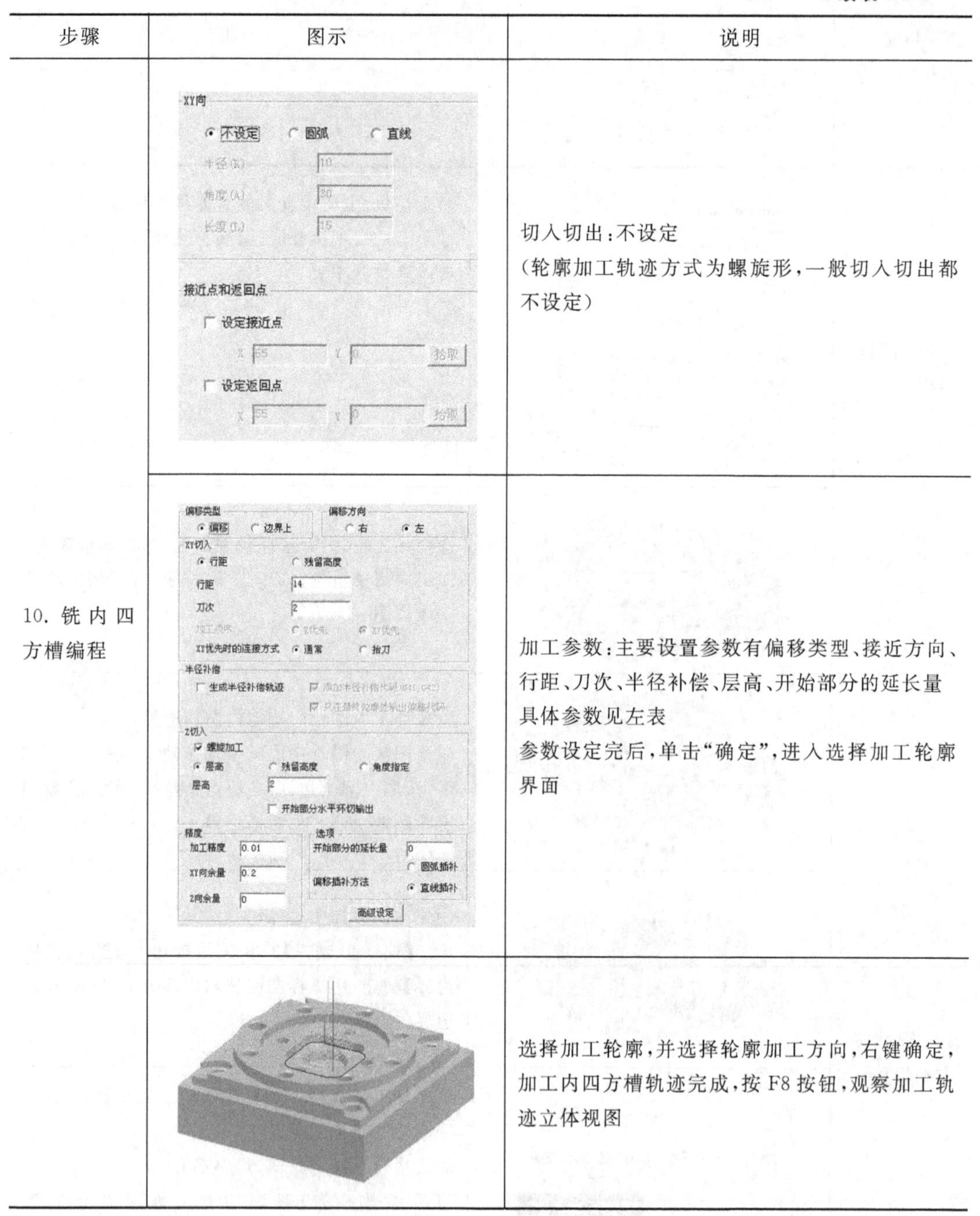

步骤	图示	说明
10. 铣内四方槽编程		切入切出:不设定 (轮廓加工轨迹方式为螺旋形,一般切入切出都不设定)
		加工参数:主要设置参数有偏移类型、接近方向、行距、刀次、半径补偿、层高、开始部分的延长量 具体参数见左表 参数设定完后,单击"确定",进入选择加工轮廓界面
		选择加工轮廓,并选择轮廓加工方向,右键确定,加工内四方槽轨迹完成,按 F8 按钮,观察加工轨迹立体视图

续表 5-2-2

步骤	图示	说明
11. 铣内斜四方槽编程		隐藏加工内四方轨迹与内四方边界 在绘图区左键选中圆台加工轨迹，在按住 Ctrl 键，选取内四方边界，右键选择隐藏，完成隐藏加工内四方轨迹与内四方边界
		创建斜内四方加工边界 单击【曲线生成栏】的相关线按钮，选择【实体边界】功能，用鼠标左键选取斜内四方 20×20 实体边界
		单击加工工具栏中的轮廓线精加工按钮，进入平面轮廓精加工界面 加工边界：最大为－8、最小都为－13 刀具参数：在刀具库中双击你所需要的刀具，D10， 公共参数：不用设置 切削用量：主轴转数 1000，下刀速度 100，切入切出速度 300，切屑速度 300，退刀速度 300 下刀方式：安全高度 50，绝对坐标；下刀距离 2，相对坐标；；退刀距离 0，相对坐标
	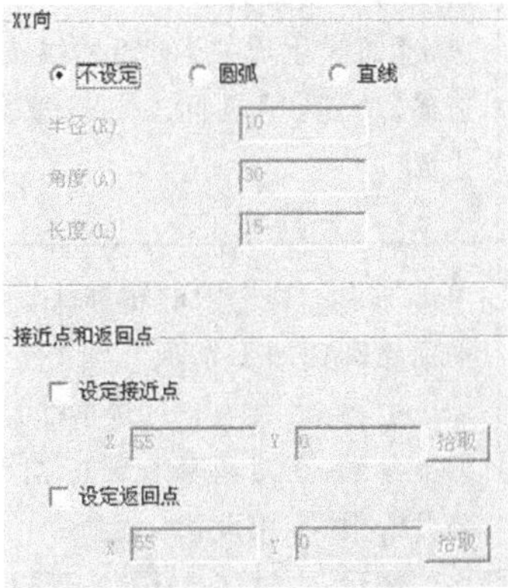	切入切出：不设定 （轮廓加工轨迹方式为螺旋形，一般切入切出都不设定）

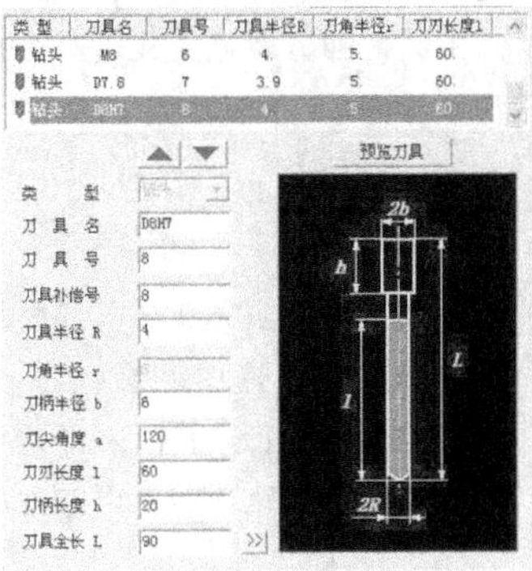

续表 5-2-2

<table>
<tr><th>步骤</th><th>图示</th><th>说明</th></tr>
<tr><td rowspan="2">11. 铣内斜四方槽编程</td><td>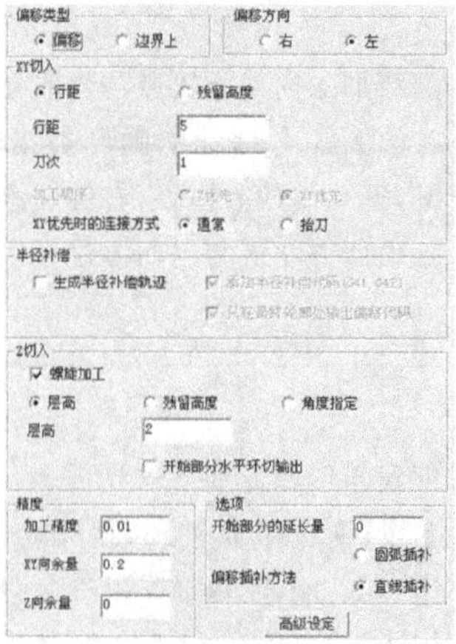
</td><td>加工参数：主要设置参数有偏移类型、接近方向、行距、刀次、半径补偿、层高、开始部分的延长量。具体参数见左表
参数设定完后，单击“确定”，进入选择加工轮廓界面</td></tr>
<tr><td>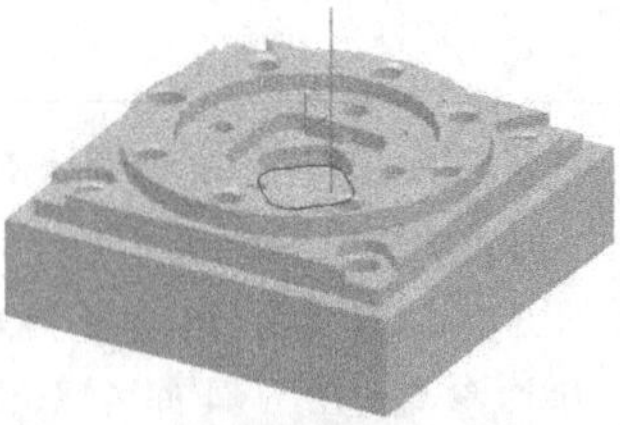</td><td>选择加工轮廓，并选择轮廓加工方向，右键确定，加工斜内四方轨迹完成，按 F8 按钮，观察加工轨迹立体视图</td></tr>
<tr><td rowspan="3">12. 铣斜直槽编程</td><td></td><td>隐藏加工斜内四方轨迹与斜内四方边界
在绘图区左键选中圆台加工轨迹，在按住 Ctrl 键，选取斜内四方边界，右键选择隐藏，完成隐藏加工斜内四方轨迹与斜内四方边界</td></tr>
<tr><td></td><td>创建斜直槽加工边界
单击【曲线生成栏】的相关线按钮，选择【实体边界】功能，用鼠标左键选取斜直槽 4 条实体边界</td></tr>
<tr><td>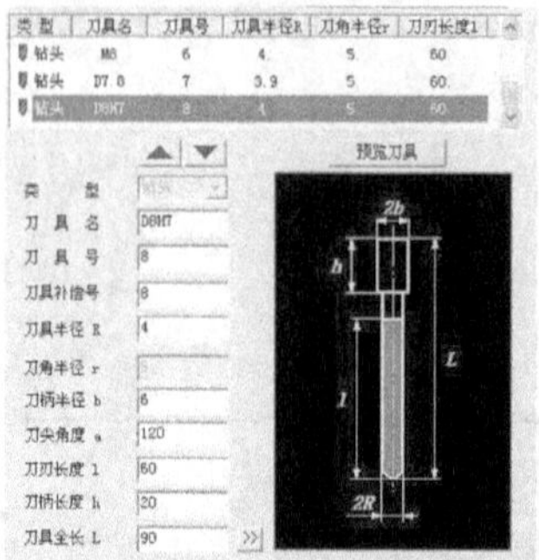
</td><td>单击加工工具栏中的轮廓线精加工按钮，进入平面轮廓精加工界面。
加工边界：最大为－8、最小都为－8
刀具参数：在刀具库中双击你所需要的刀具，D10
公共参数：不用设置
切削用量：主轴转数 1000，下刀速度 100，切入切出速度 300，切屑速度 300，退刀速度 300
下刀方式：安全高度 50，绝对坐标；下刀距离 2，绝对坐标；退刀距离 0，相对坐标</td></tr>
</table>

续表 5-2-2

步骤	图示	说明
12. 铣斜直槽编程	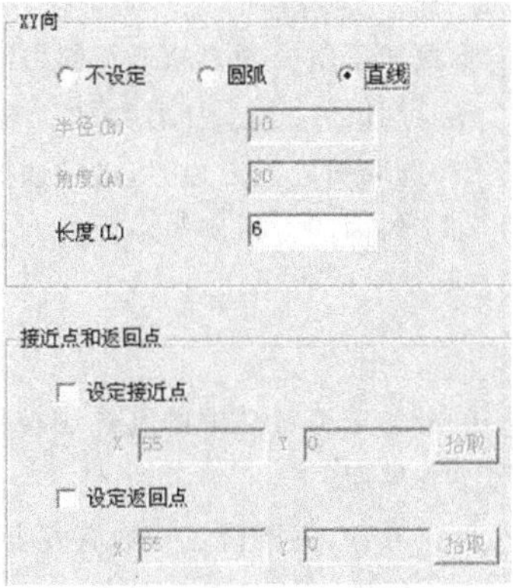	切入切出:不设定 (轮廓加工轨迹方式为螺旋形,一般切入切出都不设定)
		加工参数:主要设置参数有偏移类型、接近方向、行距、刀次、半径补偿、层高、开始部分的延长量。具体参数见左表 参数设定完后,单击“确定”,进入选择加工轮廓界面
		选择加工轮廓,并选择轮廓加工方向,右键确定,在选取下一条轮廓,直到 4 条轮廓都选取完毕,右键确定,加工斜直槽轨迹完成,按 F8 按钮,观察加工轨迹立体视图

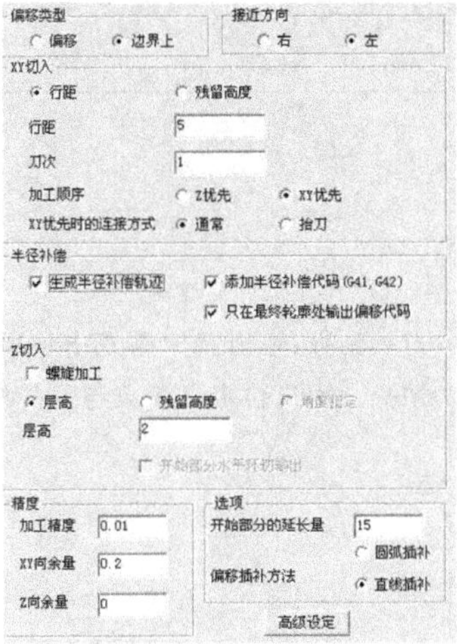

续表 5-2-2

步骤	图示	说明
13.钻孔编程		隐藏加工斜内四方轨迹与斜内四方边界 在绘图区左键选中圆台加工轨迹，在按住 Ctrl 键，选取斜内四方边界，右键选择隐藏，完成隐藏加工斜内四方轨迹与斜内四方边界
	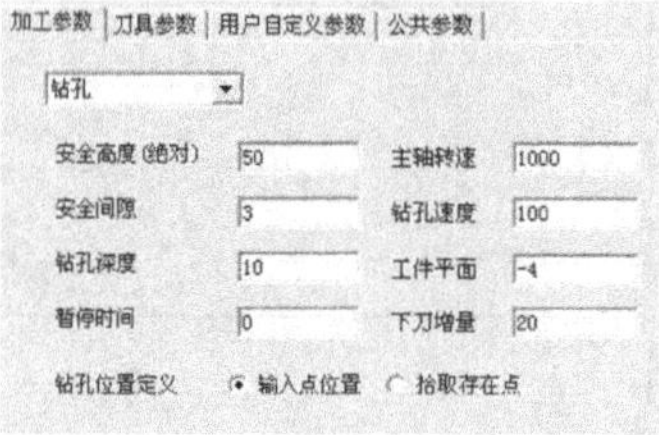 加工参数 | 刀具参数 | 用户自定义参数 | 公共参数 钻孔 安全高度(绝对) 50　主轴转速 1000 安全间隙 3　钻孔速度 100 钻孔深度 10　工件平面 -4 暂停时间 0　下刀增量 20 钻孔位置定义 ⊙输入点位置 ○拾取存在点	单击加工工具栏中的孔加工按钮，进入孔加工参数界面 加工参数：主要设置参数有安全高度、主轴转速、安全间隙、钻孔速度、钻孔深度、工件平面、暂停时间、下刀增量。孔加工功能选择钻孔 具体参数见左表
	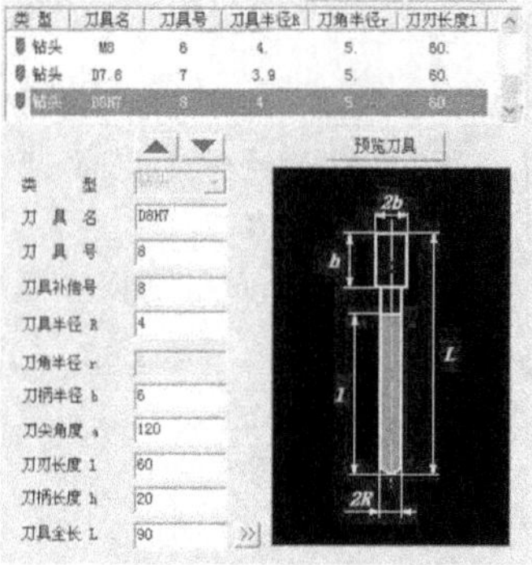	刀具参数：在刀具库中双击你所需要的刀具，D6 钻头。用户自定义参数与公共参数不用设置
	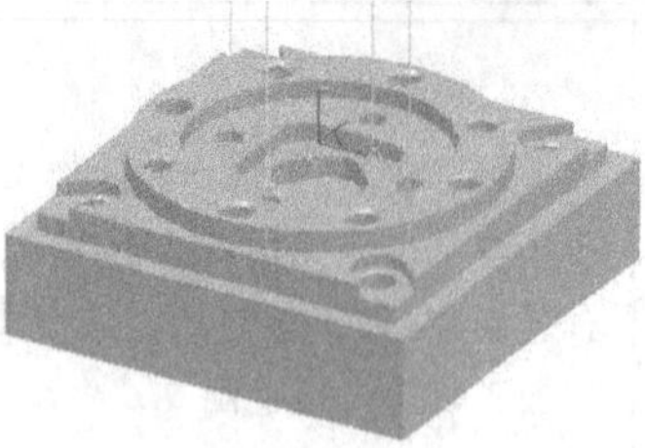	参数设定完后，单击“确定”，进入选择加工孔界面，按 C 键(拾取圆心点)，选择要加工孔的轮廓，右键确定，加工钻孔轨迹完成，按 F8 按钮，观察加工轨迹立体视图

续表 5-2-2

步骤	图示	说明
14. M8 螺纹孔编程		隐藏钻孔 D6 轨迹 在绘图区左键选中钻孔轨迹，右键选择隐藏，完成隐藏加钻孔 D6 轨迹
		单击加工工具栏中的孔加工按钮，进入孔加工参数界面 加工参数：主要设置参数有安全高度、主轴转速、安全间隙、钻孔速度、钻孔深度、工件平面、暂停时间、下刀增量。孔加工功能选择啄式钻孔 具体参数见左表
		刀具参数：在刀具库中双击你所需要的刀具，D6.8 钻头。用户自定义参数与公共参数不用设置
		参数设定完后，单击“确定”，进入选择加工孔界面，按 C 键(拾取圆心点)，选择要加工孔的轮廓，右键确定，加工钻孔轨迹完成，按 F8 按钮，观察加工轨迹立体视图
		30. 单击加工工具栏中的孔加工按钮，进入孔加工参数界面 加工参数：主要设置参数有安全高度、主轴转速、安全间隙、钻孔速度、钻孔深度、工件平面、暂停时间、下刀增量、孔加工功能选择攻丝。具体参数见左表

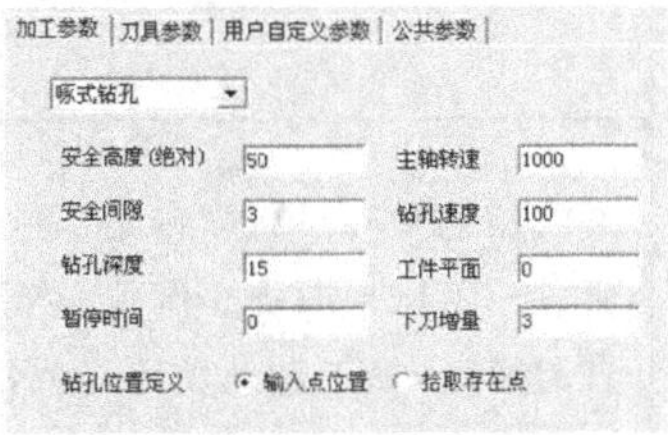

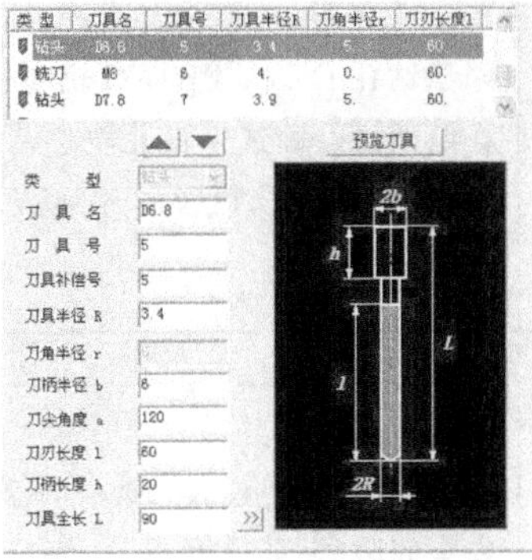

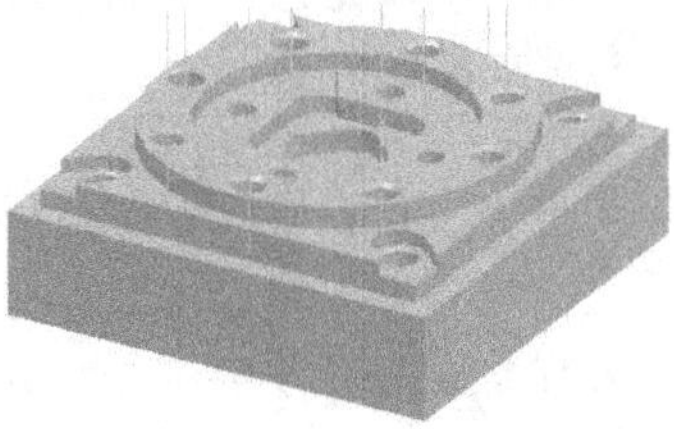

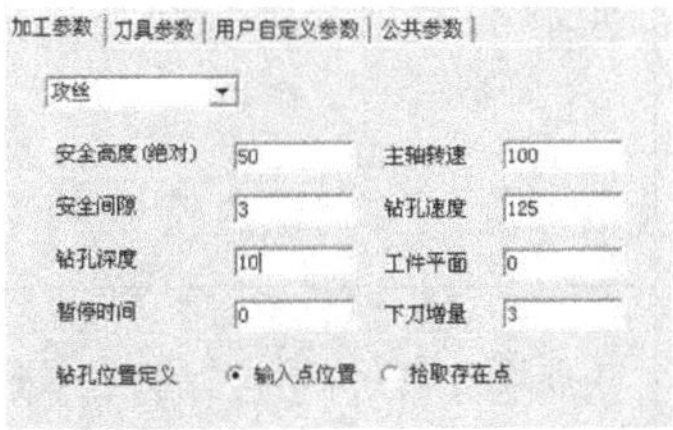

续表 5-2-2

<table>
<tr><th>步骤</th><th>图示</th><th>说明</th></tr>
<tr><td rowspan="2">14. M8 螺纹孔编程</td><td>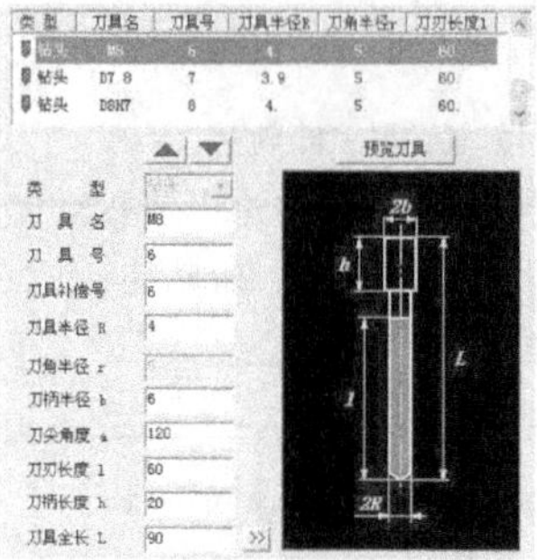</td><td>刀具参数：在刀具库中双击你所需要的刀具，M8 丝锥。用户自定义参数与公共参数不用设置</td></tr>
<tr><td></td><td>参数设定完后，单击“确定”，进入选择加工孔界面，按 C 键(拾取圆心点)，选择要加工孔的轮廓，右键确定，加工钻孔轨迹完成，按 F8 按钮，观察加工轨迹立体视图</td></tr>
<tr><td rowspan="4">15. D8H7 孔编程</td><td></td><td>隐藏钻孔 D6.8、攻丝 M8 轨迹
在绘图区左键选中钻孔轨迹，在按住 Ctrl 键，选取攻丝，右键选择隐藏，完成隐藏加钻孔 D6.8、攻丝 M8 轨迹</td></tr>
<tr><td>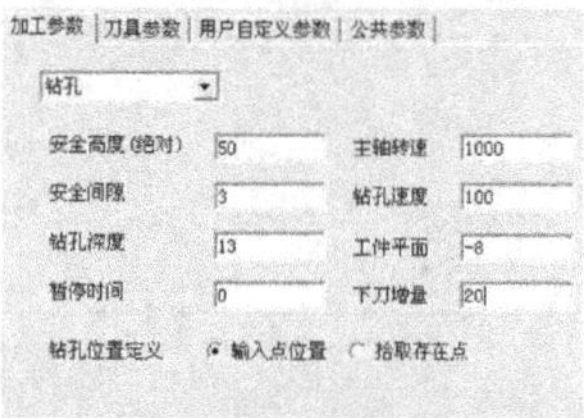
</td><td>单击加工工具栏中的孔加工按钮，进入孔加工参数界面
加工参数：主要设置参数有安全高度、主轴转速、安全间隙、钻孔速度、钻孔深度、工件平面、暂停时间、下刀增量、孔加工功能选择钻孔。具体参数见左表</td></tr>
<tr><td>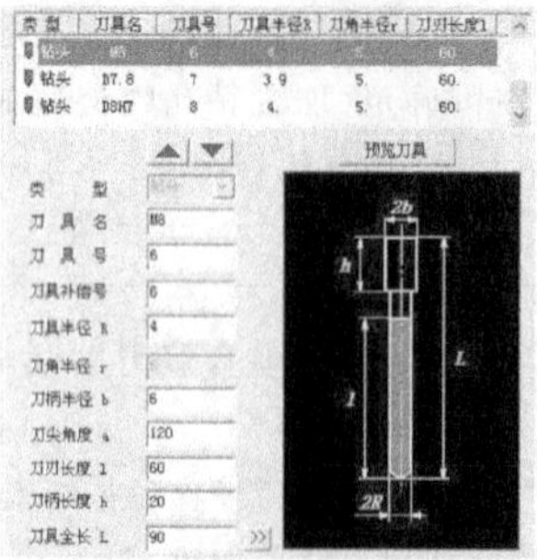</td><td>刀具参数：在刀具库中双击你所需要的刀具，D7.8 钻头。用户自定义参数与公共参数不用设置</td></tr>
<tr><td></td><td>参数设定完后，单击“确定”，进入选择加工孔界面，按 C 键(拾取圆心点)，选择要加工孔的轮廓，右键确定，加工钻孔轨迹完成，按 F8 按钮，观察加工轨迹立体视图</td></tr>
</table>

续表 5-2-2

步骤	图示	说明
	加工参数 | 刀具参数 | 用户自定义参数 | 公共参数 镗孔 安全高度(绝对) 50　主轴转速 100 安全间隙 3　钻孔速度 100 钻孔深度 11　工件平面 -8 暂停时间 0　下刀增量 20 钻孔位置定义　输入点位置　拾取存在点	33. 单击加工工具栏中的孔加工按钮，进入孔加工参数界面 加工参数：主要设置参数有安全高度、主轴转速、安全间隙、钻孔速度、钻孔深度、工件平面、暂停时间、下刀增量。孔加工功能选择镗孔。具体参数见左表
	类型 | 刀具名 | 刀具号 | 刀具半径R | 刀角半径r | 刀刃长度l 钻头 M6 6 4. 5. 60. 钻头 D7.8 7 3.9 5. 60. 钻头 D8H7 8 4 5 60. 预览刀具 类型 刀具名 D8H7 刀具号 8 刀具补偿号 8 刀具半径 R 4 刀角半径 r 刀柄半径 b 6 刀尖角度 a 120 刀刃长度 l 60 刀柄长度 h 20 刀具全长 L 90 2b　h　L　l　2R	刀具参数：在刀具库中双击你所需要的刀具，D8H7 铰刀。用户自定义参数与公共参数不用设置
		参数设定完后，单击“确定”，进入选择加工孔界面，按 C 键(拾取圆心点)，选择要加工孔的轮廓，右键确定，加工钻孔轨迹完成，按 F8 按钮，观察加工轨迹立体视图
16. 完成典型零件自动编程		在【加工管理】中右击刀具轨迹图标 刀具轨迹：共 13 条，选择全部显示功能，使零件加工轨迹隐藏的全部显示出来
17. 机床后置的设置	机床信息 | 后置设置 当前机床 fanuc 增加机床　删除当前机床 行号地址 N　行结束符　速度指令 F 快速移动 G00　直线插补 G01　顺时针圆弧插补 G02　逆时针圆弧插补 G03 主轴转速 S　主轴正转 M03　主轴反转 M04　主轴停 M05 冷却液开 M07　冷却液关 M09　绝对指令 G90　相对指令 G91 半径左补偿 G41　半径右补偿 G42　半径补偿关闭 G40　长度补偿 G43 坐标系设置 G54　程序停止 M30 程序起始符 %　程序结束符 % 说明 $POST_NAME 程序头 G40 G80 G43 H $TOOL_NO $G90 $WCOORD $G0 $COORD_Z@$SPN_F $SPN_SPE 换刀 $SPN_OFF@$SPN_F $SPN_SPEED $SPN_CW@T $TOOL_NO M06 程序尾 $SPN_OFF@$PRO_STOP 快速移动速度(G00) 3000　快速移动的加速度 0.3 最大移动速度 3000　通常切削的加速度 0.5	在【加工管理】中双击模型按钮 机床后置：fanuc，进入机床后置界面，设置零件程序导出后的程序名、程序头、程序尾、圆弧输出格式、精度、程序文件名格式

续表 5-2-2

步骤	图示	说明
18. 程序导出		36. 在【加工管理】中左键选取要导出的程序名称，右键选择后置处理中生成 G 代码左键。(程序可以单个生成，也可以多个生成)
	% 12 G40G80G43H1G90G54G00Z200.000 S1000M03 X-30.000Y-100.000Z200.000 Z2.000 G01Z0.000F100 Y-50.000F300 Y50.000 Y100.000 X30.000 Y50.000 Y-50.000 Y-100.000 G00Z200.000 M05 M30 %	设置程序文件要保存的位置，程序文件的名称，按保存后、单击右键，程序生成完成

活动三　软件生成程序传入机床的方式

一、DNC 加工

通过在 DNC 运行方式中激活自动运行，可以读入电脑上的程序进行在线加工。

程序一般用计算机通过 RS232 接口传送到机床，当机床的存储空间大于程序大小时，可以传输后调出执行。机床的存储空间小于程序大小时，应采用在线加工方式，I/O 通道选择 1。

操作方法如下：

(1)用 R232 电缆连接电脑和数控机床。

(2)启动程序传输软件。

(3)打开程序文件。

(4)在电脑上传输软件中选择“发送”。

(5)机床模式调整为“DNC”。

(6)按“PROR(程序)”键切换程序显示画面。

(7)按“循环启动”键,开始在线加工。

程序输入/输出的方法:

1. 输入程序(电脑→CNC)

(1)确认输入设备准备好。

(2)启动程序传输软件。

(3)打开程序文件。

(4)在电脑上传输软件中选择“发送”。

(5)按“编程”模式。

(6)按功能键“PROR(程序)”,显示程序内容画面或者程序目录画面。

(7)按软键[操作]。

(8)按最右边的软键(菜单扩展键)。

(9)输入地址 O 后,输入赋值给程序的程序号,如果不指定程序号,将会使用原程序号。

(10)按软键[读入]和[执行]。

2. 输出程序(CNC→电脑)

(1)确认输出设备准备好。

(2)按“编程”模式。

(3)按功能键“PROR(程序)”,显示程序内容画面或者程序目录画面。

(4)按软键[操作]。

(5)按最右边的软键(菜单扩展键)。

(6)输入地址 O 后,输入程序号或指定程序号范围。

(7)按软键[输出]和[执行]。

3. 运用 CF 存储卡加工

首先需要一张 CF 卡,它是一个像 U 盘一样可以储存程序的介质,然后还需要 CF 读卡器和 CF 卡套各一个,CF 读卡器可在电脑上插入,CF 卡套可在机床上插入,I/O 通道选择 4(图 5-2-2)。

图 5-2-2　CF 存储卡

打开存储器中程序的方法：

1. 选“编辑”或“自动运行”方式→按“PROR(程序)”键，显示程序画面→输入程序号→按光标下移键即可。

2. 按系统显示屏下方与[DIR]对应的软键，显示程序名列表。

3. 使用字母和数字键，输入程序名。在输入程序名的同时，系统显示屏下方出现[O检索]软键。

4. 输完程序名后，按[O检索]软键。

5. 显示屏上显示这个程序的程序内容。

任务评价

项目六、任务二评价如表5-2-3所示。

表5-2-3　任务评价表

评价类型	序号	评价内容	学生自评		小组互评		教师评价	
			合格	不合格	合格	不合格	合格	不合格
任务内容	1	建立模型						
	2	自动编程						
	3	软件生成程序传入机床的方式						
成果分享	收获之处							
	不足之处							
	改进措施							

企业零件加工

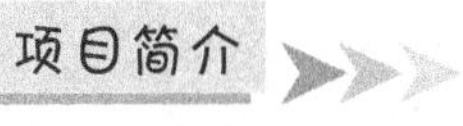

1. 了解数控铣实际企业零件批量加工的知识
2. 熟悉数控铣实际企业零件的加工工艺
3. 掌握企业零件的程序编写

项目简介

通过中级工和高级工的技能学习，学生已经掌握了零件的加工技能。本项目分为两个任务：任务一，通过实际企业零件的工艺分析及加工，不仅巩固了前面项目的学习，而且这些基本特征相互结合，继续深入学习，让学生的技能进一步提升。任务二，学生自行考虑相关知识内容，按照任务一旋盖轴座加工的模式，完成接下来企业图纸的分析与加工，让学生有能够初步解决实际企业零件的技能水平。

任务一　旋盖轴座工件加工

任务目标

理论知识方面：

1. 了解工件批量加工的顺序
2. 了解工件加工刀具的选择
3. 了解工件批量加工的操作步骤
4. 了解工件批量加工的定位装夹

实践知识方面：

能顺采完成旋盖轴座 50 只零件的加工

任务描述

通过此任务学会企业零件的数控铣加工方法与工艺技巧，如图 6-1-1 所示。

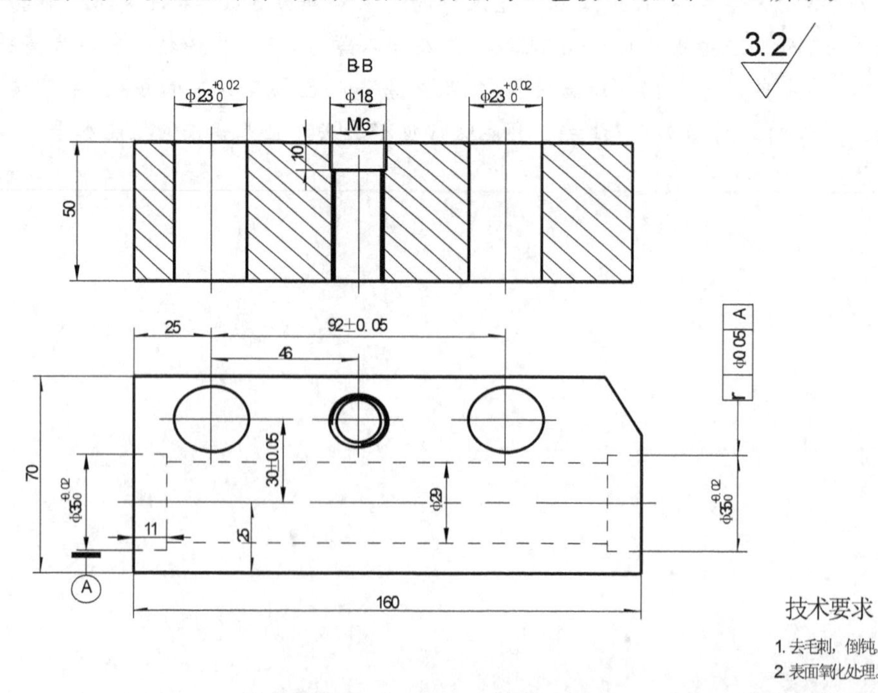

图 6-1-1　旋盖轴座工件的加工

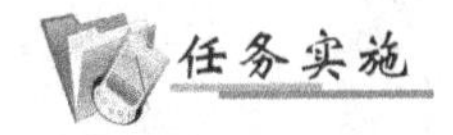

一、读图确定零件特征

(1)对图样要有全面的认识,尺寸与各种公差符号要清楚。

(2)分析为硬铝,规格为165×75×55mm的方料,如图6-1-2示。

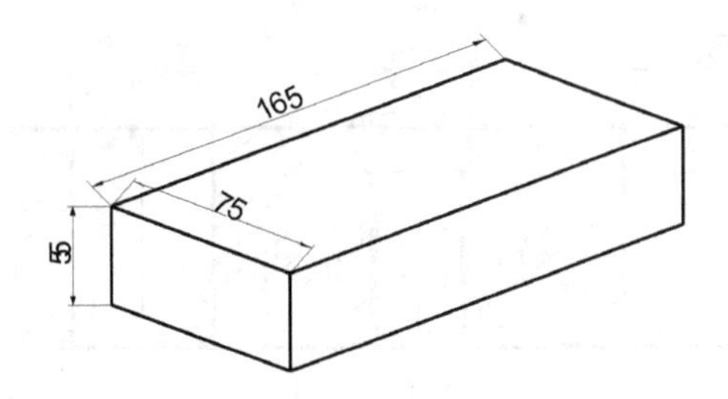

图6-1-2　165mm×75mm×55mm方料

二、零件加工工艺分析

1.结构分析

由于该零件属于轮廓、圆、槽、孔综合性零件加工,需要考虑加工工艺的顺序、保证零件的垂直度、平行度,合理使用零件加工的编程指令、切削用量等问题。

2.工艺分析

零件加工是小批量加工,为了保证零件的加工效率、精度、零件的变形度,零件加工采用工艺分散,粗、精分开多道工序加工、合理采用机床来保证零件加工的最大效率。

3.定位及装夹分析

零件数量较多,装夹时需要设置定位块,来保证零件每次装夹时位置一致;加工时不需要重新对刀。铣基准面可以采用平口钳加工,因为工件比较平坦,但加工ϕ35mm、ϕ29mm孔时,工件装夹不能采用平口钳了,因为工件比较长,平口钳装夹深度一般只有50mm深,工件有160mm高,这样加工工件刚性不足而且工件装夹精度也达不到图纸要求。

三、工序卡片(表 6-1-1)

表 6-1-1 旋盖轴座工件加工数控加工工序卡(单位:mm)

数控加工工序卡					
零件名称	旋盖轴座	零件图号		材料名称及牌号	LY12

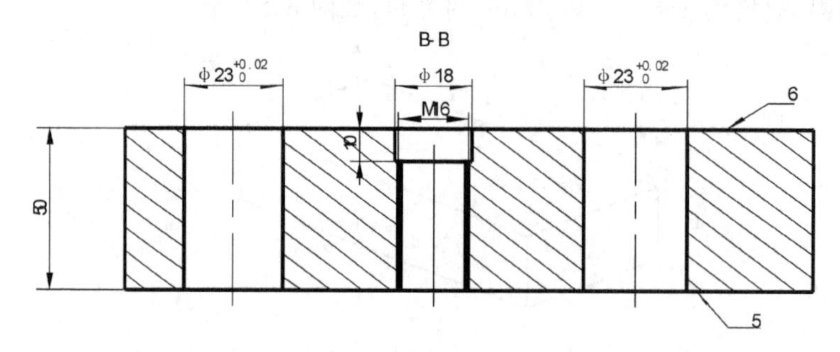

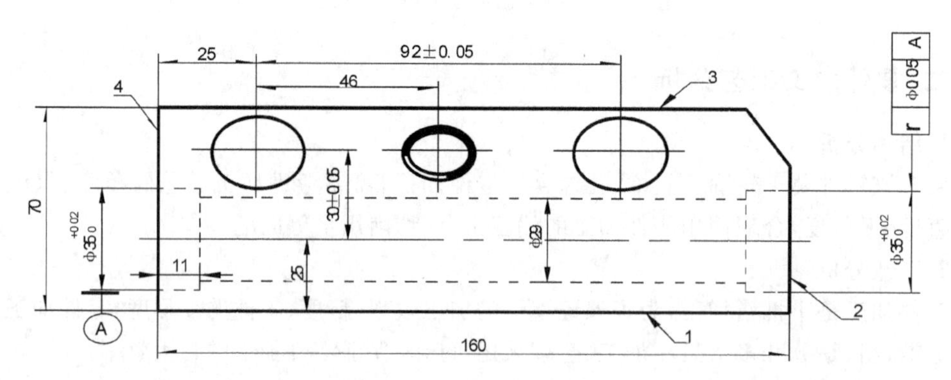

工序	工步内容	机床	夹具	刀具	量具
1	铣基准面 4、5	数控铣	平口钳	盘铣刀 ϕ80、立铣刀 ϕ16	游标卡尺
2	铣基准面 3	数控铣	平口钳	盘铣刀 ϕ80	游标卡尺
3	钻孔 ϕ29、铣面 2	数控铣	组合夹具	盘铣刀 ϕ80、钻头 ϕ29	游标卡尺
4	铣面 6、孔 ϕ23、M16	数控铣	平口钳	盘铣刀 ϕ80、钻头 ϕ22、ϕ14、立铣刀 ϕ10	游标卡尺、杠杆百分表、螺纹 M16 塞规
5	铣孔 ϕ35 面 2	数控铣	组合夹具	立铣刀 ϕ10	游标卡尺、杠杆百分表
6	铣孔 ϕ35 面 4	数控铣	组合夹具	立铣刀 ϕ10	游标卡尺、杠杆百分表
7	铣斜面	数控铣	组合夹具	盘铣刀 ϕ80	游标卡尺
8	铣面 1	数控铣	平口钳	盘铣刀 ϕ80	游标卡尺
9	孔口、棱边倒角	钻床		倒角刀 ϕ40、修边器	
10	测量零件				游标卡尺、杠杆百分表

四、上机加工过程

1. 操作步骤及要领(表 6-1-2)

表 6-1-2　旋盖轴座工件加工操作步骤及要领(单位:mm)

工号	步骤名称	作业图	操作步骤及说明
		工序一	
1	装工件	工件 75 55 50 10 平口钳(活动钳口) 等高块 平口钳(固定钳口)	1. 工件装夹加工基准面,工件加工深度为 4,工件伸出钳口平面 10 高度,不要伸出太多,影响加工刚性 2. 工件为小批量加工,钳口在端设置一个定位块,保证工件每次装夹位置
2	装寻边器		采用寻边器找出工件坐标点
3	装面铣刀		采用面铣刀加工工件基准面 4,工件宽 75,选用 $\phi80$ 的面铣刀加工基准面,一刀光出,提高加工效率
4	装 $\phi16$ 立铣刀		采用 $\phi16$ 立铣刀加工出工件侧面 5 轮廓,工件加工深度 51,刀具伸出长度为 55,分 3 刀铣削
5	工件加工形状		第一道工序,工件加工出来的轮廓形状

续表 6-1-2

工号	步骤名称	作业图	操作步骤及说明
工序二			
1	装工件	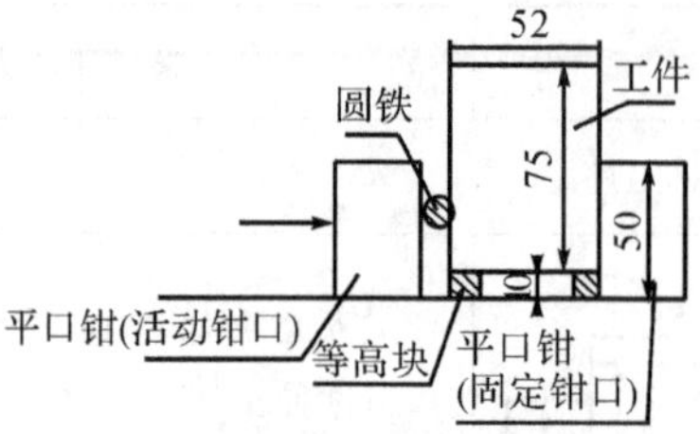 52 工件 圆铁 75 50 10 平口钳(活动钳口) 等高块 平口钳(固定钳口)	基准面贴固定钳口,活动钳口装夹工件时加一根圆棒,保证加工出来平面与已加工平面垂直
2	装面铣刀	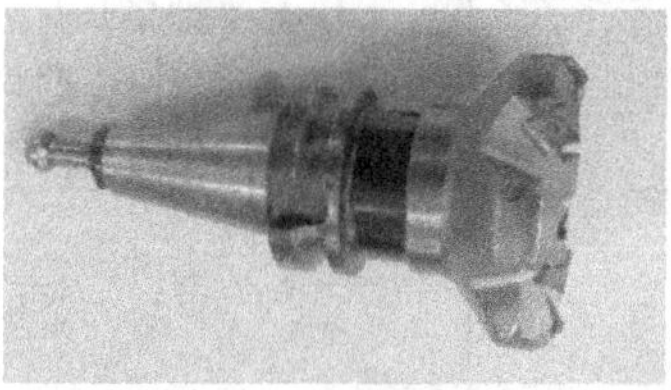	这道工序不用加工侧面轮廓,只加工上平面,对工件坐标点不需要太精确,这里不用寻边器对刀,直接采用面铣刀对刀,加工上平面 3
3	工件加工形状	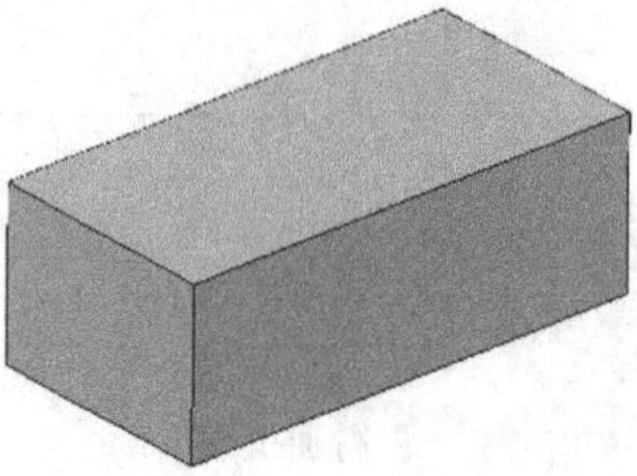	第二道工序,工件加工出来的轮廓形状
工序三			
1	装工件	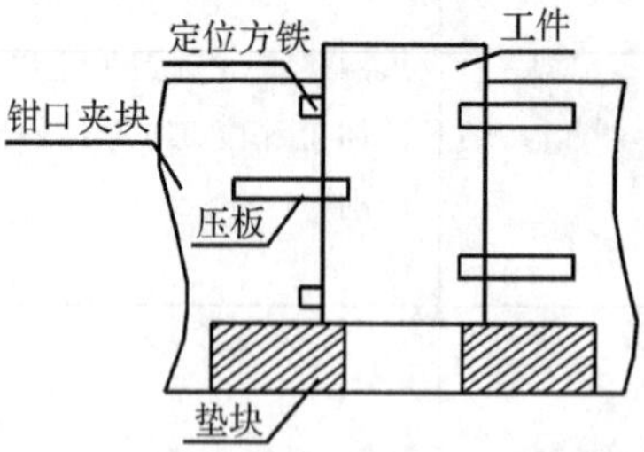 定位方铁 工件 钳口夹块 压板 垫块	1. 工件装夹加工面 2 与孔 $\phi29$,由于工件长度比较大,钳口装夹深度不够深,这样不能保证工件加工精度。这里采用组合夹具装夹 2. 定位方铁与垫块来保证工件每次装夹位置,压板来夹紧工件
2	装寻边器	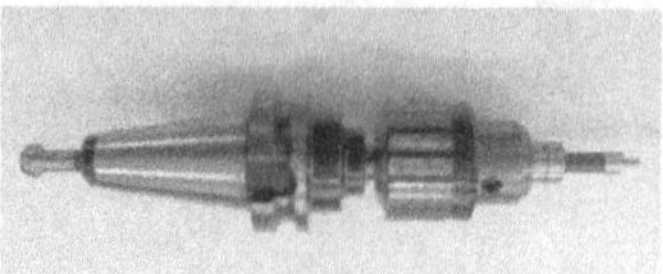	采用寻边器找出工件坐标点

续表 6-1-2

工号	步骤名称	作业图	操作步骤及说明
3	装面铣刀		采用面铣刀加工工件面 3
4	装 $\phi29$ 钻头		采用 $\phi29$ 钻头钻出工件 $\phi29$ 的通孔
5	工件加工形状		第三道工序，工件加工出来的轮廓形状
工序四			
1	装工件	平口钳(固定钳口) 工件 定位铁 圆铁 平口钳(活动钳口)	1. 工件装夹加工基准面，工件加工深度为 4，工件伸出钳口平面 10 高度，不要伸出太多，影响加工刚性 2. 工件为小批量加工，钳口在端设置一个定位块，保证工件每次装夹位置 3. 为了保证加工出来平面与已加工平面垂直，活动钳口装夹工件时加一根圆棒
2	装寻边器		采用寻边器找出工件坐标点
3	装面铣刀		采用面铣刀加工工件基准面 4，工件宽 75，选用 $\phi80$ 的面铣刀加工基准面，一刀光出，提高加工效率

续表 6-1-2

工号	步骤名称	作业图	操作步骤及说明
4	装 $\phi22$ 钻头		采用 $\phi22$ 钻头钻出工件 $\phi23$ 孔的底孔，留 1mm 左右余量，用来精镗孔
5	装 $\phi14$ 钻头		采用 $\phi14$ 钻头钻出工件 M16 螺纹孔的底孔
6	装 $\phi10$ 立铣刀	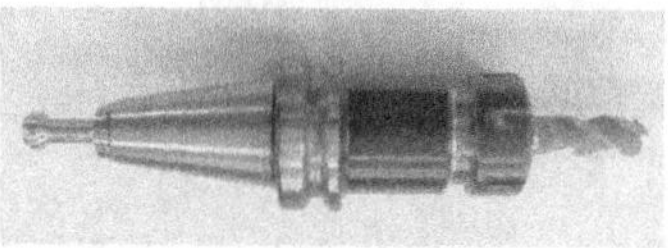	采用 $\phi10$ 立铣刀加工出工件沉孔 $\phi18$
7	装 M16 丝锥		采用 M16 丝锥加工出工件 M16 的螺纹孔
8	装 $\phi23$ 精镗刀		采用 $\phi23$ 精镗刀加工出工件 $\phi23$，0.02 公差的两孔
9	工件加工形状	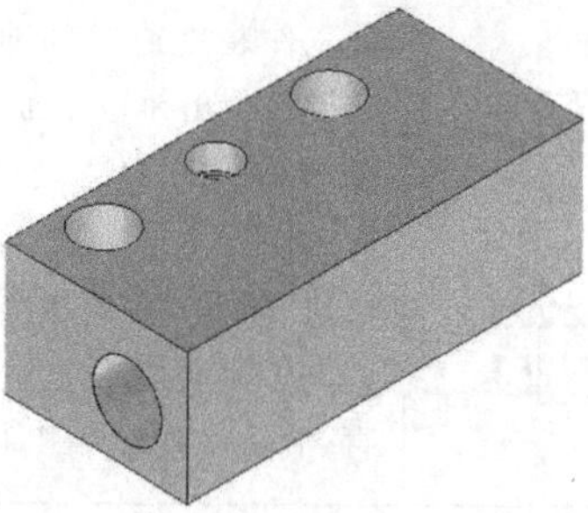	第四道工序，工件加工出来的轮廓形状
		工序五	
1	装工件	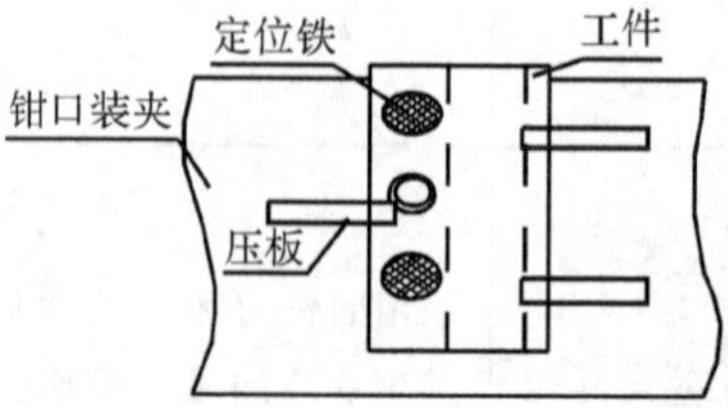 定位铁 工件 钳口装夹 压板	1. 工件装夹加工面 4 与孔 $\phi35$，由于工件长度比较大，钳口装夹深度不够深，这样不能保证工件加工精度。这里采用组合夹具装夹 2. $\phi35$ 孔与 $\phi23$ 孔的中心距有公差要求，这里用 $\phi23$ 两孔定位销定位来保证孔的中心距，压板来夹紧工件

续表 6-1-2

工号	步骤名称	作业图	操作步骤及说明
2	装寻边器		采用寻边器找出工件坐标点
3	装 $\phi80$ 面铣刀		采用 $\phi80$ 面铣刀加工工件面 4
4	装 $\phi10$ 立铣刀		采用 $\phi10$ 立铣刀加工出工件沉孔 $\phi35$ 孔
5	工件加工形状		第五道工序，工件加工出来的轮廓形状
工序六			
1	装工件	工件 定位销 夹具装夹 压板	1. 工件装夹加工面 4 与孔 $\phi35$，由于工件长度比较大，钳口装夹深度不够深，这样不能保证工件加工精度。这里采用组合夹具装夹 2. $\phi35$ 孔与 $\phi23$ 孔的中心距有公差要求，这里用 $\phi23$ 两孔定位销定位来保证孔的中心距，压板来夹紧工件
2	装寻边器		采用寻边器找出工件坐标点

续表 6-1-2

工号	步骤名称	作业图	操作步骤及说明
3	装 ϕ80 面铣刀		采用 ϕ80 面铣刀加工工件面 2
4	装 ϕ10 立铣刀		采用 ϕ10 立铣刀加工出工件沉孔 ϕ35 孔
5	工件加工形状		第六道工序,工件加工出来的轮廓形状
工序七			
1	装工件	工件 定位块 压板 定位块 夹具靠板	工件装夹加工斜面,这里采用组合夹具装夹。采用 ϕ23 一只孔定位,定位块位置来调整工件的倾斜角度,可以用角度样板来保证,压板来夹紧工件
2	装 ϕ80 面铣刀		这道工序不用加工侧面轮廓,只加工角度平面,对工件坐标点不需要太精确,这里不用寻边器对刀,直接采用面铣刀对刀,加工角度平面
3	工件加工形状		第七道工序,工件加工出来的轮廓形状

续表 6-1-2

工号	步骤名称	作业图	操作步骤及说明
		工序八	
1	装工件	52 工件 圆铁 75 50 10 平口钳(活动钳口) 等高块 平口钳(固定钳口)	基准面贴固定钳口，活动钳口装夹工件时加一根圆棒，保证加工出来平面与已加工平面垂直
2	装面铣刀		这道工序不用加工侧面轮廓，只加工上平面，对工件坐标点不需要太精确，这里不用寻边器对刀，直接采用面铣刀对刀，加工上平面 1
3	工件加工形状		第八道工序，工件加工出来的轮廓形状
		工序九	
1	孔口、棱边倒角	工件 定位销 夹具装夹 压板	采用钻床、修边器，使工件所有孔、边进行倒角 0.5×45°
		工序十	
1	工件检测		通过游标卡尺、内径千分尺测量工件所有尺寸，确定工件是否合格

2. 加工注意事项

(1)加工前必须认真检查刀具是否与程序中要求的刀具一致。

(2)加工前必须认真检查所执行的程序是不是应该执行的程序。

(3)加工前必须认真检查显示屏光标所在位置是否正确。

(4)加工前必须认真检查换刀点(刀具位置)是否正确。

3. 加工时切削参数的调整

(1)加工时若工件排屑不畅可适当降低主轴旋转速度和刀具进给速度。

(2)加工时出现刀具振动产生响声时可适当降低主轴旋转速度。

(3)加工时若工件表面粗糙度值达不到要求可适当提高主轴旋转速度和降低刀具进给速度。

一、检查工艺

(1)检查厚度尺寸 35mm。

(2)用 25～50 千分尺测量该尺寸,根据测量结果和被测尺寸公差要求判断是否合格。

二、加工误差分析(表 6-1-3)

表 6-1-3 加工误差分析

问题现象	产生原因	预防和消除
35mm 尺寸不合格	刀具磨损	调整平口钳后重新加工
底面有振纹	工件装夹不正确 刀具安装不正确 切削参数不正确	检查工件安装,增加安装刚性 调整刀具安装长度 提高或降低切削速度
切削过程中出现扎刀现象,造成刀具断裂	工件松动未夹牢,在切削力作用下工件有抬升现象	调整平口钳重新装夹,降低进给速度

三、自我评价(表 6-1-4)

表 6-1-4　旋盖轴座工件加工的自我评价

材料		LY12	课时			
自我评价成绩			任课教师			
自我评价项目				结果	配分	得分
	1	工序安排是否能完成加工				
	2	工序安排是否满足零件的加工要求				
	3	编程格式及关键指令是否能正确使用				
	4	工序安排是否符合该种批量生产				
	5	题目:通过该零件编程你的收获主要有哪些?作答				
	6	题目:你设计本程序的主要思路是什么?作答				
	7	题目:你是如何完成程序的完善与修改的?作答				
工件刀具安装	1	刀具安装是否正确				
	2	工件安装是否正确				
	3	刀具安装是否牢固				
	4	工件安装是否牢固				
	5	题目:安装刀具时需要注意的事项主要有哪些?作答				
	6	题目:安装工件时需要注意的事项主要有哪些?作答				
操作与加工	1	操作是否规范				
	2	着装是否规范				
	3	切削用量是否符合加工要求				
	4	刀柄与刀片的选用是否合理				
	5	题目:如何使加工和操作更好地符合批量生产?作答				
	6	题目:加工时需要注意的事项主要有哪些?作答				
	7	题目:加工时经常出现的加工误差主要有哪些?作答				
精度检查	1	是否已经了解本零件测量的各种量具的原理及使用				
	2	本零件所使用的测量方法是否已掌握				
	3	题目:本零件精度检测的主要内容是什么?采用了何种方法?作答				
	4	题目:批量生产时,你将如何检测该零件的各项精度要求?作答				
(本部分共计 100 分)合计						
自我总结						
学生签字: 年　月　日			教导教师签字: 年　月　日			

四、教师评价(表 6-1-5)

表 6-1-5　旋盖轴座工件加工的教师评价

评价项目		评价情况
1	与其他同学口头交流学习内容是否流畅	
2	是否尊重他人	
3	学习态度是否积极主动	
4	是否服从教师的教学安排	
5	着装是否符合标准	
6	是否能正确地领会他人提出的学习问题	
7	是否按照安全的操作规范的要求操作	
8	能否辨别工作环境中哪些是危险的因素	
9	是否合理规范地使用工具和量具	
10	是否能保证学习环境的干净整洁	
11	是否遵守学习场所的规章制度	
12	是否有工作岗位的责任心	
13	是否达到全勤	
14	学习是否积极主动	
15	能否正确地对待肯定与否定的意见	
16	团队学习中主动与合作的情况如何	

参与评价同学签字：

年　　月　　日

任务二 企业零件加工

请根据所学习加工技法对图 6-2-1、6-2-2、6-2-3、6-2-4、6-2-5 所示零件进行加工。

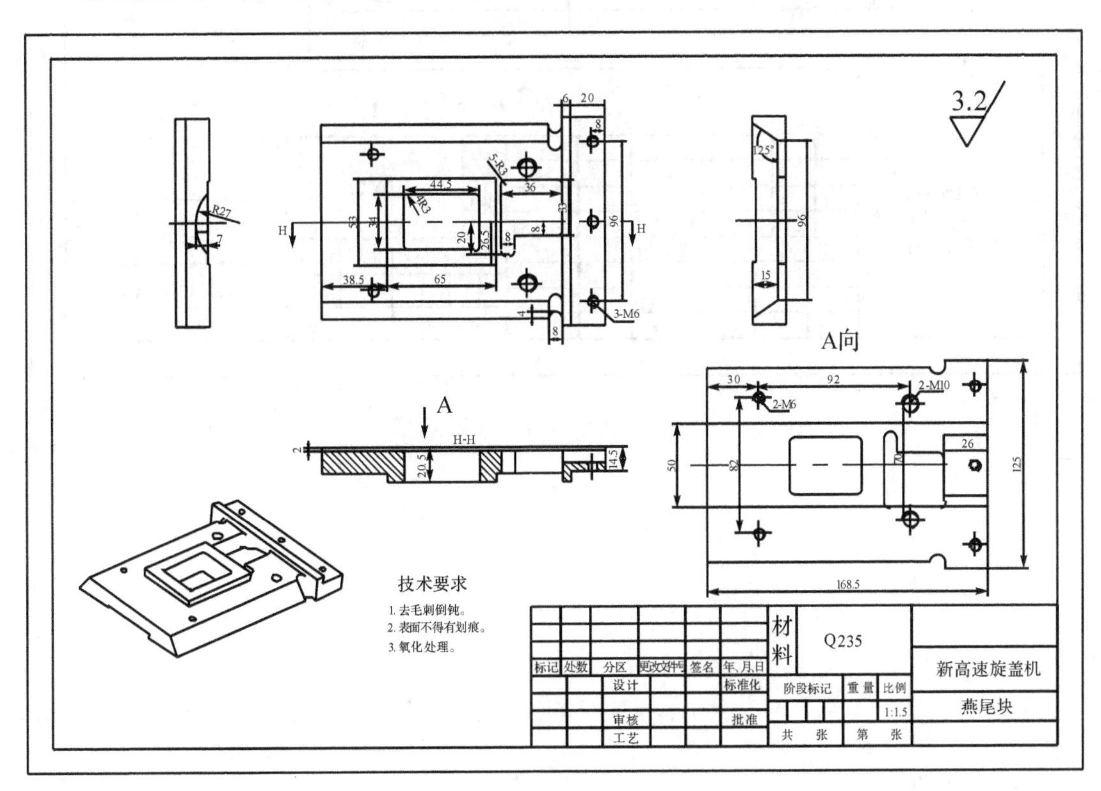

图 6-2-1 旋盖机燕尾块

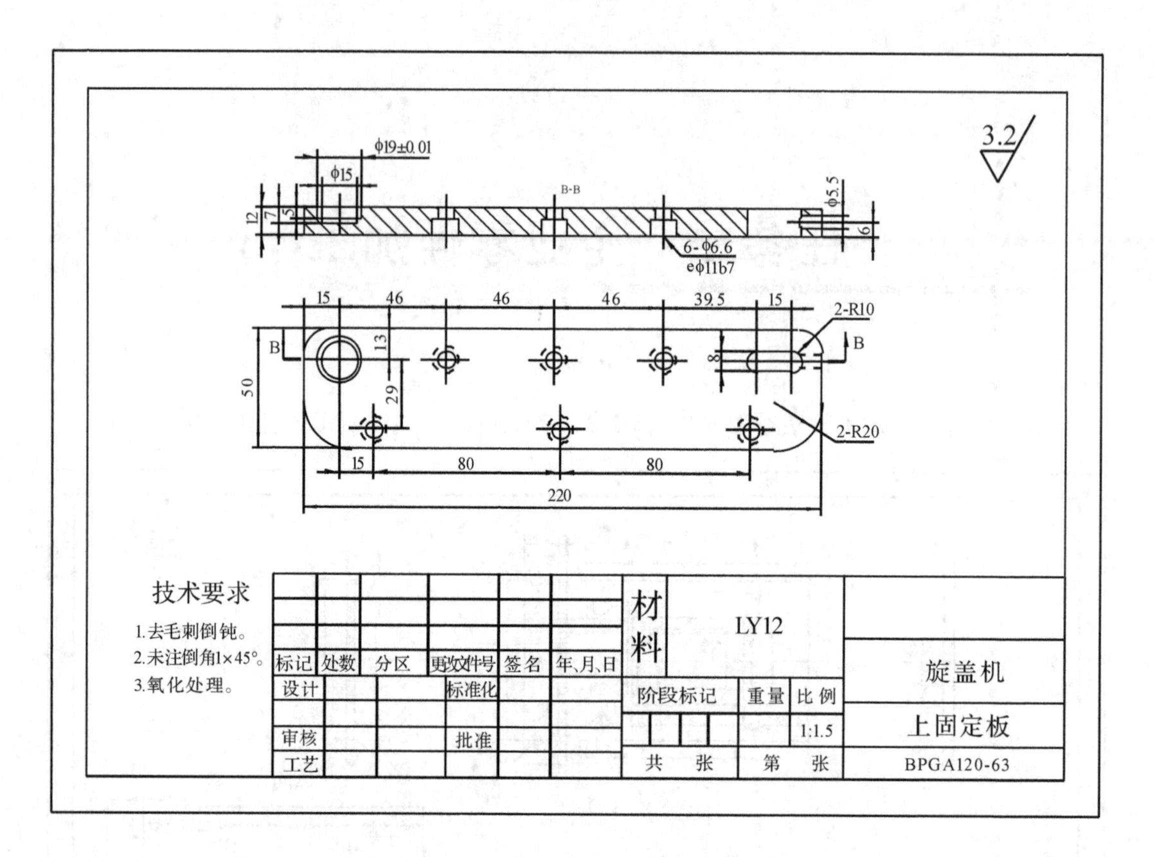

图 6-2-2 旋盖机上固定板

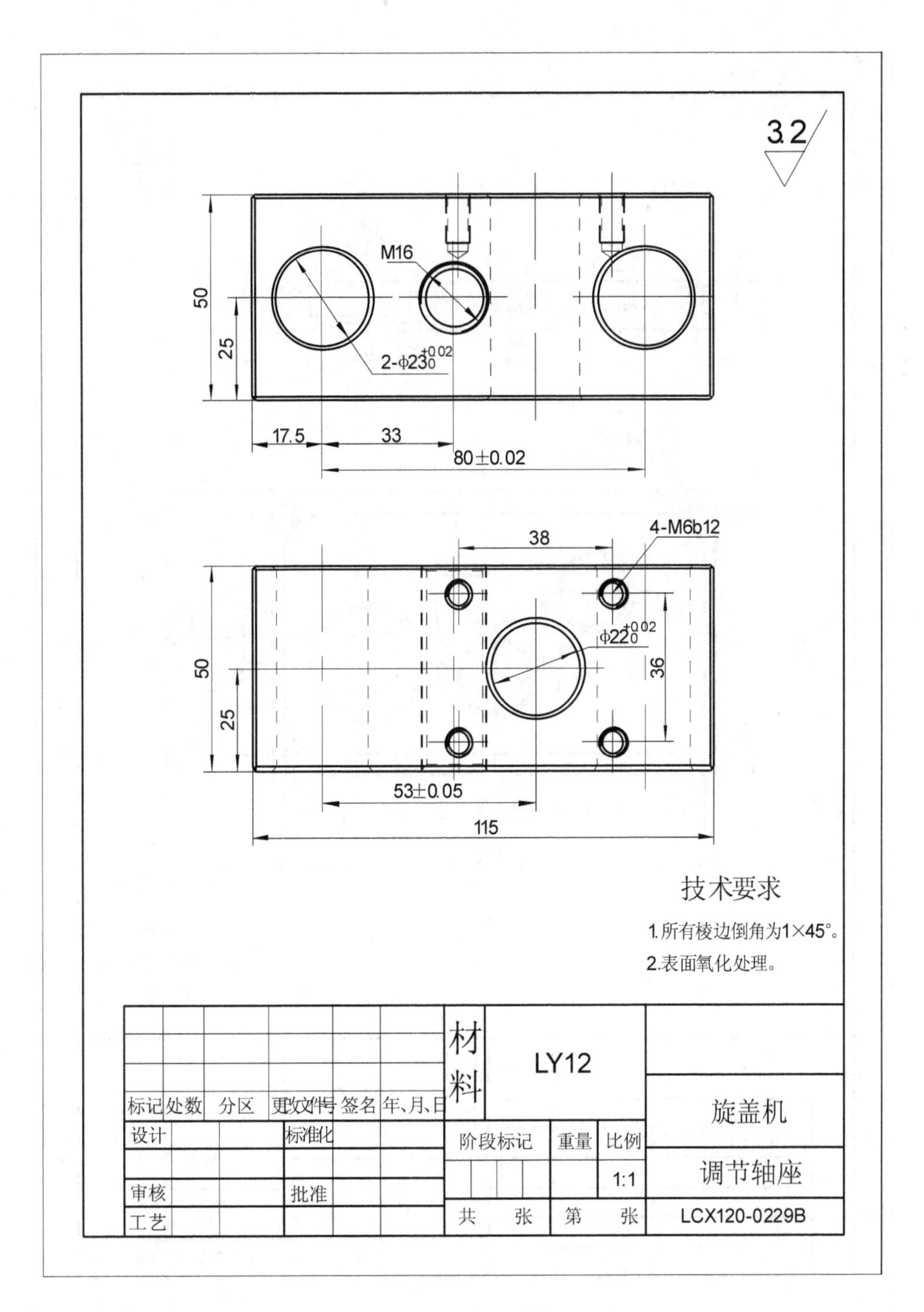

图 6-2-3 旋盖机调节轴座

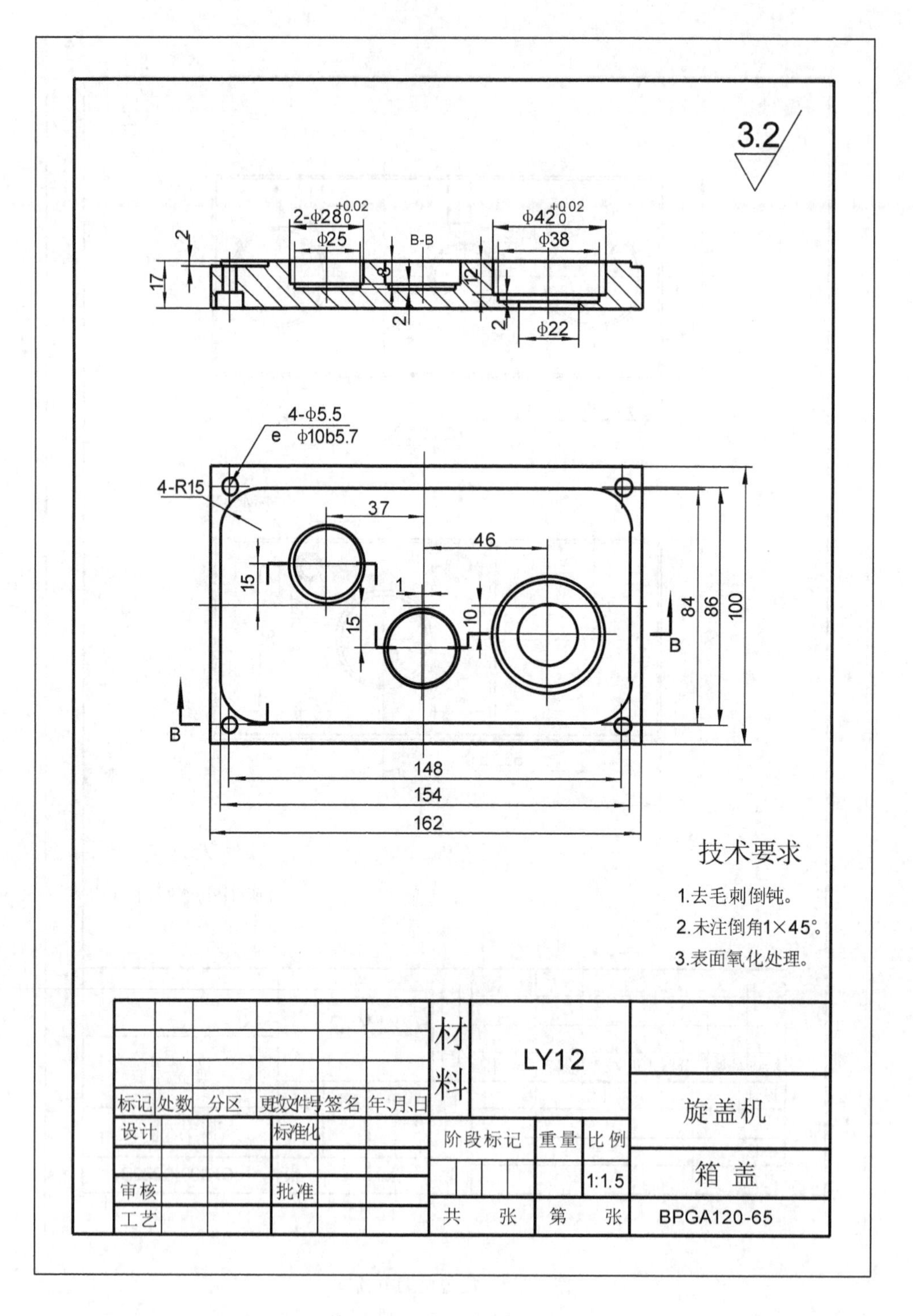
3.2
2-ϕ28 +0.02 0
ϕ25
B-B
ϕ42 +0.02 0
ϕ38
2
17
8
12
2
2
ϕ22
4-ϕ5.5
ϕ10b5.7
4-R15
37
46
15
1
10
15
84
86
100
B
B
148
154
162
技术要求
1.去毛刺倒钝。
2.未注倒角1×45°。
3.表面氧化处理。
材料
LY12
旋盖机
箱盖
标记 处数 分区 更改文件号 签名 年、月、日
设计
标准化
阶段标记 重量 比例
1:1.5
审核
批准
工艺
共 张 第 张
BPGA120-65

图 6-2-4　旋盖机箱盖

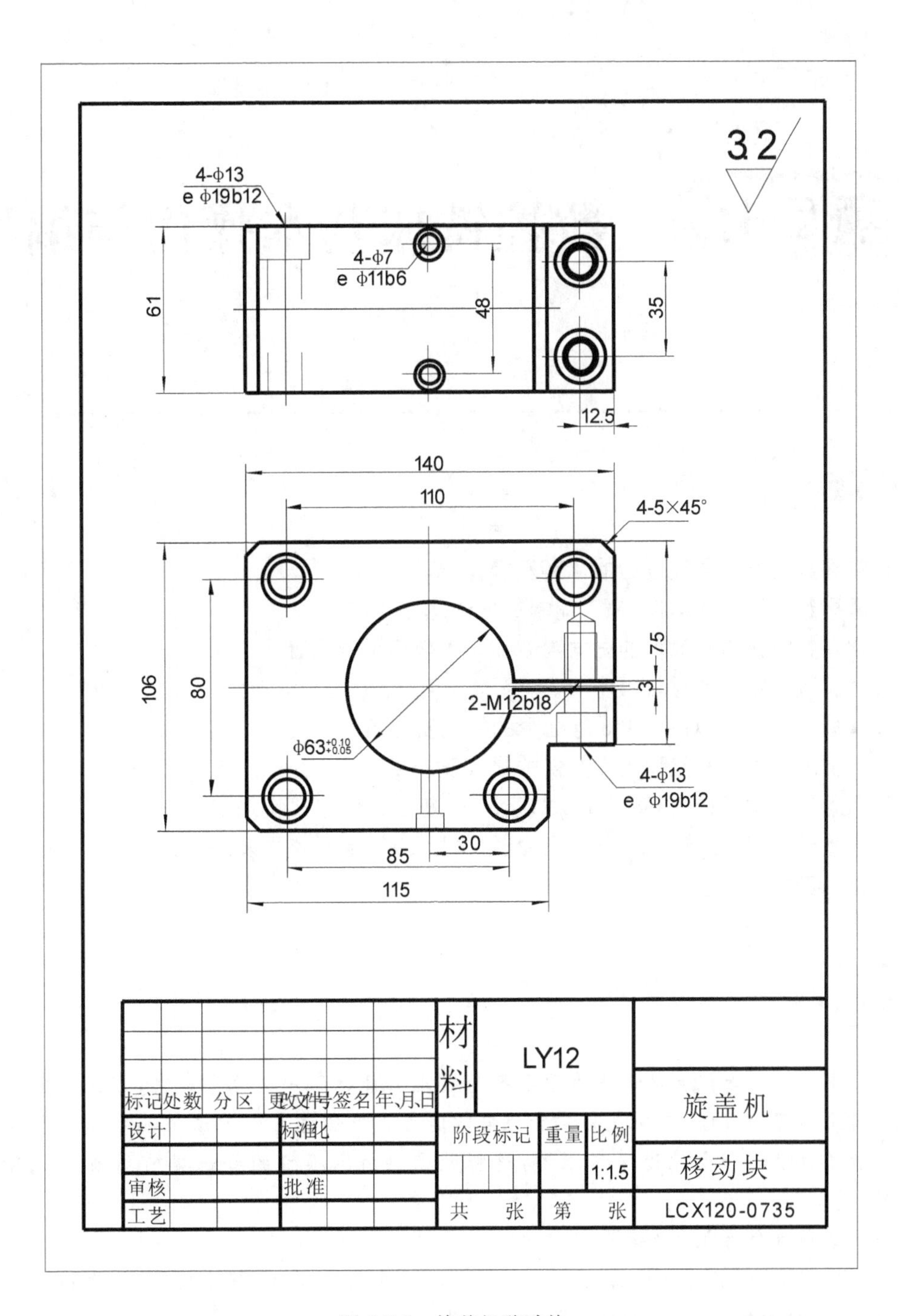
3.2
4-ϕ13
e ϕ19b12
4-ϕ7
e ϕ11b6
61
48
35
12.5
140
110
4-5×45°
106
80
75
3
2-M12b18
ϕ63
4-ϕ13
e ϕ19b12
30
85
115
材料
LY12
标记
处数
分区
更改文件号
签名
年、月、日
设计
标准化
审核
批准
工艺
阶段标记
重量
比例
1:1.5
共 张
第 张
旋盖机
移动块
LCX120-0735

图 6-2-5 旋盖机移动块

数控铣床基本操作与编程

项目简介

1. 掌握数控操作面板按钮的含义及操作
2. 掌握数控程序的编程步骤，编制的方法与格式
3. 掌握数控铣床坐标系的方向判断和工件坐标系的设置
4. 掌握数控铣床的对刀操作
5. 掌握 G00、G01、G02、G03 等指令的格式及应用
6. 掌握刀具半径补偿和长度补偿的格式及应用
7. 熟悉钻孔循环指令 G81、G83、G76、G74 等指令的格式及加工对象
8. 熟悉子程序、旋转指令、缩放指令、镜像指令的功能、格式及编程方法
9. 熟悉宏程序的编制

项目简介

本项目的知识点建议作为学习各个技能项目时的一种参考资料，可让学生养成自主学习的习惯，充分提高学生的自学能力。当然也可以把这个项目作为学习技能项目前的一个理论学习准备，这样就需要将本项目的知识提前到项目一后学习。

本项目分为九个任务。

1. 任务一：数控操作面板。主要掌握机床开关机步骤、手动操作、创建和编辑程序、程序的模拟验证、动运行操作等操作。

2. 任务二：数控编程的内容步骤。主要掌握数控程序编程的步骤、程序编制的方法与格式。

3. 任务三：确定数控铣床坐标系。主要掌握数控铣床坐标系的方向判断和工件坐标系的设置。

4. 任务四：数控铣床对刀。主要掌握 X、Y 向分中对刀和 Z 向对刀的方法。

5. 任务五：基本指令编程及应用。主要掌握 G00、G01、G02、G03 等指令的格

式,并能灵活应用。

6. 任务六:数控铣床刀具补偿。主要掌握刀具半径补偿和长度补偿的格式及应用。

7. 任务七:孔加工循环的功能。主要掌握钻孔循环指令 G81、G83、G76、G74 等指令格式及加工对象。

8. 任务八:复合编程指令的应用。主要掌握子程序、旋转指令、缩放指令、镜像指令的功能、格式及编程方法。

9. 任务九:宏程序编程。主要掌握宏程序的运算符及条件表达式,能进行倒凹凸圆角、倒角、椭圆等的编程。

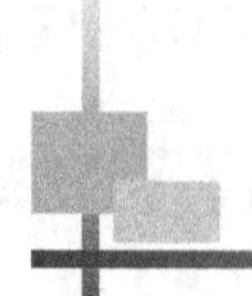

任务一　数控操作面板

任务目标

1. 熟悉数控操作面板各按键的含义
2. 熟练掌握数控面板的各种操作

任务描述

1. 机床开关机步骤
2. 手动操作：回参考点、手动连续进给(JOG)、手轮进给
3. 创建和编辑程序：新建程序、编辑程序、删除程序、后台编辑
4. 程序的模拟验证
5. 自动运行操作：自动加工、程序停止、MDI 运行、停止/中断 MDI 运行

任务链接

FANUC-0i MC 系统数控操作面板介绍。

任何数控机床的操作面板都是由 LED 显示区、系统操作面板、机床控制面板三部分组成，如图 7-1-1 所示。

一、系统操作面板

显示屏主要用来显示相关坐标位置、程序、图形、参数、诊断、报警等信息，字母键和数字键主要进行手动数据，、程序、参数以及机床指令的输入，功能键进行机床功能操作的选择。

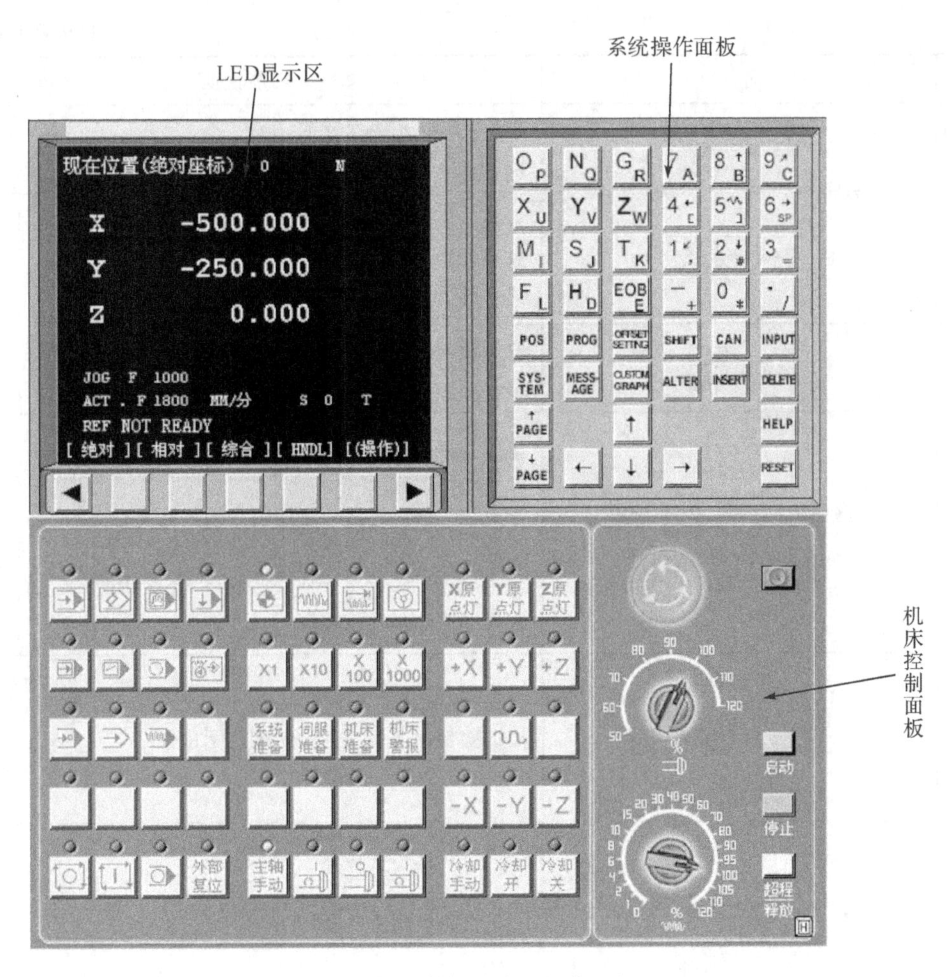

图 7-1-1 数控机床的操作面板

1. 按键说明(表 7-1-1)

表 7-1-1 按键说明

编号	名称	功能说明
1	复位键	按这个键可以使 CNC 复位或者取消报警等
2	帮助键	当对 MDI 键的操作不明白时,按这个键可以获得帮助
3	软键	根据不同的画面,软键有不同的功能 软键功能显示在屏幕的底端
4	地址和数字键 EOB 键	按这些键可以输入字母,数字或者其它字符 EOB 为程序段结束符,结束一行程序的输入并换行

续表 7-1-1

编号	名称	功能说明
5	换挡键 SHIFT	在有些键上有两个字符 按“SHIFT”键输入键面右下角的字符
6	输入键 INPUT	将输入缓冲区的数据输入参数页面或者输入一个外部的数控程序 这个键与软键中的[INPUT]键是等效的
7	取消键 CAN	取消键,用于删除最后一个进入输入缓存区的字符或符号
8	程序编辑键 ALTER、INSERT、DELETE (当编辑程序时按这些键)	ALTER:替换键,用输入的数据代光标所在的数据 INSERT:插入键,把缓冲区的数据插入到光标之后 DELETE:删除键,删除光标所在的数据,或者删除一个程序或者删除全部数控程序
9	功能键 POS PROG OFFSET SETTING SYSTEM MESSAGE CUSTOM GRAPH	按这些键用于切换各种功能显示画面
10	光标移动键 ↑ ← ↓ →	→ 将光标向右移动 ← 将光标向左移动 ↓ 将光标向下移动 ↑ 将光标向上移动
11	翻页键 ↑PAGE PAGE↓	PAGE↓ 将屏幕显示的页面往后翻页 ↑PAGE 将屏幕显示的页面往前翻页

2. 功能键和软键

功能键用来选择将要显示的屏幕画面,按功能键之后再按与屏幕文字相对的软键,就可以选择与所选功能相关的屏幕画面。

(1)功能键

功能键用来选择将要显示的屏幕的种类。

POS:按此键以显示位置页面。

PROG:按此键以显示程序页面。

OFFSET SETTING:按此键以显示补正/设置页面,包括坐标系、刀具补偿和参数设置页面。

SYSTEM:按此键以显示系统页面,可进行 CNC 系统参数和诊断参数设定,通常禁止修改。

MESSAGE:按此键以显示信息页面。

CUSTOM GRAPH:按此键以显示用户宏页面或显示图形页面。

(2)软键

要显示一个更详细的屏幕,可以在按功能键后按软键。最左侧带有向左箭头的软键为菜单返回键,最右侧带有向右箭头的软键为菜单继续键。

(3)输入缓冲区

当按地址或数字键时,与该键相应的字符输入缓冲区,缓冲区的内容显示在 CRT 屏幕的底部。为了标明这是键盘输入的数据,在该字符前面会显示一个符号“>”,在输入数据的末尾显示一个符号“_”标明下一个输入字符的位置。为了输入同一个键上右下方的字符,首先按  SHIFT 键,然后按需要输入的键就可以了。缓冲区中一次最多可以输入 32 个字符。按  CAN 键可取消缓冲区最后输入的字符或者符号。

二、机床控制面板

机床控制面板主要进行机床调整、机床运动控制、机床动作控制等,一般有急停、操作方式选择、轴向选择、切削进给速度调整、快速移动速度调整、主轴的启停、程序调试功能及其它 M、S、T 功能等(表 7-1-2)。

表 7-1-2 机床控制面板

按键	功能	按键	功能
	自动运行方式		编辑方式
	MDI 方式 (手动数据输入)		DNC 运行方式
	手动返回参考点方式		JOG 方式(手动)
	手动增量方式		手轮方式
	单段执行		程序段跳过
	M01 选择停止		手轮示教方式
	程序再启动		机床锁住
	机床空运行		循环启动键
	进给保持键		M00 程序停止

续表 7-1-2

按键	功能	按键	功能
X原点灯	当 X 轴返回参考点时，X 原点灯亮	Y原点灯	当 Y 轴返回参考点时，Y 原点灯亮
Z原点灯	当 Z 轴返回参考点时，Z 原点灯亮	X	X 轴选择键
Y	Y 键轴选择	Z	Z 键轴选择
+	手动进给正方向		快速键
-	手动进给负方向		
	手动主轴正转键	X 1 X 10 X 100 X1000	手动主轴停键
	手动主轴反转键	COOLANT	单步倍率
	机床锁住		冷却液开关
	调节主轴速度旋钮		进给速度(F)调节旋钮，为 0 时没有进给运动
	急停键　换刀时要慎重，一般不要用于中断换刀，会使刀具处于非正常位置		

三、手轮面板(表 7-1-3)

表 7-1-3　手轮面板

按键	功能
OFF X Y Z 4　X1 X10 X100	坐标轴：OFF、X、Y、Z、4 本机床 4 没用 单步进给量：×1、×10、×100 单位为 μm
	手轮顺时针转，机床往正方向移动；手轮逆时针转，机床往负方向移动 当单步进给量选择较大时，不要手轮转动太快

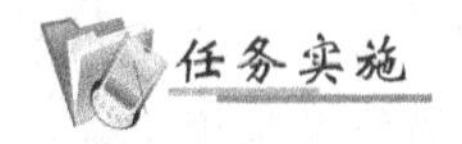

活动一　机床开关机步骤

数控铣床要求有配气装置，首先应给机床供气，进行开机前检查，然后按如下步骤开机：

1. 打开机床后面的电源总开关 ON。
2. 按下操作面板 Power ON(绿色)。
3. 松开急停按钮(向右旋转)，当 CRT 显示坐标画面时，开机成功。

在机床通电后，CNC 单元尚未出现位置显示或报警画面之前，不要碰 MDI 面板上的任何键。MDI 面板上的有些键专门用于维护和特殊操作，按这其中的任何键，可能使 CNC 装置处于非正常状态。在这种状态下启动机床，有可能引起机床的误动作。

关机步骤：

1. 将各轴移到中间位置。
2. 按下急停按钮。
3. 再按操作面板 Power OFF(红色)。
4. 最后关掉电源总开关(OFF)。

活动二　回参考点手动操作

一、在下列几种情况必须回参考点

(1)每次开机后(目前有些新机床用的是绝对编码器，所以无需回零)。

(2)超程解除以后。

(3)按急停按钮后。

(4)机床锁定解除后。

先按“POS”坐标位置显示键，在【综合坐标】页面中查看各轴是否有足够的回零距离(回零距离应大于 40mm)。如果回零距离不够，可用“手动”或“手轮移动”方式移动相应的轴达到足够的距离。为了安全，一般先回 Z 轴，再回 X 轴或 Y 轴。

回参考点步骤：

(1)按返回参考点键。

(2)选择较小的快速进给倍率(25%)。

(3)按“Z”键，再按“+”键，当 Z 轴指示灯闪烁，Z 轴即返回了参考点。

(4)依上述方法，依此按“X”键、“+”键、“Y”键、“+”键，X、Y 轴返回参考点。

二、手动连续进给(JOG)

刀具沿着所选轴的所选方向连续移动。操作前检查各种旋钮所选择的位置是否正确，确定正确的坐标方向，然后再进行操作：

(1)按“手动连续”按键，系统处于连续点动运行方式。

(2)调整进给速度倍率旋钮。

(3)按进给轴和方向选择按键，选择将要使刀具沿其移动的轴及其方向，释放按键移动停止。如按“X”键(指示灯亮)，再按住“＋”键或“－”键，X 轴产生正向或负向连续移动，松开“＋”键或“－”键，X 轴减速停止。

(4)按方向选择按键的同时，按“快速移动”键，刀具会以快移速度移动。

三、手轮进给

刀具可以通过旋转手摇脉冲发生器微量移动，当按操作面板上的“手轮控制”时，利用手轮选择移动轴和手轮旋转一个刻度时刀具移动的距离。手轮的操作方法如下：

(1)按“手轮”键，系统处于手轮移动方式。

(2)按“手持单元选择”键后，可用手轮选择轴和单步倍率。

(3)旋转选择轴旋钮，选择刀具要移动的轴。

(4)通过手轮旋钮选择刀具移动距离的放大倍数，旋转手轮一个刻度时刀具移动的距离等于最小输入增量乘以放大倍数(选择手轮旋转一个刻度时刀具移动的距离)。

(5)根据坐标轴的移动方向决定手轮的旋转方向。手轮顺时针转，刀具相对工件向坐标轴正方向移动，手轮逆时针转，往负方向移动。

活动三　创建和编辑程序

一、新建程序

手工输入一个新程序的方法：

(1)按面板上的编辑键，系统处于编辑方式。

(2)按面板上的程序键PROG，显示程序画面。

(3)用字母和数字键，输入程序号。例如，输入程序号“O0001”。

(4)按系统面板上的插入键INSERT。

(5)输入分号“；”EOB E。

(6)按系统面板上的插入键。

(7)这时程序屏幕上显示新建立的程序名，接下来可以输入程序内容。

在输入到一行程序的结尾时，按 EOB 键生成“；”，然后再按插入键，这样程序会自动换行，光标出现在下一行的开头。

二、编辑程序

下列各项操作均是在编辑状态下，程序被打开的情况下进行的。

1. 字的检索

(1)按[操作]软键。

(2)按向右箭头(菜单扩展键)，直到软键中出现[检索(SRH)↑]和[检索(SRH)↓]软键。

(3)输入需要检索的字，如要检索 M03。

(4)按[检索]键，带向下箭头的检索键为从光标所在位置开始向程序后面检索，带向上箭头的检索键为从光标所在位置开始向程序前面进行检索，可以根据需要选择一个检索键。

(5)光标找到目标字后，定位在该字上。

2. 光标跳到程序头

当光标处于程序中间，而需要将其快速返回到程序头，可用下列三种方法：

方法一：在“编辑”方式，当处于程序画面时，按复位键RESET，光标即可返回到程序头。

方法二：在“自动运行”或“编辑”方式，当处于程序画面时，按地址 O→输入程序号→按软键[O 检索]。

方法三：在“自动运行”或“编辑”方式下→按“PROR(程序)”键→按[操作]键→按[REWIND]键。

3. 字的插入

(1)使用光标移动键或检索，将光标移到插入位置前的字。

(2)键入要插入的字。

(3)按“INSERT(插入)”键。

4. 字的替换

(1)使用光标移动键或检索，将光标移到替换的字。

(2)键入要替换的字。

(3)按“ALTER(替换)”键。

5. 字的删除

(1)使用光标移动键或检索，将光标移到替换的字。

(2)按“DELETE(删除)”键。

6. 删除一个程序段

(1)使用光标移动键或检索，将光标移到要删除的程序段地址 N。

(2)键入“;”。

(3)按“DELETE(删除)”键。

7. 删除多个程序段

(1)使用光标移动键或检索，将光标移到要删除的第一个程序段的第一个字。

(2)键入地址 N。

(3)键入将要删除的最后一个段的顺序号。

(4)按“DELETE(删除)”键。

三、删除程序

(1)在“编辑”方式下,按“程序”键。
(2)按 DIR 软键。
(3)显示程序名列表。
(4)使用字母和数字键,输入欲删除的程序名。
(5)按面板上的“DELETE(删除)”键,再按[执行]键,该程序将从程序名列表中删除。

四、后台编辑

在执行一个程序期间编辑另一个程序称为后台编辑,编辑方法与普通编辑相同,后台编辑的程序完成操作后,将被存到前台程序存储器中。

操作方法如下:
(1)选择“自动加工”方式或“编辑”方式。
(2)按功能键“PROR(程序)”。
(3)按软键[操作],再按软键[BG－EDT],显示后台编辑画面。
(4)在后台编辑画面,用通常的程序编辑方法编辑程序。
(5)编辑完成之后,按软键[操作],再按软键[BG－END],编辑程序被存到前台程序存储器中。

活动四 程序的模拟验证

程序输入完成后,进行程序验证,根据机床的实际运动位置、动作以及机床的报警等来检查程序是否正确(表 7-1-4)。

表 7-1-4 程序模拟的步骤

序号	步骤名称	作业图	操作步骤及说明
1	Z 向抬高 100		刀补键→屏幕下第三个软件“坐标系”→G54 上面的 EXT 坐标系→100→输入键

续表 7-1-4

序号	步骤名称	作业图	操作步骤及说明
2	确定程序,并使光标置于程序头		EDIT →PROG →显示出程序→RESET 复位,一定要使光标置于程序头
3	选择"自动"方式	AUTO	按下"自动"方式,灯亮
4	开启"空运行功能"	DRY RUN	按下"空运行功能",灯亮
5	进给倍率打到"0"位		进给倍率打到"0"位,使机床置于可控制的状态
6	设定图形参数		1. 绘图坐标:可指定绘图平面,看 XY 平面,输入 0;看 YZ 平面,输入 1;看 ZY 平面,输入 2;看 XZ 平面,输入 3;看 XYZ 平面,输入 4;看 ZXY 平面,输入 5 2. 比例:设定绘图的放大率,1 为原始大小;要放大,如输入 1.2;;要缩小,如输入 0.8 3. 图形中心点:$X=$ ______, $Y=$ ______, $Z=$ ______将工件坐标系上的坐标值设在绘图中心
7	按下"图形"键	CSTM GRPH	模拟键→屏幕下第二个软件"图形"

续表 7-1-4

序号	步骤名称	作业图	操作步骤及说明
8	按下“循环启动”键		按下左边绿色的“循环启动”键
9	进给倍率打到10～30%		进给倍率打到10～30%，用来控制模拟时候机床运行的速度
10	看图是否正确	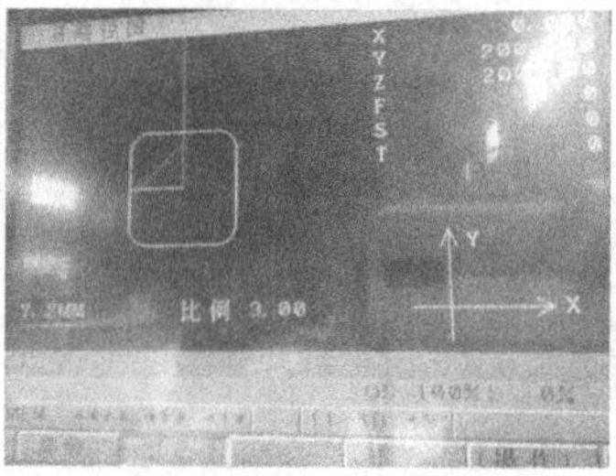	进入图形显示，检查刀具路径是否正确，否则对程序进行修改。当有语法和格式问题时，会出现报警(P/S ALARM)和一个报警号。按下  PROG 程序键，查看光标停留位置，光标后面的两个程序段就是可能出错的程序段，根据不同的报警号查出产生的原因作相应修改。在检查完程序的语法和格式后，检查 X、Y、Z 轴坐标和余量是否和图纸以及刀具路径相符
11	关闭“空运行功能”	 DRY RUN	按下“空运行功能”，灯灭
12	Z向清为“0”	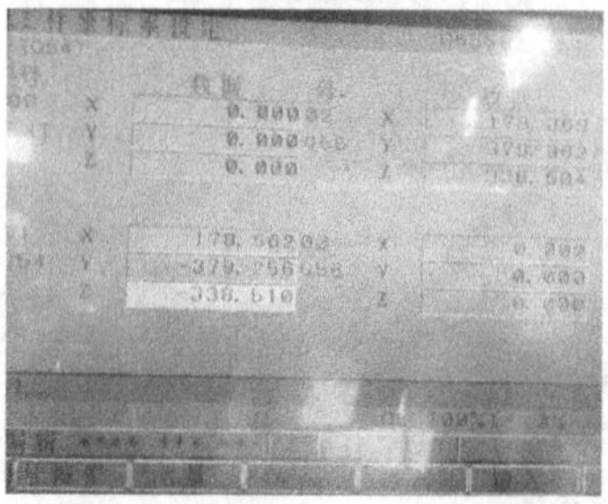	 OFS SET 刀补键→屏幕下第三个软件“坐标系”→G54 上面的 EXT 坐标系→0→  INPUT 输入键

活动五 自动运行操作

用程序运行 CNC 机床称为自动运行。

一、自动加工

在自动运行前，再做一次手动机床回零，以保证不出错误。首件试切最好单段执行，操作者不得离开，以确保无误。

自动加工操作：

(1)按自动键，系统进入自动运行方式。

(2)打开所要使用的加工程序，按“PROR(程序)”键以显示程序屏幕→按地址键“O”→使用数字键输入程序号→按[O 搜索]软键或按光标键。

(3)调整到显示“检视”的画面，将进给倍率调到较低位置。

(4)按循环启动键(指示灯亮)，系统执行程序，进行自动加工。

(5)在刀具运行到接近工件表面时，必须在进给停止下，验证 Z 轴绝对坐标，Z 轴剩余坐标值及 X、Y 轴坐标值与加工设置是否一致。

二、自动运行停止

1.进给暂停

程序执行中，按机床控制面板上的进给暂停键，可使自动运行暂时停止，但主轴仍然转动，前面的模态信息全部保留，再按循环启动键，可使程序继续执行。

2.程序停止

(1)按面板上的复位键，中断程序执行，再按循环启动键，程序将从头开始执行。执行 M00 指令，自动运行包含有 M00 指令的程序段后停止。前面的模态信息全部保留，按“循环启动”键，可使程序继续执行。

(2)当机床控制面板上的选择性停止键按有效后，执行含有 M01 指令的程序段，自动运行停止。前面的模态信息全部保留，按“循环启动”键，可使程序继续执行。

(3)执行 M02 或 M30 指令后，自动运行停止，执行 M30 时，光标将返回程序头。

三、MDI 运行

在 MDI 方式中，通过 MDI 面板，可以编制最多 10 行的程序并被执行。

操作方法如下：

(1)按 MDI 键，系统进入 MDI 运行方式。

(2)按面板上的程序键，再按[MDI]软键。系统会自动显示程序号 O0000。

(3)编制一个要执行的程序,如 M03 S500 EOB E。

(4)利用光标键,将光标移动到程序头(本机床光标也可以在最后)。

(5)按循环启动键 [I] (指示灯亮),程序开始运行。

四、停止/中断 MDI 运行

1. 停止 MDI 运行

如果要中途停止,按进给暂停键,这时机床停止运行,并且循环启动键的指示灯灭、进给暂停指示灯亮。再按循环启动键,就能恢复运行。

2. 中断 MDI 运行

按面板上的复位键,可以中断 MDI 运行。

任务评价

项目八、任务一评价如表 7-1-5 所示。

表 7-1-5 任务评价表

评价类型	序号	评价内容	学生自评		小组互评		教师评价	
			合格	不合格	合格	不合格	合格	不合格
任务内容	1	机床开关机步骤						
	2	手动操作:回参考点、手动连续进给(JOG)、手轮进给						
	3	创建和编辑程序: 新建程序、编辑程序、删除程序、后台编辑						
	4	程序的模拟验证						
	5	自动运行操作						
成果分享	收获之处							
	不足之处							
	改进措施							

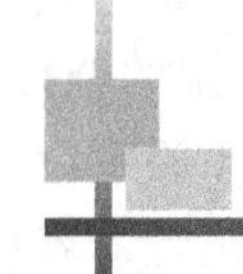

任务二　学习数控编程的内容步骤

任务目标

1. 熟悉数控编程的步骤
2. 熟悉数控编制的方法
3. 熟悉数控编程格式及内容

任务描述

掌握数控程序编程的步骤、数控编制的方法与格式。

任务链接

一、数控编程的内容步骤

数控编程的主要步骤如图 7-2-1 所示。

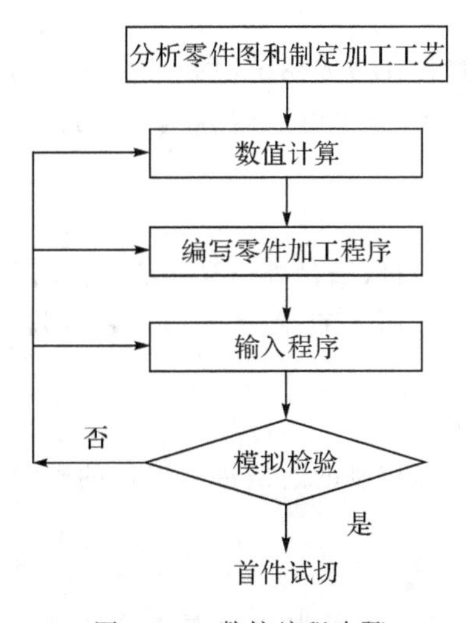

图 7-2-1　数控编程步骤

1. 分析零件图，制定加工工艺

分析工件的材料、形状、尺寸、精度及毛坯形状和热处理要求等，以便确定该零件是否适合在数控机床上加工，或适合在哪种类型的数控机床上加工。只有那些属于批量小、形状复杂、精度要求高及生产周期要求短的零件，才最适合数控加工，同时要明确加工内容和要求。

在对零件图样作了全面分析的前提下，确定零件的加工方法(如采用的工夹具、装夹定位方法等)、加工路线(如对刀点、换刀点、进给路线)及切削用量等工艺参数(如进给速度、主轴转速、切削宽度和切削深度等)。制订数控加工工艺时，除考虑数控机床使用的合理性及经济性外，还须考虑所用夹具应便于安装，便于协调工件和机床坐标系的尺寸关系，对刀点应选在容易找正、并在加工过程中便于检查的位置，进给路线尽量短，并使数值计算容易，加工安全可靠等因素。

2.数值计算

根据工件图及确定的加工路线和切削用量，计算出数控机床所需的输入数据，数值计算主要包括计算工件轮廓的基点和节点坐标等。先确定可以直接从图纸上所给条件算出节点坐标，再计算待定节点坐标(如图纸上一般不注明的切点、圆心或交点等)及圆弧起点、终点相对于圆心的坐标值(I、J、K)，有的数控铣床还要求计算出各节点处各坐标轴方向的刀具半径补偿分量(P、Q、R)。在计算各节点坐标时，最好按程序编程坐标系算出绝对坐标值，这样编程将更方便且不易出错。此外，要注意边计算边将数值填入编程草图的相应节点处，如计算时建立了直线或圆方程，最好也注在编程草图的相应几何元素轮廓线附近，以便查错及修改。

3.编写零件加工程序

根据加工路线，计算出刀具运动轨迹坐标值和已确定的切削用量以及辅助动作，依据数控装置规定使用的指令代码及程序段格式，逐段编写零件加工程序单。编程人员必须对所用的数控机床的性能、编程指令和代码都非常熟悉，才能正确编写出加工程序。

4.输入程序

程序单编好之后，需要通过一定的方法将其输入给数控系统。

(1)手动数据输入

按所编程序单的内容，通过操作数控系统键盘上各数字、字母、符号键进行输入，同时利用 CRT 显示内容进行检查。即将程序单的内容直接通过数控系统的键盘手动键入数控系统。

(2)用控制介质输入

控制介质多采用穿孔纸带、磁带、磁盘等。穿孔纸带上的程序代码通过光电阅读机输入给数控系统，控制数控机床工作。而磁带、磁盘是通过磁带收录机、磁盘驱动器等装置输入数控系统的。

(3)通过机床的通信接口输入

将数控加工程序，通过与机床控制的通信接口连接的电缆直接快速输入到机床的数控装置中。

5.模拟校验

通常数控加工程序输入完成后，需要校对其是否有错误。一般是将加工程序上的加工信息输入给数控系统进行空运转检验，也可在数控机床上用笔代替刀具，以坐标纸代替工件进行画图模拟加工，以检验机床动作和运动轨迹的正确性。

6. 首件试切

校对后的加工程序还不能确定出因编程计算不准确或刀具调整不当造成加工误差的大小，因而还必须经过首件试切的方法进行实际检查，进一步考察程序单的正确性并检查工件是否达到加工精度。根据试切情况反过来进行程序单的修改以及采取尺寸补偿措施等，直到加工出满足要求的零件为止。

二、数控程序编制的方法

数控加工程序的编制方法主要有两种：手工编程和自动编程。

1. 手工编程

手工编程指主要由人工来完成数控编程中各个阶段的工作，如图 7-2-2 所示。

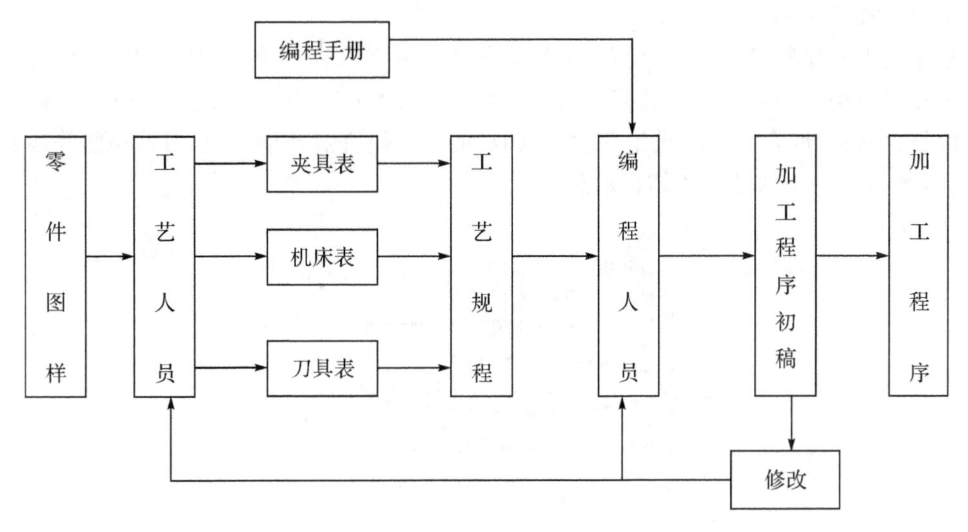

图 7-2-2　手工编程

一般对几何形状不太复杂的零件，因所需的加工程序不长，计算也比较简单，因此用手工编程比较合适。但对于一些复杂零件，特别是具有非圆曲线的表面，或者零件的几何元素并不复杂，但程序量很大的零件（如一个零件上有许多个孔或平面轮廓由许多段圆弧组成），或当铣削轮廓时，数控系统不具备刀具半径自动补偿功能，而只能以刀具中心的运动轨迹进行编程等特殊情况，由于计算相当繁琐且程序量大，手工编程就难以胜任，即使能够编出程序来，往往耗费很长时间，而且容易出现错误。据国外统计，当采用手工编程时，一个零件的编程时间与在机床上实际加工时间之比，平均约为 30：1，而数控机床不能开动的原因中有 20％～30％是由于加工程序编制困难，编程所用时间较长，造成机床停机。因此，为了缩短生产周期，提高数控机床的利用率，有效地解决各种模具及复杂零件的加工问题，采用手工编制程序已不能满足要求，而必须采用“自动编制程序”的办法。

2. 计算机自动编程

自动编程是指在编程过程中，除了分析零件图样和制定工艺方案由人工进行外，其余工作均由计算机辅助完成。

采用计算机自动编程时，数学处理、编写程序、检验程序等工作是由计算机自动完成的，由于计算机可自动绘制出刀具中心运动轨迹，使编程人员可及时检查程序是否正确，需要时可及时修改，以获得正确的程序。又由于计算机自动编程代替程序编制人员完成了繁琐的数值计算，可提高编程效率几十倍乃至上百倍，因此解决了手工编程无法解决的许多复杂零件的编程难题。因而，自动编程的特点就在于编程工作效率高，可解决复杂形状零件的编程难题。常见软件有 MasterCAM、UG、Pro/E、CAXA 制造工程师等。

三、数控编程格式及内容

数控程序是由为使机床运转而给与数控装置的一系列指令的有序集合所构成的。靠这些指令使刀具按直线或者圆弧及其他曲线运动，控制主轴的回转、停止、切削液的开关、自动换刀装置和工作台自动交换装置的动作等。

1. 数控程序结构

程序是由程序段(Block)所组成，每个程序段是由字(word)和“;”所组成。而字是由地址符和数值所构成的，如 X(地址符)100.0(数值)Y(地址符)50.0(数值)。程序由程序号、程序段号、准备功能、尺寸字、进给速度、主轴功能、刀具功能、辅助功能、刀补功能等构成的。图 7-2-3 所示是一个数控程序结构示意图。

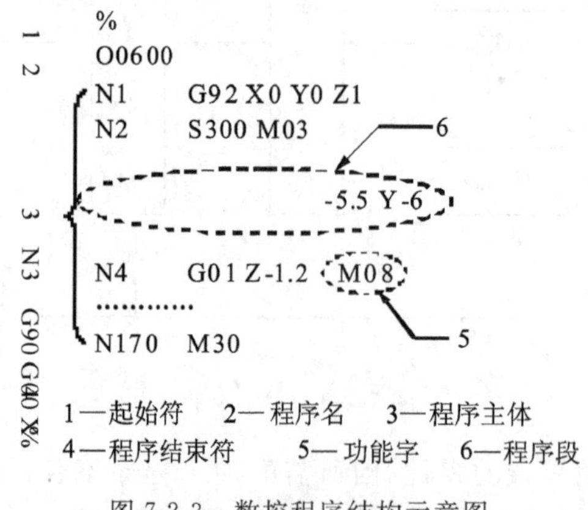

图 7-2-3 数控程序结构示意图

一般情况下，一个基本的数控程序由以下几个部分组成：

(1)程序起始符。一般为“%”、“$”等，不同的数控机床起始符可能不同，应根据具体的数控机床说明使用。程序起始符单列一行。

(2)程序名。单列一行，有两种形式，一种是以规定的英文字母(通常为 O)为首，后面接若干位数字(通常为 4 位)，如 O0600，也可称为程序号。另一种是以英文字母、数字和符号“—”混合组成，比较灵活。程序名具体采用何种形式由数控系统决定。

(3)程序主体。由多个程序段组成，程序段是数控程序中的一句，单列一行，用于指挥机床完成某一个动作。每个程序段又由若干个程序字(word)组成，每个程序字表示一个功能指令，因此又成为功能字，它由字首及随后的若干个数字组成(如 X100)。字首是一个英文字母，称为字的地址，它决定了字的功能类别。一般字的长度和顺序不固定。在程序末尾一般有程序结束指令，如 M30，用于停止主轴、冷却液和进给，并使控制系统复位。

(4)程序结束符。程序结束的标记符,一般与程序起始符相同。

2. FANUC 数控指令格式

数控程序是若干个程序段的集合,每个程序段独占一行。每个程序段由若干个字组成,每个字由地址和跟随其后的数字组成。地址是一个英文字母,一个程序段中各个字的位置没有限制。但是,长期以来表 7-2-1 排列方式已经成为大家都认可的方式:

表 7-2-1　程序段中各个字的位置

N—	G—	X—Y—Z—	…	F—	S—	T—	M—	LF
行号	准备功能	位置代码		进给速度	主轴转速	刀具号	辅助功能	行结束

(1)行号

Nxxx 是程序的行号,可以不要,在编辑时有行号会方便些。行号可以不连续,最大为 9999,超过后从再从 1 开始。

(2)准备功能

地址"G"和数字组成的字表示准备功能,也称为 G 功能。G 功能根据其功能分为若干个组,在同一条程序段中,如果出现多个同组的 G 功能,那么最后一个有效。G 功能分为模态与非模态两类。一个模态 G 功能被指令后,直到同组的另一个 G 功能被指令才无效。而非模态的 G 功能仅在其被指令的程序段中有效。

(3)辅助功能

地址"M"和两位数字组成的字表示辅助功能,也称为 M 功能。

(4)主轴转速

地址 S 后跟数字,单位:r/min(转/分钟)。

(5)进给功能

地址 F 后跟数字,单位:mm/min(毫米/分钟)。

(6)尺寸字地址

X、Y、Z、I、J、K、R。

任务实施

1. 数控编程的步骤有哪些?
2. 数控编制的方法?
3. 数控编程格式及内容是怎样的?

任务评价

项目八、任务二评价如表 7-2-2 所示。

表 7-2-2　任务评价表

评价类型	序号	评价内容	学生自评		小组互评		教师评价	
			合格	不合格	合格	不合格	合格	不合格
任务内容	1	数控编程的步骤						
	2	熟悉数控编制的方法						
	3	熟悉数控编程格式及内容						
成果分享	收获之处							
	不足之处							
	改进措施							

任务三　确定数控铣床的坐标系

任务目标

1. 掌握数控铣床坐标系确定原则
2. 掌握数控铣床坐标系的方向判断
3. 掌握工件坐标系的设置

任务描述

掌握数控铣床坐标系的方向判断和工件坐标系的设置。

任务链接

为便于编程时描述机床的运动，简化程序的编制方法及保证记录数据的互换性，数控机床的坐标和运动方向都已标准化。

一、坐标系的确定原则

(1)刀具相对于静止的工件而运动的原则。即总是把工件看成是静止的，刀具作加工所需的运动。

(2)标准坐标系(机床坐标系)的规定　在数控机床上，机床的运动是由数控装置来控制的，为了确定机床上的成形运动和辅助运动，必须先确定机床上运动的方向和运动的距离，这就需要一个坐标系才能实现，这个坐标系就称为机床坐标系。

标准的机床坐标系采用右手笛卡尔直角坐标系。它用右手的大拇指表示 X 轴，食指表示 Y 轴，中指表示 Z 轴，三个坐标轴相互垂直，即规定了它们之间的位置关系。如图 7-3-1所示，这三个坐标轴与机床的各主要导轨平行。A、B、C 分别是绕 X、Y、Z 旋转的角度坐标，其方向遵从右手螺旋定则，即右手的大拇指指向直角坐标的正方向，其余四指的绕向为角度坐标的正方向。

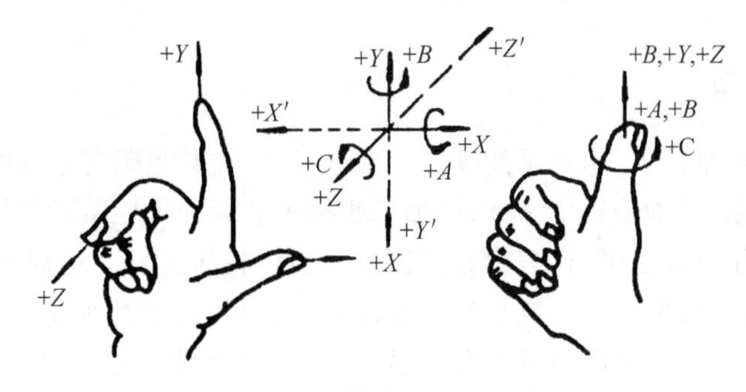

图 7-3-1　数控机床坐标系

(3)运动方向

数控机床的某一部件运动的正方向，是增大工件与刀具之间距离的方向。

二、坐标轴的确定方法

(1)Z 坐标的确定。Z 坐是由传递切削力的主轴所规定的，其坐标轴平行于机床的主轴。

(2)X 坐标的确定。X 坐标一般是水平的，平行于工件的装夹平面，是刀具或工件定位平面内运动的主要坐标。对卧式铣(镗)床或加工中心来说，从主要的刀具主轴方向看工件时，X 轴正方向向右。对单立柱的立式铣(镗)床或加工中心来说，从主要的刀具主轴看立柱时，X 轴的正方向向右。对双立柱(龙门式)铣(镗)床或加工中心来说，从主要的刀具主轴看左侧立柱看时，X 轴正方向向右。

(3)Y 坐标的确定。确定了 X、Z 坐标后，Y 坐标可以通过右手笛卡尔直角坐标系来确定。

图 7-3-2 是立式数控铣床和卧式数控铣(镗)床的坐标示意图，读者可以参考以上坐标轴的确定规则自己判断。

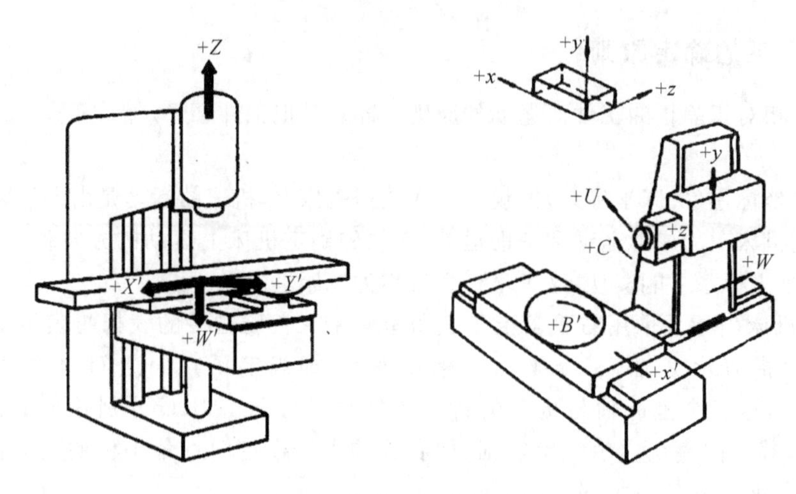

图 7-3-2 数控铣床坐标示意图

三、机床坐标系

仅仅确定了坐标轴的方位，还不能确定一个坐标系，还必须确定原点的位置。数控加工中涉及到三个坐标系，分别是机床坐标系、加工坐标系和编程坐标系，对同一台机床来说，这三个坐标系的坐标轴都相互平行，只是原点位置不同。机床坐标系的原点设在机床上的一个固定位置，它在机床装配、安装、调整好后就确定下来了，是数控加工运动的基准参考点。在数控铣床或加工中心上，它的位置取在 X、Y、Z 三个坐标轴正方向的极限位置，通过机床运动部件的行程开关和挡铁来确定。数控机床每次开机后都要通过回零运动，使各坐标方向的行程开关和挡铁接触使坐标值置零，以建立机床坐标系。

四、编程坐标系

编程人员在编程时，需要把零件的尺寸转换为刀具运动的坐标，这就要在零件图样上确定一个坐标原点，这个坐标原点就是编程原点，它所决定的坐标系就是编程坐标系。其位置没有一个统一的规定，确定原则是以利于坐标计算为准，同时尽量做到基准统一，即使编程原点与设计基准、工艺基准统一。

五、工件坐标系

工件坐标系实际上是编程坐标系从图纸上往零件上的转化，编程坐标系是在纸上确定的，工件坐标系是在工件上确定的。如果把图纸蒙在工件上，两者应该重合。

(1)绝对尺寸与增量尺寸指令 G90、G91

格式：$\begin{Bmatrix} \text{G90} \\ \text{G91} \end{Bmatrix}$X_Y_Z

绝对尺寸：指在指定的坐标系中，机床运动位置的坐标是相对于坐标原点给出的。

增量尺寸：指机床运动位置的坐标值是相对于前一位置给出的。

在加工程序中，绝对尺寸和增量尺寸有两种表达方式。一种是用 G 指令作规定，一般用 G90 指令表示绝对尺寸，用 G91 指令表示增量尺寸，这是一对模态(续效)指令。这类表

达方法有两个特点，一是绝对尺寸和增量尺寸在同一程序段内只能用一种，不能混用，二是无论是绝对尺寸还是增量尺寸在同一轴向的尺寸字是相同的，如X向都是X。第二种不用G指令作规定，而直接用符号区分是绝对尺寸还是增量尺寸。例如X、Y、Z向的绝对尺寸地址分别用X、Y、Z，而增量尺寸的地址分别用U、V、W。这种表达方法有两个特点，一是不但在同一程序中，而且在同一程序段中，绝对尺寸与增量尺寸可以混用，这给编程带来了很大的方便。另一个特点是两种尺寸属于哪一种一目了然，而无须去看它前面的是G90还是G91，这样可以减少编程中的差错。

注意在编制程序时，在程序数控指令开始的时候，必须指明编程方式，缺省为G90。

如图7-3-3所示，表示刀具从A点移动到B点，用以上两种方式编程。

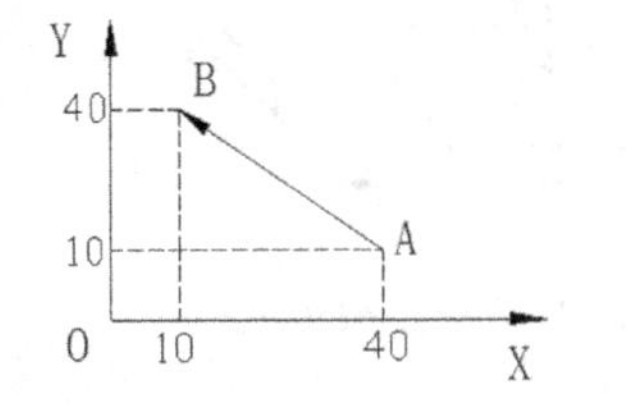

绝对值编程方式：
G90 G00 X10.0 Y40.0;
增量值编程方式：
G91 G00 X-30.0 Y30.0;

图7-3-3　绝对坐标与增量坐标

(2)工件坐标系设定指令G92

格式：G92_X_Y_Z

X、Y、Z是刀位点在工件坐标系中的位置。

G92指令是规定工件坐标系原点的指令，通过该指令可设定起刀点即程序开始运动的起点，从而建立加工坐标系。但该指令只是设定坐标系，机床(刀具或工作台)并未产生运动。

注意：

①用这种方法设置的加工原点是随着刀具起始点位置的变化而变化的。

②现代数控机床一般可用预置寄存的方法设定坐标，也可以用CRT/MDI手工输入方法设置加工坐标系。

(3)工件坐标系选择指令G54—G59

G54—G59是系统预设的6个工件坐标系，通过G54—G59可设置工件零点在机床坐标系中的位置(工件零点以机床零点为基准的偏移量)。工件装夹到机床上后，通过对刀求出偏移量，并经操作面板输入到规定的数据区，程序可以通过选择相应的功能G54—G59激活此值。

工件坐标系一旦选定，后续程序段中绝对值编程时的坐标值均为相对此工件坐标系原点的坐标值。

G54～G59为模态功能指令，可相互注销，G54为缺省值。

图7-3-4所示为工件坐标系与机床坐标系之间的关系，假设编程人员使用G54工件坐标系编程，并要求刀具运动到工件坐标系中X100.0　Y50.0　Z200.0的位置，程序可以写成：G90　G54　G00　X100.0　Y50.0　Z200.0。

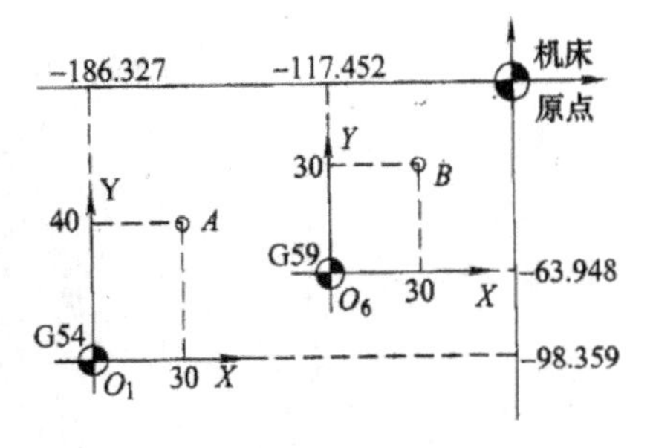

图7-3-4　工件坐标系与机床坐标系

如图 7-3-5 所示，使用工件坐标系编程，要求刀具从当前点移动到 G54 坐标系下的 A 点，再移动到 G59 坐标系下的 B 点，然后移动到 G54 坐标系零点 O1 点。

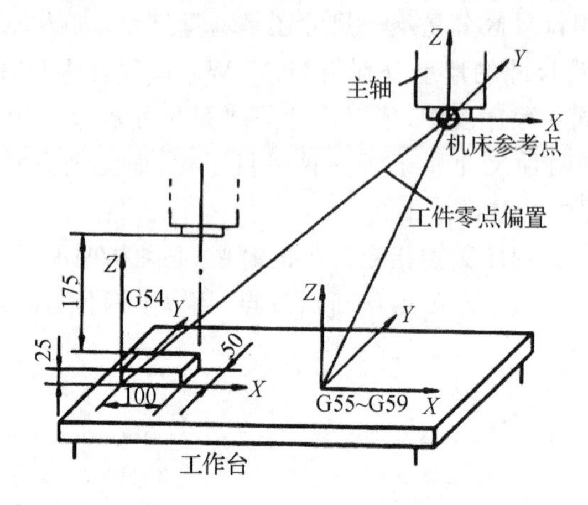

图 7-3-5　G54～G59 应用举例

```
O0001;
G54 G00 G90 X30.0 Y40.0;
G59;
G00 X30.0 Y30.0;
G54;
X0 Y0;
M30;
```

使用该组指令前，先用 MDI 方式输入各坐标系的坐标原点在机床坐标系中的坐标值(G54 寄存器中 X、Y 值分别为 −186.327、−98.359；G59 寄存器中 X、Y 值分别为 −117.452、−63.948)。该值是通过对刀得到的，受编程原点和工件安装位置的影响。

(4)坐标平面选择指令(G17、G18、G19)

坐标平面选择指令是用来选择圆弧插补的平面和刀具补偿平面的。G17 表示选择 XY 平面，G18 表示选择 ZX 平面，G19 表示选择 YZ 平面。各坐标平面如图 7-3-6 所示。一般数控铣床默认在 XY 平面内加工。

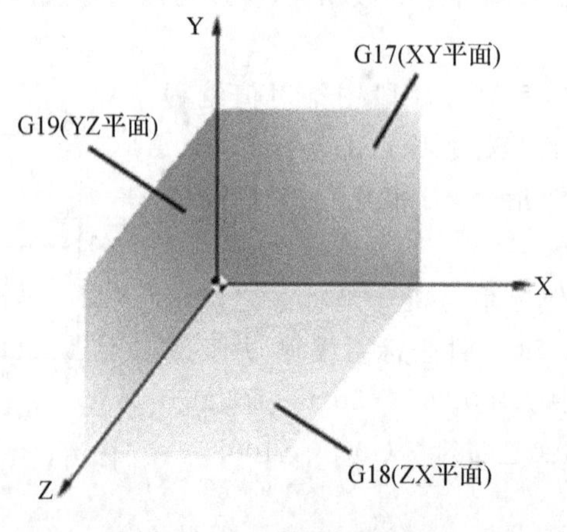

图 7-3-6　坐标平面选择

任务实施

1. 数控铣床坐标系确定原则？
2. 如何对数控铣坐标系的方向进行判断？
3. 编程坐标系、机床坐标系与工件坐标系的区别？
4. 工件坐标系的设置

任务评价

项目八、任务三评价如表 7-3-1 所示。

表 7-3-1　任务评价表

评价类型	序号	评价内容	学生自评		小组互评		教师评价	
			合格	不合格	合格	不合格	合格	不合格
任务内容	1	数控铣床坐标系确定原则						
	2	数控铣坐标系的方向判断						
	3	编程坐标系、机床坐标系与工件坐标系的区别						
	4	工件坐标系的设置						
成果分享	收获之处							
	不足之处							
	改进措施							

任务四　数控铣床的对刀

任务目标

1. 了解对刀的目的
2. 熟悉对刀方法和对刀工具
3. 掌握 X、Y 向分中对刀的方法
4. 掌握 Z 向对刀的方法

任务描述

如图 7-4-1 所示的工件，材料为硬铝，规格为 100mm×100mm×36mm。

1. 试用偏心式寻边器完成分中对刀，并输入到 G54 坐标系中

2. 完成 Z 向对刀

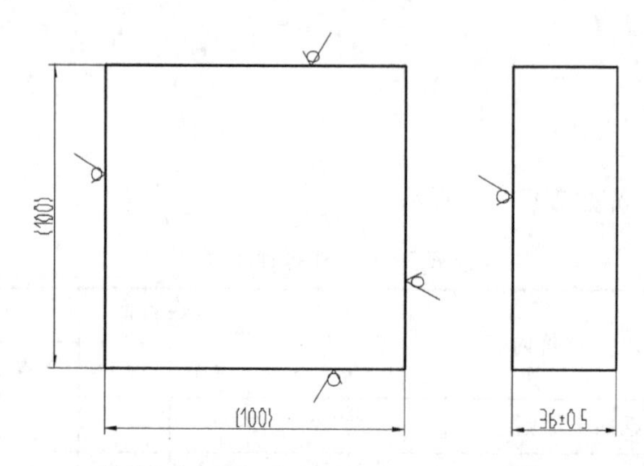

图 7-4-1　100mm×100mm×36mm 硬铝

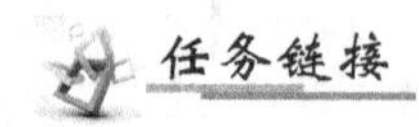

任务链接

一、对刀的目的

对刀的目的是通过刀具或对刀工具确定工件坐标系与机床坐标系之间的空间位置关系，并将对刀数据输入到相应的存储位置。它是数控加工中最重要的操作内容，其准确性将直接影响零件的加工精度。在进行对刀前，需完成必要的准备工作，即工件和刀具的装夹。

二、对刀

对刀操作分为 X、Y 向对刀和 Z 向对刀。

1. 对刀方法

根据现有条件和加工精度要求选择对刀方法，可采用试切法对刀、寻边器对刀、机内对刀仪对刀、自动对刀等。其中试切法对刀精度较低，加工中常用寻边器和 Z 向设定器对刀，效率高，能保证对刀精度。

2. 对刀工具

(1)寻边器

寻边器主要用于确定工件坐标系原点在机床坐标系中的 X、Y 值，也可以测量工件的简单尺寸。

寻边器有偏心式和光电式等类型，如图 7-4-2 所示，其中以光电式较为常用。光电式寻边器的测头一般为 10mm 的钢球，用弹簧拉紧在光电式寻边器的测杆上，碰到工件时可以退让，并将电路导通，发出光讯号，通过光电式寻边器的指示和机床坐标位置即可得到被测表面的坐标位置，具体使用方法见下述对刀实例。

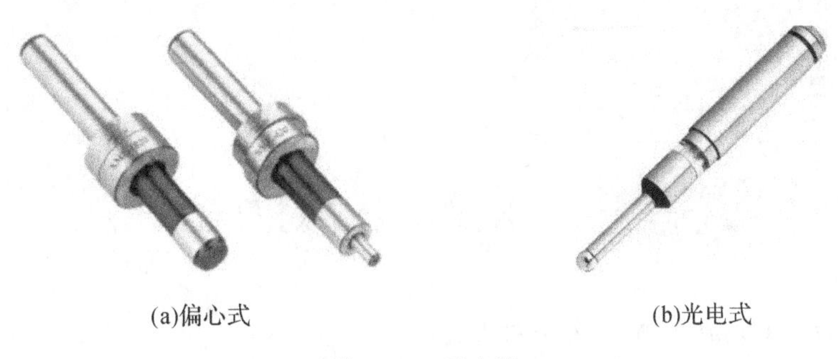

(a)偏心式　　(b)光电式

图 7-4-2　寻边器

(2)Z 轴设定器

Z 轴设定器主要用于确定工件坐标系原点在机床坐标系的 Z 轴坐标，或者说是确定刀具在机床坐标系中的高度。

Z 轴设定器有指针式和光电式等类型，如图 7-4-3 所示，通过光电指示或指针判断刀具与对刀器是否接触，对刀精度一般可达 0.005mm。

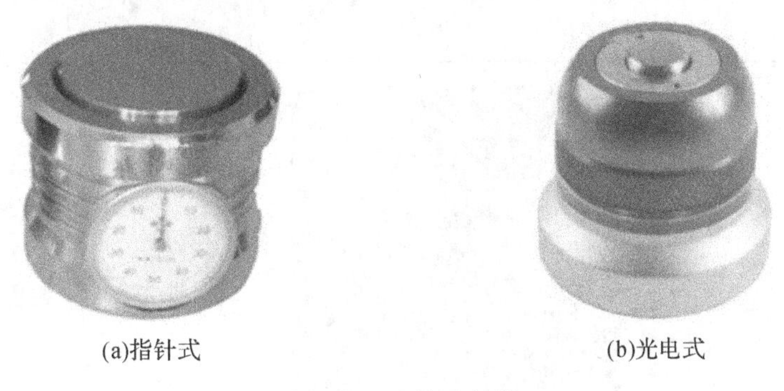

(a)指针式　　(b)光电式

图 7-4-3　Z 轴设定器

Z 轴设定器带有磁性表座，可以牢固地附着在工件或夹具上，其高度一般为 50mm 或 100mm，可分为立式对刀和卧式对刀，如图 7-4-4 所示。

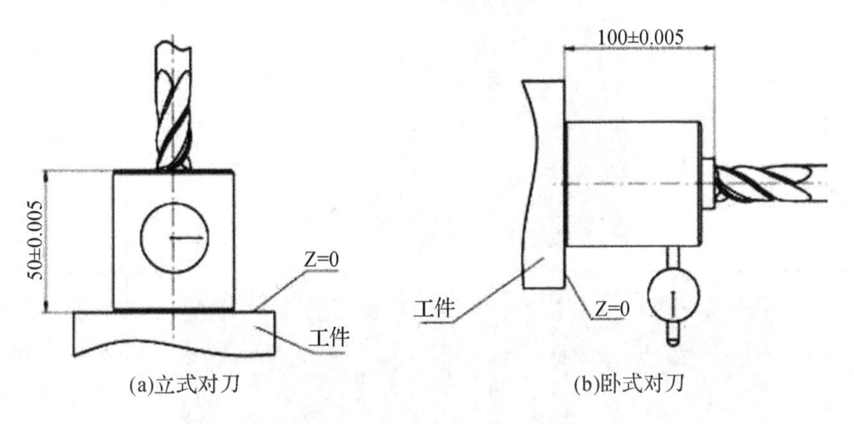

(a)立式对刀　　(b)卧式对刀

图 7-4-4　立式对刀和卧式对刀

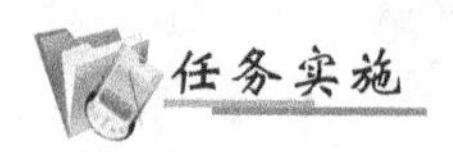

任务实施

活动一　X、Y 向分中对刀方法

请根据表 7-4-1 完成 X、Y 向分中对刀。

表 7-4-1　X、Y 向分中对刀方法

步骤	图示	操作步骤及说明
1. 寻边器	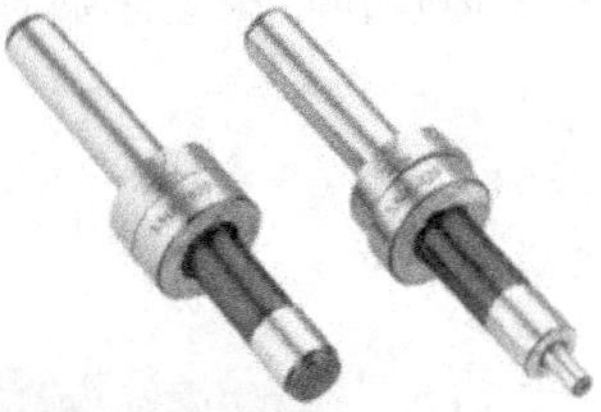	准备好寻边器，并装于刀柄中
2. 刀具装置主轴	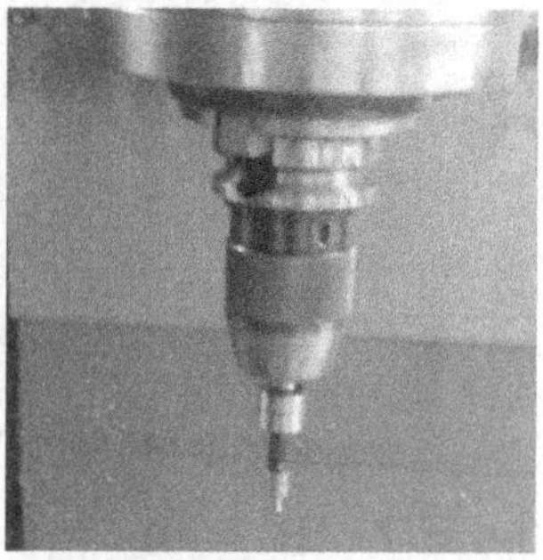	选择【手轮】或【JOG】方式，使刀具装置主轴
3. 主轴转 150r/min	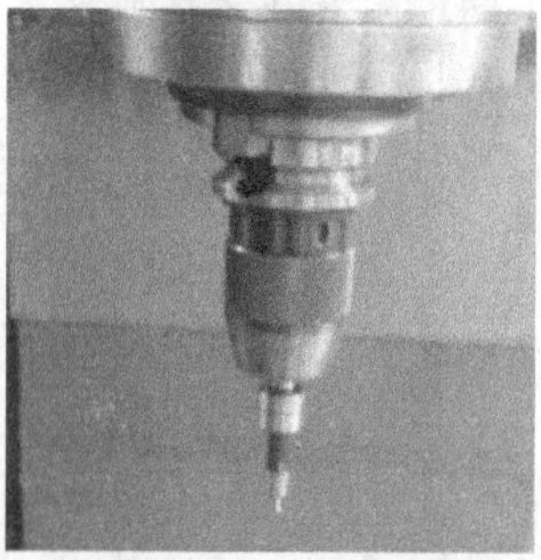	选择 MDI 方式→输入 M03S150→绿色启动键
4. X 向左面对刀	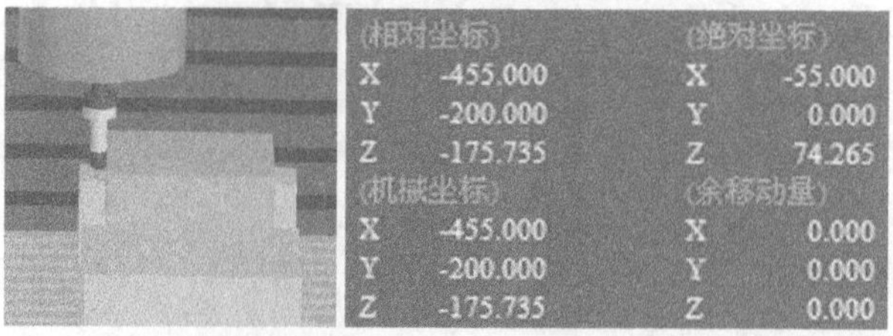	4 寻边器移置工件左面，使偏心变为同心后，点击 POS →综合，记录下机械坐标中的 X 向坐标

续表 7-4-1

步骤	图示	操作步骤及说明
5. X 向右面对刀	 (相对坐标) (绝对坐标) X -345.000 X 55.000 Y -200.000 Y 0.000 Z -176.271 Z 73.729 (机械坐标) (余移动量) X -345.000 X 0.000 Y -200.000 Y 0.000 Z -176.271 Z 0.000	寻边器抬高，移置工件右面，使偏心变为同心后，点击→综合，再次记录下机械坐标中的 X 向坐标
7. Y 向前面对刀	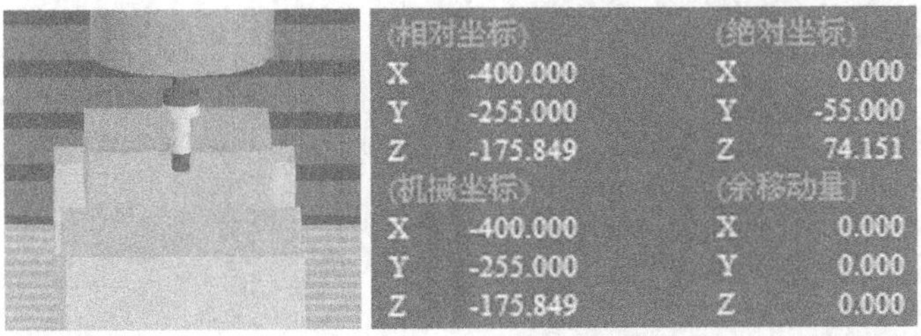 (相对坐标) (绝对坐标) X -400.000 X 0.000 Y -255.000 Y -55.000 Z -175.849 Z 74.151 (机械坐标) (余移动量) X -400.000 X 0.000 Y -255.000 Y 0.000 Z -175.849 Z 0.000	寻边器抬高，移置工件前面，使偏心变为同心后，点击→综合，记录下机械坐标中的 Y 向坐标
8. Y 向后面对刀	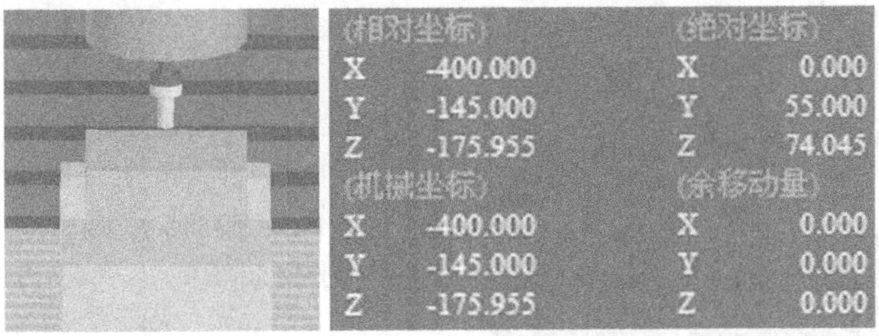 (相对坐标) (绝对坐标) X -400.000 X 0.000 Y -145.000 Y 55.000 Z -175.955 Z 74.045 (机械坐标) (余移动量) X -400.000 X 0.000 Y -145.000 Y 0.000 Z -175.955 Z 0.000	寻边器抬高，移置工件后面，使偏心变为同心后，点击  POS →综合，再次记录下机械坐标中的 Y 向坐标
9. X、Y 向坐标输入	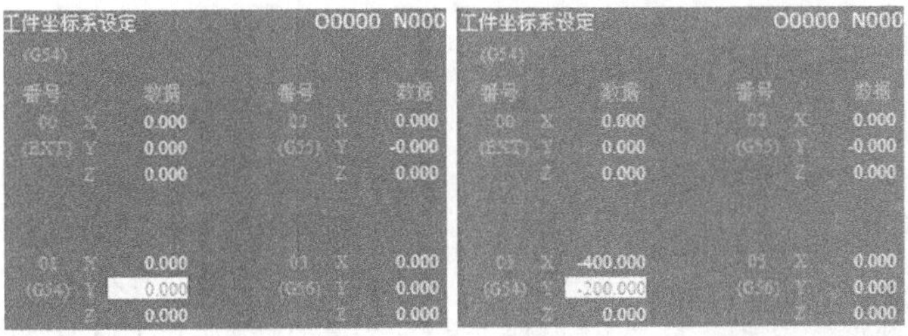 工件坐标系设定 O0000 N000 (G54) 番号 数据 番号 数据 00 X 0.000 02 X 0.000 (EXT) Y 0.000 (G55) Y -0.000 Z 0.000 Z 0.000 01 X 0.000 03 X 0.000 (G54) Y 0.000 (G56) Y 0.000 Z 0.000 Z 0.000 工件坐标系设定 O0000 N000 (G54) 番号 数据 番号 数据 00 X 0.000 02 X 0.000 (EXT) Y 0.000 (G55) Y -0.000 Z 0.000 Z 0.000 01 X -400.000 03 X 0.000 (G54) Y -200.000 (G56) Y 0.000 Z 0.000 Z 0.000	分别把 X 向、Y 向的 2 个坐标先相加，再除以 2，得出的数据分别填入到  OFFSET SETTING →坐标系→G54
10. X、Y 向坐标验证	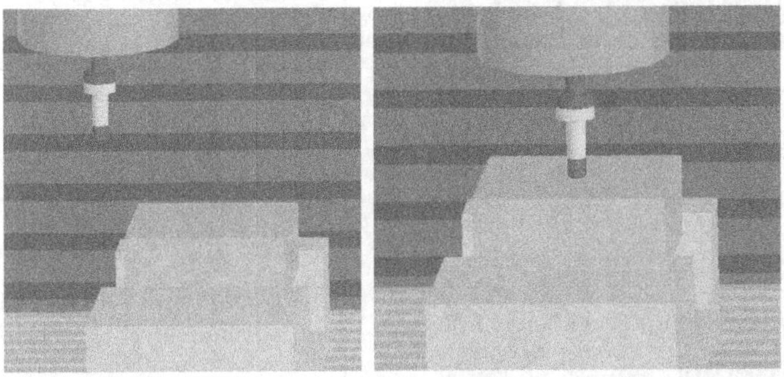	寻边器抬起，在 MDI 模式输入 G54G90G00X0Y0，应当使寻边器置于工件中心处，即对刀正确

活动二　Z向对刀

请根据表 7-4-2 完成 Z 向对刀。

表 7-4-2　Z 向对刀

步骤	图示	操作步骤及说明
1. 刀具装置主轴	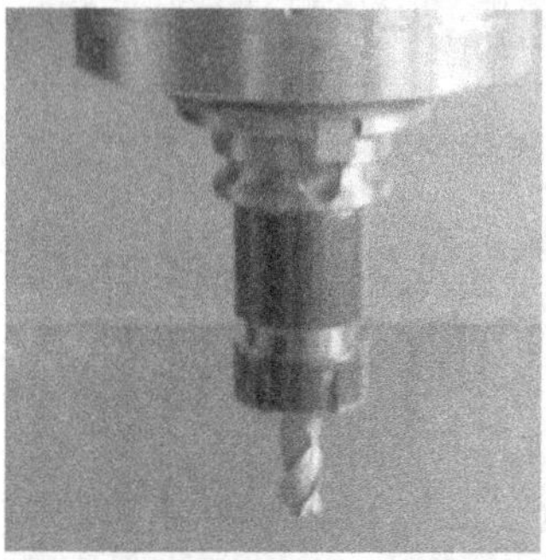	选择【手轮】或【JOG】方式，使刀具装置主轴，无需转动主轴
2. 刀具端面靠近工件		准备好一把用废刀具或一个标准量块，如图中废刀的直径为 12mm，用以辅助对刀操作；快速移动主轴，让刀具端面靠近工件上表面
3. Z 向对刀		改用手轮微调操作，左手使用辅助废刀在工件上表面与刀具之间的地方平推，右手用手轮微调 Z 轴，直到辅助废刀刚好可以通过工件上表面与刀具间的空隙，此时的刀具端面到工件上面的距离为一把辅助废刀直径的距离，即为 12
4. 输入 Z12，并按"测量"软键	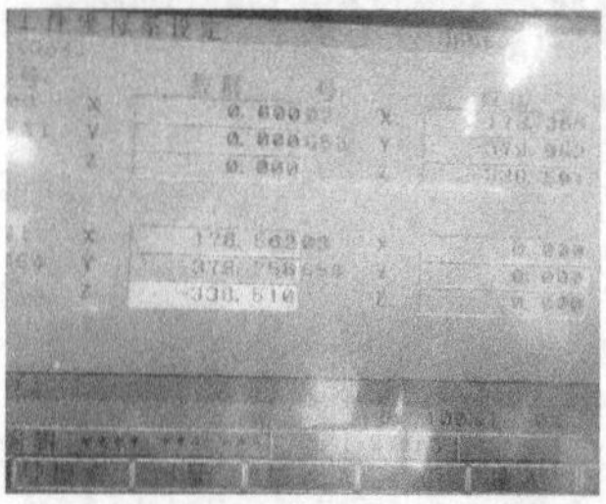	 OFFSET SETTING→坐标系→G54→输入 Z12→点第二个软键"测量"，此时 G54 的坐标系中就是自动计算出刀具 Z 向的坐标位置

续表 7-4-2

步骤	图示	操作步骤及说明
5. Z 向坐标验证		刀具抬起，在 MDI 方式输入 G54G90G00X0Y0Z200，应当使刀具置于工件中心处，然后用钢尺量下工件上表面与刀具端面的空隙尺寸，应为 200mm，即 Z 向对刀正确

注意事项：

在对刀操作过程中需注意以下问题：

(1)根据加工要求采用正确的对刀工具，控制对刀误差。

(2)在对刀过程中，可通过改变微调进给量来提高对刀精度。

(3)对刀时需小心谨慎操作，尤其要注意移动方向，避免发生碰撞危险。

(4)对刀数据一定要存入与程序对应的存储地址，防止因调用错误而产生严重后果。

任务评价

项目八、任务四评价如表 7-4-3 所示。

表 7-4-3　数控铣床对刀的任务评价表

评价类型	序号	评价内容	学生自评		小组互评		教师评价	
			合格	不合格	合格	不合格	合格	不合格
任务内容	1	X、Y 向分中对刀方法						
	2	Z 向对刀						
成果分享	收获之处							
	不足之处							
	改进措施							

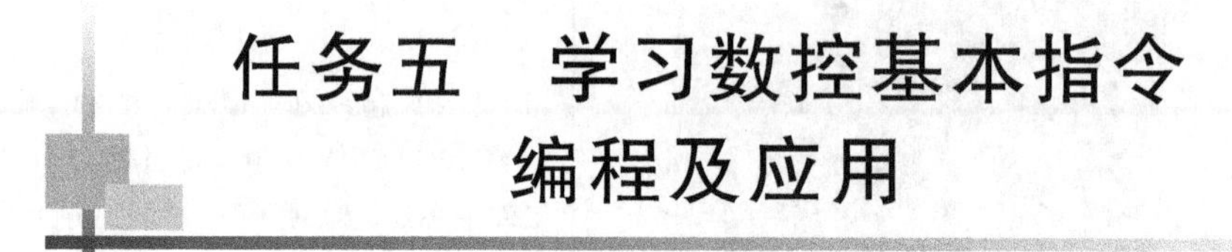

任务五　学习数控基本指令编程及应用

任务目标

1. 熟悉 G00、G01、G02、G03 等指令的含义
2. 掌握 G00、G01、G02、G03 等指令的格式
3. 会灵活应用 G00、G01、G02、G03 等指令
4. 熟悉 F、S、T 指令的含义

任务描述

本任务主要掌握 G00、G01、G02、G03 等指令的格式，并能灵活应用。

任务链接

数控加工程序是由各种功能字按照规定的格式组成的，正确地理解各个功能字的含义，恰当地使用各种功能字，按规定的程序指令编写程序，是编好数控加工程序的关键。目前数控机床种类较多，系统类型也各有不同，但编程指令基本相同，只是在个别指令上有差异，编程时可参考具体机床编程手册，接下来所涉及的都是 FANUC 系统的指令。

活动一　准备功能指令

一、单位设定指令

1. 尺寸单位选择指令 G20、G21

说明：

G20 英制输入制式(单位:inch)。

G21 米制输入制式(单位:mm)。

G20、G21 为模态指令，可相互注销，缺省值为 G21。

注意：

(1)程序执行过程中，不要变更 G20、G21。

(2)米、英制相互转换后，偏置值要重新设定，以符合新的输入制式。

进给速度单位设定指令 G94、G95。

格式：G94　F_；每分钟进给(mm/min)。

G95　F_；每转进给(mm/r)。

说明：G94、G95 为模态指令，可相互注销，缺省值为 G94。

2.运动路径控制指令

(1)快速定位指令 G00

格式：G00　X_Y_Z_；

其中，X、Y、Z、为快速定位终点，在 G90 时为终点在工件坐标系中的坐标，在 G91 时为终点相对于起点的位移量(空间折线移动)。

说明：

①G00 一般用于加工前快速定位或加工后快速退刀。

②为避免干涉，通常的做法是：不轻易三轴联动。一般先移动一个轴，再在其它两轴构成的面内联动。

如进刀时，先在安全高度 *Z* 上，移动(联动)*X*、*Y* 轴，再下移 *Z* 轴到工件附近。退刀时，先抬 *Z* 轴，再移动 *X*－*Y* 轴。

(2)直线进给指令 G01

格式：G01　X_Y_Z_F_；

其中，*X*、*Y*、*Z* 为终点坐标，F 为进给速度，在 G90 时为终点在工件坐标系中的坐标，在 G91 时为终点相对于起点的位移量。

说明：

①G01 指令刀具从当前位置以联动的方式，按程序段中 F 指令规定的合成进给速度，按合成的直线轨迹移动到程序段所指定的终点。

②实际进给速度等于指令速度 F 与进给速度修调倍率的乘积。

③G01 和 F 都是模态代码，如果后续的程序段不改变加工的线型和进给速度，可以不再书写这些代码。

④G01 可由 G00、G02、G03 或 G33 功能注销。

举例：

```
O0001;
G94 G90 G54 G40 G21 G17;
(每分钟进给\绝对编程\工件坐标系\刀补取消\毫米\XY平面)
G00 Z200.;              (刀具快速抬到安全高度)
G00 X0 Y0;              (具移动到工件原点)
M03 S1000;              (主轴正转)
Z5.;                    (快速下刀)
G01 Z-5. F100;          (下刀切削深度)
G01 X5. Y10.;           (原点→A点)
G01 X5. Y35.;           (A点→B点)
G01 X35. Y35.;          (B点→C点)
```

G01 X35. Y10.;　　　　(C点→D点)
G01 X5. Y10.;　　　　(D点→A点)
G00 X0 Y0;　　　　(快速回到原点)
G00 Z200.;　　　　(刀具快速抬到安全高度)
M05;　　　　(主轴停止)
M30;　　　　(程序结束)

3.圆弧插补指令 G02、G03

格式:

$$G17\begin{Bmatrix}G02\\G03\end{Bmatrix}X\_Y\_\begin{Bmatrix}R\\I\_J\_\end{Bmatrix}F\_;$$

$$G18\begin{Bmatrix}G02\\G03\end{Bmatrix}X\_Z\_\begin{Bmatrix}R\_\\I\_K\_\end{Bmatrix}F\_;$$

$$G19\begin{Bmatrix}G02\\G03\end{Bmatrix}Y\_Z\_\begin{Bmatrix}R\\I\_K\_\end{Bmatrix}F\_;$$

说明:

(1)式中 X、Y、Z 为圆弧终点的坐标值。

(2)R 为圆弧半径,当圆心角 $\alpha \leqslant 180°$,R 为正值,如图 3-11 中的圆弧 1;$\alpha > 180°$时,R 为负值。

(3)整圆不适合用 R 编程,通常用 I、J、K。

指令参数说明:

(1)圆弧插补只能在某平面内进行。

(2)G17 代码进行 XY 平面的指定,省略时就被默认为是 G17

(3)当在 ZX(G18)和 YZ(G19)平面上编程时,平面指定代码不能省略 G02/G03 判断:

G02 为顺时针方向圆弧插补,G03 为逆时针方向圆弧插补。顺时针或逆时针是从垂直于圆弧加工平面的第三轴的正方向看到的回转方向,如图 7-5-2 所示。

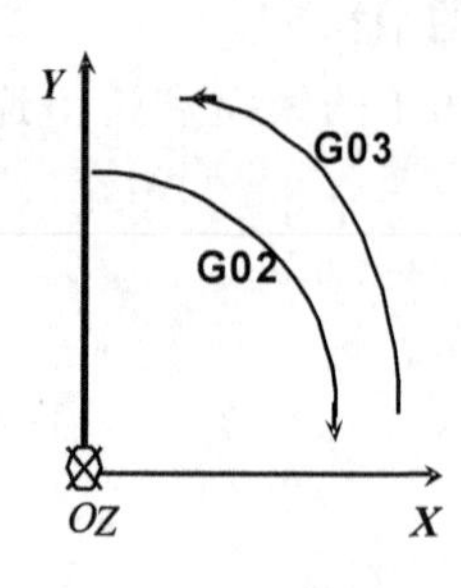

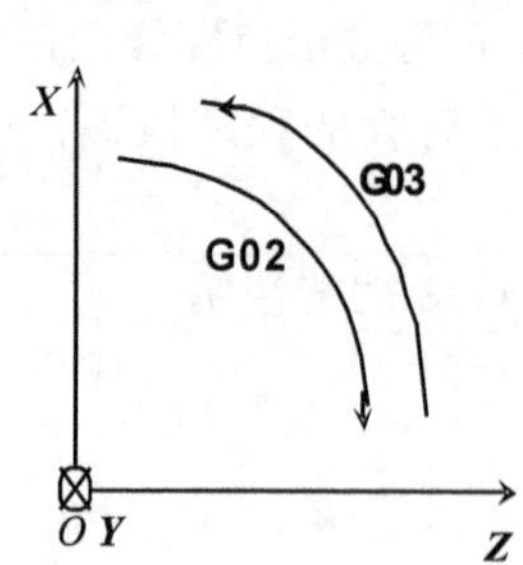

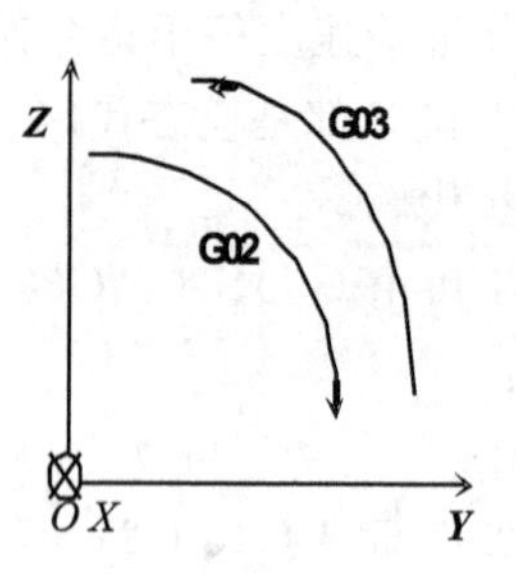

图 7-5-2　圆弧插补指令

编制圆弧程序段

例 1:

大圆弧 AB(图 7-5-3)

每段圆弧可有四个程序段表示

G17 G90 G03 X0 Y25 R－25 F80(通常采用这种方式编程)
G17 G90 G03 X0 Y25 I0 J25 F80
G17 G91 G03 X－25 Y25 R－25 F80

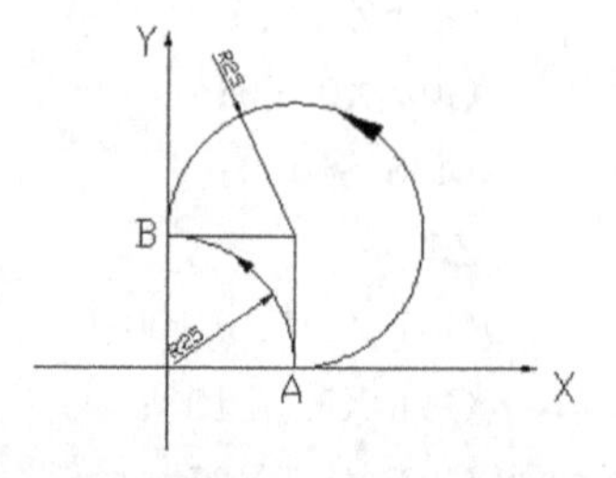

图 7-5-3　圆弧 AB 示意图

G17 G91 G03 X－25 Y25 I0 J25 F80

小圆弧 *AB*(图 7-5-3)

G17 G90 G03 X0 Y25 R25 F80(通常采用这种方式编程)

G17 G90 G03 X0 Y25 I－25 J0 F80

G17 G91 G03 X－25 Y25 R25 F80

G17 G91 G03 X－25 Y25 I－25 J0 F80

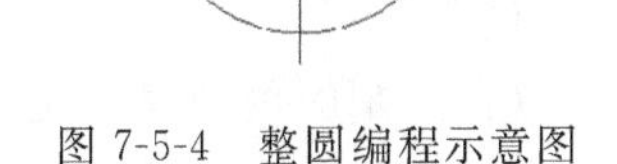

图 7-5-4　整圆编程示意图

例 2:整圆编程

要求由 *A* 点开始,实现逆时针圆弧插补并返回 *A* 点。如图 7-5-4。

G90 G03 I－40 F80(通常采用这种方式编程)

例 3:

多圆弧组合编程(图 7-5-5)。

O0002;

G94 G90 G54 G40 G21 G17;

(每分钟进给\绝对编程\工件坐标系\刀补取消\毫米*XY* 平面)

G00 Z200.;　　　　　　(刀具快速抬到安全高度)

G00 X0 Y0;　　　　　　(刀具移动到工件原点)

M03 S1000;　　　　　　(主轴正转)

G00 X－30. Y－50.;　　(设定工件坐标系)

Z5.;　　　　　　　　　(快速下刀)

G01 Z－5. F100;　　　(下刀切削深度)

G01 X－30. Y0.;　　　(下刀点→*A* 点)

G02 X30. Y0. R30.;　 (*A* 点→*C* 点)

G01 X30. Y－15.;　　 (*C* 点→*D* 点)

G03 X15. Y－30. R15;　(*D* 点→*E* 点)

G01 X－20. Y－30.;　　(E 点→G 点)

G02 X－30. Y－20. R10.;(*G* 点→*H* 点)

G03 X－42. Y－20. R6.;(圆弧切出)

G00 Z200.;　　　　　　(刀具快速抬到安全高度)

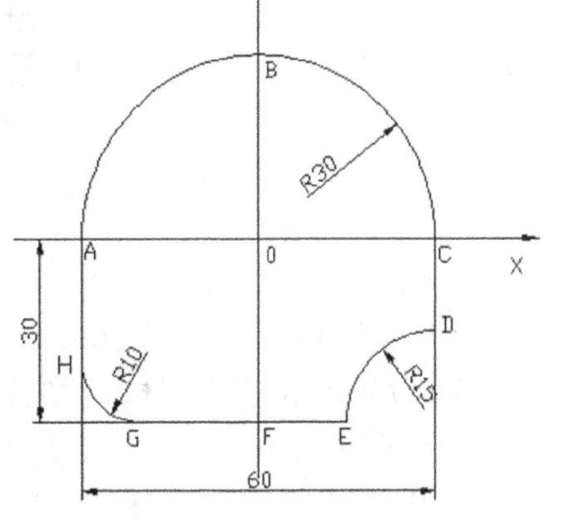

图 7-5-5　多圆弧组合编程示意图

G00 X0 Y0;　　　　　　(快速回到原点)

M05;　　　　　　　　　(主轴停止)

M30;　　　　　　　　　(程序结束并返回程序头)

4.暂停指令 G04

格式:

G04 X_(P_);

其中,地址 X 后可以用带小数点的数(单位为 s),如暂停 1.5s 可以写成 G04 X1.5;地址 P 后不允许用小数点输入,只能用整数(单位为 ms),如暂停 1.5s 只能写成 G04 P1500。

功能：

使刀具作短暂的无进给光整加工，一般用于锪平面、镗孔等场合。G04 为非模态指令，只在本程序段有效，控制系统按指定的时间暂时停止执行后续程序段，直到暂停时间结束再继续执行。

注意：在前一程序段的指令进给速度达到零之后才开始保持动作。

说明：

(1)车削时的暂停—工件旋转，刀具不动，暂停时间结束随即开始下一段程序。

(2)铣削时的暂停—刀具旋转，与工件无进给运动。

应用：

(1)铣削大直径螺纹时，主轴正转后，暂停几秒使转速稳定，再加工螺纹，使螺距正确。

(2)主轴高速、低速转换时，于 M05 指令后，用 G04 暂停，使主轴停稳后再换挡，以免损伤主轴电动机。

图 7-5-6 是锪孔加工，锪钻进给速度为 100mm/min，进给距离 7.5mm，停留 3s 后，快退 10mm，加工程序如下：

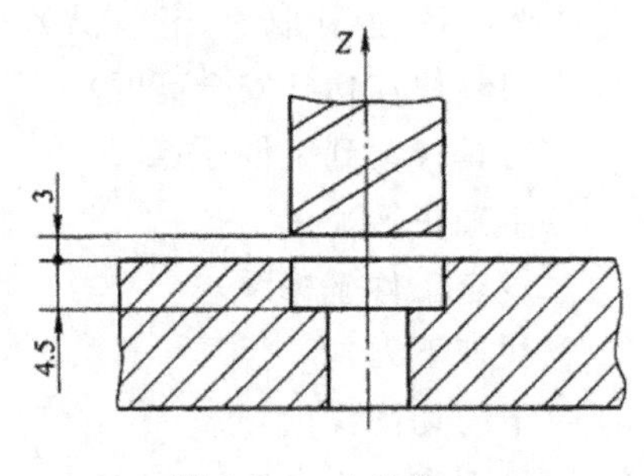

图 7-5-6　锪孔加工

```
O0003;
G94 G90 G54 G40 G21 G17;
(每分钟进给\绝对编程\工件坐标系\刀补取消\毫米\XY 平面)
G00 Z200.;              (刀具快速抬到安全高度)
G00 X0 Y0;              (刀具移动到工件原点)
M03 S1000;              (主轴正转)
Z3;                     (快速下刀)
G01 Z-4.5 F100;         (下刀切削深度)
G04 X3.;                (刀具继续旋转,但进给暂停 3s)
G00 Z200.;              (刀具快速抬到安全高度)
G00 X0 Y0;              (快速回到原点)
M05;                    (主轴停止)
M30;                    (程序结束并返回程序头)
```

活动二 辅助功能(M 指令)

辅助功能指令由 M 及随后的 1～2 位数字组成，所以也称 M 功能也叫 M 指令，辅助功能用于指令机床的辅助操作，如主轴的启动、停止、冷却液的开、关等。常见的有：

一、程序暂停指令—M00

当 CNC 执行到 M00 指令时，将暂停执行当前程序，以方便操作者进行刀具和工件的尺寸测量、工件调头、手动变速等操作。此时机床的主轴进给及切削液停止，而全部现存的模态信息保持不变，欲继续执行后续程序，按操作面板上的循环启动键即可。M00 为非模态后作用指令。

二、选择停止指令—M01

与 M00 相似，不同的是必须在控制面板上预先按下“选择停止”开关，当程序运行到 M01 时，程序即停止。若不按下“选择停止”开关，则 M01 不起作用，程序继续执行。

三、程序结束指令—M02

M02 写在主程序的最后一个程序段中，当 CNC 执行到 M02 指令时，机床的主轴、进给、切削液全部停止，加工结束。若要重新调用该程序，则必须先回程序起始点，再按操作面板上的循环启动键。M02 为非模态后作用指令。

四、主轴正转、反转、停止指令—M03、M04、M05

格式：M03　S_

M04　S_

说明：

M03、M04 指令可使主轴正、反转，与同段程序其他指令一起开始始执行。M05 指令可使主轴停转，是在该程序段其他指令执行完成后才执行的。

五、换刀指令—M06

格式：M06　T_

说明：所换刀具用字母 T 及 T 后面的数字表示，其常见表示方法有两种。

(1)T 后面的数字表示刀具号，如 T00～T99。

(2)T 后面的数字表示刀具号和刀具补偿号(刀具位置补偿、半径补偿、长度补偿量的补偿号)，如 T0102，表示选择 1 号刀具，用 2 号补偿量。

六、切削液开、关指令—M07、M08、M09

当加工金属等材料时，常要用切削液对工件进行冷却和润滑，此时要用到切削液开停指令，即可用 M08、M07 分别控制 1 号和 2 号切削的开启，用 M09 控制切削液关闭。

七、程序结束并返回程序头—M30

与 M02 功能基本相同，不同之处在于 M30 指令使程序段执行顺序指针返回到程序开头位置，以便继续执行同一程序，为加工下一个工件做好准备。使用 M30 的程序结束后，若要重新执行该程序只需再次按操作面板上的循环启动键。

活动三　F、S、T 指令

一、进给功能指令(F 指令)

进给功能用于指定进给速度，F 后的数字直接指令进给速度值。对于车床，可分为每分钟进给（mm/min）和主轴每转进给（mm/r）两种，一般用 G94、G95 规定；对于车床以外的控制，一般只用每分钟进给。F 值可以通过机床操作面板上的进给速度倍率开关进行修调。当执行攻螺纹循环 G84、螺纹切削 G33 指令时，倍率开关失效，进给倍率固定在 100%。

二、主轴转速功能指令(S 指令)

主轴转速功能指令用来指定主轴的转速，单位 r/min，指定的速度可以通过机床操作面板上的主轴转速倍率开关进行修调。S 指令是模态指令，只有在主轴速度可调节时有效。

三、刀具功能指令(T 指令)

指令格式：T××××

T 之后的数字分 2、4、6 位三种。对于 4 位数字的来说，一般前两位数字代表刀具(位)号，后两位代表刀具补偿号。

在加工中心上执行 T 指令，使刀库转动选择所需的刀具，然后等待执行 M06 指令自动完成换刀。T 指令同时调入刀补寄存器中的刀补值(刀补长度和刀补半径)。

T 指令为非模态指令，但被调用的刀补值一直有效，直到再次换刀调入新的刀补值。

任务实施

1. G00、G01、G02、G03 等指令的含义及格式？
2. G01 指令的应用实例？
3. G02、G03 指令的应用实例？
4. G04 指令的应用实例？
5. M、F、S、T 指令的含义？

任务评价

项目八、任务五评价如表 7-5-1 所示。

表 7-5-1　任务评价表

评价类型	序号	评价内容	学生自评		小组互评		教师评价	
			合格	不合格	合格	不合格	合格	不合格
任务内容	1	G00、G01、G02、G03 等指令的含义及格式						
	2	G01 指令的应用实例						
	3	G02、G03 指令的应用实例						
	4	G04 指令的应用实例						
	5	M、F、S、T 指令的含义						
成果分享	收获之处							
	不足之处							
	改进措施							

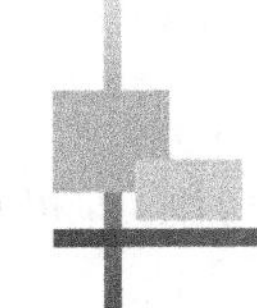

任务六　数控铣床刀具补偿

任务目标

1. 熟悉刀具半径补偿与长度补偿的概念
2. 掌握刀具半径补偿和长度补偿的格式
3. 熟悉刀具补偿的应用
4. 掌握刀补时不留痕迹的方法

任务描述

本任务主要掌握刀具半径补偿和长度补偿的格式及应用。

活动一　刀具半径补偿

一、刀具半径补偿的概念

思考：如图 7-6-1 所示，将刀具中心沿零件的轮廓线进行加工，能否得到正确的零件？

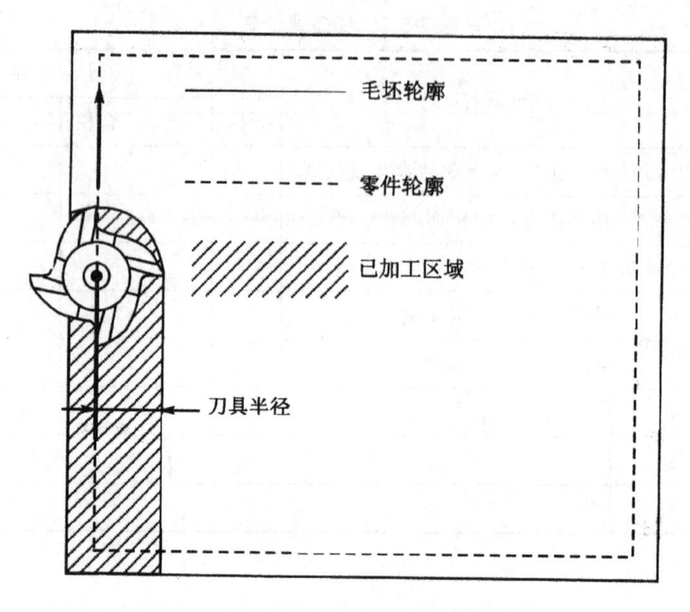

图 7-6-1　刀具中心沿零件轮廓线加工示意图

发现:不能！如果刀具中心沿零件的轮廓线进行加工,切削后的零件比要求的零件单边尺寸小了一个刀半径。

思考:将刀具中心沿哪条路线进行加工才能得到正确的零件呢?

分析可知:让刀具中心线从零件轮廓线向外让出一个刀具半径,再进行切削,即可加工出正确的零件,如图 7-6-2 所示。

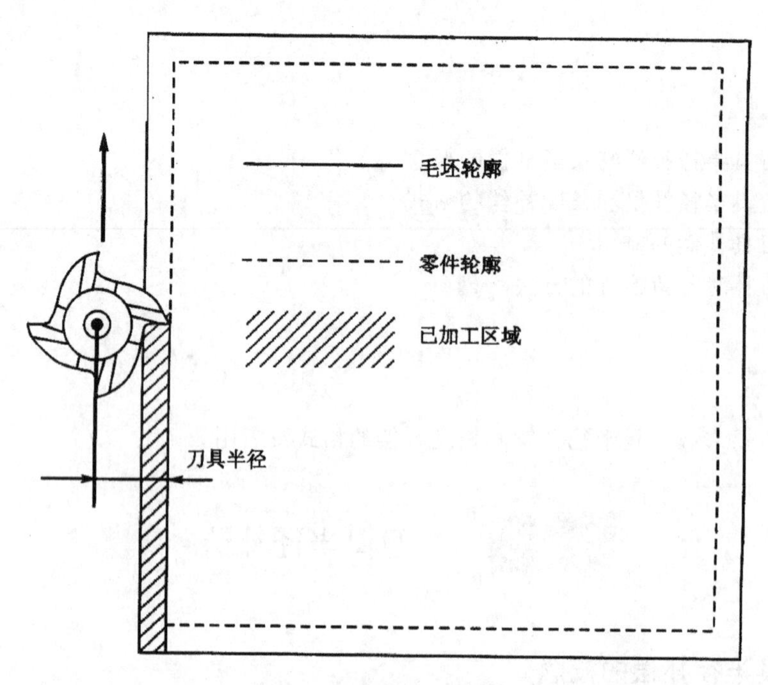

图 7-6-2　刀具加工路线

所以在数控加工中，为了得到正确尺寸的零件，刀具中心不能沿零件的轮廓线进行加工，必须向外或向内让刀，该让刀量是刀具中心到零件最终轮廓线的距离，这就是“刀具半径补偿”，即通常所说的刀补。

二、学习建立刀补的方法

1. 建立刀补的指令格式

G41 G01_X_Y_D_；

G42 G01_X_Y_D_；

G41 G00_X_Y_D_；

G42 G00_X_Y_D_；

式中，G41 建立左刀补；G42 建立右刀补；D_刀补参数号，如 D01；刀补参数中记录的是让刀量。

取消刀补的指令为：G00 G40 X_Y_；

G01 G40 X_Y_；

提示：

(1)刀补只能在平面内进行直线运动方能建立或取消，在进行圆弧运动时不能建立刀补或取消刀补，也就是说 G41/G42 只能与 G00/G01 配套使用，不能与 G02/G03 使用。

(2)考虑到顺铣的加工质量好一点，所以尽量使用 G41(左刀补)进行编程加工，也就是说加工外轮廓时，采用顺时针编程，而加工内型腔时，采用逆时针编程。

(3)在建立刀补之后，才可以进行圆弧的加工。

2. 刀补数值的保存位置

刀补数值保存在系统中特定的储存器中，而不是在程序中。程序中的“DXX”仅仅是告诉数控系统调用“XX”号储存器中的数值作为刀具半径补偿的数值。

如图 7-6-3 中 1 号刀补(即 D01)中，记录的是认刀量是 5mm。如果有程序调用了 1 号刀补，如 G41G01X10Y10D01，系统会从 1 号储存器中读取数值 5，然后自行计算，把程序设定的走刀路径全部向外平行让出 5mm 的距离。

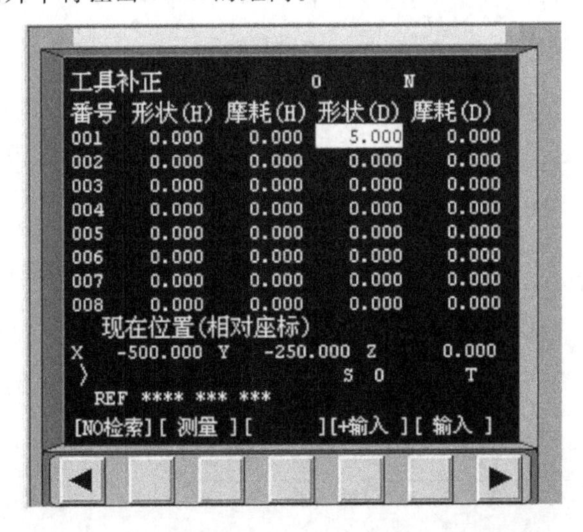

图 7-6-3　FANUC0IMate 数控系统刀补参数设置界面

3. 刀补补偿方向

从刀具前进方向看(如图 7-6-4),刀具位于工件左侧时为左刀补,刀具位于工件右侧时为右刀补。

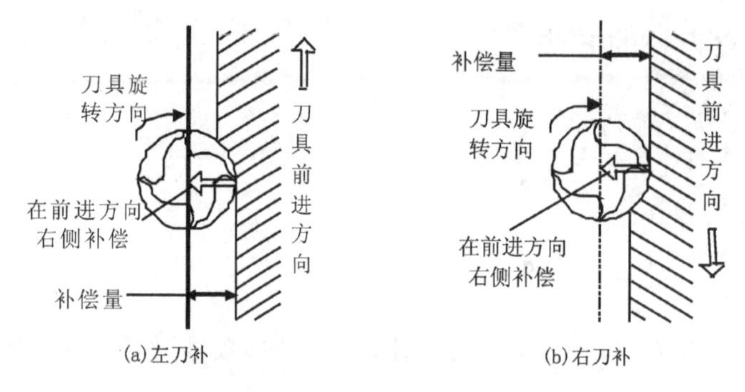

图 7-6-4　刀补补偿方向

三、学习刀补的应用

同一个程序,若提供从大到小不同的刀补值,可完成从粗加工到精加工的全部加工过程(如图 7-6-5 所示),从而大大简化了编程。

如图 7-6-5 所示,L1 为毛坯加工总量,L2 为半精加工余量,D1 为粗加工时的刀具半径补偿值,D2 为半精加工时的刀具半径补偿值,D3 为精加工时的刀具半径补偿值。

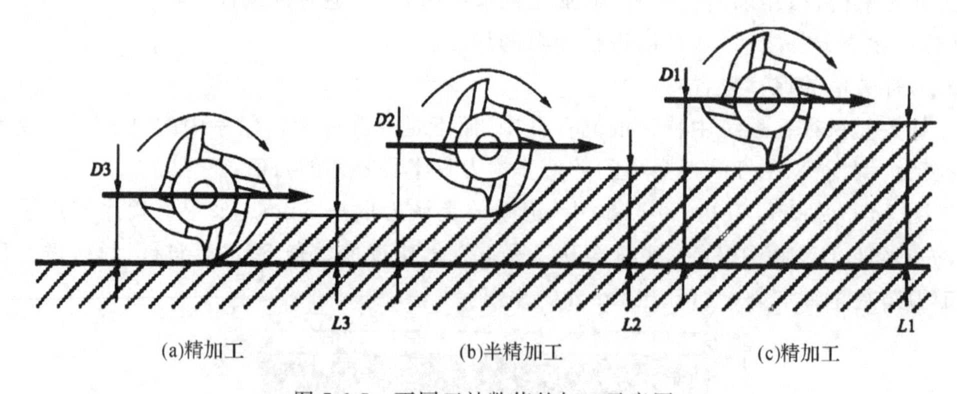

图 7-6-5　不同刀补数值的加工示意图

刀具半径补偿的过程如图 7-6-6 所示,共分三步,即刀补建立、刀补进行和刀补取消。程序如下:

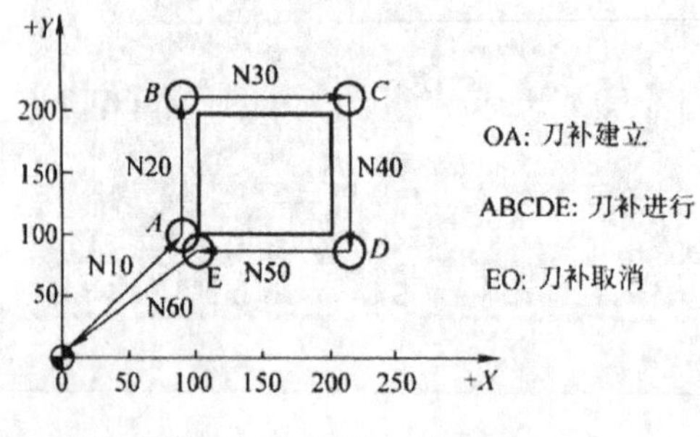

图 7-6-6 刀具半径补偿过程

```
…
N10 G41 G01 X100.0 Y100.0 D01;          刀补建立
N20 Y200.0 F100;  ┐
N30 X200.0;       │
N40 Y100.0;       ├                      刀补进行
N50 X100.0;       ┘
N60 G40 G00 X0 Y0;                      刀补取消
…
```

(1)刀补建立。刀补的建立指刀具从起点接近工件时,刀具中心从与编程轨迹重合过渡到与编程轨迹偏离一个偏置量的过程。该过程的实现必须有 G00 或 G01 功能才有效。

(2)刀补进行。在 G41 或 G42 程序段后,程序进入补偿模式,此时刀具中心与编程轨迹始终相距一个偏置量,直到刀补取消。

(3)刀补取消。刀具离开工件,刀具中心轨迹过渡到与编程轨迹重合的过程称为刀补取消,如图 7-6-6 中的 EO 程序段。刀补的取消用 G40 或 D00 来执行。

四、建立刀补时易犯的错误

(1)建立和取消刀补时,若使用 G02、G03 指令,则无论是建立刀补还是撤销刀补都必须与机床直线运动指令(G00、G01)配合使用。

(2)在 FANUC 0*i* 系统中,由于预读能力有限,要求建立刀补后,在预读程序行中必须有位置运动指令,否则系统不知道下一步该往何处运动。

如果出现连续两个程序段无补偿平面内移动指令,则系统无法计算下一步的终点坐标:

```
N100 G41 G00 X10 Y10 D01;
N200 Z10;
N300 M08;
```

此程序中,N100 行在 XY 平面建立刀补后,由于 N200 和 N300 两行都未出现在 XY 平面内的运动指令,则系统报警。

(3)程序中忘记写“D01”。

五、学习不留刀痕的方法

刀具如果沿垂直加工表面的方向(如图 7-6-7)切入或离开工件表面时,因刀具径向受力发生突变,会引起刀具微小的颤震,从而在工件表面留下微小刀痕。如果将垂直切入,离开工件的加工表面改为沿加工表面的切线方向切入、离开,这样将颤震的方向由垂直加工表面改为平行加工表面,因而不会在工件表面留下刀痕,这就是“切线入、切线出”原则。

如图 7-6-8 中刀具自下而上沿平行工件表面的方向切入工件,然后沿顺时针方向环绕工件表面进行切削切削,最终沿平行于工件表面的方向自右向左离开工件加工面。因为刀具平行于工件表面从而可避免刀具在切入、离开时因受力突变引起的颤震,因而不会留下刀痕。

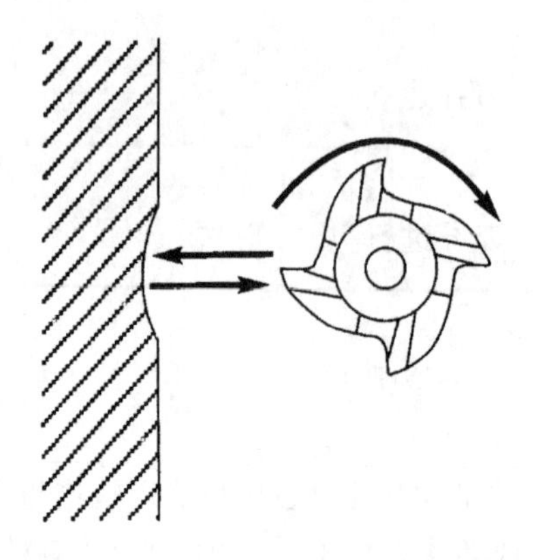

图 7-6-7 “垂直入、垂直出”留有刀痕

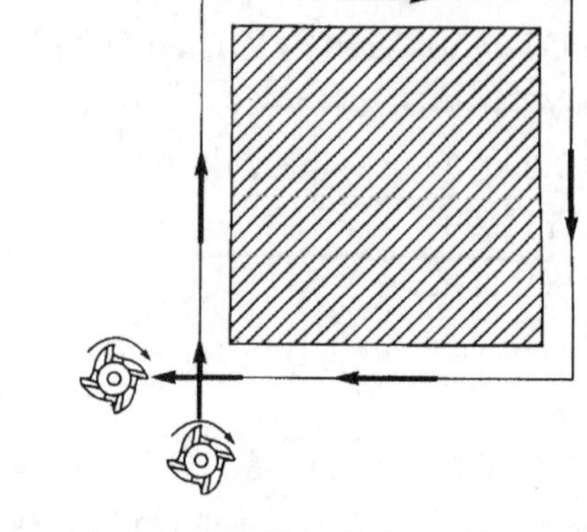

图 7-6-8 “切线入，切线出”不留刀痕

另一种常用的刀具切入方式是“圆弧切入圆弧圆弧切出”的方法。图 7-6-9 中刀具首先沿 1/4 圆弧运动至 O 点切入工件，然后刀具侧刃向右沿工件轮廓走刀（图中从 1→O 点→2 点运动）。离开时，刀具从左侧切削至 O 点后转向再沿 1/4 圆弧离开工件表面（图中从 3→O 点→4 运动）。这种走刀方式的优点在于刀具切削力变化现对均匀，所以不会再工件表面留下刀痕。

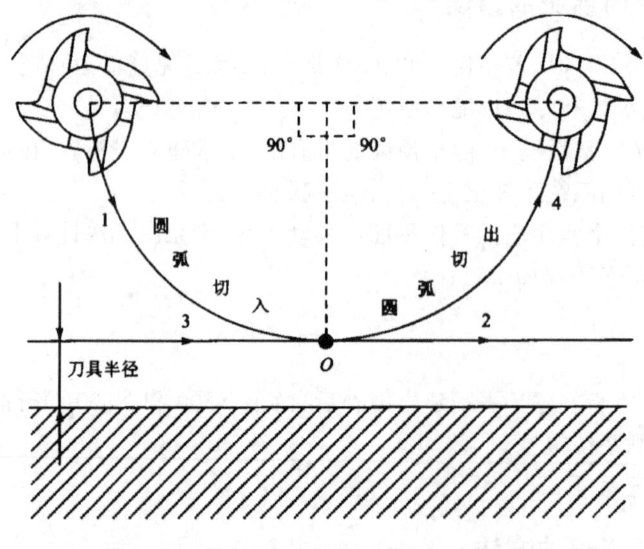

图 7-6-9 “圆弧入、圆弧出”不留刀痕示意图

活动二　刀具长度补偿

一、刀具长度补偿及其实现

1. 刀具长度补偿定义

在实际加工中，一方面，刀具会因磨损和刃磨而逐渐变短。另一方面，在加工同一个零件时，可能会用到不同长度的刀具，这就要求系统具有刀具长度补偿功能。

刀具长度补偿指令是用来补偿假定的刀具长度与实际的刀具长度之间差值的指令。系统规定所有轴都可采用刀具长度补偿，但同时规定刀具长度补偿只能加在一个轴上，要对补偿轴进行切换，必须先取消前面轴的刀具长度补偿。

刀具长度补偿指令一般用于轴向（Z 方向）的补偿，它使刀具在 Z 方向上的实际位移量比程序给定值增加或减少一个偏置量，这样当刀具在长度方向的尺寸发生变化时，可以在不改变程序的情况下，通过改变偏置量，加工出所要求的零件尺寸。如图 7-6-10 所示钻孔加工，图 7-6-10(a)表示钻头开始运动的位置；图 7-6-10(b)表示钻头正常工作进给的起始位置和钻孔深度，这些参数都在程序中加以规定；图 7-6-10(c)所示为钻头经刃磨后长度方向上尺寸减小 0.3mm，如按原程序运行，钻头工作进给的起始位置将成为图示位置，而钻进深度也随之减少 0.3mm，要改变这一状况，靠改变程序是非常麻烦的，因此采用长度补偿的方法解决这一问题；图 7-6-10-d 表示使用长度补偿后，钻头工作进给的起始位置和钻孔深度，即在程序运行中，让刀具实际位移量比程序给定值多运行一个偏置量 0.3mm，而不用修改程序即可以加工出程序中规定的孔深。

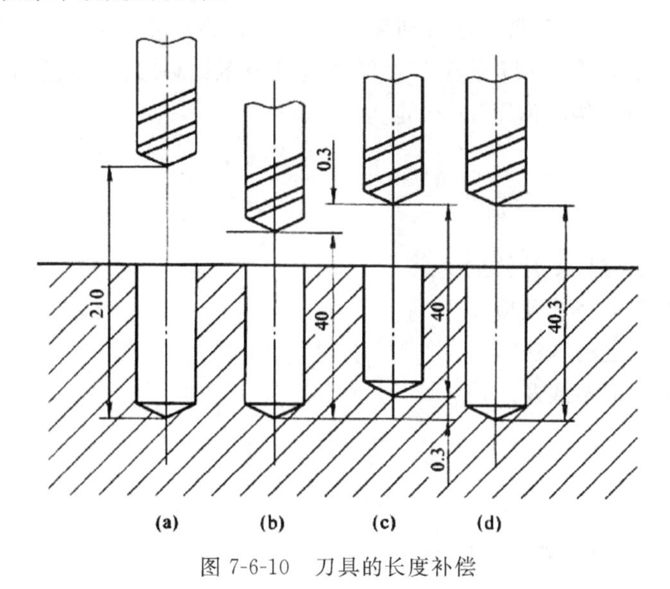

图 7-6-10　刀具的长度补偿

2. 刀具半径补偿指令(G43、G44、G49)

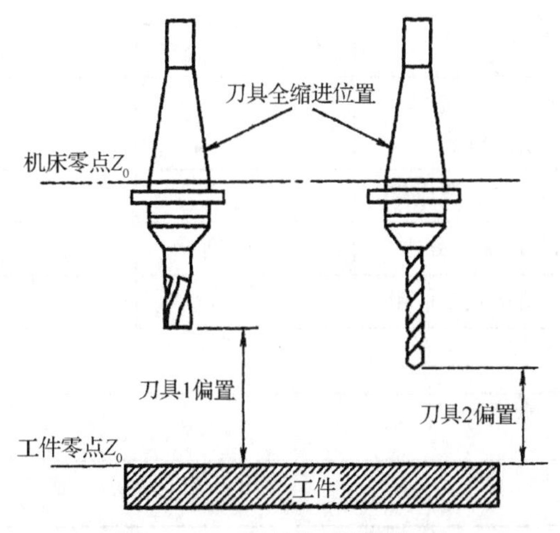

图 7-6-11　刀具半径补偿原理

(1)格式：

G43/G44 G01/G00 Z_H_；

G49 G01/G00 Z_；

G43：刀具长度正补偿

G44：刀具长度负补偿

G49：取消刀具长度补偿

Z：G00/G01 的参数，即刀补建立或取消的终点

H：刀具长度补偿值的存储地址，也称刀具长度补偿号，补偿量存入由 H 代码指令的存储器中，如 H01 表示补偿值存储在 01 号存储器单元中。

(2)指令说明：

使用 G43 时，刀具到达的目标 Z 位置为程序的 Z 坐标与刀补号内补偿量的代数和。使用 G44 时，刀具到达的目标 Z 位置为程序的 Z 坐标与刀补号内补偿量的代数差。G49 为取消刀具长度补偿指令，命令刀具只运行到编程终点坐标(图 7-6-11)。

G43、G44 为模态指令，可以在程序中保持连续有效。G43、G44 的撤销可以使用 G49 指令或选择 H00("刀具偏置值"H00 规定为 0)进行。

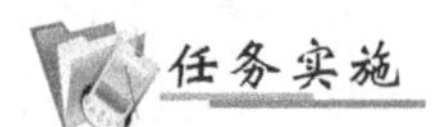

任务实施

1. 刀具半径补偿与长度补偿的概念
2. 刀具半径补偿的格式及应用
3. 刀补时不留痕迹的方法
4. 刀具长度补偿的格式及应用

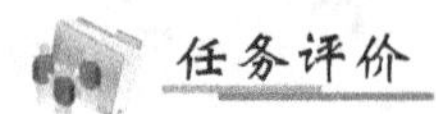

任务评价

项目八、任务六评价如表 7-6-1 所示。

表 7-6-1　任务评价表

评价类型	序号	评价内容	学生自评		小组互评		教师评价	
			合格	不合格	合格	不合格	合格	不合格
任务内容	1	刀具半径补偿与长度补偿的概念						
	2	刀具半径补偿格式及应用						
	3	刀补时不留痕迹的方法						
	4	刀具长度补偿格式及应用						
成果分享	收获之处							
	不足之处							
	改进措施							

任务七　孔加工循环的功能

任务目标

1. 了解孔加工循环的基本动作及相关规定
2. 熟悉钻孔循环指令 G81、G83、G76、G74 等指令格式及加工对象
3. 掌握 G81、G83、G76、G74 等指令的动作过程

任务描述

本任务主要掌握钻孔循环指令 G81、G83、G76、G74 等指令格式及加工对象

任务链接

一、孔加工的概念

孔加工是数控铣床最常见的加工操作之一，在很多以复杂零件著称的传统行业中，如飞机和航天器用的零件制造、电子仪器、仪表、光学或模具制造等产业中，孔加工都是其制造工艺中的重要组成部分。

提到孔加工方法时，首先会想到使用常规刀具进行的中心钻、点钻和标准钻，但是这一分类太广泛了，许多其他相关操作也属于孔加工，例如铰孔、攻丝、单点镗孔、成组刀具钻孔、打锥沉孔、镗平底沉头孔、孔口面加工和背镗等相关操作都需要同时使用标准中心钻、点钻和钻削等操作。加工一个简单的孔通常只需要一把刀具，精确而复杂的孔则需要几把刀具才能完成，选择适当的编程方法对于给定工作中多个孔的加工非常重要。

孔加工的步骤通常不是很复杂，它没有轮廓要求和多轴联动，实际切削时往往只有一根轴的运动一通常是 Z 轴，这种加工一般称为点到点的加工。

孔的点到点加工方法是控制加工刀具在 X 轴和 Y 轴方向以高速运动，在 Z 轴方向则主要以切削进给率运动为主，Z 轴方向的运动也可以包括快速运动。所有这些说明孔加工在 XY 方向没有切削运动，切削刀具完成所有 Z 轴方向的运动并返回孔外空隙位置，然后沿 X 轴和 Y 轴方向运动到工件的另一位置并重复 Z 轴运动。通常许多位置上的运动顺序都是这样。孔的形状和直径由刀具选择来控制，孔的加工深度则由程序来控制，这是钻孔、铰孔、攻丝以及镗削等类似固定循环的一般加工方法。

二、孔加工动作

固定循环由六个顺序动作组成(图 7-7-1)。

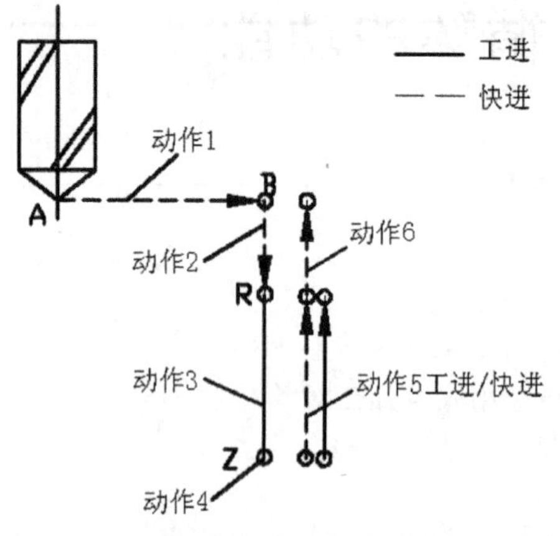

固定循环的六个基本动作图

动作 1→孔中心定位,即(XY 平面)X 轴和 Y 轴的定位(还可包括另一个轴)

动作 2→Z 向快速进给到 R 点

动作 3→Z 向切削进给至孔底

动作 4→孔底的动作

动作 5→Z 向退刀

动作 6→Z 轴快速返回起始位置

图 7-7-1　固定循环的 6 个顺序动作示意图

以下详细介绍这六个动作:

1. 动作 1→孔中心定位

刀具快速移动(G00)定位到指定的孔中心。

2. 动作 2→Z 向快速进给到 R 点

(1)R 点一般距离工作表面一个距离,这个距离称为引入距离,R 点是快速移动转变为切削进给的转折点。

(2)引入距离的选取,随所用刀具而不同,应确保加工的安全,在编程时应根据零件、机床的具体情况而定:

①在已加工表面上钻孔、镗孔、铰孔、引入距离通常取 1~3(或 2~5)mm。

②在毛坯面上钻孔、镗孔、铰孔,引入距离通常取 5~8mm。

③攻螺纹时,引入距离通常取 5~10mm。

3. 动作 3→Z 向切削进给至孔底

(1)根据孔的深度,可以一次加工到底(即连续切削进给),也可以分段加工到孔底。

(2)加工到孔底,还要根据实际情况考虑超越距离。例如,钻头,刃角 118°,轴向超越距离约为 0.3d+(1~2)mm。

4. 动作 4→在孔底的动作

根据孔的类型以及加工要求的不同,刀具在孔底的动作也有所不同。有的需要暂停,以保证孔底形状符合要求,有的需要主轴反转(变向),有的需要主轴停止或主轴定向停止并移动一个距离(如 G76 精镗加工)。

5. 动作 5→Z 向退刀

加工完毕后从孔中退出,有快速移动、切削进给、手动等方式。

6. 动作6→Z轴快速返回起始位置

这部分已在工件之外，均为快速移动。初始点即初始平面，是开始执行固定循环时，刀具的轴向位置。

表7-7-1为Fanuc 0i系统固定循环指令一览表。

表7-7-1　Fanuc 0i系统固定循环指令一览表

G代码	钻削动作(_Z方向)	孔底动作	回退动作(+Z方向)	应用	备注
G73	间歇进给	—	快速移动	(断屑式)高速深孔钻循环	对应G83(不提刀)
G74	切削进给	暂停→主轴正转	切削进给	左旋攻丝循环	对应G84(左旋)
G76	切削进给	主轴定向停止	快速移动	精镗循环(X向带退刀)	最精良的镗孔方式
G80	—	—	—	取消固定循环	—
G81	切削进给	—	快速移动	钻孔/点钻循环	一般钻孔
G82	切削进给	暂停	快速移动	钻孔/锪镗循环	对应G81(加暂停)
G83	间歇进给	—	快速移动	(排屑式)深孔钻循环	最常用钻孔(提刀)
G84	切削进给	暂停→主轴反转	切削进给	(右旋)攻丝循环	常规右旋螺纹加工
G85	切削进给	—	切削进给	(粗)镗孔循环	易划伤整个表面
G代码	钻削动作(_Z方向)	孔底动作	回退动作(+Z方向)	应用	备注
G86	切削进给	主轴停转	快速移动	(半精)镗孔循环	易划伤表面(1条线)
G87	切削进给	主轴正转	快速移动	背镗孔循环	对应G76
G88	切削进给	暂停→主轴停转	手动	(半精或精)镗孔循环	质量仅次于G76
G89	切削进给	暂停	切削进给	(锪)镗孔循环	对应G85(加暂停)

三、返回点平面G98/G99

当刀具到达孔底后，刀具可以返回到R点平面或初始点平面，由G98和G99指定。一般情况下G99用于第一次钻孔，而G98用于最后钻孔，即使在G99方式中执行钻孔初始点平面也不变。

选择G98或G99必须根据实际情况而定，其实就是在加工效率和加工安全之间取得良好的平衡。如果需要加工的孔群都在同一个工作表面上，则完全可以选择G99，即每个孔加工完毕后刀具返回到R点平面，然后快速移动至下一个孔中心的位置，这样可以减少移动的空行程，提高加工效率(图7-7-2)。

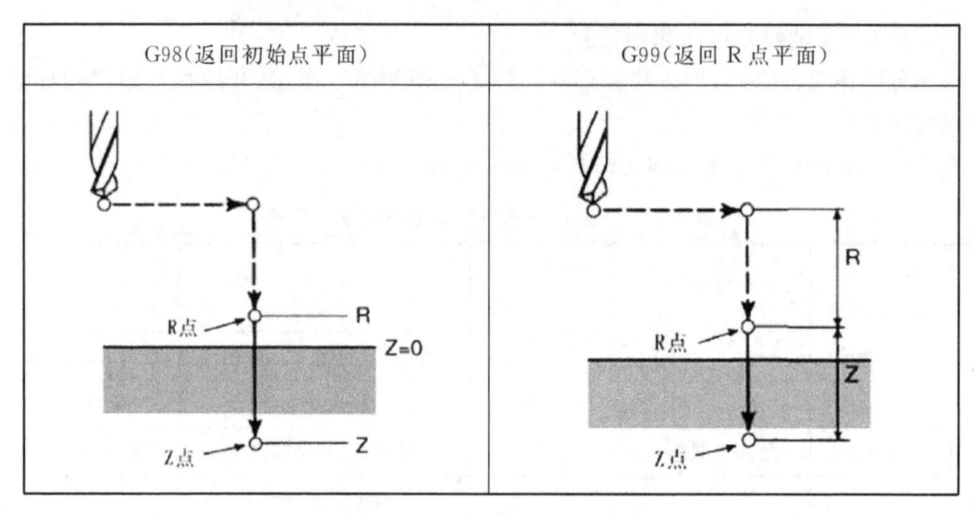

图 7-7-2　固定循环中 G98/G99 示意图

四、固定循环指令 G73－G89

根据用途，固定循环可以分为以下三类：钻铰类、攻丝类和镗孔类。

固定循环指令的一般格式为：

G73－G89　X_Y_Z_R_Q_P_F_K_；

其中：

X、Y：指定孔在 X、Y 平面中的位置。

Z：指定孔底平面的位置。

R：指定安全平面的位置。

Q：当有间歇进给时，刀具每次加工深度；精镗或反镗孔循环中的退刀量。

P：指定刀具在孔底的暂停时间，不加小数点，以毫秒(ms)表示。

F：孔加工切削进给时的速度。

K：指定孔加工的循环次数，只对等间距孔有效，须以增量方式指定。

注意：

(1)除 K 外，各参数均为模态值在后面的重复加工中不必重新指定。

(2)固定循环可用 G80 和 01 组的 G 代码来取消。

(3)固定循环中不用刀具半径补偿。

1. 钻铰类(表 7-7-2)

表 7-7-2　钻铰类循环指令一览表

应用	G 代码	格式指令	说　明
钻孔	G81	G81 X_Y_Z_R_F_K_；	到孔底，然后刀具快速移动退回。
锪孔镗阶梯孔	G82	G82 X_ Y_Z_R_P_F_K_；	到孔底，执行暂停，然后刀具快速移动退回。
高速深孔钻	G73	G73 X_Y_Z_R_Q_F_K_；	执行间歇切削进给直到孔底，同时从孔中断屑排屑。
深孔钻	G83	G83 X_Y_Z_R_Q_F_K_；	执行间歇切削进给直到孔底，过程中每次进给后提刀至 R 点排屑。

(1)G81 和 G82 固定循环

如图 7-7-3 所示,G81 刀具在 X、Y 平面快速定位至孔的上方,然后快速下刀到安全平面,在此处速度由快进转为工进,切削加工到孔底,然后从孔底快速退回到指定位置(初始平面或安全平面)。

G82 动作过程类似于 G81,只是在孔底增加了延时暂停功能。

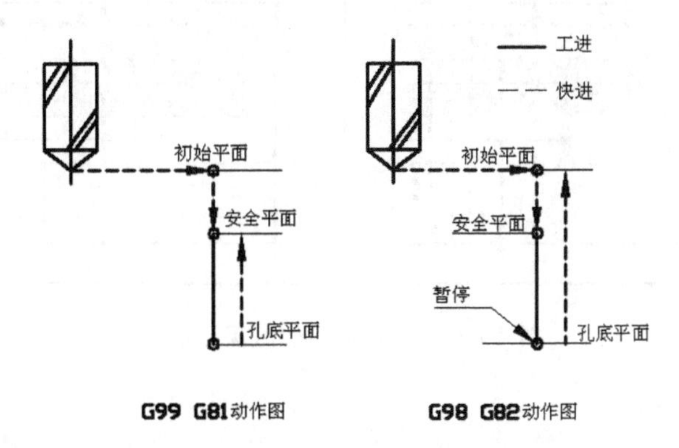

图 7-7-3　G81 和 G82 动作图

(2)G73 和 G83 固定循环

对于 G73 高速深孔钻,排屑比从孔中完全退刀更加重要。由于 G73 循环通常用于长系列钻头,所以没有必要完全退刀。从名字“高速”可看出,G73 固定循环比 G83 循环要稍微快一点,因为它不需要在每次进刀后退刀至 R 平面,从而节省了时间,如下面图 7-7-4、图 7-7-5 所示。

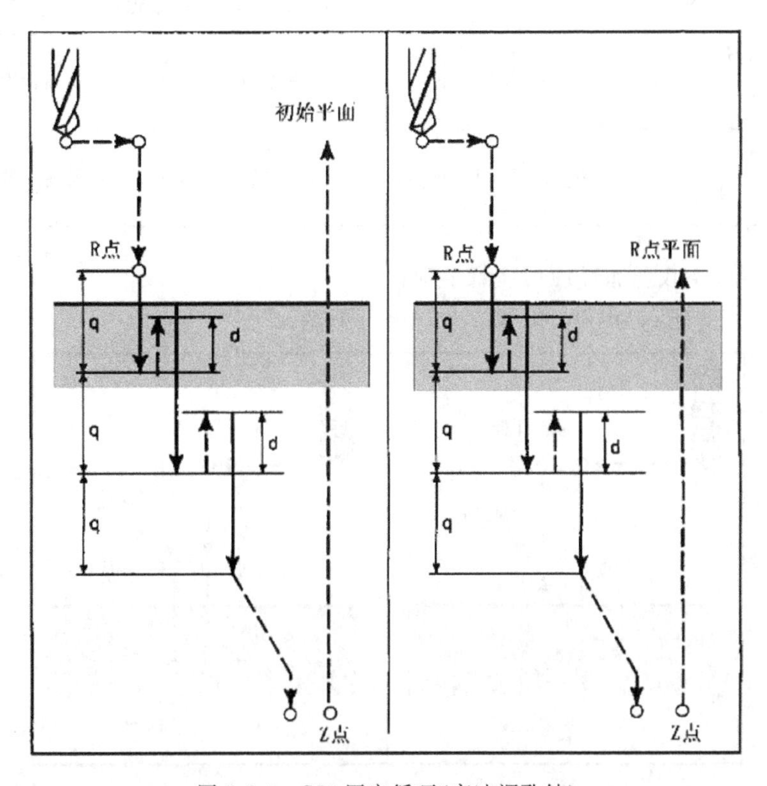

图 7-7-4　G73 固定循环(高速深孔钻)

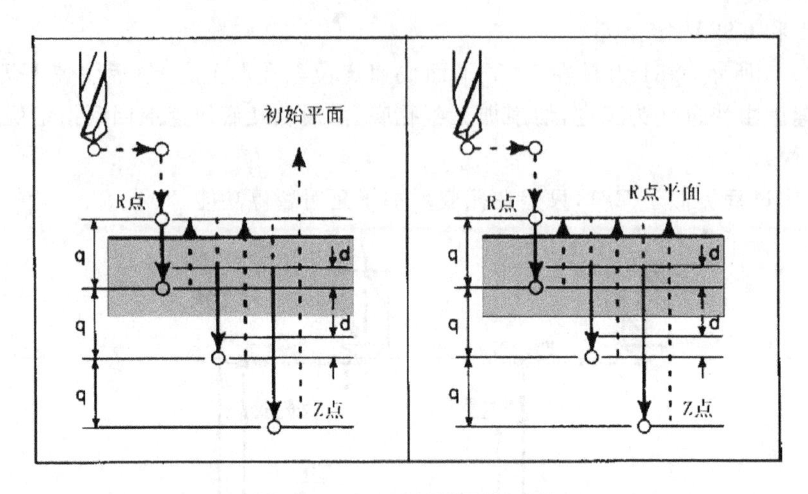

图 7-7-5　G73 固定循环(深孔钻)

2. 攻丝类(表 7-7-3)

表 7-7-3　攻丝类循环指令一览表

应用		G 代码	格式指令	说明
弹性攻丝	左旋螺纹	G74	G74 X_ Y_ Z_ R_ P_ F_ K_;	(主轴反转)执行左旋攻丝,到孔底时,主轴暂停,然后正转,进给退回。
	右旋螺纹	G84	G84 X_ Y_ Z_ R_ P_ F_ K_;	(主轴正转)执行右旋攻丝,到孔底时,主轴暂停,然后反转,进给退回。
刚性攻丝	左旋螺纹	(M29) G74	G74 X_ Y_ Z_ R_ P_ F_ K_;	动作类似上述 G74,可实现高速高精度攻丝。
	右旋螺纹	(M29) G84	G84 X_ Y_ Z_ R_ P_ F_ K_;	动作类似上述 G84,可实现高速高精度攻丝。

(1)G84 和 G74 攻丝循环使用注意事项:

图 7-7-6、7-7-7 所示为 G84 和 G74 攻丝循环原理。

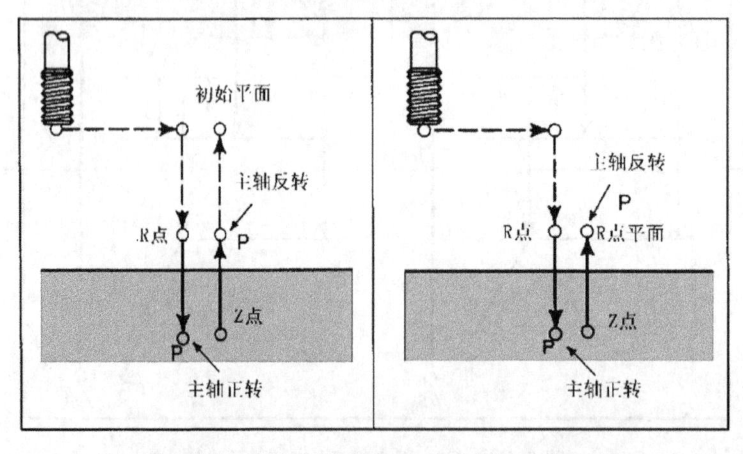

图 7-7-6　G84 固定循环(只用于右旋攻丝)

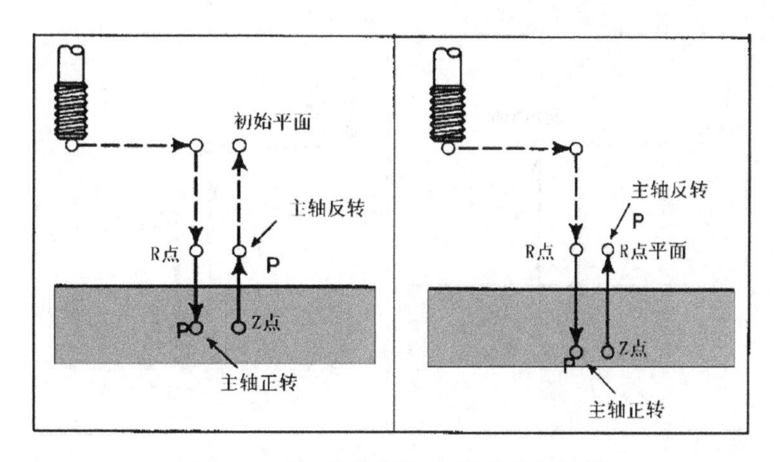

图 7-7-7　G74 固定循环(只用于左旋攻丝)

①由于需要加速,因此攻丝循环的 R 平面应该比其他循环的高,以保证进给率的稳定。

②螺纹的进给率选择很重要,主轴转速和螺纹导程之间有着直接的关系,始终要维持这种关系。

③G84 和 G74 循环处理中,控制面板上用来控制主轴转速和进给率的倍率旋钮无效。

④为了安全起见,即使在攻丝循环处理中按下进给保持键也将完成攻丝运动(不论在工件内部或在外部)。

3. 镗孔类

(1)(粗)镗削循环指令 G85

格式:G85 X_Y_Z_R_F_;

指令说明:G85 镗削循环通常用于镗孔和铰孔,它主要用在以下场合,即刀具运动进入和退出孔时可以改善孔的表面质量、尺寸公差和(或)同轴度、圆度等。使用 G85 循环进行镗削时,镗刀返回过程中可能会切除少量材料,这是因为退刀过程中刀具压力会减小。如果无法改善表面质量,应该换用其他循环。

G85 镗削循环指令的运动步骤说明及分解,如表 7-7-4 和图 7-7-8 所示。

表 7-7-4　G85 镗削循环指令的运动步骤说明

步骤	G85 循环介绍
1	快速运动至 XY 位置
2	快速运动至 R 平面
3	进给运动至 Z 向深度
4	进给运动返回 R 平面
5	快速退刀至初始平面(左图)或快速退刀至 R 平面(右图)

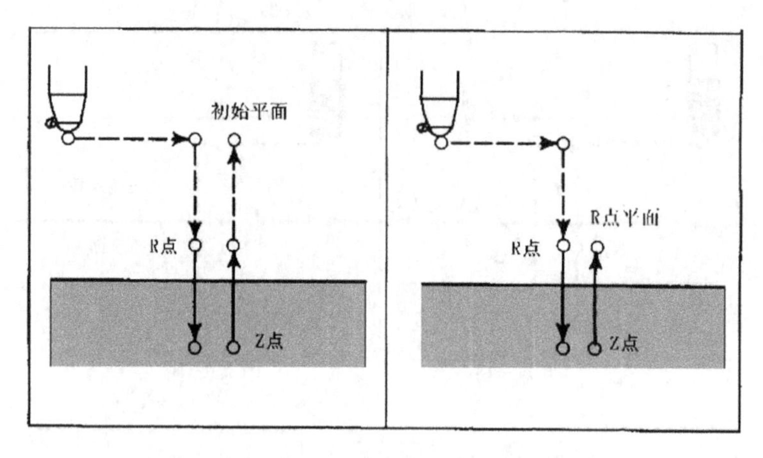

图 7-7-8　G85 固定循环(通常用于镗孔和铰孔)

如图 7-7-9 所示,编制镗孔循环程序。

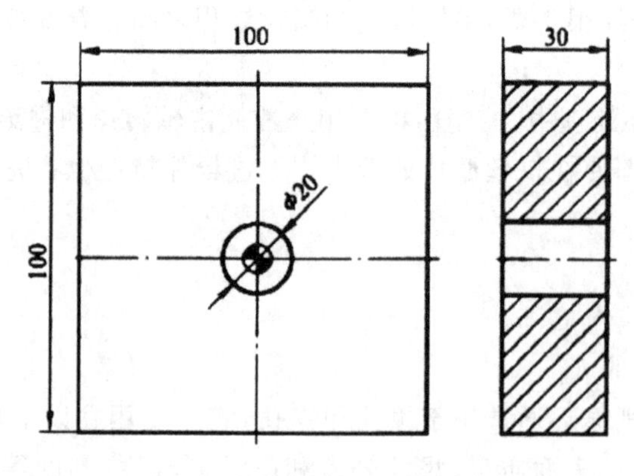

图 7-7-9　编制镗孔循环程序

编制 G85 镗削循环程序,用 $\phi 20$ 粗镗刀。

参考程序:

```
O0085;
G80 G94 G90 G54 G40 G21 G17;
G0 Z200;
G00 X0 Y0;
M03 S2200;
Z10;
G85 X0 Y0 Z-30 R2 F220;      粗镗孔循环
G0 Z200;
G80;
M30;
%
```

精镗循环指令 G76(X 向带退刀)

格式:G76 X_Y_Z_R_P_Q_F_;

指令说明：该循环对加工高质量孔是很有用，主要用于孔的精加工。孔加工后的质量很重要，质量由孔的尺寸精度或表面质量定，或者由两者共同决定。G76 也可保证孔的圆柱度并平行于它们的轴。

G76 精镗循环指令的运动步骤说明及分解，如表 7-7-5 和图 7-7-10 所示。

表 7-7-5　G76 精镗循环指令的运动步骤说明

步骤	G76 循环介绍
1	快速运动至 XY 位置
2	快速运动至 R 平面
3	进给运动至 Z 向深度
4	在孔底暂停，单位：ms(P..)(如果使用)
5	主轴停止旋转
6	主轴定位
7	根据 Q 值退出或移动由 I 和 J 指定的大小和方向
8	快速退刀至初始平面(左图)或快速退刀至 R 平面(右图)
9	根据 Q 值进入或朝 I 和 J 指定的相反的方向移动
10	主轴恢复旋转

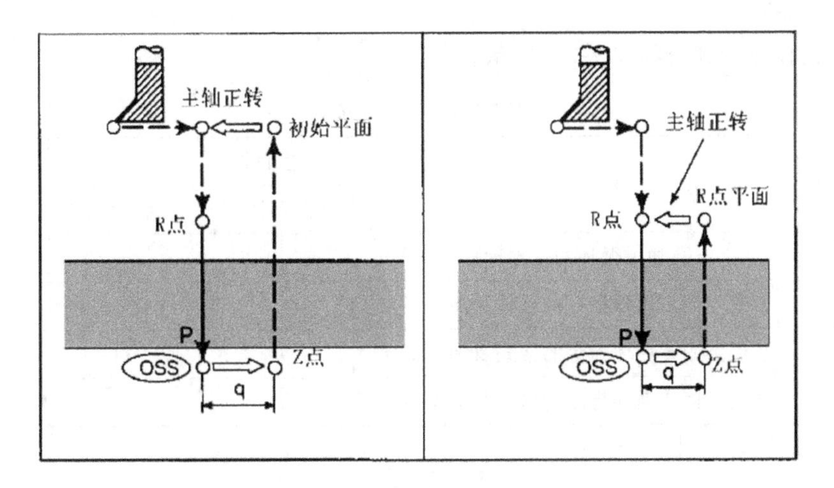

图 7-7-10　G76 固定循环(通常用于高精度加工)

如图 7-7-10 所示，编制 G76 精镗循环程序，ϕ20 精镗刀。

参考程序：

```
O0076;
G80 G94 G90 G54 G40 G21 G17;
G0 Z200;
G00 X0 Y0;
M03 S2200;
```

```
Z10;
G76 X0 Y0 Z-30 R2 Q3 P2000 F120;        精镗循环
G0 Z200;
G80;
M30;
%
```

4.固定循环的取消 G80

G80 指令可以取消任何有效的固定循环,且可自动切换到 G00 快速运动模式,通常在用固定循环 G73-G89 时,在程序的第一句和程序结束前都要加上 G80 指令,用于取消固定循环功能。

任务实施

1.孔加工循环的基本动作。

2.钻铰类固定循环指令的格式及加工对象。

3.攻丝类固定循环指令的格式及加工对象。

4.镗孔类固定循环指令的格式及加工对象。

任务评价

项目八、任务七评价如表 7-7-5 所示。

表 7-7-5 任务评价表

评价类型	序号	评价内容	学生自评		小组互评		教师评价	
			合格	不合格	合格	不合格	合格	不合格
任务内容	1	孔加工循环的基本动作						
	2	钻铰类固定循环指令的格式及加工对象						
	3	攻丝类固定循环指令的格式及加工对象						
	4	镗孔类固定循环指令的格式及加工对象						
成果分享	收获之处							
	不足之处							
	改进措施							

任务八　学习复合编程指令的应用

任务目标

1. 熟悉调用子程序的概念、功能格式及编程方法
2. 熟悉旋转指令的概念、功能格式及编程方法
3. 了解镜像指令的概念、功能格式及编程方法
4. 了解缩放指令的概念、功能格式及编程方法

任务描述

本任务主要学习调用子程序、旋转指令、缩放指令、镜像指令功能格式及编程方法。

任务链接

活动一　子程序调用

一、子程序的概念

数控程序由一系列不同刀具和操作的指令组成，如果该程序包含两个或多个重复指令段，其程序结构应从单一的长程序变为两个或多个独立的程序，每个重复指令段只编写一次，而且在需要的时候调用，这就是子程序的主要概念。

每个程序必须有其程序号，并存储在数控系统中，程序员使用专门的M代码在一个程序中调用另一个程序。调用其他程序的第一个程序称为主程序，所有其他被调用的程序称为子程序。主程序决不能被子程序调用，它位于所有程序的最顶层。子程序之间可相互调用，直至达到一定的嵌套数目。使用包含子程序的程序时，总是选择主程序而不是子程序，控制器选择子程序的唯一目的是进行编辑。

1. 格式

M98－调用子程序

M99－子程序结束

M98P××××　××××或M98P××××　L××××

前四位数为在程序被重复调用次数，后四位数为被调用的子程序号或 L 后面四位数是被重复调用次数。当不指定重复次数时，子程序只调用一次。

例：调用一次子程序

O ××××；

M99；

2. 含义

如果一个程序包含固定程序或频繁重复的图形，这样的程序或图形就可以编成子程序在存储器中以简化编程。子程序可以被主程序调用，被调用的子程序也可以调用其它子程序。

二、子程序的多级嵌套

上一小节中主程序只调用一个子程序，而子程序不再调用另外一个子程序，这叫做一级嵌套。现在常用数控系统允许最大四级的嵌套，这意味着如果主程序调用 1 号子程序，1 号子程序可以调用 2 号子程序，依此类推，直到调用 4 号子程序，这就是所谓的四级嵌套，如图 7-8-1所示。

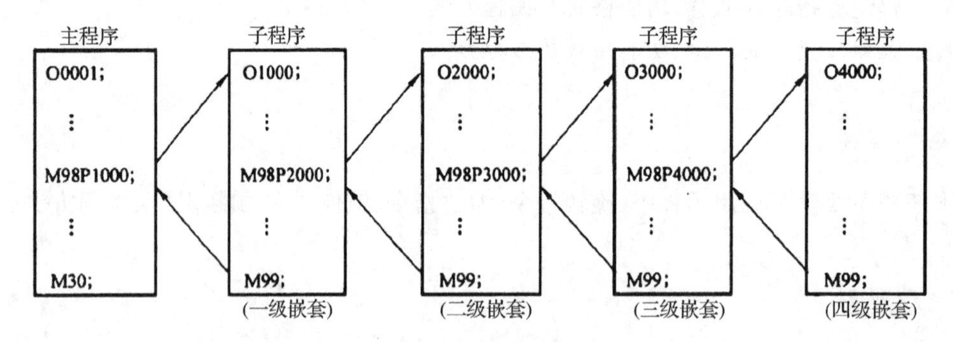

图 7-8-1　子程序嵌套流程图

实际应用中很少需要四级嵌套，但它可作为编程工具以防出现这种要求。下面介绍每级嵌套的程序处理流程。

1. 一级嵌套、二级嵌套

一级嵌套意味着主程序只调用一次子程序，仅此面已，一级嵌套子程序在数控编程中最为常见。程序从主程序顶部开始运行，主程序通过“M98 P ____”调用子程序时，控制器形成一条通向子程序的分支并处理子程序的所有内容，然后返回主程序处理主程序余下的程序段，如图 7-8-2(a)所示。

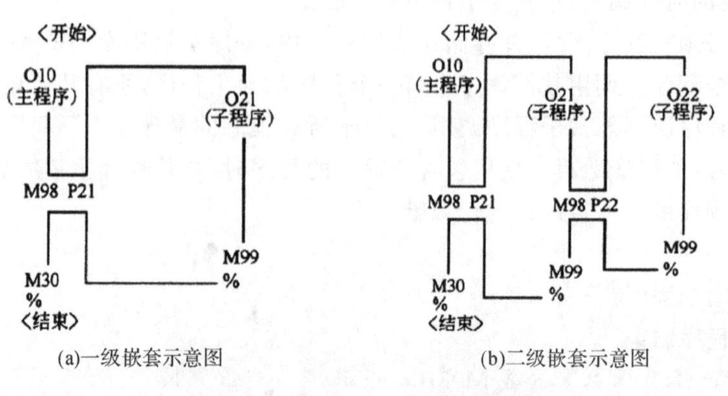

图 7-8-2 一级嵌套、二级嵌套示意图

2. 二级嵌套

如图 7-8-2(b)所示，二级嵌套子程序也是从主程序顶部开始处理，当控制器遇到一级子程序调用时，从主程序产生一条分支并从一级子程序的顶部开始处理子程序，在一级子程序处理过程中，数控系统遇到二级子程序调用。此时暂时停止一级子程序处理，数控系统产生流向二级子程序的分支。由于二级子程序不再调用子程序，所以它将处理完子程序中的所有程序段。一旦遇到含有 M99 功能的程序段，数控系统自动返回到程序产生分支的地方，并继续处理前面暂停的程序。返回原程序通常是回到紧跟子程序调用的程序段，在遇到另一个 M99 功能前，控制器将处理完第一个子程序余下的所有程序段。当遇到 M99 时，控制系统将返回产生分支的地方(原程序)，在二级嵌套中也就是主程序，由于主程序中仍有未经执行的程序段，所以在遇到 M30 功能前，系统对它们进行执行，M30 终止主程序的运行。

3. 子程序嵌套的注意事项

子程序嵌套在实际应用中要非常仔细和慎重，这种编程方法可以编写出较短的程序，但是编程时间会比较长，编嵌套程序的准备时间、开发和调试时间通常比编写常规程序的时间要长。编写嵌套程序时必须花费相当一部分编程时间对所有程序的处理流程、初始条件的建立以及数据正确性进行仔细和全面的检查。在实际应用中，子程序嵌套的应用不能只满足缩短程序这一个目的，要综合考虑实际使用的效果。多次嵌套编程的一条简单规则就是：只有当以后的频繁使用值得花费这些额外的开发时间时才使用多级嵌套。与其他任何事情一样，多级嵌套有优点也必然有缺点。

三、子程序的实例应用

1. 同平面内完成多个相同轮廓加工

在一次装夹中若要完成多个相同轮廓形状工件的加工，则编程时只编写一个轮廓形状加工程序，然后用主程序来调用子程序。

例：加工如图 7-8-3 所示三个相同凸台外形轮廓(凸台高度为 3mm)的零件。

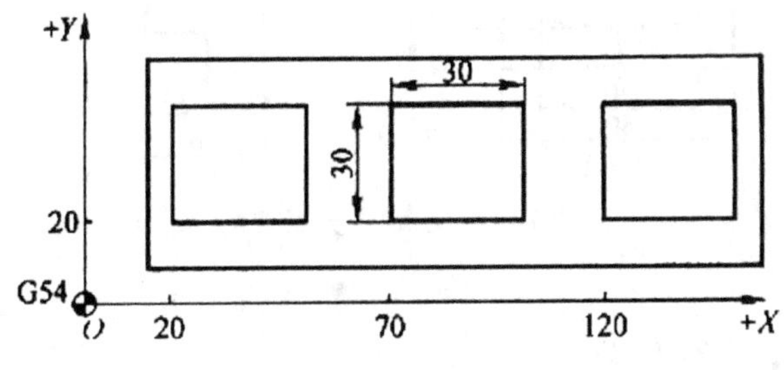

图 7-8-3　正方体凸台

参考程序如下：

O0811(主程序)

G94 G90 G54 G40 G21 G17

G00 Z200

M03 S1500

```
G00 X0 Y0
Z5
G01 Z－3 F100
M98 P1013 L3
G90 G00 X0 Y0
G0 Z200
M30
%
O1013(子程序)
G91 G41 X20 Y10 D01
Y40
X30
Y－30
X－40
G40 X－10 Y－20
X50
M99
```

2.实现零件的分层切削

有时零件在某个方向上的总切削深度比较大，要进行分层切削，则编写该轮廓加工的刀具轨迹子程序后，通过调用该子程序来实现分层切削。

例：如图 7-8-4 所示零件凸台外形轮廓，Z 轴分层切削，每次背吃刀量为 3mm。

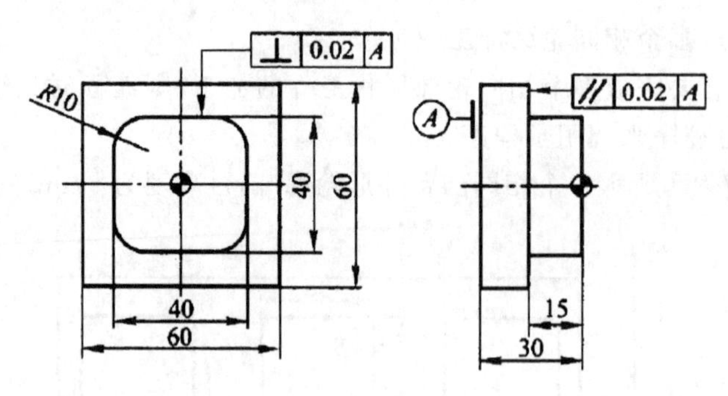

图 7-8-4　子程序分层切削

```
O2008(主程序)
G94 G90 G54 G40 G21 G17
G00 Z200
M03 S1500
G00 X0 Y0
Z5
G01 Z0 F100
M98 P1013 L5
```

```
G00 Z200
X0 Y200
M30
%
O1013(子程序)
G91 G01 Z-3
G90 G41 G01 X-20 Y-20 D11 F200
Y10
G02 X-10 Y20 R10
G01 X10
G02 X20 Y10 R10
G01 Y-10
G02 X10 Y-20 R10
G01 X-10
G02 X-20 Y-10 R10
G40 G01 X-40 Y-40
M99
```

活动二 旋转指令

一、旋转功能的概念

旋转指令编程能使刀具加工出绕定义点旋转特定角度的分布模式、轮廓或者型腔。数控系统有了该功能后,编程过程就变得更为灵活和有效。这一功能强大的编程特征通常是特殊的系统选项,称为坐标系旋转或坐标旋转。坐标旋转最重要的应用之一是:当工件的定义与坐标轴正交,但加工需要一定的角度时(根据图纸说明的需求),正交模式定义了水平和竖直方向,也就是说刀具运动平行于机床主轴。正交模式的编程比计算倾斜方向上各轮廓拐点的位置要容易得多,比较图 7-8-5 所示的两个矩形:

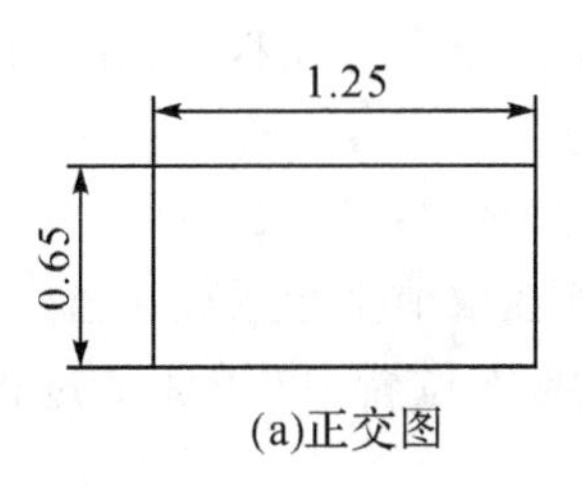

(a)正交图

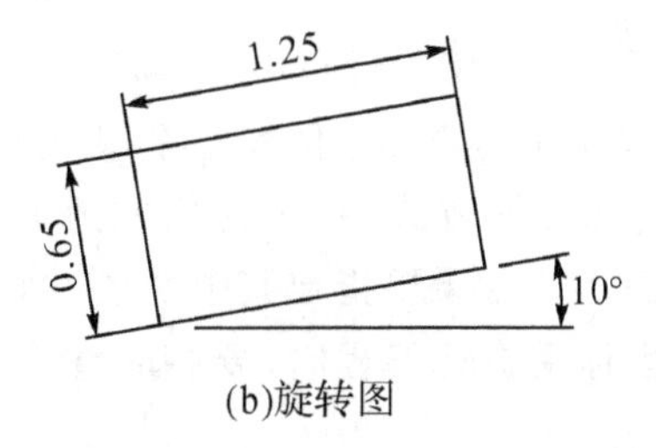

(b)旋转图

图 7-8-5 初始的正交图和旋转图

图 7-8-5(a)所示为正交的矩形，图 7-8-5(b)所示是沿逆时针方向旋转 10°后的相同矩形。手动编写(a)图的程序非常容易，而且可以通过选择指令将刀具路径转换为(b)图的轨迹。坐标旋转功能是一个特殊选项，它是数控系统中不可或缺的一部分。坐标旋转功能只需要三个要素(旋转中心、旋转角度以及旋转的刀具路径)来定义旋转工件。

指令格式：G68 X_Y_R_(激活旋转功能)

G69(取消激活功能)

其中，*X* 为旋转中心的绝对 *X* 坐标；*Y* 为旋转中心的绝对 *Y* 坐标；*R* 为旋转角度。

1. 旋转中心

XY 坐标通常是旋转中心(极点)，它是一个特殊点，旋转通常绕该点进行—根据所选的工作平面，该点可以用两个不同的轴来定义。G17 平面有效时，*X* 轴和 *Y* 轴是绝对旋转中心；G18 平面则使用 *XZ* 作为旋转点的坐标；而 G19 平面使用 *YZ* 轴作为旋转点坐标。使用旋转指令 G68 之前必须在程序中输入平面选择指令 G17、G18 或 G19。如果没有指定 G68 指令旋转中心的 *X* 和 *Y* 坐标(在 G17 平面内)，那么当前刀具位置会默认成为旋转中心。

2. 旋转半径

G68 的角度由 *R* 值指定，单位是度，它从定义的中心开始测量。尺值的小数位位数将成为角度值，正 *R* 表示逆时针旋转，负 *R* 表示顺时针旋转，如图 7-8-6 所示。

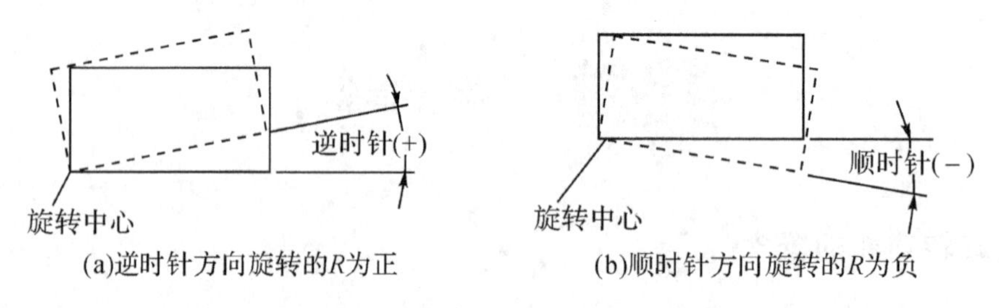

图 7-8-6　基于旋转中心的坐标旋转方向

3. 取消坐标旋转

G69 指令取消坐标旋转功能并使数控系统返回标准的正交状态(旋转角度为 0°)，通常 G69 取消坐标旋转指令在单独的程序段中指定，不和其他代码写在同一行。

二、坐标旋转功能使用注意事项：

(1)在坐标系旋转编程过程中，如需采用刀具补偿指令进行编程，则在指定坐标系旋转指令后再指定刀具补偿指令，取消时，按相反顺序取消。

(2)在坐标系旋转方式中，不能指定返回参考点指令(G27－G30)和改变坐标系指令(G54－G59，G92)。如果要指定其中的某一个，则必须在取消坐标系旋转指令后指定。

(3)采用坐标系旋转编程时，要特别注意刀具的起点位置，以防加工过程中产生过切现象。

三、旋转实例

例：带有圆角的矩形零件(图 7-8-7)，利用坐标旋转指令进行角度旋转后加工如图 7-8-8

和程序 O1013 所示。如果程序原点不旋转，则只包括 G68 和 G69 指令之间的工件轮廓加工路径，而不包括刀具趋近或退回运动。同时也要注意程序段 N2 中的 G69，这里为了安全而使用旋转取消。

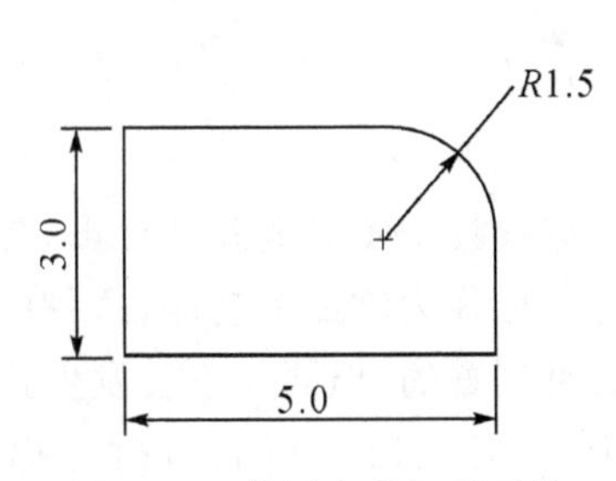

图 7-8-7　带圆角的矩形零件

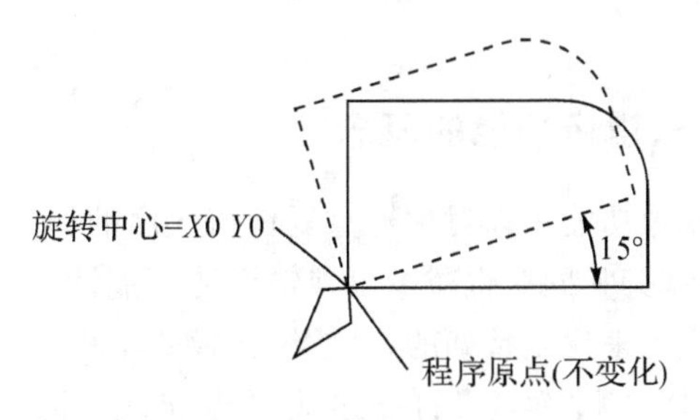

图 7-8-8　旋转 15°编程图

参考程序：

```
O1013
G69
G94 G90 G54 G40 G21 G17
G00 Z200
M03 S1500
G00 X0 Y0
G68 X0 Y0 R15
X-20 Y-10
Z5
G01 Z-3 F50
G41 X0 D01 F200
Y3
X3.5
G02 X5 Y1.5 R1.5
G01 Y0
X-10
G00 Z200
G40 X0 Y200
G69          （取消旋转）
M30
```

对于某些围绕中心旋转得到的特殊轮廓加工来说，如果根据旋转后的实际加工轨迹进行编程，就可能使坐标计算的工作量大大增加。而通过图形旋转功能，可以大大简化编程的工作量。

活动三 镜像指令

一、镜像功能的概念

镜像功能可以对称地重复任何次序的加工操作，该编程技术不需要新的计算，所以可缩短编程时间，同时也减少出现错误的可能性。镜像有时候也称为轴倒置功能，这一描述在某种程度上来说是精确的，虽然镜像模式下机床主轴确实是倒置的，但同时也会发生其他的变化，这样一来“镜像”的描述就更为准确。镜像是基于对称工件的原则，有时也称为右手(R/H)或左手(L/H)原则。

镜像编程需要了解最基本的直角坐标系，尤其是在各象限里的应用，同时也要很好地掌握圆弧插补和刀具半径补偿的使用。

二、镜像的基本规则

在一个象限内加工给定的刀具轨迹与在其他象限里加工同样的刀具轨迹没什么两样，主要区别就是某些运动的方向相反。这意味着在一个象限内给定的加工工件可以在镜像功能有效的前提下，在另一个象限里使用同样的程序再现，这就是镜像的基本规则。如图 7-8-9 所示，镜像功能可以自动改变轴方向和其他方向。

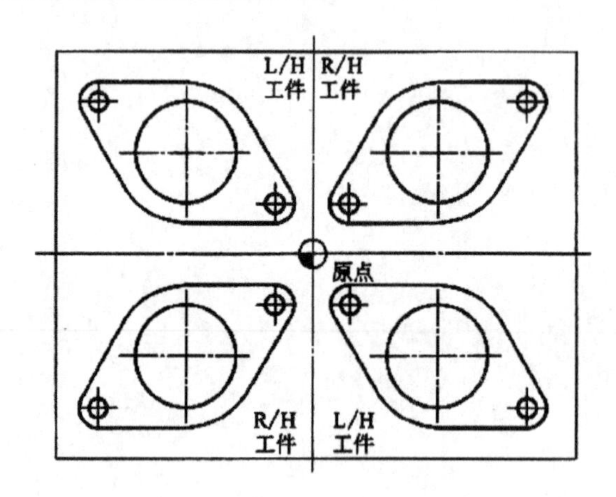

图 7-8-9 加工工件中的镜像原则

1. 刀具路径方向

根据镜像所选择的象限，刀具路径方向的改变可能影响某些或全部操作。

(1)轴的算术符号(正或负)。

(2)铣削方向(顺铣或逆铣)。

(3)圆弧运动方向(正转或反转)。

它可能影响一根或多根机床轴，通常只是 X 轴和 Y 轴，镜像应用中一般不使用 Z 轴。并不是所有的运动都同时受到影响，如果程序中设有圆弧插补，就不需要考虑圆弧方向。图 7-8-10所示为镜像在四个象限中对刀具路径的影响。

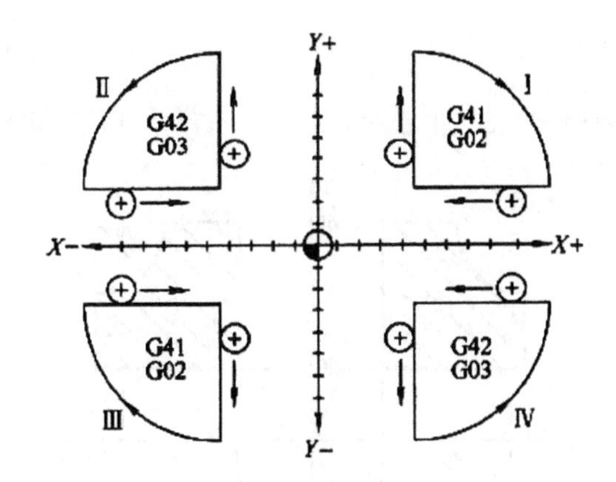

图 7-8-10　镜像功能在各象限中对刀具路径的影响

2. 格式

G51.1 X_Y_(激活镜像功能)

G50.1 X_Y_(取消镜像功能)

式中:X、Y—镜像轴;

说明:

(1)X 为 0 时,关于 Y 轴镜像。

(2)Y 为 0 时,关于 X 轴镜像。

(3)Y、Y 都为 0 时,关于 45 度方向镜像。

3. 指令说明

(1)在指定平面内执行镜像指令时,如果程序中有圆弧指令,则圆弧的旋转方向相反,即 G02 变成 G03,相应地 G03 变成 G02。

(2)在指定平面内执行镜像指令时,如果程序中有刀具半径补偿指令,则刀具半径补偿的偏置方向相反,即 G4I 变成 G42,G42 变成 G41。

(3)在指定平面内执行镜像指令时,如果程序中有坐标系旋转指令,则坐标系旋转方向相反。即顺时针变成逆时针,逆时针变成顺时针。

(4)数控系统数据处理的顺序是从程序镜像到比例缩放到坐标系旋转,所以在指定这些指令时,应按顺序指定,取消时,按相反顺序。在旋转方式或比例缩放方式不能指定镜像指令 G50.1 或 G51.1 指令。但在镜像指令中可以指定比例缩放指令或坐标系旋转指令。

(5)在可编程镜像方式中,不能指定返回参考点指令(G27,G28,G29,G30)和改变坐标系指令(G54—G59,G92)。如果要指定其中的某一个,则必须在取消可编程镜像后指定。

4. 注意事项

(1)在深孔钻 G83、G73 时,切深(Q)和退刀量(R)不使用镜像。

(2)在精镗(G76)和背镗(G87)中,移动方向不使用镜像。

(3)在使用中,对连续形状不使用镜像功能,走刀中有接刀,使轮廓不光滑。

三、镜像实例

例:如图 7-8-11 和程序 O0831(主程序)O0832(子程序)所示,实现镜像轨迹模拟。

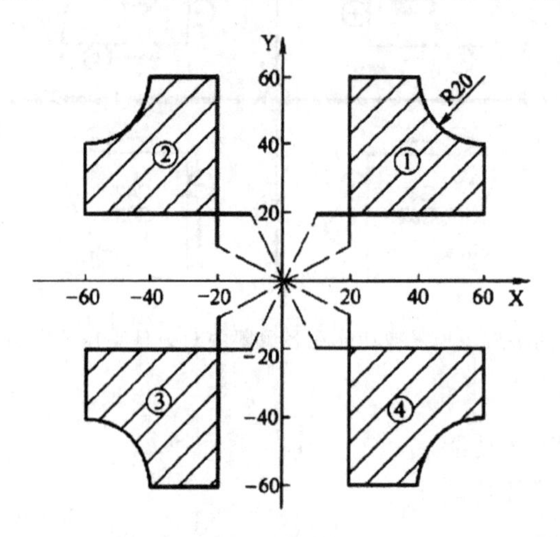

图 7-8-11 镜像加工图

```
O0831;(主程序)
G50.1;
G94 G90 G54 G40 G21 G17;
G00 Z200;
M03 S1500;
G00 X0 Y0;
Z15;
N30 M98 P0832;              加工①
N40 G51.1 X0;               Y 轴镜像,镜像位置为 X=0
N50 M98 P0832;              加工②
N60 G50.1 X0;
N70 G51.1 X0 Y0;            X、Y 轴镜像,镜像位置(0,0)
N80 M98 P0832;              加工③
M90 G50.1 X0 Y0
N100 G5l.1 Y0;              X 轴镜像,镜像位置为 Y=0
N110 M98 P0832;             加工④
N120 G50.1 Y0;
N130 M30;
O0832;(子程序)
G41 G00 X20 Y10 D0l;
G01 Z-3 F100;
Y50 F250;
X20;
```

```
G03 X20 Y-20 120;
G01 Y-20;
X-50;
G00 Z15;
G40 X-10 Y-20;
M99;
```

活动四　缩放指令

数控铣床编程的刀具运动在刀具半径偏置有效的情况下通常和图纸尺寸是一致的。有时需要重复已编写的刀具运动轨迹，但尺寸大于或小于初始加工轮廓，即和原来的刀具轨迹保持一定的比例。为实现这一目的，可使用比例缩放功能。

为了使编程更为灵活，比例缩放功能可以与其他功能同时使用，通常是前面几个任务中介绍的内容：基准移动、镜像、坐标系旋转等。

一、缩放指令的概述

数控系统在的编程中使用比例缩放指令，意味着改变了所有轴的编程值。比例缩放过程就是将各轴的值乘上比例缩放值，编程人员必须给出比例缩放中心和比例缩放值。通过数控系统参数设定能够确定比例缩放功能在三根轴上是否有效，但它对任何附加轴都不起作用，比例缩放功能大多用于 X 轴和 Y 轴。

(1)特定值和预先设置的值(即各种偏置)不受比例缩放指令的影响，比例缩放功能不会改变下列偏置功能：

①刀具半径偏移量：G41～G42/D。

②刀具长度偏移量：G43～G44/H。

③刀具位置偏移量：G45～G48/H。

在固定循环中，还有另外三种情况也不受比例缩放功能的影响：

①G76 和 G87 循环中 X 轴和 Y 轴的移动量。

②G83 和 G73 循环中的深孔钻深度 Q。

③G83 和 G73 循环中的返回量。

(2)在实际使用过程中有许多缩放现有刀具路径的应用，它们可以节省很多额外的工作时间，以下是几个常见应用：

①几何尺寸相似的工件。

②使用固定缩放比例值的加工。

③模具生产。

④英制和公制尺寸之间的换算。

⑤改变刻线尺寸。

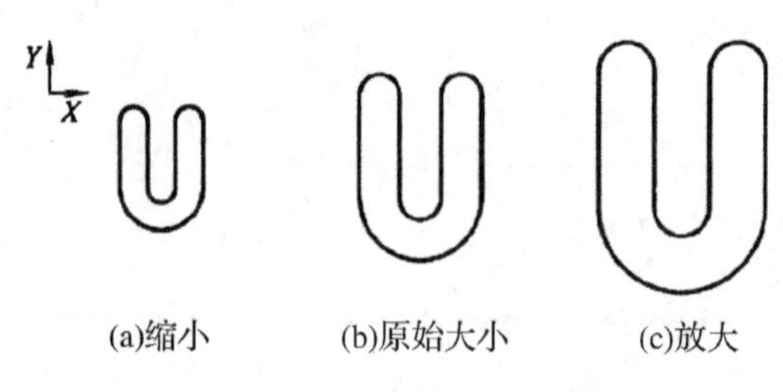

图 7-8-12 原始工件与缩放图

不管是何种应用，比例缩放功能都是产生一个大于或小于原刀具路径的新刀具路径。因此，比例缩放功能常用于现有刀具路径的放大（增加尺寸）或缩小（减小尺寸），如图 7-8-12 所示。

二、比例缩放格式

指令格式：G51 X_Y_Z_P_ （激活缩放功能）

G50 （取消缩放功能）

式中：X_Y_Z_：比例缩放中心坐标的绝对值。

P_：缩放比例。

说明：

(1)比例值>1，放大。

(2)比例值=1，不变。

(3)比例值<1，缩小。

三、说明及注意事项

1. 说明

(1)比例缩放中的刀具半径补偿问题。在编写比例缩放程序过程中，要特别注意建立刀补程序段的位置，通常，刀补程序段应写在缩放程序段内。

(2)比例缩放中的圆弧插补在比例缩放中进行圆弧插补，如果进行等比例缩放，则圆弧半径也相应缩放相同的比例；如果指定不同的缩放比例，则刀具不会走出相应的椭圆轨迹，仍将进行圆弧的插补，圆弧的半径根据 I、J 中的较大值进行缩放。

2. 注意事项

(1)比例缩放的简化形式。如将比例缩放程序“G51 X_Y_Z_P_；”或“G51 X_Y_Z_I_J_K_；”简写成“G51；”，则缩放比例由机床系统参数决定，而缩放中心则指刀具刀位点的当前所处位置。

(2)比例缩放对固定循环中 Q 值与 d 值无效。在比例缩放过程中，有时我们不希望进行 Z 轴方向的比例缩放。这时，可修改系统参数，以禁止在 Z 轴方向上进行比例缩放。

(3)比例缩放对工件坐标系零点偏移值和刀具补偿值无效。

(4)在缩放状态下，不能指定返回参考点的 G 指令（G27－G30），也不能指定坐标系设定指令（G52－G59，G92）。若一定要指令这些 G 代码，应在取消缩放功能后指定。

四、缩放实例

例：编程如图 7-8-13 所示，三角形 ABC 中，顶点为 A(30,40)，B(70,40)，C(50,80)，若缩放中心为 D(50,30)，则缩放程序为：

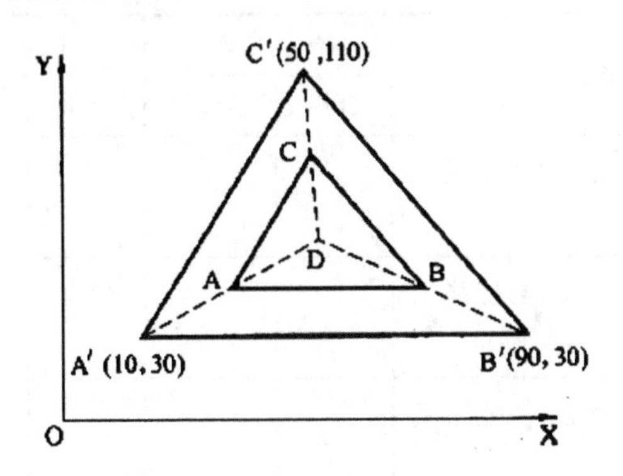

图 7-8-13　三角形的比例缩放图

```
O0841;
G50;                    缩放取消
G94 G90 G54 G40 G21 G17;
G00 Z200;
M03 S1500;
G00 X80 Y0;
G51 X50 Y50 P2;         缩放 2 倍
Z5;
G01 Z－3 F50;
G41 Y40 D01 F260;
X30
X50 Y80;
X70 Y40;
G0 Z200;
G40 X0 Y200;
G50;                    缩放取消
M30;
```

任务实施

1. 子程序的概念、功能格式及编程方法
2. 旋转指令的概念、功能格式及编程方法
3. 镜像指令的概念、功能格式及编程方法
4. 缩放指令的概念、功能格式及编程方法

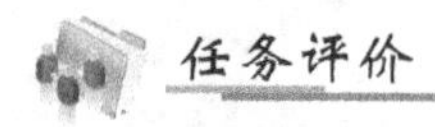

任务评价

项目八、任务八评价如表 7-8-1 所示。

表 7-8-1　任务评价表

评价类型	序号	评价内容	学生自评		小组互评		教师评价	
			合格	不合格	合格	不合格	合格	不合格
任务内容	1	子程序的概念、功能格式及编程方法						
	2	旋转指令的概念、功能格式及编程方法						
	3	镜像指令的概念、功能格式及编程方法						
	4	缩放指令的概念、功能格式及编程方法						
成果分享	收获之处							
	不足之处							
	改进措施							

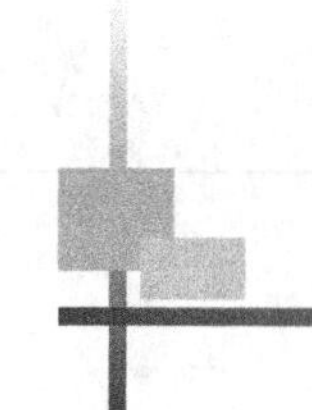

任务九　宏程序编程

任务目标

1. 了解宏程序的赋值与变量
2. 熟悉宏程序的运算符及条件表达式
3. 能进行倒凹凸圆角、倒角、椭圆等编程

任务描述

本任务主要掌握宏程序的运算符及条件表达式，能进行倒凹凸圆角、倒角、椭圆等编程

任务链接

活动一　宏程序基础概念

一般意义上所讲的数控指令其实是 ISO 代码指令编程：即每个代码的功能是固定的，由系统生产厂家开发，使用者只需（其实也是只能）按照规定编程即可。但有时候这些指令满足不了用户的需要，系统因此提供了用户宏程序功能，用户可以对数控系统进行一定的功能扩展，实际上是数控系统对用户的开放，也可视为用户利用数控系统提供的工具，在数控系统的平台上进行二次开发，当然这里的开放和开发都是有条件和有限制的。

用户宏程序和与普通程序存在一定的区别，认识和了解这种区别，将有助于宏程序的学习理解和掌握运用，表 7-9-1 就是这种区别的简要对比。

表 7-9-1　用户宏程序和普通程序的简要对比

普通程序	宏程序
只能使用常量	可以使用变量，并给变量赋值
常量之间不可以运算	变量之间可以运算
程序只能顺序执行，不能跳转	程序运行可以跳转

一、变量的类型

变量根据变量号可以分成四种类型，从功能上主要可归纳为两种，即：

(1)系统变量（系统占用部分），用于系统内部运算时各种数据的存储

(2)用户变量，包括局部变量和公共变量，用户可以单独使用，系统作为处理资料的一部分，表 7-9-2 就是 Fanuc 0i 系统的变量类型。表 7-9-3 是 Fanuc 0i 算术和逻辑运算功能。

表 7-9-2　Fanuc 0i 变量类型

变量名		类型	功　　能
＃0		空变量	该变量总是空，没有值能赋予该变量
用户变量	＃1～＃33	局部变量	局部变量只能在宏程序中存储数据，例如运算结果。断电时，局部变量清除（初始化为空）。可以在程序对其赋值
	＃100～＃199 ＃500～＃999	公共变量	公共变量在不同的宏程序中的意义相同（即公共变量对于主程序和从这些主程序调用的每个宏程序来说是公用的）。断电时，＃100～＃199 清除（初始化为空），通电时复位到“0”；而＃500～＃999 数据保存，即使在断电时也不清除
＃1000～		系统变量	系统变量用于读和写 CNC 运行时各种数据变化，例如，刀具当前位置和补偿值等

表 7-9-3 Fanuc 0i 算术和逻辑运算功能

功能		格式
定义、置换		#i=#j
算术运算 1	加法	#i=#j+#k
	减法	#i=#j-#k
	乘法	#i=#j*#k
	除法	#i=#i/#k
算术运算 2	正弦	#i=SIN[#j]
	反正弦	#i=ASIN[#j]
	余弦	#i=COS[#j]
	反余弦	#i=ACOS[#j]
	正切	#i=TAN[#j]
	反正切	#i=ATAN[#j]/[#k]
算术运算 3	平方根	#i=SQRT[#j]
	绝对值	#i=ABS[#j]
	舍入	#i=ROUND[#j]
	指数函数	#i=EXP[#j]
	(自然)对数	#i=LN[#j]
	上取整	#i=FIX[#j]
	下取整	#i=FUP[#j]
逻辑运算	与	#i AND #j
	或	#i OR #j
	异或	#i XOR #j
从 BCD 转为 BIN		#i=BIN[#j]
从 BIN 转为 BCD		#i=BCD[#j]

二、赋值与变量

赋值是指将一个数据赋予一个变量。例如:#1=0,则表示#1的值是0。其中#1代表变量,"#"是变量符号(注意:根据数控系统不同,它的表示方法可能有差别),0就是给变量#1赋的值。这里的"="是赋值符号,起语句定义作用。

赋值的规律有:

(1)赋值号"="两边内容不能随意互换,左边只能是变量,右边只能是表达式。一个赋值语句只能给一个变量赋值。

(2)可以多次想一个变量赋值,新变量值将取代原变量值(即最后赋的值生效)。

(3)赋值语句具有运算功能,它的一般形式为:变量=表达式。

(4)在赋值运算中,表达式可以是变量自身与其他数据的运算结果,如:♯1=♯1+1,则表示♯1 的值为♯1+1,这一点与数学运算是有所不同的。

(5)需要强调的是:“♯1=♯1+1”形式的表达式可以说是宏程序运行的“原动力”,任何宏程序几乎都离不开这种类型的赋值运算,而它偏偏与人们头脑中根深蒂固的数学上的等式概念“严重偏离”,因此对于初学者的思维往往造成很大的困扰,但是,如果对计算机高级语言有一定了解的话,对此应该更易理解。

(6)赋值表达式的运算顺序与数学运算顺序相同。

(7)辅助功能(M 代码)的变量有最大值限制,例如将 M30 赋值=300 显然是不合理的。

三、转移和循环语句

在程序中,使用 GOTO 语句和 IF 语句可以改变控制的流向。有三种转移和循环操作可供使用(表 7-9-4)。

表 7-9-4 转移和循环语句

转移和循环	GOTO 语句→无条件转移
	IF 语句→条件转移:IF…THEN…
	WHILE 语句→当…时循环

四、条件表达式

条件表达式必须包括运算符。运算符插在两个变量中间或变量和常量中间,并且用([,])封闭。表达式可以替代变量。

五、运算符

运算符由 2 个字母组成,用于两个值的比较,以决定它们是相等还是一个值小于或大于另一个值,注意不能使用不等号(表 7-9-5)。

表 7-9-5 运算符

运算符	含义	英文注释
EQ	等于(=)	EQual
NE	不等于(≠)	Not Equal
GT	大于(>)	Great Than
GE	对于或等于(≥)	Great than or Equal
LT	小于(<)	Less Than
LE	小于或等于(≤)	Less than or Equal

六、无条件转移(GOTO 语句)

转移(跳转)到标有顺序号 n(即俗称的行号)的程序段。当指定 1 到 99999 以外的顺序号时,发出 P/S 报警 No. 128。

(1)GOTO n。

(2)n:顺序号(1 到 99999)。

(3)例如:GOTO 99。

七、条件转移(IF 语句)

IF 之后指定条件件表达式,有两种表达方式

(1)IF[<条件表达式>]GOTO n

如果指定的条件表达式满足时,转移(跳转)到标有顺序号 n(即俗称的行号)的程序段。如果指定的条件表达式不满足,则执行下个程序段。如果变量 #1 的值大于 100,转移(跳转)到顺序号为 N99 的程序段。如果变量 #1 的值大于 100,转移(跳转)到顺序号为 N99 的程序段。

(2)IF[<条件表达式>]THEN

如果指定的条件表达式满足时,执行预先决定的宏程序语句,而且只执行一个宏程序语句。如果 #1 和 #2 的值相同,10 赋值给 #3。

IF[#1 EQ #2]THEN #3=10;

八、循环(WHILE 语句)

(1)在 WHILE 后指定一个条件表达式。当指定条件满足时,执行从 DO 到 END 之间的程序。否则,转到 END 后的程序段。

(2)DO 后面的号是指定程序执行范围的标号,标号值为 1,2,3。如果使用了 1,2,3 以外的值,发出 P/S 报警 No. 126。

九、条件转移(IF 语句)与循环(WHILE 语句)的区别

从逻辑关系上说,两者不过是从正反两个方面描述同一件事情;从实现的功能上说,两者具有相当程度的相互替代性;从具体的用法和使用的限制上说,条件转移(IF 语句)受到系统的限制相对更少,使用更灵活。

活动二 宏程序应用实例

一、内孔倒凸 R4 圆角实例(平底立铣刀)

倒底孔直径为 30mm,凸圆角为 4mm,用半径为 5mm 的平头铣刀(图 7-9-1)。

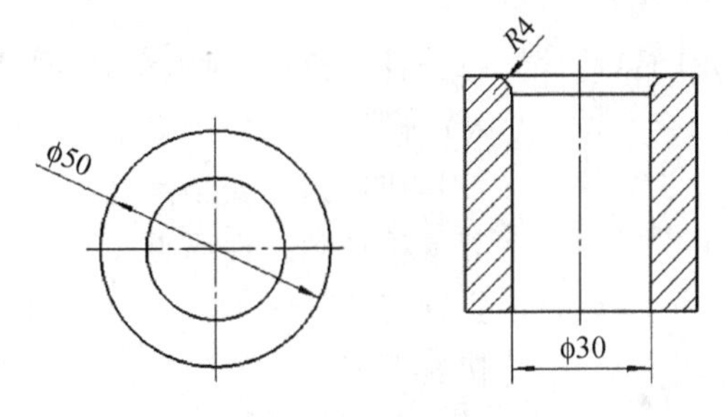

图 7-9-1　内孔倒凸 R4 圆角实例

```
O0091;
G94 G90 G54 G40 G21 G17;        每分钟进给\绝对编程\工件坐标系\刀补取消\毫米\XY平面
G00 Z200.;                      刀具快速抬到安全高度
G00 X0 Y0;                      刀具移动到工件原点
M03 S3000;                      主轴正转
Z5;                             快速下刀
#4=90;                          赋予角度初始值为90°
N10#5=4*COS[#4]-4+5;            开始循环段并建立变化半径补偿值等量
#6=4*SIN[#4]-4;                 建立高度等量
G10L12P01R#5;                   可编程参数输入式
G01Z#6F500;                     下刀
G01X15F300;                     向X正方向走15mm
G41D01G03I-15;                  顺时针走刀一圈
G40X0Y0.;                       取消刀具半径,并回到(0,0)点
#4=#4-5;                        变量每步减少5°
IF[#4GE0]GOTO10;                判别条件式
G00Z100;                        提刀
M30;                            程序结束
```

二、内孔倒凹 R4 圆角实例(平底立铣刀):

倒底孔为直径为 30mm,凹圆角为 4mm,用半径为 5mm 的平头铣刀。

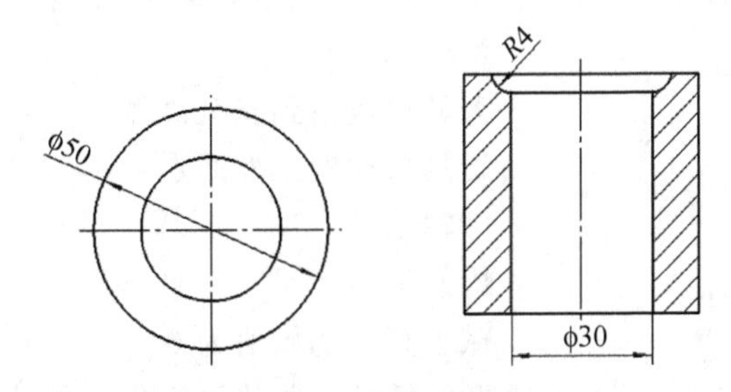

图 7-9-2　内孔倒凹 R4 圆角实例

```
O0092；
G94 G90 G54 G40 G21 G17；          每分钟进给\绝对编程\工件坐标系\刀补取消\毫米\
                                   XY 平面
G00 Z200.；                        刀具快速抬到安全高度
G00 X0 Y0；                        刀具移动到工件原点
M03 S3000；                        主轴正转
Z5；                               快速下刀
#4=0；                             赋予角度初始值为 0°
N10#5=5-4*COS[#4]；                开始循环段并建立变化半径补偿值等量
#6=4*SIN[#4]；                     建立高度等量
G10L12P01R#5；                     可编程参数输入式
G01Z-#6F500；                      下刀
G01X15F300；                       向 X 正方向走 15mm
G41D01G03I-15；                    顺时针走刀一圈
G40X0Y0.；                         取消刀具半径,并回到(0,0)点
#4=#4+5；                          变量每步增加 5°
IF[#4LE90]GOTO10；                 判别条件式
G00Z100；                          提刀
M30；                              程序结束
```

三、内孔倒 45°角实例(平底立铣刀)：

倒底孔为直径为 30mm,倒角为 4mm,用半径为 5mm 的平头铣刀(图 7-9-3)。

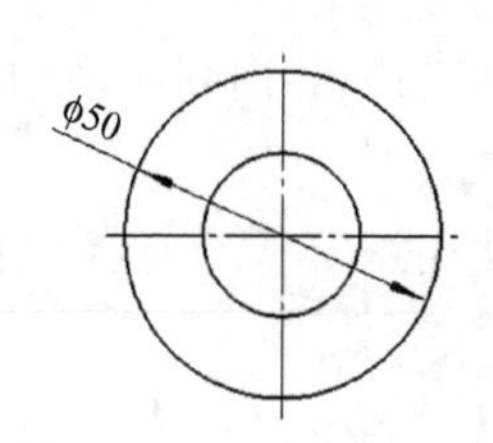

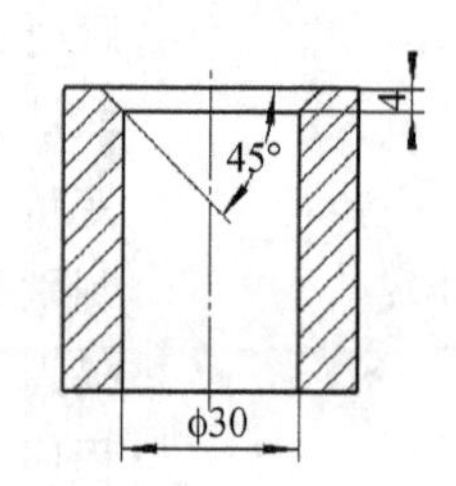

图 7-9-3　内孔倒 45°角实例

```
O0093；
G94 G90 G54 G40 G21 G17；          每分钟进给\绝对编程\工件坐标系\刀补取消\毫米\
                                   XY 平面
G00 Z200.；                        刀具快速抬到安全高度
G00 X0 Y0；                        刀具移动到工件原点
M03 S3000；                        主轴正转
Z5；                               快速下刀
#4=0；                             赋予高度初始值为 0
N10#5=5-4-#4；                     开始循环段并建立变化半径补偿值等量
G10L12P01R#5；                     可编程参数输入式
```

G01Z#4F500;	下刀
G01X15F300;	向 *X* 正方向走 15mm
G41D01G03I−15;	顺时针走刀一圈
G40X0Y0.;	取消刀具半径，并回到(0,0)点
#4=#4−0.1;	变量每步减少 0.1mm
IF[#4GE−4]GOTO10;	判别条件式
G00Z100;	提刀
M30;	程序结束

四、椭圆加工实例(平底立铣刀)

铣椭圆外轮廓长轴为 100mm，短轴图为 55mm；用直径为 30mm 硬质合金精铣，椭圆中心为(0,0)(图 7-9-4)。

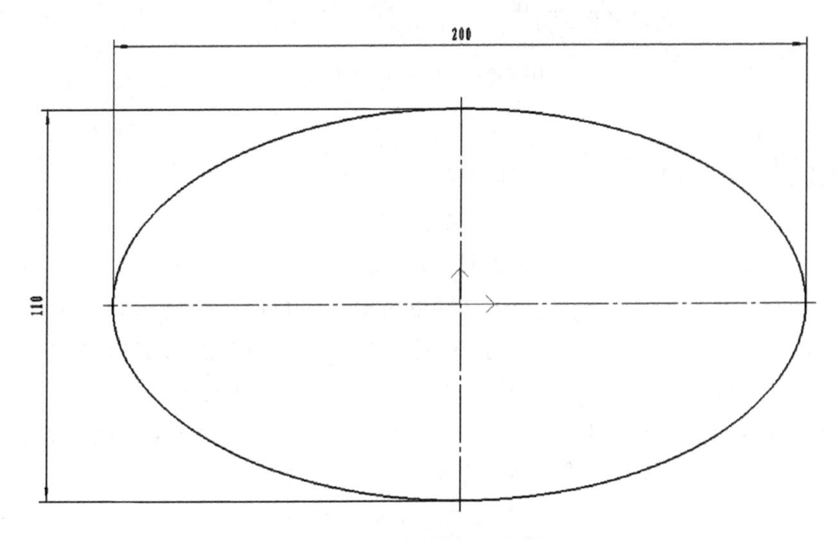

图 7-9-4　椭圆加工实例

O0094;	
G94 G90 G54 G40 G21 G17;	每分钟进给\绝对编程\工件坐标系\刀补取消\毫米\XY 平面
G00 Z200.;	刀具快速抬到安全高度
G00 X0 Y0;	刀具移动到工件原点
M03 S3000;	主轴正转
Z5;	快速下刀
G01Z−5F500;	下刀 5mm
#1=0;	赋予角度初始值为 0 度
N10#2=100*COS[#1];	建立 *X* 方向变化量等式
#3=55*SIN[#1];	建立 *Y* 方向变化量等式
G42D01G01X#2Y#3F300;	建立刀具半径补偿和椭圆走刀轨迹
#1=#1+1;	变量每步增加 1°

```
IF[#1LE360]GOTO10;          判别条件式
G40X130Y0F500;              取消刀具半径
G00Z100;                    提刀
M30;                        程序结束
```

五、圆孔轮廓加工(螺旋铣削)

圆心为 G54 原点,顶面为 Z0 面,顺铣。圆孔轮廓加工(螺旋铣削),如图 7-9-5 所示。

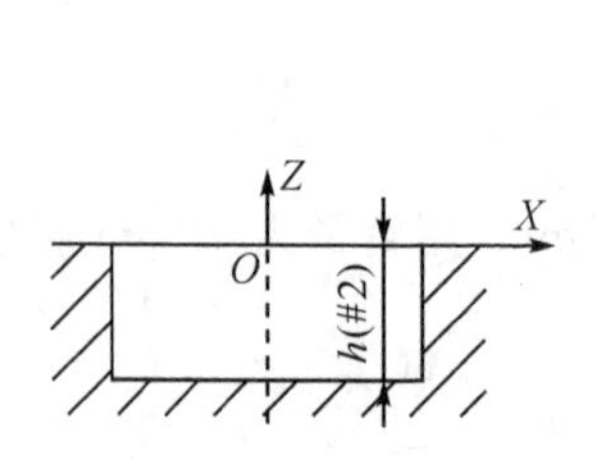

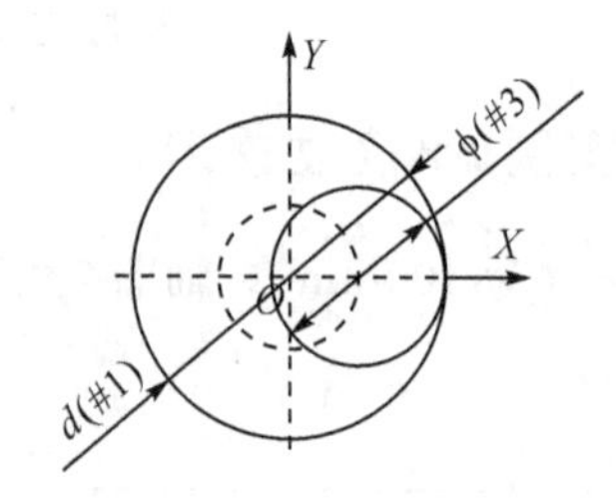

图 7-9-5 圆孔轮廓加工

```
O0095;
#1=17                        圆孔直径
#2=20                        圆孔深度(绝对值)
#3=10                        (平刀)刀具直径 Φ
#4=0                         Z 坐标(绝对值)设为自变量,赋初始值为 0
#17=1                        Z 坐标(绝对值)每次递增量(每层切深即层间距 q)
#5=[#1-#3]/2                 螺旋加工时刀具中心的回转半径
G94 G90 G54 G40 G21 G17;     每分钟进给\绝对编程\工件坐标系\刀补取消\毫米\
                             XY 平面
G00 Z200.;                   刀具快速抬到安全高度
G00 X0 Y0;                   刀具移动到工件原点
M03 S3000;                   主轴正转
Z5;                          快速下刀
G00 X#5                      G00 移动到起始点上方
Z[-#4+1.]                    G00 下降至 Z-#4 面以上 1.处(即 Z1.处)
G01 Z-#4 F200                G01 下降至当前开始加工深度(Z-#4)
WHILE [#4LT#2] DO1           如深度#4<圆孔深度#2,循环 1 继续
#4=#4+#17                    Z 坐标(绝对值)依次递增#17(即层间距)
G03 I-#5 Z-#4 F1000          G03 逆时针螺旋加工至下一层
END 1                        循环 1 结束
G03 I-#5                     到达底部(此时#4=#2)逆时针走整圆
G01 X[#5-1.]                 G01 向中心回退 1mm
G00 Z30.                     G00 快速提刀至安全高度
M30                          程序结束
```

任务实施

1.宏程序的运算符及条件表达式。
2.进行倒凸圆角编程。
3.进行倒凹圆角编程。
4.进行倒角编程。
5.进行椭圆编程。

任务评价

项目八、任务九评价如表 7-9-6 所示。

表 7-9-6 任务评价表

评价类型	序号	评价内容	学生自评		小组互评		教师评价	
			合格	不合格	合格	不合格	合格	不合格
任务内容	1	宏程序的运算符及条件表达式						
	2	会倒凸圆角编程						
	3	会倒凹圆角编程						
	4	会倒角编程						
	5	会椭圆编程						
成果分享	收获之处							
	不足之处							
	改进措施							

FANUC 0i MATE-MD 系统常用指令功能表

常用 G 功能一览表

代码	分组	功能	格式
※G00	01	快速定位	G00 X_ Y_ Z_
※G01		直线插补	G01 X_ Y_ Z_
※G02		顺时针圆弧	*XY* 平面内的圆弧:G17 $\left\{\begin{matrix}G02\\G03\end{matrix}\right\}$ X_Y_ $\left\{\begin{matrix}R\_\\I\_J\_\end{matrix}\right\}$
※G03		逆时针圆弧	
G04	00	暂停	G04 [P/X] 单位秒,增量状态单位毫秒,无参数状态表示停止
※G15	17	极坐标取消	G15 取消极坐标方式
※G16		极坐标设定	Gxx Gyy G16 开始极坐标指令 G00 IP_ 极坐标指令 Gxx:极坐标指令的平面选择(G17,G18,G19) Gyy:G90 指定工件坐标系的零点为极坐标的原点,G91 指定当前位置作为极坐标的原点
※G17	02	选择 *XY* 平面	G17
※G18		选择 *ZX* 平面	G18
※G19		选择 *YZ* 平面	G19
※G20	06	英制输入	G20
※G21		米制输入	G21
G27	00	返回参考点检测	G27 X_ Y_ Z_
G28		返回参考点	G28 X_ Y_ Z_
G29		从参考点返回	G29 X_ Y_ Z_
G30		返回第 2,3,4 参考点	G30 P3 IP_,G30P4IP_
※G39		拐角偏置圆弧插补	G39 或 G39I_J_

续表

代码	分组	功能	格式
※G40	07	刀具半径补偿取消	G40
※G41		刀具半径左补偿	
※G42		刀具半径右补偿	
※G43	08	刀具长度正补偿	
※G44		刀具长度负补偿	
※G49		刀具长度补偿取消	G49
※G50	11	取消缩放	G50
※G51		比例缩放	G51 X_Y_Z_P_:缩放开始 X_Y_Z_:比例缩放中心坐标的绝对值指令 P_:缩放比例 G51 X_Y_Z_I_J_K_:缩放开始 X_Y_Z_:比例缩放中心坐标值的绝对值指令 I_J_K_:X,Y,Z 各轴对应的缩放比例
※G50.1	22	可编程镜像取消	G50.1 X_ Y_
※G51.1		可编程镜像有效	G51.1 X_(为 X 为 0 时,关于 Y 轴镜像) G51.1 Y_(为 Y 为 0 时,关于 X 轴镜像) G51.1 X_ Y_(为 Y、Y 都为 0 时,关于 45 度方向镜像)
G52	00	设定局部坐标系 (坐标平移指令)	G52 X_ Y_:设定 G52 X0 Y0:取消 X_ Y_:局部坐标系原点
G53		机床坐标系选择	G53 X_ Y_ Z_
※G54	14	选择工件坐标系	G54
※G54.1		选择附加工坐标系	G54.1Pn,(n:1—48)
※G55		选择工件坐标系 2	G55
※G56		选择工件坐标系 3	G56
※G57		选择工件坐标系 4	G57
※G58		选择工件坐标系 5	G58
※G59		选择工件坐标系 6	G59
G65	00	宏程序调用	G65P_L_,(自变量)
※G66	12	宏程序模态调用	G66P_L_,(自变量)
※G67		宏程序模态调用取消	G67

续表

代码	分组	功能	格式
※G68	16	坐标系旋转	(G17/G18/G19)G68 a_ b_R_:坐标系开始旋转 G17/G18/G19:平面选择,在其上包含旋转的形状 a_ b_:与指令坐标平面相应的 X,Y,Z 中的两个轴的绝对指令,在 G68 后面指定旋转中心 R_:角度位移,正值表示逆时针旋转。根据指令 G 代码(G90 或 G91)确定绝对值或增量值 最小输入增量单位:0.001deg 有效数据范围:-360.000 到 360.000
※G69		坐标系旋转取消	G69
※G73	09	深孔钻削固定循环	G73 X_ Y_ Z_ R_ Q_ F_
※G74		左旋螺纹攻丝循环	G74 X_ Y_ Z_ R_ P_ F_
※G76		精镗固定循环(X 向带退刀)	G76 X_ Y_ Z_ R_ Q_ F_
※G80		固定循环取消	G80
※G81		钻孔/点钻循环	G81 X_ Y_ Z_ R_ F_
※G82		钻孔/锪镗循环	G82 X_ Y_ Z _ R_ P_ F_
※G83		(排屑式)深孔钻循环	G83 X_ Y_ Z _ R_ Q_ F_
※G84		右旋螺纹攻丝循环	G84 X_ Y_ Z_ R_ F_
※G85		(粗)镗孔循环	G85 X_ Y_ Z_ R_ F_
※G86		(半精)镗孔循环	G86 X_ Y_ Z _ R_ P_ F_
※G87		背镗循环	G87X_Y_Z_R_Q_F_
※G88		(半精或精)镗孔循环	G88X_Y_Z_R_P_F_
※G89		(锪)镗孔循环	G89X_Y_Z_R_P_F_
※G90	03	绝对值编程	G90G01 X_Y_Z_F_(在程序中的应用,也可放在程序开头)
※G91		增量值编程	G91G01 X_Y_Z_F_
G92	00	设定工件坐标系或最大主轴速度措制	G92 X_ Y_ Z_
G92.1		工件坐标系预置	G92.1X0Y0 Z0
※G94	05	每分钟进给	单位为 mm/min
※G95		每转进给	单位为 mm/r
※G96	13	恒线进给	G96S200(200mm/min)
※G97		每分钟转速	G97S800(800r/min)
※G98	10	返回固定循环初始点	G98X_Y_Z_R_F_
※G99		返回固定循环 R 点	G99 X_Y_Z_R_F_

在 G 指令前有※者为模态代码。

常用 M 功能一览表

代码	功能	说　明
M00	程序暂停	当执行有 M00 指令的程序段后，主轴旋转、进给切削液都将停止，重新按下(循环启动)键，继续执行后面程序段
M01	程序选择停止	功能与 M00 相同，但只有在机床操作棉班上的(选择停止)键处于"ON"状态时，M01 才执行，否则跳过才执行
M02	程序结束	防在程序的最后一段，执行该指令后，主轴停、切削液关、自动运行停，机床处于复位状态
M03	主轴正转	用于主轴顺时针方向转动
M04	主轴反转	用于主轴逆时针方向转动
M05	主轴停止	用于主轴停止转动
M06	换刀	用于加工中心的自动换刀，格式：M06 T－；
M07	切削液开	用于 2 号切削液开
M08	切削液开	用于 1 号切削液开
M09	切削液关	用于切削液关
M19	主轴准停	常用于镗孔和攻螺纹时主轴定向
M29	刚性攻丝	刚性攻丝指令
M30	程序结束	放在程序的最后一段，除了执行 M02 的内容外，还返回到程序的第一段，准备下一个工件的加工
M98	调用子程序	M98 Pxxnnnn，调用程序号为 Onnnn 的程序 xx 次
M99	子程序结束	用于子程序结束并返回主程序，子程序格式：Onnnn … M99

附录二 螺纹底孔钻头直径选择表

公制普通粗牙螺纹(标准扣)

螺纹代号		钻头直径	
尺寸	螺距	HSS	硬质合金
M2	0.4	1.6	1.65
M3	0.5	2.5	2.55
M4	0.7	3.3	3.4
M5	0.8	4.2	4.3
M6	1.0	5.0	5.1
M8	1.25	6.8	6.9
M10	1.5	8.5	8.7
M12	1.75	10.3	10.5
M14	2.0	12.0	12.2
M16	2.0	14.0	14.2
M18	2.5	15.5	15.7
M20	2.5	17.5	17.7

公制细牙螺纹(细扣)

螺纹代号	钻头直径	
	HSS	硬质合金
M2×0.25	1.75	1.75
M3×0.35	2.7	2.7
M4×0.5	3.5	3.55
M5×0.5	4.5	4.55
M6×0.75	6.3	6.35
M8×1.0	7	7.1
M8×0.75	7.3	7.35
M10×1.0	9	9.1
M10×1.25	8.8	8.9
M10×0.75	9.3	9.35
M12×1.5	10.5	10.7
M12×1.25	10.8	10.9
M12×1.0	11	11.1
M14×1.5	12.5	12.7
M14×1.0	13.0	13.1
M16×1.5	14.5	14.7
M16×1.0	15.0	15.1
M18×1.5	16.5	16.7
M18×1.0	17	17.1
M20×2.0	18	18.3
M20×1.5	18.5	18.7
M20×1.0	19	19.1

附录三 数控铣床考证理论知识试题库

项目简介

1. 掌握数控铣中级工和高级工的理论知识
2. 掌握数控铣中级工和高级工理论考证的知识体系

项目简介

通过前面几个项目的学习，学生对数控铣的技能操作已初步掌握，但学生对数控铣的基础理论知识还不够熟悉，针对学校的数控铣中级工和高级工理论考证，我们精心准备了数控铣床中级理论模拟卷和数控铣床高级理论模拟卷各二套，用于学生的理论提炼。

数控铣床操作工职业技能鉴定（中级）应知模拟卷一

一、判断题：（请将判断的结果填入题前的括号中，正确的填“√”，错误的填“×”，每题1分，满分20分）

（　　）1. 最大极限尺寸与最小极限尺寸之差的绝对值就是该尺寸的公差值。

（　　）2. 硬度为1OOHBS的材料要比硬度为52HRC的材料软。

（　　）3. 匀速切削时输入转矩等于输出转矩。

（　　）4. 每类机床分为若干系列，每个系列的机床再分为若干组。

（　　）5. 刀具材料的耐热性温度是指在该温度下刀具材料接近熔化。

（　　）6. 工艺基准分为定位基准、工序基准、测量基准和装配基准。

（　　）7. 在零件加工后直接形成的尺寸称为封闭环。

（　　）8. 液压泵的输出功率等于泵的输出流量和工作压力的乘积。

（　　）9. 数控系统的分辨率代表机床的定位精度。

（　　）10. 轮廓控制数控机床的功能包含了点位控制的功能。

（　　）11. 对于点位直线控制，仅要求定位的准确性。

（　　）12. 铣削零件表面时，尽量采用逆铣方式，以保证加工质量。

（　　）13. 圆弧插补指令中的I、J、K一定是增量尺寸。

（　　）14. 编程原点是机床上设置的一个固定的点。

（　　）15. 增加背吃刀量就能增加刀具的耐用度。

（　　）16. 液压夹紧装置的优点之一是夹紧力的大小调整方便。

（　　）17. 加工阶梯盲孔时的镗刀主偏角必须小于90°。

（　　）18. 手轮操作模式或点动模式下都可以手动操作数控铣床的主轴转停。

（　　）19. 游标卡尺的主刻尺刻线间距和游标刻尺刻线间距相同。

（　　）20. POWER表示故障警告灯标识。

二、选择题：（以下四个备选答案中其中一个为正确答案，请将其代号填入括号内，每题1分，满分80分）

1. 平面的平面度公差值应（　　）该平面的平行度公差值。

A. 小于或等于　　B. 小于　　C. 大于　　D. 独立于

2. 灰口铸铁的含碳量（　　）高碳钢的含碳量。

A. 高于　　B. 接近于

C 低于　　D. 不一定高于或低于

3. 滚动轴承比同轴径尺寸的滑动轴承(　　)。

A. 效率低　　B. 能达到的转速低

C 接触应力大　　D. 硬度低

4. 通用卧式镗床能实现的进给运动多达(　　)种。

A. 3　　B. 4　　C. 5　　D. 6

5. 数控铣床主电机如果和主轴采用传动方式. 则一般为(　　)传动。

A. 三角带　　B. 齿轮

C 同步带　　D. 链

6. 刀具上切屑流过的表面称为(　　)。

A. 前刀面　　B. 后刀面　　C. 副前刀面　　D. 副后刀面

7. 麻花钻的切削几何角度最不合理的切削刃是(　　)。

A. 横刃　　B. 主刀刃　　C. 副刀刃　　D. 都不对

8. 加工完一种工件后，经过调整或更换个别元件，即可加工形状相似，尺寸相近或加工工艺相似的多种工件的夹具是(　　)。

A. 通用夹具　　B. 组合夹具　　C. 可调夹具　　D. 专用夹具

9. 辅助支承在使用时(　　)。

A. 每批工件调整一次　　B. 每个工件调整一次

C. 不需要调整　　D. 每批或每个

10. 液压泵的理论流量(　　)实际流量。

A. 大于　　B. 大于或等于　　C. 小于　　D. 小于或等于

11. 数控铣床的主轴内锥孔锥度为(　　)。

A. 莫氏锥度　　B. 24∶7

C. 7∶24　　D. 不同铣床不同锥度

12. 滚珠丝杠预紧的目的是(　　)。

A. 防止油液泄漏　　B. 提高传动精度和刚度

C. 减少磨损　　D. 防松

13. (　　)相对于工件的运动轨迹称为进给路线。

A. 刀具的刀位点　　B. 铣床主轴轴线

C. 刀具的切削刃上任一点　　D. 丝杠

14. 一般情况下，(　　)与程序原点相重合。

A. 机械原点　　B. 对刀点　　C. 换刀点　　D. 刀位点

15. 如果选择 ZX 平面进行圆弧插补，就应执行(　　)指令。

A. G17　　B. G18　　C. G19　　D. G20

16. (　　)指令使系统光标回到程序开始的位置。

A. M00　　B. MO1　　C. M02　　D. M30

17. (　　)不改变主轴旋转状态。

A. M03　　B. M04　　C. M05　　D. M08

18. 代号 TSG 表示(　　)。

A 倾斜型微调镗刀　　B. 倾斜型粗镗刀

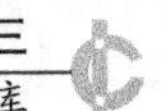

C 整体式数控刀具系统　　D. 模块式数控刀具系统

19. 石墨呈团絮状的铸铁是(　　)。

A 灰铸铁　　B. 可锻铸铁　　C 球墨铸铁　　D. 蠕墨铸铁

20. (　　)指令在使用时应先按下面板“选择停”开关,才能实现程序暂停。

A. MOO　　B. MO1　　C. M02　　D. M30

21. 程序的修改步骤应该是将光标移至要修改处,输入新的内容,然后按(　　)键即可。

A. INSERT　　B. ELETE　　C. ALTER　　D. RESET

22. 工件自动加工时,需要跳过某程序段,该程序段的编号后面应增加(　　)符号.并再按下“跳转”按钮。

A. “—”　　B. “/’’　　C. “\”　　D. “＊”

23. 数控铣床(　　)需要检查润滑油油箱的油标和油量。

A. 每天　　B. 每星期　　C. 每半年　　D. 每年

24. 在自动加工过程中,出现紧急情况按(　　)键可中断加工。

A. 复位　　B. 急停　　C. 进给保持　　D. 三者均可

25. 精铣时加工余量较小,为提高生产率,保精度,应选用较大的(　　)。

A. 进给量　　B. 背吃刀量　　C. 切削速度　　D. 主轴转速

26. 内冷式数控刀具(　　)。

A. 切削液从刀具内部喷射出　　B. 切削液从刀具内部排出

C. 不需要切削液　　D. 只能用在刀具固定不动的数控机床上

27. 立铣刀圆柱面上切削刃上某点的螺旋角等于该点的(　　)。

A. 前角　　B. 后角　　C. 刀尖角　　D. 刃倾角

28. 一个长 V 形铁可以消除(　　)个自由度。

A. 2　　B. 3　　C. 4　　D. 6

29. JOG 方式是指(　　)。

A. 单段程序执行方式　　B. 手轮方式

C. 点动方式　　D. 手动数据立即执行

30. 粗糙不平的工件表面或毛坯面作定位基准时应选用顶部形状为(　　)的支承钉作为定位元件。

A. 平头　　B. 尖头　　C. 球头　　D. 网状表面

31. 数控机床有不同的运动形式,需要考虑工件与刀具相对运动关系极坐标系方向,编写程序时,采用(　　)原则编写程序。

A. 刀具固定不动,工件移动　　B. 工件固定不动刀具移动

C. 分清机床运动关系后再根据实际情况定　　D. 由机床说明书说明

32. 铣刀直径最大处允许的线速度为 20m/min,刀具直径为 20mm,则转速应选为(　　)。

A. 200r/min　　B. 320r/min　　C. 400r/min　　D. 420r/min

33. 加工圆弧时,圆心坐标 I、J、K 是相对于(　　)的坐标值。

A. 圆弧起点　　B. 圆弧终点

C. 坐标原点　　D. 视系统规定而定,A 或 B

34. 对于草图线.下列说法正确的是(　　)。

A. 草图线不可以用来作曲面,但可以用来加工

B. 草图线不可以用来加工,但可以用来做曲面

C. 草图线不能用来做曲面,也不能用来加工,只能做实体

D. 草图线可以用来做曲面或做实体,也可以用来加二

35. 下面关于草图和线架的说法错误的是(　　)。

A. 草图用于实体造型,必须是二维的

B. 草图用于实体造型,可以是二维的也可以是三维的

C. 线架用于曲面造型或线架造型,可以是二维的也可以是三维的

D. 空间线架可以向草图投影

36. 对于较陡峭的曲面加工,选择刀具时一般应选择(　　)。

A. 立铣刀　　B. 面铣刀　　C. 球头铣刀　　D. 环形铣刀

37. 粗糙度的评定参数 Ra 的名称是(　　)。

A. 轮廓算术平均偏差　　B. 轮廓几何平均偏差

C. 微观不平度十点平均高度　　D. 微观不平度五点平均高度

38. 65Mn 是板弹簧,要求较高的强度和弹性,淬火后应采用(　　)方法。

A. 低温回火　　B. 中温回火　　C. 高温回火　　D. 退火

39. 将两个零件连接起来用(　　)连接强度最大。

A. 螺钉　　B. 螺栓　　C. 螺柱　　D. 紧定螺钉

40. 加工中心是在数控(　　)的基础上发展而成的。

A. 车床　　B. 铣床　　C. 钻床　　D. 磨床

41. XK5040 机床型号中的"K",和"50",表示(　　)铣床。

A. 主轴可调和立式　　B. 主轴可调和卧式　　C. 数控立式　　D. 数控卧式

42. 与加工表面相对的刀具表面是(　　)。

A. 前刀面　　B. 后刀面　　C. 副前刀面　　D. 副后刀面

43. 精铣时加工余量较小,为提高生产率,应选用较大的(　　)。

A. 进给量　　B. 背吃刀量　　C. 切削速度　　D. 主轴转速

44. 机床夹具最基本的组成部分可以不包括(　　)。

A. 定位元件　　B. 对刀装置　　C. 夹紧装置　　D. 夹具体

45. 四爪卡盘与三爪卡盘的最主要区别在于,四爪卡盘(　　)。

A. 夹紧力大　　B. 使用寿命长　　C. 装卸工件方便　　D. 不能自动定心

46. 液压油牌号的数字代表该油的(　　)。

A. 动力黏度　　B. 运动黏度　　C. 相对黏度　　D. 恩氏黏度

47. 滚珠丝杠间隙的大小影响数控机床精度指标中的(　　)。

A. 定位精度　　B. 重复定位精度　　C. 主轴旋转精度　　D. 平均反向值

48. 同步带轮齿的齿廓形状常用的是(　　)两种类型。

A. 矩形和圆弧形　　B. 矩形和渐开线　　C. 梯形和渐开线　　D. 梯形和圆弧形

49. 下列孔加工方法中需要的(　　)的切出量最大。

A. 钻孔　　B. 扩孔　　C. 铰孔　　D. 镗孔

50. 凹槽加工比较理想的精加工进给路线是（　　）。
A. 行切法　　B. 环切法　　C. 先行切再环切　　D. 先环切再行切
51. 下列指令中只有（　　）指令执行后机床有动作产生。
A. G90　　B. G91　　C. G92　　D. G81
52.（　　）指令使进给运动暂停，但是主轴继续旋转。
A. MOO　　B. MO1　　C. M02　　D. G04
53. 编程误差由三部分组成，不包括（　　）误差。
A. 控制系统　　B. 逼近　　C. 插补　　D. 小数圆整
54. 代号 TQW 表示（　　）。
A. 倾斜型微调镗刀　　B. 倾斜型粗镗刀
C. 整体式数控刀具系统　　D. 模块式数控刀具系统
55. 根据使用性能，数控刀具刀柄应采用（　　）材料制造。
A. 优质碳素结构钢　　B. 高碳钢　　C. 有色金属　　D. 铸铁
56. 以下（　　）指令在使用时应按下面板“选择停”开关，才能实现程序暂停。
A. MOO　　B. M01　　C. M02　　D. M30
57. 若程序中需要插入内容，需将光标移至所需插入字的（　　）处，输入内容。
A. 前一个字　　B. 后一个字　　C. 前后两个字中间　　D. 都可以
58. 机床“RAPID”模式下，刀具相对于工作台的移动速度由（　　）确定。
A. 程序中的 F 指定　　B. 面板上进给速度修调按钮
C. 机床系统内设定　　D. 都不是
59. 数控铣床滚珠丝杠每隔（　　）时间需要更换润滑脂。
A. 1 天　　B. 1 星期　　C. 半年　　D. 1 年
60. 切削液主要的作用是（　　）减少切削过程中的摩擦。
A. 减少切削过程中的摩擦　　B. 降低切削温度
C. 洗涤和排屑　　D. 三种作用都是
61. 安装钻夹头的刀杆锥度为（　　）锥度。
A. 莫氏　　B. 莫氏短圆锥　　C. JT　　D. B. T
62. 45 钢退火后的硬度通常采用（　　）硬度试验法来测定。
A. 洛氏　　B. 布氏　　C. 维氏　　D. 肖氏
63. 基本尺寸 20 的基本偏差为－0.025，标准公差值为 0.032. 偏差为（　　）。
A. ＋0.032　　B. －0.057　　C. ＋0.007　　D. －0.032
64. 通常情况下塞规的通端轴向长度（　　）止端的轴向长度。
A. 长于　　B. 短于　　C. 等于　　D. 独立于
65. 进给伺服系统对（　　）不产生影响。
A. 进给速度　　B. 运动位置
C. 加工精度　　D. 主轴转速
66. 粗基准是指（　　）表面作为定位基准。
A. 未加工　　B. 已加工
C. 过渡　　D. A，B，C 都可能

67. 数控车床编程时，进给功能字 F 后面数字是（　　）。

A. 每分钟进给量(mm/min)　　B. 每秒钟进给量(mm/s)

C. 每转进给量(mm/r)　　D. 螺纹螺距(mm)

68. 皮带直接带动的主传动与经齿轮变速的主传动相比. 其（　　）。

A. 主轴的传动精度高　　B. 振动与噪声大

C. 恒功率调速范围大　　D. 输出转矩大

69. 自动换刀的数控镗铣床上，主轴准停是为保证（　　）而设置的。

A. 传递切削转矩　　B. 镗刀不划伤已加工表面

C. 主轴换刀时准确周向停止　　D. 刀尖与主轴的周向定位

70. 在测量过程中，不会有累积误差，电源切断后信息不会丢失的检测元件是　（　　）

A. 增量式编码器　　B. 绝对式编码器

C. 圆磁栅　　D. 磁尺

71. 对于闭环的进给伺服系统，可采用（　　）作为检测装置。

A. 增量式编码器　　B. 绝对式编码器

C. 圆光栅　　D. 长光栅

72. 主轴增量式编码器的 A，B 相脉冲信号可作为（　　）。

A. 主轴转速的检测　　B. 主轴正、反转的判断

C. 作为准停信号　　D. 手摇脉冲发生器信号

73. 塑料滑动导轨比滚动导轨（　　）。

A. 章擦系数小、抗振性好　　B. 摩擦系数大、抗振性差

C. 摩擦系数大、抗振性好　　D. 摩擦系数小、抗振性差

74. 滚珠丝杠螺母副采用双螺母调隙时的三种方法，调整精度的比较应为（　　）。

A. 垫片式高于螺纹式、螺纹式高于齿差式　　B. 齿差式高于垫片式、垫片式低于螺纹式

C. 齿差式高于垫片式、垫片式高于螺纹式　　D. 螺纹式高于垫片式、齿差式低于螺纹式

75.（　　）不属于数控机床。

A. 加工中心　　B. 车削中心

C. 组合机床　　D. 计算机绘图仪

76. 只有间接测量机床工作台的位移量的伺服系统是（　　）。

A. 开环伺服系统　　B. 半闭环伺服系统

C. 闭环伺服系统　　D. 混合环伺服系统数控机床

77. 高档数控机床的联动轴敷一般为（　　）。

A. 2 轴　　B. 3 轴　　C. 4 轴　　D. 5 轴

78. 第四代是（　　）以后采用小型计算机的计算机数控系统(CNC)。

A. 1952 年　　B. 1965 年　　C. 1980 年　　D. 1970 年

79.（　　）伺服系统的控制精度最高。

A. 开环伺服系统　　B. 半闭环伺服系统

C. 闭环伺服系统　　D. 混合环伺服系统数控机床

80. 直线控制的数控车床可以加工（　　）。

A. 圆柱面　　B. 圆弧面　　C. 圆锥面　　D. 螺纹

数控铣床操作工职业技能鉴定(中级)应知模拟卷二

一、判断题:(请将判断的结果填入题前的括号中,正确的填"√",错误的填"×",每题1分,满分20分)

(　　)1. 铣削加工属断续切削,故很少出现带状切屑。

(　　)2. 相同的公差值,基本尺寸越大(不同尺寸段内),公差等级就越高。

(　　)3. 高速工具钢允许的切削速度要低于硬质合金。

(　　)4. 钢在淬火后进行回火能进一步提高硬度。

(　　)5. 同步带传动兼有齿轮传动和链传动的优点。

(　　)6. 滚珠丝杠在工作时,滚珠作原地旋转,不会随螺母或丝杠移动。

(　　)7. 机床型号中的主参数折算系数大于等于1。

(　　)8. 数控铣床的工作台一定能作 X、Y、Z 三个方向移动。

(　　)9. 立铣刀的端面切削刃上各点的切削速度相同。

(　　)10. 刀具的寿命等于刀具的耐用度。

(　　)11. 定尺寸刀具法所使用的刀具的精度高于加工尺寸的精度。

(　　)12. 数控机床通常采用工序分散原则安排工艺路线。

(　　)13. 对刀点可以选择在零件上某一点,也可以选择零件外某一点。

(　　)14. 直接找正法安装工件简单、快速,因此生产率高。

(　　)15. 在液压传动中,单位时间内流过某通流截面的液体体积称为流量。

(　　)16. 模块式刀具的刚性要比整体式高。

(　　)17. 数控机床适合大批量、高难度工件的加工。

(　　)18. 数控机床的定位精度要高于同一项目的重复定位精度。

(　　)19. 数控机床关闭电源前,通常要先按下急停按钮。

(　　)20. 切削液对切削过程起到冷却和润滑作用。

二、选择题:(以下四个备选答案中其中一个为正确答案,请将其代号填入括号内,每题1分,满分80分)

1. 以下优点中的(　　)在液压传动中并不具有。

A. 能无级调速　　B. 传动效率高

C. 执行元件动稳定　　D. 能过载保护

2. 以下传动中,传动比最不准确的是(　　)传动。

A. 三角带　　B. 齿轮　　C. 梯形螺纹　　D. 蜗杆

3. 能控制切屑流出方向的刀具几何角度是(　　)。

A. 前角　　B. 后角　　C. 主偏角　　D. 刃倾角

4. 为使切削正常进行,刀具后角的大小(　　)。

A. 必须大于0°　　B. 必须小于0°

C. 可以±15°左右　　D. 可在0°到90°之间

5. 切削用量中(　　)对刀具磨损的影响最大。

A. 切削速度　　B. 进给量　　C. 进给速度　　D. 背吃刀量

6. 工艺基准除了测量基准、装配基准以外,还包括(　　)。

A. 定位基准　　B. 粗基准　　C. 精基准　　D. 设计基准

7. 牌号为45的钢的含碳量为百分之(　　)。

A. 45　　B. 4.5　　C. 0.45　　D. 0.045

8. CNC是指(　　)的缩写。

A. 自动化工厂　　B. 计算机数控系统

C. 柔性制造系统　　D. 数控加工中心

9. 步进电机的转速与(　　)有关。

A. 输入脉冲频率　　B. 输入脉冲个数　　C. 步距角　　D. 通电相序

10. 轴类零件的调质热处理工序应安排在(　　)。

A. 粗加工前　　B. 粗加工后,精加工前

C. 精加工后　　D. 渗碳后

11. 零件加工时选择的定位粗基准可以使用(　　)。

A. 一次　　B. 二次　　C. 三次　　D. 四次及以上

12. 工艺系统的组成部分一般不包括(　　)。

A. 机床　　B. 夹具　　C. 量具　　D. 刀具

13. 以下提法中(　　)是错误的。

A. G92是模态指令

B. G04X3.0表示进给暂停3秒

C. G41是刀具半径左补偿

D. G41和G42设定的功能均能用G40取消

14. 标准麻花钻的顶角φ的大小为(　　)。

A. 90°　　B. 100°　　C. 118°　　D. 120°

15. 准备功能G91表示的功能是(　　)。

A. 预置功能　　B. 固定循环　　C. 绝对尺寸　　D. 增量尺寸

16. 圆弧插补段程序中,若采用圆弧半径R编程时,从起始点到终点存在两条圆弧线段,当圆弧的圆心角(　　)时,用$-R$表示圆弧半径。

A. $<180°$　　B. $=180°$　　C. $\geqslant 180°$　　D. $>180°$

17. 闭环控制系统的位置检测装置安装在(　　)。

A. 传动丝杠上　　B. 伺服电机轴端

C. 机床移动部件上　　D. 数控装置

18. 按右手直角坐标系法则,当右手拇指指向X轴正方向时(　　)。

A. 食指指向 Z 轴正方向　　B. 中指指向 Y 轴正方向
C. 食指指向 Y 轴正方向　　D. 以上三种说法都不正确

19. 通过钻→扩→铰加工，孔的直径通常能达到的经济精度为(　　)。
A. IT5～IT6　　B. IT6～IT7　　C. IT7～IT8　　D. IT8～IT9

20. 用立铣刀铣键槽属于(　　)加工。
A. 轨迹法　　B. 成形法　　C. 包络法　　D. 逆铣法

21. 用内径量表检测孔的直径属于(　　)。
A. 直接、绝对法测量　　B. 间接、绝对法测量
C. 直接、相对法测量　　D. 间接、相对法测量

22. 金刚石刀具不宜加工的工件材料是(　　)。
A. 碳钢　　B. 黄铜　　C. 铝　　D. 陶瓷

23. 硬质合金加工钢件，通常可选择的切削速度为(　　)m/min。
A. 1.2－2.4　　B. 12－24　　C. 120－240　　D. 1200－2400

24. 曲面的粗加工时只要不影响加工精度，尽量选用(　　)铣刀。
A. 面　　B. 平底立　　C. 球头　　D. 锥度

25. 用操作面板上的方向键控制铣床工作台(或主轴)的移动，应在(　　)方式下进行。
A. EDIT　　B. AUTO　　C. JOG　　D. HAND

26. 为了满足使用要求，滚珠丝杠采用(　　)材料制造。
A. 不锈钢　　B. 优质碳素结构钢
C. 硬质合金　　D. 轴承钢

27. 将铣床控制坐标轴设为 X 轴，手摇脉冲发生器作逆时针转动时(　　)。
A. 铣刀到工作台垂向距离变小　　B. 铣刀到工作台垂向距离变大
C. 铣刀向右或工作台向左移动　　D. 铣刀向左或工作台向右移动

28. 外径千分尺对零时的读数为“－0.01”，测量工件的读数为 50.02，则工件的实际尺寸为(　　)毫米。
A. 50　　B. 50.0　　C. 50.03　　D. 50.02

29. 数控铣床刀具与主轴主要是依靠(　　)传递切削转矩的。
A. 圆锥面结合　　B. 螺纹联结　　C. 花键　　D. 端面键

30. 必须把控制面板上相应的选择开关(或按钮)置于 ON 位置才能执行其功能的指令是(　　)。
A. M00　　B. M01　　C. M02　　D. M30

31. 数控铣床中常采用液压(或气压)传动的装置是(　　)。
A. 对刀器　　B. 导轨锁紧
C. 刀具和主轴的夹紧与松开　　D. 主轴锁紧

32. 液压马达在液压传动系统的组成中属于(　　)。
A. 动力元件　　B. 执行元件　　C. 控制调节元件　　D. 工作介质

33. 刀具上与已加工表面相对(面对面)的是(　　)。
A. 前刀面　　B. 后刀面　　C. 副后刀面　　D. 基面

34. 前角的大小(　　)。

A. 必须大于0° B. 必须小于0° C. 可以±15°左右 D. 可在0°—90°

35. 用直径为d的麻花钻钻孔，背吃刀量 a_p ( )。

A. 等于d B. 等于d/2

C. 等于d/4 D. 与钻头顶角大小有关

36. XK2140机床是( )床。

A. 数控立式铣 B. 数控龙门镗铣 C. 卧式万能铣 D. 数控卧式铣

37. 牌号为H65的材料的化学元素含量( )%。

A. 铜约为0.65 B. 铜约为65 C. 锌约为65 D. 锌约为35

38. RESET按钮的功能是指( )。

A. 启动数控系统 B. 执行程序或MDI指令

C. 计算机复位 D. 机床进给运动锁定

39. 数控铣床进给系统不采用( )。

A. 步进电机 B. 直流伺服电机

C. 交流伺服电机 D. 普通三相交流电机

40. 淬火后，能获得最高硬度的热处理方法是( )。

A. 高温回火 B. 中温回火 C. 低温回火 D. 退火

41. 孔距 $100_{-00045}^{-0.025}$ 应按( )作为编程坐标尺寸，以提高加工精度。

A. 99.975 B. 99.965 C. 99.955 D. 100

42. 对加工最有理的情况是切削力与工件夹紧力之间保持( )。

A. 同方向 B. 反方向 C. 相互垂直 D. 45°

43. 钻孔前可先用( )进行少量切削，以提高孔的坐标尺寸精度。

A. 中心钻 B. 球头立铣刀 C. 平底立铣刀 D. 面铣刀。

44. 标准中心钻的保护锥部分的圆锥角大小为( )。

A. 90° B. 60° C. 45° D. 30°

45. 准备功能G18表示的功能是选择( )。

A. *XY*平面 B. *XZ*平面 C. *YZ*平面 D. 恒线速度

46. 在*XY*平面上铣整圆应选择包含( )地址符的圆弧插补指令。

A. R B. J、K C. I、J D. I、K

47. 半闭环控制系统的位置检测装置安装在( )。

A. 刀架上 B. 伺服电机转子轴端

C. 机床移动部件上 D. 数控装置

48. 数控机床有不同的运动方式，需要考虑工件与刀具相对运动关系及坐标方向，采用( )的原则编写程序。

A. 刀具不动，工件运动 B. 工件固定不动，刀具运动

C. 刀具运动，工件运动 D. 按机床实际情况确定

49. 铣刀的拉钉与刀柄采用( )联结。

A. 右旋螺纹 B. 左旋螺纹 C. 平键 D. 花键

50. 下列关于顺铣法加工的说法正确的是( )。

A. 切削力由小到大变化

B. 容易引起跳刀

C. 有利于减小工件表面粗糙度

D. 切入时的切削速度与进给速度方向相反

51. 用极限量规检验孔的尺寸，当(　　)时，该孔一定不合格。

A. 通端通过　　B. 止端通不过

C. 通端通过，止端通不过　　D. 通端通不过，止端也通不过

52. 不需要润滑的部位是(　　)。

A. 导轨面　　B. 滚珠丝杠　　C. 齿形带和带轮　　D. 轴承

53. 加工铸铁，最不适合做切削液的液体是(　　)。

A. 机油　　B. 煤油　　C. 乳化剂　　D. 柴油

54. 铣刀刀柄的锥度为(　　)。

A. 莫氏锥度 0 号　　B. 莫氏锥度 6 号　　C. 7∶24　　D. 24∶7

55. 机床回零操作应在(　　)时进行。

A. 加工前　　B. 加工后　　C. 开机前　　D. 关机后

56. 为了满足使用要求，量块采用(　　)材料制造。

A. 不锈钢　　B. 结构钢　　C. 有色金属　　D. 除 ABC 以外的

57. 数控铣床的手动方式下，控制坐标轴为 Z 轴，将手摇脉冲发生器作逆时针转动时，下列说法中正确的是(　　)。

A. 铣刀到工作台的垂向距离变小　　B. 铣刀到工作台的垂向距离变大

C. 铣刀向右或工作台向左移动　　D. 铣刀向左或工作台向右移动

58. 外径千分尺的分度值为 0.01 毫米，微分筒上有 50 条均布的刻度线，则内部螺旋机构的导程为(　　)毫米。

A. 0.1　　B. 0.5　　C. 1　　D. 5

59. JOG 方式是指(　　)。

A. 单段程序执行方式　　B. 手轮方式

C. 点动方式　　D. 手动数据立即执行

60. 粗糙不平的工件表面或毛坯面作定位基准时应选用顶部形状为(　　)的支承钉作为定位元件。

A. 平头　　B. 尖头　　C. 球头　　D. 网状表面

61. 视图是表达机件的外形，要清晰的表达机件的内部形状，还须选用恰当的(　　)。

A. 主视图　　B. 俯视图　　C. 左视图　　D. 剖视图

62. 数控机床控制介质是指(　　)。

A. 零件图样和加工程序单　　B. 穿孔机、光电阅读机

C. 穿孔带、磁盘和磁带　　D. 位移、速度检测装置和反馈系统

63. 脉冲当量是(　　)。

A. 每个脉冲信号使伺服电动机转过的角度

B. 每个脉冲信号使传动丝杠转过的角度

C. 数控装置输出脉冲数量

D 每个脉冲信号使机床末端执行部件的位移量

64. 三爪卡盘加后顶尖可以消除(　　)个自由度。

A. 6　　B. 3　　C. 4　　D. 5

65. 准备功能 G90 表示的功能是(　　)。

A. 预置功能　　B. 固定循环　　C. 绝对尺寸　　D. 增量尺寸

66. 圆弧插补段程序中,若采用圆弧半径 R 编程时,从起始点到终点存在两条圆弧段,当(　　)时,用负 R 表示圆弧半径。

A. 圆弧小于或等于 180°　　B. 圆弧大于或等于 180°

C. 圆弧小于 180°　　D. 圆弧大于 180°

67. 为使切削正常进行,刀具后角的大小(　　)。

A. 必须大于 0°　　B. 必须小于 0°

C. 可以±15°　　D. 可在 0°到 90°之间

68. 辅助功能 M03 代码表示(　　)。

A. 程序停止　　B. 冷却液开

C. 主轴停止　　D. 主轴顺时针转动

69. 数控机床开机时要一般要进行回参考点操作,其目的是(　　)。

A. 建立工件坐标系　　B. 建立机床坐标系

C. 建立局部坐标系　　D. 建立相对坐标系

70. 闭环控制系统比开环控制系统及半闭环控制系统(　　)。

A. 稳定性好　　B. 精度高　　C. 故障率低　　D. 价格低

71. 滚珠丝杠副消除轴向间隙的目的主要是(　　)。

A. 提高反向传动精度　　B. 增大驱动力矩

C. 减少摩擦力矩　　D. 提高使用寿命

72. DNC 系统是指(　　)。

A. 自适应控制　　B. 计算机群控

C. 柔性制造系统　　D. 计算机数控系统

73. 牌号为 16Mn 的合金结构钢的含碳量为百分之(　　)。

A. 16　　B. 1. 6　　C. 0. 16　　D. 0. 016

74. 点位控制系统(　　)。

A. 必须采用增量坐标控制方式

B 必须采用绝对坐标控制方式

C. 刀具沿各坐标轴的运动之间有确定的函数关系

D 仅控制刀具相对于工件的定位,不规定刀具运动的途径

75. 作为轴类零件的调质热处理工序应安排在(　　)。

A. 粗加工之前　　B. 粗加工之后,精加工前

C. 精加工后　　D. 渗碳后

76. 半闭环控制系统的位置检测装置安装在(　　)。

A. 传动丝杠上　　B. 伺服电机转子轴端

C. 机床移动部件上　　D. 数控装置

77. 使用光电盘测量角度时,为了判别旋转方向,在码盘两侧至少装(　　)套光电转换

装置。

A. 1　　B. 2　　C. 3　　D. 4

78. 适宜加工形状特别复杂(如曲面叶轮)零件的数控机床是(　　)类机床。

A. 两坐标轴　　B. 三坐标轴　　C. 多坐标轴　　D. 2.5 坐标轴

79. 下列刀具中,(　　)的刀位点是刀头底面的中心。

A. 车刀　　B. 镗刀　　C. 立铣刀　　D. 球头铣刀

80. 节流阀是液压系统中的(　　)。

A. 动力元件　　B. 执行元件　　C. 控制调节元件　　D. 辅助装置

数控铣床操作工职业技能鉴定(高级)应知模拟卷一

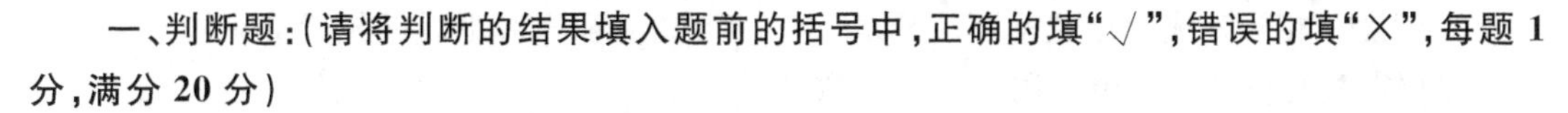

一、判断题:(请将判断的结果填入题前的括号中,正确的填"√",错误的填"×",每题 1 分,满分 20 分)

(　　)1. 工件外圆用 V 形架定位比用半圆孔定位的定位精度要高。

(　　)2. 粗基准和精基准都属于定位基准。

(　　)3. 减少零件表面的粗糙度,可以提高其疲劳强度。

(　　)4. 由于试切法的加工精度高,所以主要用于大批量生产。

(　　)5. 车圆锥装刀时,车刀刀尖不一定要严格对准工件轴线。

(　　)6. 对刀点可以选择在零件上某一点,也可以选择零件外某一点。

(　　)7. 测量表面粗糙度时应考虑全面,如工件表面形状精度和波纹度等。

(　　)8. 前角增大,刀刃锋利,刀具强度也随之增大。

(　　)9. 带圆锥的工件利用其锥度作为定位面,定位精度就高。

(　　)10. 用划针或百分表对工件进行找正,也是对工件进行定位。

(　　)11. 数控机床主轴转速代码用"S"和其后两位数字组成。

(　　)12. 直线型位置检测装置与回转型位置检测装置相比,结构简单、检测精度高。

(　　)13. 编程误差包括逼近误差、脉冲圆整误差和人为计算误差。

(　　)14. 机床"点动"方式下,机床移动速度应由程序指定。

(　　)15. 对刀点必须与工件的定位基准有一定的坐标尺寸关系。

(　　)16. CNC 机床坐标系统采用右手直角笛卡儿坐标系,用手指表示时,大拇指代表 Z 轴。

(　　)17. 数控机床特别适用于多品种、大批量生产。

(　　)18. 在使用对刀点确定加工原点时,就需要进行"对刀",即是使"刀位点"与"对刀点"重合。

(　　)19. 数控车床进给速度代码用"F"和其后若干位数字组成。

(　　)20. 用数控车床车带台阶的螺纹轴，必须输入车床主轴转速、主轴旋转方向、进给量、车台阶长度和直径、车螺纹的各种指令。

二、选择题：(以下四个备选答案中其中一个为正确答案，请将其代号填入括号内，每题1分，满分80分)

1. 对点可以提出的公差项目是(　　)。

A. 位置度　B. 平行度　C. 圆跳动　D. 倾斜度

2. 对面不可以提出的公差项目是(　　)。

A. 位置度　B. 平行度　C. 圆跳动　D. 倾斜度

3. 对线不可以提出的公差项目是(　　)。

A. 位置度　B. 平行度　C. 圆跳动　D. 倾斜度

4. 过盈配合的孔、轴表面较粗糙，则配合后的实际过盈量会(　　)。

A. 减　B. 不变　C. 增大　D. 不确定

5. 光滑圆柱的公差与配合应优先选择(　　)。

A. 基孔制　B. 基轴制　C. 非基准制　D. 以上均可以

6. 30F8 和 ϕ30H8 的尺寸公差带图(　　)。

A. 宽度不一样　B. 相对零线的位置不一样

C. 宽度和相对零线的位置都不一样　D. 宽度和相对零线的位置都一样

7. 评定表面粗糙度普遍采用(　　)参数。

A. Ra　B. Rz　C. Ry　D. Rc

8. 若一孔轴线直线度误差为 ϕ0.02，则其位置度误差(　　)ϕ0.02。

A. 一定小于　B. 一定大于　C. 不一定　D. 等于

9. 下列钢号中，(　　)钢的综合力学性能最好。

A. 45　B. T10　C. 20　D. 08

10. 通用高速钢是指加工一般金属材料的高速钢，常用的牌号是(　　)。

A. CrWMn　B. W18Cr4V　C. 9SiCr　D. Cr12MoV

11. 下列钢号中，(　　)钢的塑性、焊接性最好。

A. 45　B. T10　C. 20　D. 65

12. 人造金刚石砂轮不宜磨削(　　)工件材料。

A. 铜合金　B. 钢件　C. 铝合金　D. 硬质合金

13. 下列钢号中，(　　)是渗碳钢。

A. 20　B. 45Mn2　C. 40Cr　D. 1Cr18Ni9Ti

14. 制造较高精度，切削刃形状复杂并用于切削钢材的刀具材料应选用(　　)。

A. 碳素工具钢　B. 高速工具钢　C. 硬质合金　D. 立方氮化硼

15. 下列钢号中，(　　)是调质钢。

A. 20　B. 45Mn2　C. 1Cr18Ni9Ti　D. 20CrMnTi

16. 硬质合金的耐热温度为(　　)℃。

A. 300～400　B. 500～600　C. 800～1000　D. 1100～1300

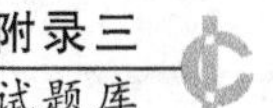

17.60Si2Mn 可称为(　　)。

A.合金弹簧钢　　B.高合金钢　　C.合金工具钢　　D.特殊性能钢

18.YT5、YT15 等牌号的车刀适用于加工(　　)。

A.HTl50　　B.45 钢　　C.黄铜　　D.铝

19.GCrl5 可用来制造(　　)。

A.带轮　　B.滚动轴承　　C.弹簧　　D.切削刀具

20.P 类合金钢,如 YT5、YTl5 等,牌号中的数字表示(　　)含量的百分数。

A.碳化钨　　B.碳　　C.碳化钛　　D.钴

21.W18Cr4V 属于(　　)。

A.高合金钢　　B.碳素钢　　C.合金结构钢　　D.耐热钢

22.钨钴钛类硬质合金主要适用于加工(　　)。

A.铸铁　　B.碳素钢　　C.不锈钢　　D.淬硬钢

23.切削塑性较大的金属材料时形成(　　)切屑。

A.带状　　B.挤裂　　C.粒状　　D.崩碎

24.切削中碳钢时最易产生积屑瘤的切削温度是(　　)℃。

A.200　　B.300　　C.500　　D.1000

25.有些刀具如切断刀、车槽刀等,由于受刀头强度限制,副后角取(　　)值。

A.较大　　B.较小　　C.适中　　D.任意

26.刀具产生积屑瘤的切削速度大致是在(　　)范围内。

A.低速　　B.中速　　C.高速　　D.超高速

27.产生加工硬化的主要原因是(　　)。

A.前角太大　　B.刀尖圆弧半径大

C.工件材料硬　　D.存在刃口圆弧

28.精车一般钢和灰铸铁时,选择刃倾角取(　　)。

A.负值　　B.零值　　C.大值　　D.小值

29.在切削过程中,车刀主偏角 Kr 越大,切削力 Fc(　　)。

A.增大　　B.减小　　C.不变　　D.都有可能

30.积屑瘤在精加工时(　　)。

A.应避免产生　　B.允许产生　　C.越多越好　　D.越大越好

31.车一般钢和灰铸铁时,如有冲击负荷,选择刃倾角取(　　)。

A.负值　　B.零值　　C.大值　　D.小值

32.车刀主切削刃上磨出倒棱,其作用是(　　)。

A.减少切削力　　B.减少切削热　　C.增加刀刃强度　　D.有利断屑

33.用硬质合金车刀加工时,为减轻加工硬化,不宜取(　　)进给量和切削深度。

A.较小　　B.较大　　C.很小　　D.很大

34.外圆车刀刃倾角对排屑方向有影响,为了防止划伤已加工表面,精车和半精车时,选择刃倾角取(　　)。

A.负值　　B.零值　　C.正值　　D.小值

35.在切削金属材料时,属于正常磨损中最常见的情况是(　　)磨损。

A. 前刀面　　B. 后刀面　　C. 前后刀面　　D. 侧刀面

36. 切削中碳钢时，切削速度增大，切削力(　　)。

A. 增大　　B. 减小　　C. 不变　　D. 无法预知

37. 硬质合金的抗压强度较高，抗弯强度较低，所以刀具前角常取(　　)。

A. 负值　　B. 零值　　C. 正值　　D. 小值

38. 在多级减速传动装置中，带传动通常置于与电动机相连的高速级，其主要目的是(　　)。

A. 能获得较大的传动比　　B. 制造和安装方便

C. 可传递较大的功率　　D. 传动运转平稳

39. 齿面疲劳点蚀首先发生在轮齿的(　　)部位。

A. 接近齿顶处　　B. 靠近节线的齿根部分

C. 接近齿根处　　D. 靠近基圆处

40. 螺旋副中的螺母相对于螺杆转过一转时，它们沿轴线方向相对移动距离是(　　)。

A. 线数×螺距　　B. 一个螺距　　C. 线数×导程　　D. 导程/线数

41. 刀具角度中，对断屑影响最大的是(　　)。

A. 前角　　B. 后角　　C. 主偏角　　D. 刃倾角

42. 用硬质合金车刀，切削塑性材料时，切削速度在(　　)时最易产生积屑瘤。

A. 5r/min 以下　　B. 10～15r/min　　C. 15～30r/min　　D. 70r/min 以上

43. 在特定的条件下抑制切削时的振动可采用较小的(　　)。

A. 前角　　B. 后角　　C. 主偏角　　D. 刃倾角

44. 撤销刀具长度补偿指令是(　　)。

A. 负值　　B. G41　　C. G43　　D. G49

45. 粗车一般钢和灰铸铁时，选择刃倾角取(　　)。

A. 负值　　B. 零值　　C. 大值　　D. 小值

46. V 带传动和平带传动相比较，具有(　　)主要优点。

A. 在传递相同功率时，外廓尺寸较小　　B. 传动效率较高

C. 带的寿命较长　　D. 带的价格便宜

47. 普通 V 带型号的选择与(　　)有关。

A. 计算功率　　B. 大带轮的转速

C. 小带轮的转速　　D. 计算功率和小带轮转速

48. V 带传动中，张紧轮宜置于(　　)位置。

A. 紧边内侧靠近大带轮处　　B. 松边内侧靠近大带轮处

C. 紧边外侧靠近小带轮处　　D. 松边外侧靠近小带轮

49. 大批量生产的轮辐式齿轮，其毛坯通常采用(　　)方法制造。

A. 铸造　　B. 锻造　　C. 焊接　　D. 粉末冶金

50. 带在工作时产生弹性滑动的原因是(　　)。

A. 带绕过带轮时产生弯曲

B. 带与带轮间的摩擦系数偏小

C. 带是弹性体，带的松边与紧边的拉力不等

D. 带绕经带轮时产生离心力

51. 齿数分别为 Z1=20,Z2=80 的圆柱齿轮啮合传动时,齿面接触应力 $\sigma H1$ 和 $\sigma H2$ 之间存在(　　)关系。

A. $\sigma H1=4\sigma H2$　　B. $\sigma H1=2\sigma H2$　　C. $\sigma H1=4\sigma H2$　　D. $\sigma H1=0.5\sigma H2$

52. 带传动的主要失效形式是(　　)。

A. 带的静载拉断　　B. 带的磨损

C. 带在带轮上打滑　　D. 打滑和带的疲劳破坏

53. 某机床 V 带传动中有 4 根胶带,工作较长时间后,有一根产生疲劳撕裂而不能继续使用,应(　　)。

A. 更换已撕裂的一根　　B. 更换 2 根

C. 更换 3 根　　D. 全部更换

55. MC 是指(　　)的缩写。

A. 自动化工厂　　B. 计算机数控系统

C. 柔性制造系统　　D. 数控加工中心

56. 数控机床有不同的运动方式,需要考虑工件与刀具相对运动关系及坐标方向,采用(　　)的原则编写程序。

A. 刀具不动,工件移动

B. 工件固定不动,刀具移动

C. 根据实际情况而定

D. 铣削加工时刀具固定不动,工件移动;车削加工时刀具移动,工件不动

57. 数控机床面板上 JOG 是指(　　)。

A. 快进　　B. 点动　　C. 自动　　D. 暂停

58. 以下不属于回转式检测装置的是(　　)。

A. 脉冲编码器　　B. 圆光栅　　C. 磁栅　　D. 光电编码器

59. 数控车床中,目前数控装置的脉冲当量一般为(　　)。

A. 0.01　　B. 0.001　　C. 0.0001　　D. 0.1

60. CNC 是指(　　)的缩写。

A. 自动化工厂　　B. 计算机数控系统

C. 柔性制造系统　　D. 数控加工中心

61. 闭环控制系统的位置检测装置安装在(　　)。

A. 传动丝杠上　　B. 伺服电动机轴端

C. 机床移动部件上　　D. 数控装置

62. 数控机床面板上 AUTO 是指(　　)。

A. 快进　　B. 点动　　C. 自动　　D. 暂停

63. 以下所列中(　　)不属于数控编程误差。

A. 回程误差　　B. 逼近误差　　C. 插补误差　　D. 圆整误差

64. 数控程序加工中,刀具上能代表刀具位置的基准点是指(　　)。

A. 对刀点　　B. 刀位点　　C. 换刀点　　D. 退刀点

65. 系统中程序调用步骤应该是输入程序号后,用(　　)检索。

A. 光标键　　B. 页面键　　C. 复位键　　D. 以上都可以

66. CIMS 是指(　　)的缩写。

A. 计算机集成制造系统　　B. 计算机数控系统

C. 柔性制造系统　　D. 数控加工中心

67. FMS 是指(　　)的缩写。

A. 自动化工厂　　B. 计算机数控系统

C. 柔性制造系统　　D. 数控加工中心

68. 数控程序加工中,刀具相对于工件的起始点是指(　　)。

A. 对刀点　　B. 刀位点　　C. 换刀点　　D. 退刀点

69. 程序的修改步骤,应该将光标移至要修改处,输入新的内容,然后按(　　)键即可。

A. 插入　　B. 删除　　C. 替代　　D. 复位

70. 以下(　　)不属于数控编程中节点计算的常用方法。

A. 等间距法　　B. 等线段法　　C. 等弧长法　　D. 等误差法

71. 钳工划线时,应使划线基准与(　　)一致。

A. 设计基准　　B. 安装基准　　C. 测量基准　　D. 水平面

72. 低压电器通常是指工作电压在(　　)伏特以下的电器元件。

A. 220　　B. 380　　C. 500　　D. 1000

73. 下列普通 V 带中,(　　)型号的截面尺寸最小。

A. A 型　　B. B 型　　C. C 型　　D. E 型

74. 标准直齿圆柱齿轮的全齿高等于 9mm,该齿轮的模数为(　　)。

A. 2mm　　B. 3mm　　C. 4mm　　D. 8mm

75. 在铣削难加工材料过程中,当强韧的切屑流经前刀面时会产生(　　)现象从而堵塞容屑槽。

A. 变形卷曲　　B. 黏结熔焊　　C. 挤裂粉碎　　D. 原地旋转

76. 在立式铣床上镗孔,退刀时孔壁出现划痕主要原因是(　　)。

A. 工件装夹不当　　B. 刀尖未停转或位置不对

C. 工作台进给爬行　　D. 刀具严重磨损

77. 单作用叶片泵由于转子轴上所承受的液压力是径向的,故又称为(　　)。

A. 径向式　　B. 变量式　　C. 卸荷式　　D. 非卸荷式

78. 能用于启动频繁,经常正反转的重型机械,并允许两轴线有少量偏转角的联轴器是(　　)。

A. 齿轮式　　B. 凸缘式　　C. 十字滑块式　　D. 套筒式

79. 数控机床用的滚珠丝杠的公称直径是指(　　)。

A. 丝杠大径　　B. 丝杠小径

C. 滚珠直径　　D. 滚珠圆心处所在的直径

80. 在常用的同步带的齿形中,(　　)能传递较大的转矩。

A. 矩形　　B. 梯形　　C. 圆弧形　　D. 三角形

数控铣床操作工职业技能鉴定(高级)应知模拟卷二

一、判断题:(请将判断的结果填入题前的括号中,正确的填"√",错误的填"×",每题 1 分,满分 20 分)

(　　)1. 在手工锉削平面过程中,两手对锉刀的作用力大小应尽量保持不变。

(　　)2. 平面的平面度公差值应该小于该平面对另一平面的平行度公差值。

(　　)3. 由两种或两种以上的金属元素组成的物质称为合金。

(　　)4. 机床电器元件中的熔断器用于保护机床电路和电气设备的安全,必须串联于电路中。

(　　)5. V 带的打滑是从大带轮上先开始的。

(　　)6. 铣削难加工材料可选用含钴高的高速钢。

(　　)7. 机床型号中的主参数折算系数大于等于 1。

(　　)8. 粗基准选择的优先原则是加工方向的不加工表面。

(　　)9. 在第三角投影法中规定:投影面处于物体和观察者之间。

(　　)10. 自紧式钻夹头可以用程序指令控制钻夹头的松开和夹紧。

(　　)11. 数控车床的 G04 是主轴暂停代码。

(　　)12. 闭环控制系统比开环控制系统定位精度高,但调试困难。

(　　)13. 数控机床精度较高,故其机械进给传动机构较复杂。

(　　)14. 因 CNC 机床一般精度很高,故可对工件进行一次性加工,不需分粗、精加工。

(　　)15. 在无脉冲输入、绕组电源电压不变时,步进电动机即可保持在某固定位置,不需要机械制动装置。

(　　)16. 若要减小步进电动机的步距角可采用减少齿数的方法。

(　　)17. 当数控机床所具有的插补功能与所插补的曲线一致时,则认为没有逼近误差。

(　　)18. 数控机床的速度和精度等技术指标主要由伺服系统的性能决定。

(　　)19. 数控机床是高效率加工机床,因此应尽量选用专用夹具来装夹工件,以提高效率。

(　　)20. 数控机床中当工件编程零点偏置后,编程时就方便多了。

二、选择题:(以下四个备选答案中其中一个为正确答案,请将其代号填入括号内,每题1分,满分80分)

1. 数控机床断电后程序中的宏指令变量值保留与消失的规定是(　　)。

A. 全部消失　　B. 全部保留

C. 与变量序号大小有关　　D. 可以用指令控制

2. 绕Z轴的螺旋线插补指令应指定插补平面的指令是(　　)。

A. G17　　B. G18　　C. G19　　D. G16

3. 由计算机向数控铣床传送NC程序时,操作面板的方式选择应选(　　)。

A. AUTO　　B. EDIT　　C. JOG　　D. TAPE

4. 设定G54～G59工作坐标时,对刀后按(　　)键,在工作坐标系页面输入当前的X,Y坐标值。

A. OFSET　　B. POS　　C. RESET　　D. PROG

5. 数控系统的(　　)端口与外部计算机连接可以发送或接受程序。

A. SR－323　　B. RS－323　　C. SR－232　　D. RS－232

6. 以下所列中(　　)不属于数控编程误差。

A. 回程误差　　B. 逼近误差　　C. 插补误差　　D. 圆整误差

7. 内冷式数控刀具的功能特点是(　　)。

A. 切削液从刀具内部喷射出　　B. 切屑从刀具内部排出

C. 不需要切削液　　D. 只能用在刀具固定不动的数控机床上

8. 指针式杠杆千分尺对零后测量工件,主刻尺读数为20.010,指针读数为－0.015,则测得值应为(　　)。

A. 20.025　　B. 20.015　　C. 19.995　　D. 未知值

9. BT40圆锥刀柄代号中的“40”表示(　　)近似值。

A. 圆锥部分小端直径　　B. 圆锥部分大端直径

C. 可夹持的最大直径为40毫米　　D. 圆锥角度为40°

10. 立式数控铣床主轴轴线的圆跳动误差将引起加工部位的(　　)误差。

A. 平面度　　B. 垂直度　　C. 孔距　　D. 孔径或槽宽

11. 在F125分度头上将工件划10等分,每划一条线后,手柄应转过(　　)后再划第二条线。

A. 2周　　B. 4周　　C. 5周　　D. 1周

12. 低压断路器通常用于(　　),又称自动空气开关。

A. 电机的启动和停止　　B. 电机的过载保护

C. 进给运动的控制　　D. 机床电源的引入

13. 当普通V带的线速度V低于20m/s时,一般选用(　　)材料制造带轮。

A. HT200　　B. QT700－2　　C. Z45钢　　D. ZL102

14. 某工厂加工一个模数为20mm的齿轮,为检查齿轮尺寸是否符合要求,加工时一般测量(　　)尺寸。

A. 齿距　　B. 齿宽　　C. 分度圆弦齿厚　　D. 公法线长度

15. 刀具的磨损与切削温度的高低密切相关,而切削温度的高低主要取决于(　　)。

A. 进给速度　　B. 进给量　　C. 切削速度　　D. 背吃刀量

16. 用硬质合金铣刀切削难加工材料，通常可采用(　　)。

A. 水溶性切削液　　B. 油类极压切削液

C. 煤油　　D. 大黏度的切削液

17. 可用于两个做相对运动的执行件油路连接的油管材料是(　　)。

A. 尼龙　　B. 橡胶　　C. 铜　　D. 低碳钢

18. 能够把液压能转变为机械能的液压元件是(　　)。

A. 液压泵　　B. 液压阀　　C. 液压马达　　D. 蓄能器

19. 制造数控机床用的滚珠丝杠的材料常采用(　　)。

A. 轴承钢　　B. 优质碳素结构钢

C. 不锈钢　　D. 硬质合金

20. 锯条反装后仍向前锯，其锯齿的楔角(　　)。

A. 大小不变　　B. 增大　　C. 减少　　D. 与锯削速度有关

21. A 类宏指令中字的表达方式错误的是(　　)。

A. P＃100　　B. Q100　　C. R－＃101　　D. R＃100＋＃102

22. 绕 Z 轴的螺旋线插补指令中的 K20 是指(　　)

A. 圆心与起点的相对坐标　　B. 圆心与终点的相对坐标

C. 螺旋线的直径　　D. 螺旋线的导程

23. 由计算机向数控铣床边传送程序边加工的方式称之为(　　)方式。

A. CNC　　B. DNC　　C. NC　　D. FMS

24. 将程序号为 1001 的子程序调用 100 次的正确编程格式为(　　)

A. M98 P10010100　　B. M98 P01001001

C. M99 P10010100　　D. M99 P01001001

25. 编程误差由一次逼近误差、插补误差和(　　)误差组成。

A. 定位　　B. 对刀　　C. 圆整　　D. 随机

26. 高速工具钢刀具经过(　　)表面涂层处理后能显著提高刀具的耐用度。

A. 铬　　B. 铜　　C. 钛　　D. 陶瓷

27. 钻孔循环指令中(　　)指令可以使钻头在孔底部停留一定时间。

A. G73　　B. G80　　C. G81　　D. G82

28. 刻度值最小灵敏度最高，无机械摩擦作用的精密测量仪表是(　　)。

A. 千分表　　B. 杠杆千分表　　C. 量块　　D. 扭簧仪

29. 刀具路径轨迹模拟时，必须在(　　)方式下进行。

A. JOG　　B. RAPD　　C. AUTO　　D. HAND

30. 指针式杠杆千分尺对零后测量工件，主刻尺读数为 19.995，指针读数为＋0.005，则测得值应为(　　)。

A. 20.000　　B. 19.990　　C. 19.995　　D. 19.945

31. 锯削管子和薄板料时，应选择(　　)锯条。

A. 细齿　　B. 中齿　　C. 粗齿　　D. 硬质合金

32. 錾削时，錾子切入工件太深的原因是(　　)。

A. 楔角太小　　B. 前角太大　　C. 后角太大　　D. 用力过大

33. 工件材料的(　　)主要影响切屑的断屑，由于铣削是断续切削，因此影响比较小。

A. 硬度　　B. 塑性　　C. 韧性　　D. 强度

34. 对一些塑性变形大、热强度高和冷硬程度严重的材料，端铣时应采用(　　)，以提高铣刀的寿命。

A. 对称铣削　　B. 不对称逆铣　　C. 不对称顺铣　　D. 高速切削

35. 高速工具钢表面镀层能显著提高刀具的耐用度，呈黄色的镀层材料是(　　)。

A. 氧化铜　　B. 金　　C. 钛　　D. 铬

36. 某机床 V 带传动中有四根胶带，工作较长时间后，有一根产生疲劳撕裂而不能继续使用，应更换(　　)。

A. 已撕裂的一根　　B. 2 根　　C. 3 根　　D. 全部

37. 铣削有色金属时，宜采用刃口锋利的铣刀，同时应按选取较高的铣削速度，此时硬质合金的铣削速度可取(　　)m/min 左右。

A. 100　　B. 200　　C. 2000　　D. 3000

38. 下列液压阀中(　　)不属于压力控制阀一类。

A. 顺序阀　　B. 溢流阀　　C. 减压阀　　D. 节流阀

39. 在数控铣床上用两轴半坐标加工空间曲面形状时，控制位置只能控制两个坐标，而第三个坐标只能作(　　)。

A. 轴向移动　　B. 等距的周期移动

C. 沿某一方向连续移动　　D. 圆周运动

40. 在可转位刀具的刀片中，主偏角最小的刀片形状是(　　)。

A. 正 3 边形　　B. 正 4 边形　　C. 正 5 边形　　D. 圆形

41. A 类宏指令中变量字的表达方式正确的是(　　)。

A. P＃500　　B. Q＝100　　C. R50＋＃100　　D. Rsin(30)

42. 绕 Z 轴的螺旋线插补指令中的 I,J 是指(　　)。

A. 圆心与起点的相对坐标　　B. 圆心与终点相对坐标

43. 柔性加工系统简称为(　　)。

A. CNC　　B. DNC　　C. NC　　D. FMS

44. 将程序号为 2002 的子程序调用 100 次的正确编程格式为(　　)。

A. M98 P20020100　　B. M98 P01002002

C. M99 P20020100　　D. M99 P01002002

45. 刀具上不存在的刀具面是(　　)。

A. 前刀面　　B. 副前刀面　　C. 后刀面　　D. 副后刀面

46. G02,G03 后给出的进给速度是指刀具(　　)进给速度。

A. 圆弧的法向　　B. 圆弧的切向　　C. 指向起点的　　D. 指向终点的

47. 各类数控铣床均不采用(　　)电机作为主轴驱动电机。

A. 直流伺服　　B. 交流伺服　　C. 步进　　D. 交流

48. 体积最小，采用摆动式测头的测量仪表是(　　)。

A. 千分表　　B. 杠杆千分表　　C. 测长仪　　D. 扭簧仪

49.(　　)指令可以取消已设定的钻孔循环。

A. G73　　B. G80　　C. G81　　D. G82

50. 指针式杠杆千分尺对零后测量工件，主刻尺读数为 29.995，指针读数为－0.007，则测得值应为(　　)。

A. 29.988　　B. 29.992　　C. 30.9957　　D. 30.002

51. 钢板在外力作用下弯形时，凹面内层材料受到(　　)。

A. 压缩　　B. 拉伸　　C. 延展　　D. 剪切

52. 钻削黄铜材料时，为了避免扎刀现象，钻头需要修磨(　　)。

A. 前面　　B. 主切削刃　　C. 横刃　　D. 棱边

53. 一般而言，下列热处理工艺中，(　　)所需要的时间最长。

A. 退火　　B. 正火　　C. 淬火　　D. 回火

54. 正三角形硬质合金可转位刀片的刀尖角为(　　)。

A. 未知值　　B. 60°　　C. 90°　　D. 180°

55. 进行铣床水平调整时，工作台应处于行程的(　　)位置。

A. 坐标值最大　　B. 坐标值最小　　C. 中间　　D. 任一极限

56. 比较理想的蜗杆与蜗轮的材料组合是(　　)。

A. 钢和青铜　　B. 钢和铸铁　　C. 钢和钢　　D. 青铜和青铜

57. 铣削有色金属时宜采用较高的铣削速度，以及(　　)。

A. 锋利的刃口　　B. 负倒棱的刃口　　C. 负的刃倾角　　D. 小的后角

58. 新数控铣床验收工作应按(　　)进行。

A. 使用单位要求　　B. 机床说明书要求　　C. 国家标准　　D. 制造单位规定

59. 采用面铣刀加工平面，工件的平面度精度主要取决于(　　)。

A. 切削速度　　B. 工件材料的切削性能

C. 面铣刀各刀片的安装精度　　D. 铣刀轴线与进给方向直线的垂直度

60. 可转位刀具的刀刀片中，副偏角最小的刀片形状是(　　)。

A. 正 3 边形　　B. 正 4 边形　　C. 正 5 边形　　D. 圆形

61. 宏指令的 G 代码是(　　)。

A. G63　　B. G64　　C. G65　　D. G66

62. 下列符号中(　　)为常开按钮开关符号。

A　　B　　C　　D

63. 计算机数字控制技术简称为(　　)技术。

A. CNC　　B. DNC　　C. NC　　D. FMS

64. 从子程序返回到主程序调用处的指令是(　　)。

A. M98　　B. M99　　C. G98　　D. G99

65. 刀具上不存在的角度是(　　)。

A. 前角　　B. 后角　　C. 副前角　　D. 副后角

66. 数控机床进给系统不能采用(　　)电机驱动。

A. 直流伺服　　B. 交流伺服　　C. 步进　　D. 笼式三相交流

67. 下列元件中(　　)不应用于数控机床的位置检测装置。

A. 脉冲编码器　　B. 行程开关　　C. 感应同步器　　D. 光栅

68. 当数值相同时，不同的表面粗糙度指标允许的微观形状误差也不同，其中最小的是(　　)。

A. R_a　　B. R_z　　C. R_y　　D. R

69. (　　)指令可以使钻孔循环指令执行后钻头到达孔底后快速返回到 R 平面，而不是起始平面。

A. M98　　B. M99　　C. G98　　D. G99

70. 指针式杠杆千分尺对零后测量工件，主刻尺读数为 9.995，指针读数为－0.006，则测得值应为(　　)。

A. 9.989　　B. 10.001　　C. 9.9956　　D. 10.055

71. 一般情况下(　　)对钻孔表面粗糙度的影响更大。

A. f 对 v　　B. v 比 f　　C. a_p 比 v　　D. a_p 比 f

72. 钻黄铜的麻花钻，为避免钻孔的扎刀现象，外刃的纵向前角磨成(　　)。

A. 8°　　B. 35°　　C. 20°　　D. －20°

73. 螺纹联接为了达到可靠而紧固的目的，必须保证螺纹副具有一定的(　　)。

A. 预紧力矩　　B. 拧紧力矩　　C. 摩擦力矩　　D. 润滑油

74. 时间继电器的作用就是在指定的时间到达后电路自动(　　)。

A. 接通　　B. 断开　　C. 接通或断开　　D. 关闭机床

75. 滚动轴承基本代号的排列顺序自左至右为(　　)代号。

A. 尺寸系列、类型、内径　　B. 内径、尺寸系列、类型

C. 类型、尺寸系列、内径　　D. 内径、类型、尺寸系列

76. 铣削凹模平面封闭的内轮廓时，刀具不能沿轮廓曲线的法向切入或切出，但刀具的切入切出应选择轮廓曲线的(　　)位置。

A. 圆弧　　B. 直线

C. 两几何元素交点　　D. 曲率中心

77. 根据加工条件选用合适的可转位铣刀，能提高切削效率和降低成本。通常在强力间断铣削铸铁、碳钢和硬质材料时，应选用(　　)铣刀。

A. 正前角　　B. 负前角

C. 主偏角为 75°的面　　D. 负后角

78. 下列功能中(　　)的功能溢流阀并不具有。

A. 使系统压力不至于过低　　B. 使系统压力不至于过高

C. 使泵卸荷　　D. 回油路形成背压.

79. 机床电路热继电器主要用于(　　)保护。

A. 过大电流　　B. 超高电压　　C. 超程　　D. 防止撞击

80. 可转位刀具的刀刀片中，刀尖角最小的刀片形状是(　　)

A. 正 3 边形　　B. 正 4 边形　　C. 正 5 边形　　D. 圆形

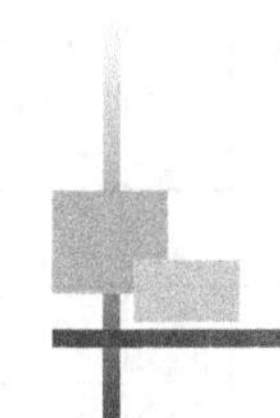

模拟卷答案

数控铣床操作工职业技能鉴定(中级)应知模拟卷一

判断题答案																			
1	√	2	×	3	√	4	×	5	√	6	√	7	√	8	√	9	√	10	×
11	√	12	√	13	√	14	×	15	√	16	×	17	×	18	×	19	√	20	×

选择题答案																			
1	B	2	B	3	C	4	A	5	C	6	C	7	D	8	B	9	A	10	B
11	A	12	D	13	A	14	A	15	D	16	C	17	B	18	B	19	B	20	B
21	B	22	A	23	C	24	B	25	C	26	D	27	A	28	C	29	C	30	D
31	B	32	B	33	D	34	D	35	C	36	B	37	A	38	B	39	C	40	B
41	C	42	D	43	C	44	B	45	D	46	A	47	D	48	D	49	C	50	C
51	D	52	D	53	A	54	A	55	A	56	B	57	A	58	C	59	C	60	D
61	B	62	B	63	B	64	A	65	C	66	C	67	C	68	A	69	C	70	B
71	D	72	A	73	C	74	C	75	C	76	B	77	D	78	D	77	C	80	A

数控铣床操作工职业技能鉴定(中级)应知模拟卷二

判断题答案																			
1	√	2	×	3	√	4	×	5	√	6	√	7	√	8	√	9	√	10	×
11	√	12	√	13	√	14	×	15	√	16	×	17	×	18	×	19	√	20	×

选择题答案																			
1	B	2	B	3	D	4	A	5	A	6	A	7	C	8	B	9	A	10	B
11	A	12	D	13	B	14	C	15	D	16	D	17	C	18	B	19	A	20	B
21	B	22	A	23	C	24	B	25	C	26	D	27	D	28	C	29	D	30	B
31	A	32	C	33	C	34	C	35	B	36	B	37	C	38	C	39	D	40	C
41	C	42	A	43	A	44	B	45	B	46	C	47	B	48	B	49	A	50	C
51	C	52	B	53	A	54	C	55	A	56	D	57	A	58	B	59	C	60	D
61	B	62	A	63	D	64	D	65	C	66	D	67	A	68	D	69	B	70	B
71	D	72	C	73	C	74	B	75	B	76	A	77	B	78	C	77	C	80	C

数控铣床操作工职业技能鉴定(高级)应知模拟卷一

判断题答案

1	√	2	×	3	√	4	×	5	√	6	√	7	√	8	√	9	√	10	×
11	√	12	√	13	√	14	×	15	√	16	×	17	×	18	×	19	√	20	×

选择题答案

1	A	2	B	3	C	4	A	5	A	6	B	7	A	8	B	9	A	10	B
11	C	12	C	13	A	14	B	15	B	16	C	17	A	18	B	19	B	20	B
21	A	22	B	23	A	24	B	25	B	26	B	27	D	28	C	29	B	30	A
31	A	32	B	33	A	34	C	35	B	36	B	37	A	38	D	39	B	40	A
41	C	42	C	43	B	44	D	45	D	46	A	47	D	48	B	49	A	50	C
51	C	52	C	53	D	54	D	55	D	56	B	57	B	58	C	59	B	60	B
61	C	62	D	63	A	64	B	65	A	66	A	67	D	68	A	69	A	70	C
71	A	72	C	73	A	74	C	75	B	76	B	77	D	78	A	77	D	80	C

数控铣床操作工职业技能鉴定(高级)应知模拟卷二

判断题答案

1	√	2	×	3	√	4	×	5	√	6	√	7	√	8	√	9	√	10	×
11	√	12	√	13	√	14	×	15	√	16	×	17	×	18	×	19	√	20	×

选择题答案

1	C	2	A	3	D	4	A	5	D	6	A	7	A	8	C	9	B	10	D
11	B	12	D	13	A	14	C	15	C	16	B	17	B	18	A	19	A	20	A
21	D	22	D	23	B	24	B	25	C	26	C	27	D	28	D	29	C	30	A
31	A	32	C	33	C	34	C	35	C	36	D	37	B	38	D	39	B	40	D
41	A	42	A	43	D	44	B	45	B	46	A	47	C	48	B	49	B	50	A
51	A	52	A	53	A	54	B	55	C	56	A	57	A	58	C	59	D	60	D
61	C	62	B	63	A	64	B	65	C	66	D	67	B	68	A	69	C	70	A
71	A	72	D	73	A	74	C	75	C	76	C	77	B	78	C	77	A	80	A

参考文献

[1]徐夏明.数控铣工实习与考级.北京:高等教育出版社,2004.
[2]胡其谦.数控铣床编程与加工技术.北京:高等教育出版社,2010.
[3]朱明松.数控铣床编程与操作项目教程.北京:机械工业出版社,2008.
[4]林峰.数控铣床综合实训教程.杭州:浙江大学出版社,2012.
[5]吴明友.数控铣床培训教程.北京:机械工业出版社,2010.